细说博弈

U0158727

诺奖大师谈博弈论

CLASSICS IN GAME THEORY

约翰·F. 纳什（John F. Nash）等 著
哈罗德·W. 库恩（Harold W. Kuhn）编
韩松 等 译

中国人民大学出版社
·北京·

“细说博弈”丛书总序

博弈论改变了社会科学的分析方法

张维迎　中国经济学家

自20世纪50年代以来，整个社会科学最大的变化或许就是博弈论的引入。作为一种分析方法，博弈论首先改变了经济学，继而正在改变整个社会科学。博弈论的主要开创者是美国数学家约翰·纳什（John Nash），博弈论最重要的概念和分析工具是纳什均衡。以纳什为界，经济学可以划分为纳什之前的经济学和纳什之后的经济学。当然，这个转变持续了数十年，大约到20世纪末才基本完成。

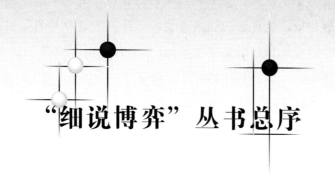

经济学是亚当·斯密创立的。在纳什之前，经济学基本上可以被定义为有关资源配置的理论，主要研究物质财富如何生产、如何交换、如何分配，它的核心是价格理论。我们过去说，懂不懂经济学就看你懂不懂价格理论。社会关系本来是人与人之间的关系，但在新古典经济学的市场中，每个人做决策时面临的是非人格化的参数，不是其他同样做决策的人，人与人之间的关系完全通过价格来间接体现。给定价格参数，每个消费者均做出使自己效用最大化的选择，于是就形成了需求函数；每个生产者均做出使自己利润最大化的选择，于是就形成了供给函数。这种思维进一步简化就变成了成本-收益分析，或者叫供求分析。在市场当中，似乎总有一只“无形之手”来使需求和供给相等，从而达到所谓的均衡。这种思维应用于宏观经济学，就是总需求和总供给分析。这就是传统经济学的基本理论。所以，保罗·萨缪尔森在他的教科书里有一句隐喻：“你可以让鹦鹉变成经济学家，只要它会说需求和供给。”

新古典经济学家在发展出这套非常成熟的价格理论之后所构建的数学模型确实逻辑严谨、形式优美。但当我们用这样的理论去分析社会问题时，就会面临很多困难。其中一个困难就是大量的行为其实是没有价格的。最简单的例子是，政治谈判和竞选就没有价格，这里的没有价格是指没有用货币表示的价格。另外，人们在实际决策中不仅关心物质利益，还关心非物质利益。比如，我找工作的时候并不只关心工资，我还关心其他方面，如工作环境、影响未来职业发展的因素、这个职业的社会声誉等等。有些职业的工资可能不高，但是它使从业者有成就感。比如媒体记者的工资不算高，但是为什么很多人愿意从事这一行呢？因为它有着很高的成就感。经济学家其实也是这样。这是价格理论难以分析的。

更为重要的是，人在做决策时面临的不一定只是非人格化的参数，还面临其他人的决策。这时候，他做还是不做某件事，依赖于其他人做还是不做；或者他的选择，依赖于其他人的选择，而不是简单地只面临价格或收入等非人格化的参数。比如，两个人讨价还价时，一个人采用什么样的策略、价码是多少，依赖于他认为对方的价码是多少，而不是在给定的价格参数下机械地选择。即便应用于最简单的例子——去地摊上买东西，传统价格理论的局限也很大。

传统经济学假定，一个生产者在做决策时，要素价格给定、产品价格给定、生产技术给定，然后最小化成本，选择最优要素投入组合，再选择最优产量。但在现实竞争中并非如此。比如寡头企业做决策时，价格不是给定的，它不仅取决于己方，还取决于对方。这时就没有办法用传统价格理论进行分析。

当然，传统经济学的这些局限性并没有阻碍经济学家试图把传统价格理论应用于非经济问题的研究，这方面的典型是诺贝尔经济学奖得主、芝加哥大学教授加里·贝克尔（Gary Becker）。他试图用经济学方法去分析所有的人类行为。另外我们知道，法经济学也试图用成本-收益方法来阐述法律制度。

现在来看，这些研究总体上并不令人满意，这时就迫切需要一种新的更为一般化的分析方法来克服前面所讲的价格理论的缺陷：它可以用于分析非价格、非物质的东西，可以用于分析人与人之间的相互关系或直接互动的情况。这种方法就是博弈论。

在约翰·纳什于1950年发表他的经典论文之前，也有其他学者提出过博弈论思维，比较有名的是19世纪法国数学家安东尼·古诺和约瑟·伯特兰，以及20世纪计算机的发明人冯·诺依曼及其合作者奥斯卡·摩根斯坦。但博弈论真正成型还要归功于纳什。所以我们一般认为，博弈论的创始人就是纳什。纳什对博弈论的贡献，在某种意义上就像亚当·斯密对经济学的贡献。在斯密之前也有很多经济学理论，但他是第一个把它们整合成系统理论的经济学家。

博弈论是分析人与人之间的互动决策的一般理论。所谓“互动”，是指一个人的所得（如效用、利润等）不仅依赖于自己做什么，也依赖于其他人做什么。因此，他做什么选择依赖于他预测别人会做什么选择。纳什对博弈论的最大贡献是定义了后来被称为“纳什均衡”的概念。它是博弈论最重要的分析工具，其他均衡概念都是它的变种或修正版。假定每个人独立做决策，什么样的结果最可能出现？纳什均衡就是理性人博弈中最可能出现的结果，或者说最可能出现的一种策略或策略组合。如果博弈的不同参与人的策略（选择）组合构成纳什均衡，这就意味着给定别人的选择，没有任何人有积极性单方面改变自己的选择。比如，如果一个制度是纳什均衡，这就意味着给定别人遵守它的条件，每个人都愿意遵守它。反之，如果一个制度不是纳什均衡，这就意味着至少有一部分人不会遵守它，也可能所有人都不会遵守它。

2005 年诺贝尔经济学奖得主罗伯特·奥曼（Robert Aumann）和博弈论专家塞尔久·哈特（Sergiu Hart）在一篇文章里说，博弈论可以被视为社会科学中理性一脉的罩伞，或者说为其提供了一个“统一场”理论。这里的“社会”，可以做宽泛的理解，既包括由人类个人组成的社会，也包括由各种参与人组成的群体，如国家、公司、动物、植物、计算机等。博弈论不像经济学或政治学等学科的分析工具那样，采用不同的、就事论事的框架来对各种具体问题进行分析，如完全竞争、垄断、寡头、国际贸易、税收、选举、遏制、动物行为等等。相反，博弈论先提出在原理上适用于一切互动情形的方法，然后考察这些方法在具体应用上会产生何种结果。

2007 年诺贝尔经济学奖得主罗杰·迈尔森（Roger Myerson）教授曾说，发现纳什均衡的意义可以和生命科学中发现 DNA 双螺旋结构的意义相媲美，纳什构造了经济分析新语言的基本词汇。博弈论语言越来越多地变成了经济学语言。现在讲的社会科学的纯理论就是指博弈论，这种评价并非言过其实。

有了博弈论，经济分析就从传统的资源配置理论转变成了研究人类合作或者说激励机制的理论。经博弈论改造后的经济学不再是简单的价格理论，而是可以用于分析各种各样制度的理论。传统经济学只可以用于分析市场制度（也不尽如人意），而博弈论不仅可以用于分析市场制度，也可以用于分析非市场制度；传统经济学只可以用于分析物质财富的生产和分配，而博弈论不仅可以用于分析物质问题，也可以用于分析非物质问题；传统经济学只可以用于分析经济问题，而博弈论不仅可以用于分析经济问题，也可以用于分析社会、政治、文化问题以及它们之间的相互关系。此外，博弈论还可以用于分析物种和制度的演化。有了博弈论之后，演进分析变得更透彻了。

所以说，博弈论使经济学发生了根本性转型，也正在使其他社会科学发生这种转型，包括政治学、社会学、法律学、国际关系研究、军事学，甚至最基础的心理学、动物学都开始运用博弈论发展出的分析方法。

当然，作为一种方法论，博弈论也受到了广泛的批评，特别是来自实验心理学家的批评。最大的批评是针对理性人假设的。博弈论继承了经济学的传统，假设人是理性的，每个人的决策都基于理性计算。不仅每个人自己是理性的，而且每个人都知道他人是理性的，也知道他人知道自己知道他人是理性的，如此等等。现实中的人当然不可能像博弈论假设的那么理性。一个人既有理性的一面，也有非理性的一面。我们有情绪，我们的认知有限，我们的毅力有限，我们也不是完全自利的动物，我们不可能对社会规范不管不顾。既然自己不可能完全理性，也就不能假定他人一定理性，这使得纳什均衡并不总是能给出合理的预测。一个典型的例子是“最后通牒博弈”(ultimatum game)。设想两个人分一块蛋糕，A 提出分配方案，B 可以选择接受或拒绝；如果 B 接受，则两人按照 A 的方案分配；如果 B 拒绝，则蛋糕被拿走，两人均一无所获。在理性人假设下，这个博弈的纳什均衡是 A 把整块蛋糕留给自己，B 什么也得不到，因为在拒绝的情况下 B 也只能得到 0。但无数的实验证明，A 分给 B 的份额远大于 0，甚至可能接近蛋糕的一半。但到目前为止，对博弈论的批评与其说是动摇了博弈论的基本分析方法，不如说是推动了博弈论的发展，使博弈分析变得更为完善。在可预见的未来，博弈论一定会在社会科学中大放异彩！当然，如何将非理性行为纳入博弈分析，仍然是一个巨大的挑战。

1994 年的诺贝尔经济学奖被授予约翰·纳什、莱因哈德·泽尔腾(Reinhard Selten) 和约翰·海萨尼 (John Harsanyi)，以表彰他们三人对博弈论的开创性贡献。之后的大部分诺贝尔经济学奖得主获奖的理由都与他们对博弈论（包括信息经济学）的贡献有关，这标志着博弈论进入了经济学的主流。

也正是在纳什等人获奖的1994年秋，北京大学中国经济研究中心成立，我开始在北京大学给经济学博士生开设博弈论课程。应该说，这是博弈论首次进入中国大学的经济学课程。我于1996年出版了《博弈论与信息经济学》教材，对在中国推广博弈论做了一定贡献。2004年我在北京大学开设了全校通选课“博弈与社会”，该课程受到了来自不同院系的本科生的欢迎。2013年，我出版了面向整个社会科学读者群体的《博弈与社会》（2014年出版了教材版《博弈与社会讲义》），得到了读者的积极反馈。

除了我的上述两本书外，在过去的20多年里，先后有多个不同版本的外文版博弈论教材和专著被翻译成中文出版，也有其他中国学者出版了与博弈论有关的图书，从而使博弈论在中国逐渐流行起来。但与学术市场对博弈论图书的潜在需求相比，供给远远不足。中国人民大学出版社“细说博弈”丛书的出版正逢其时。这套丛书既有入门级的，也有专业级的。作者都是全球博弈论领域的顶级学者，其中不乏诺贝尔经济学奖得主，包括约翰·纳什、约翰·海萨尼、莱因哈德·泽尔腾、罗伯特·奥曼、托马斯·谢林、罗杰·迈尔森、阿尔文·罗斯和劳埃德·沙普利等。我相信，这套丛书一定会受到读者的欢迎，在中国经济学界和社会科学界产生积极影响，为中国社会科学的发展做出重要贡献。

推荐序

1994年，为纪念阿尔弗雷德·诺贝尔而设置的诺贝尔经济学奖，被联合颁发给了约翰·C.海萨尼、约翰·F.纳什和莱因哈德·泽尔腾，缘于“他们在非合作博弈均衡理论方面的先驱性贡献”。这表明，瑞典皇家科学委员会注意到了经济学和经济学家采用的语言和分析方式的革命性变化，即博弈论思想成为主流。博弈论为经济学家讨论许多经济学重要问题提供了可行的工具，从二人讨价还价问题，到多人的、重复的长期交易问题，再到垄断和完全竞争的经济学模型的理论基础。经济学的大多数领域和经济理论本身都受到这些思想的巨大影响。

但是博弈论不仅仅是经济学的分支，它还抽象地分析利益冲突问题。因此，博弈论远远超出了经济学的范围。我们发现博弈论概念和模型具有在多个领域使用的一种发展趋势：政治科学家使用博弈论检验政治制度，哲学家发现博弈论是重新检验规范和社会制度的工具，生物学家发现博弈论为分析自然界生物间的利益冲突提供了框架。

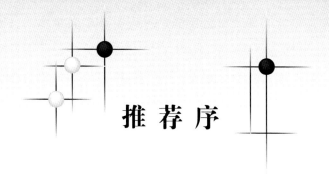

下面叙述博弈论在经济学中的历史。基本的博弈论均衡的概念，在有少数参与人的竞争情况中，正式地由古诺、冯·斯塔克尔伯格和伯特

兰发展。策略型博弈的数学模型，已经由法国数学家博雷尔（Borel）、波兰数学家施坦因豪斯（Steinhaus）和德国数学家策梅洛（Zermelo）（针对国际象棋这一特例）提出。关于二人零和博弈解的一般理论的探讨和相关的最小最大原理，由冯·诺依曼在 1928 年提出。然而，标准的博弈论受到广泛的重视是在冯·诺依曼和摩根斯坦的著作《博弈论与经济行为》（*Theory of Games and Economic Behavior*）于 1944 年首次出版之后。第二次世界大战后（在某些情况下，战争阻止了研究的进行），这一学科在 20 世纪 50 年代和 60 年代经历了巨大的发展。今天应用在经济学和其他领域的博弈论的核心概念——纳什均衡、扩展型博弈理论、讨价还价问题、沙普利值、核以及与之相对应的竞争均衡、大多数合作博弈解的概念、无名氏定理（the folk theorem）、不完全信息博弈、完美的基本表示——都是在这一历史时期建立的。只有几个基本问题的发展稍晚，最著名的是泽尔腾对完美思想以及共同知识基本观点的进一步发展。在 60 年代末期，必要的工具基本齐全了。经济学的革命随后就开始了。70 年代初期，特别是随着产业组织理论的兴起，博弈论的语言和技术从微观经济理论学家的深奥和有限的工具，变成了学科的主流语言。

本书中，哈罗德·库恩教授从博弈论发展的英雄时代中搜集了 18 篇文章。包括下面的内容：

纳什均衡（Nash equilibrium）。如果提到博弈论中最重要的概念，那就是策略型博弈模型的纳什均衡。第 1 章和第 3 章包括了对这一概念最早的正式论述。

均衡的发展（evolution of equilibrium）。20 世纪 40 年代末，兰德公司的数学家乔治·布朗（George Brown）提出了一种可行的行为运算方法（称为“虚拟博弈”）来求解二人零和博弈。但是他不知道该方法是否收敛（为了解决这一问题，兰德公司提供了一笔奖金），直到朱莉娅·鲁滨逊（Julia Robinson）的文章发表（第 4 章）。由于她对收敛性的完美讨论，虚拟博弈模型成为近期关于进化和学习模型研究的基础。

扩展型博弈和完美回忆（extensive form games and perfect recall）。相对于策略型博弈缺乏动态结构，扩展型博弈则允许动态分析。汤普森的文章（第5章）建立了转换集，它将策略型的等价扩展型博弈和扩展型的等价策略型博弈联系起来。他的文章利用了库恩关于扩展型博弈的模型（第6章），这是扩展型博弈的标准模型。库恩分析了具有或不具有完美信息的博弈，并介绍了子博弈和完美回忆的概念。这篇文章的基本观点是，在完美回忆的情况下，博弈以行为模型求解和以混合策略求解是等价的。

不完全信息博弈（games with incomplete information）。此博弈论模型用于分析某些参与人拥有其他参与人未知的信息，诸如关于他们自己的能力、品位或自然的潜在状态的竞争情况。在第15章，约翰·海萨尼提供了这一问题的标准答案。从现代应用经济学的观点来看，海萨尼关于不完全信息博弈的定义，可能是纳什均衡后唯一的重要创新。

完美均衡（perfect equilibrium）。1965年，泽尔腾首先规定了子博弈完美的概念，它研究纳什均衡在扩展型博弈中是否是可置信威胁或策略。子博弈完美有一些限制，所以在他于1975年发表的文章，即本书第18章中，泽尔腾重新规定了子博弈完美，给出了应用于所有具有完美回忆的扩展型博弈的完美概念。概念本身对于研究动态竞争的相互作用是至关重要的工具，但更重要的是，它是泽尔腾研究竞争动态而不仅仅是简单的静态和同时选择策略这一基础任务的基石。

重复博弈（repeated games）。本书有几篇文章是关于动态零和博弈模型分析的先驱工作：沙普利（第8章）、埃弗里特（第9章）、布莱克维尔和弗格森（第16章）给出了对动态博弈不同情况的基本分析，提出了一些用于博弈论的创新的数学方法。

博弈和市场（games and markets）。博弈论已被用于研究市场的经济（价格媒介的）均衡基础，深入了解市场力量的根源和对于市场均衡的存在性和性质而言的竞争代理人的含义。这里提供了两个基础研究：奥曼关于具有（真正的）竞争代理人的竞争均衡存在性的文章（第 13 章）和舒比克的市场博弈模型和分析（第 17 章）。

合作博弈理论（cooperative game theory）。1994 年的诺贝尔经济学奖授予了非合作博弈理论。合作博弈理论是博弈论的另一半。合作博弈说明，联盟（不只是单一参与人）在不需要其他参与人同意的情况下能实现什么。博弈论的这一部分可能目前还没有对经济学家产生广泛影响，但是我们相信将来会感受到它的影响。在第 10 章中，奥曼和皮莱格分析了没有附加支付的博弈的冯·诺依曼-摩根斯坦解；在第 12 章中，奥曼和马施勒定义了谈判集。

核（the core）。合作博弈理论，特别是合作博弈理论中应用于经济学的中心解概念是核。由于它与“大”经济体的竞争均衡的联系，核是非常重要的。在第 11 章中，德布鲁和斯卡夫形式化了埃奇沃思猜想，即在大经济体的竞争均衡中，每个代理人刚好得到他们“贡献”给社会的份额。

纳什讨价还价解（Nash bargaining solution）。在“小”经济体中，讨价还价可能发生，博弈论建立了说明什么是公平或合理结果的公理。关于二人讨价还价问题，纳什给出了基本的分析（第 2 章）。这篇文章建立了一般问题模型，并给出了公理化求解方法，为后面的公理化讨价还价理论的大量研究铺平了道路。值得注意的是，这篇文章是纳什在熟悉冯·诺依曼和摩根斯坦工作之前写下的本科课程论文。

沙普利值（Shapley value）。与纳什讨价还价解一样，在第 7 章定义和公理化的沙普利值，是博弈论关于“公平”的首要公理化标准，该理论是彻底的再公理化，并且（更重要的是）它大量应用于从成本配置到最近的关于公司金融的研究。

这 18 篇文章实质上包括了博弈论的所有基础性研究。它们也建立了博弈论的标准形式。清晰的定义和完整的证明确定了博弈论进一步发展的基调。

过去15年或更长一段时间以来，出现了大量优秀的博弈论高级教科书。现在看来，它们包括了许多这些基础研究，却没有给出原始的工作。但是我们认为，这本论文集突出了经济学家们清晰的思想和见识。我们很高兴看到这些思想被首次呈现出来，并且荣幸地与您一起回顾这些博弈论英雄时期的成果和再次享受这些经典。

戴维·克雷普斯　阿里尔·鲁宾斯坦

序　言

1988年，几位经济系的同事建议我，选择一些博弈论方面的论文出版，作为数学系和经济学系刚刚兴起的这门课程的教科书的补充读物。最初的建议是，文章应从《数学研究年刊》(*Annals of Mathematics Studies*) 的博弈论专题中选取（对博弈论的贡献，Ⅰ-Ⅳ卷和博弈论前沿)。但是，我越投入这项工作，就越觉得这样的限制过于严格了，文章应选自各种来源。因此，围绕暂定的文章名单，我征求了许多朋友和同事的意见，我相信他们的评判。虽然存在一些不同的观点，但是他们大都同意搜集的文章应为“博弈论经典”。尽管他们不对最终的名单负责，我还是要感谢他们的意见和建议，他们是：阿罗（Ken Arrow)、卡拉瓦尼（Paolo Caravani)、克劳福德（V. P. Crawford)、德布鲁、迪克西特（Avinash Dixit)、哈特、卡莱（Ehud Kalai)、迈尔森、莫林（Herve Moulin)、欧文（Guillermo Owen)、罗伯茨（John Roberts)、斯卡夫、施迈德勒（David Schmeidler)、舒比克、汤普森（William Thompson)、威尔逊（Robert Wilson）和扬（Peyton Young)。

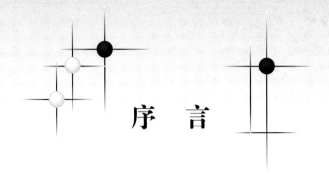

题目“博弈论经典”对不同的人有着不同的含义，但是本书的核心

是提供建立现代博弈论大厦的基石。由于一位习惯拖延的人（我自己）负责此项工作，文章的最终名单于1990年确定，即使杰克·雷普切克（Jack Repcheck，普林斯顿大学出版社的经济学编辑）最紧急的催促也没能使我动摇而提前完成。我曾经打算准备一篇介绍性的文章，其中包括一些“史前”的专家［比如说，蒙特莫特（Montmort）、策梅洛和冯·诺依曼］。这篇文章也会使我有机会给予本书一些历史的观点，并且顺便解释本书选择文章的一些标准。但是，它终究没有实现。

这项工作又受到了新的催促。1994年诺贝尔经济学奖被颁发给约翰·F.纳什、约翰·C.海萨尼和莱因哈德·泽尔腾，从而承认了博弈论对经济理论的核心重要性。我很高兴地说，他们获奖的主要研究成果是本书最终18篇文章中的5篇，这在1990年就已定下但还没有出版。这时，彼得·道戈特（Peter Dougherty），普林斯顿大学出版社社会科学和公共事业部的发行人，也加入到争论中。在与这本论文集的积极支持者戴维·克雷普斯（David Kreps）和阿里尔·鲁宾斯坦（Ariel Rubinstein）讨论后，他们同意我放弃写介绍性的文章。他们还欣然同意并写下了推荐序。

在本书的编辑出版过程中，对于所有能够容忍我的拖延症的人，我表示衷心的感谢。我只希望他们的耐心是值得的。

哈罗德·库恩

普林斯顿，新泽西

目　录

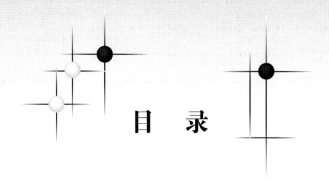

第 1 章
n 人博弈的均衡点

约翰·F.纳什[1]

可以这样定义 n 人博弈（n-person game）：有 n 个参与人（player），每个参与人的纯策略（pure strategy）集为有限集，对于每个纯策略的 n 元组合，n 个参与人具有与之对应的明确的支付集，在纯策略的 n 元组合中，一个策略对应一个参与人。混合策略（mixed strategy）是纯策略上的概率分布，支付函数（pay-off function）是参与人的期望，因此在概率上是多元线性形式的，表示各个参与人采用各个纯策略的概率。

任意的策略 n 元组合（n-tuple of strategies），一个策略对应一个参与人，可以看作由参与人的 n 个策略空间相乘得到的乘积空间中的一点。如果 n 元组合中每个参与人的策略，能使该参与人产生最高可得期望，则该 n 元组合优超另一个。这是因为给定的优超 n 元组合中任意一个参与人都会对抗其他参与人的 $n-1$ 个策略。自我优超的策略 n 元组合称为均衡点。

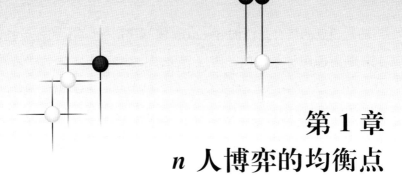

每个 n 元组合与其优超集的对应，都给出了乘积空间到其本身的一个一对多的映射（a one-to-many mapping）。从优超的定义可知，一

点的优超点的集合是凸的（convex）。利用支付函数的连续性，我们得到该映射的图形是闭的。闭性等价于：如果 P_1，P_2，…，P_n 和 Q_1，Q_2，…，Q_n 是乘积空间中的点列，并且 $Q_n \to Q$，$P_n \to P$，Q_n 优超 P_n，那么 Q 优超 P。

因为图形是闭的，并且每个点在映射下的映像是凸的，由角谷不动点定理（Kakutani's theorem）[2]我们得到该映射存在不动点（即该点包含在它自己的映像中）。因此，存在均衡点。

在二人零和博弈中，"主要定理"[3]和均衡点的存在性是等价的。在这种情况下，任意两个均衡点导致每个参与人具有相同的期望，但是一般情况下并不成立。

【注释】

［1］感谢戴维·盖尔（David Gale）博士建议利用角谷不动点定理简化证明，以及 A. E. C. 的资金资助。

［2］Kakutani，S.，*Duke Math. J.*，8，457—459（1941）.

［3］von Neumann，J.，and Morgenstern，O. *The Theory of Games and Economic Behaviour*，Chap. 3，Princeton University Press，Princeton，1947.

第 2 章
讨价还价问题

约翰·F.纳什[1]

一种新的方法出现在经典经济学问题中，它可以应用于多种形式的问题，如讨价还价（bargaining）、双边垄断（bilateral monopoly）等等。它也可以被当作一种二人非零和博弈。在这种方法中，为了确定经济环境中单人和二人的行为，我们进行了少许假设，从而得到经典问题的解（在本文的意义下）。从博弈论的角度来说，即找到博弈的值。

2.1 引　言

二人讨价还价的情形包括，两个人有机会通过多种方式的合作得到共同的利益。本章所考虑的是一种简单的情况，即一方没有得到另一方的同意而单独采取的行动不会影响另一方的福利。

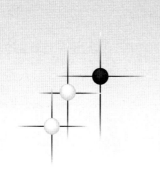

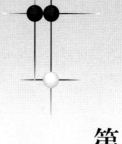

卖方垄断和买方垄断、两个国家之间的贸易状况、雇主和工会之间的谈判，这些经济问题都可被认为是讨价还价问题。本章的目的是给出

这一问题的理论讨论，并得到明确的“解”（给出构造解的方法），当然，这有些理想化。这里“解”的含义是，确定每个参与人希望从谈判中获得的满意度，或者，更确切地说，确定每个参与人拥有的讨价还价的机会值是多少。

这是涉及交换的经典问题，更特别的是古诺、鲍利（Bowley）、廷特纳（Tintner）、费尔纳（Fellner）以及其他人解决的双边垄断问题。冯·诺依曼和摩根斯坦在《博弈论与经济行为》[2]中给出了不同的方法，允许将典型的交换情形视为二人非零和博弈。

在一般情况下，我们将讨价还价问题理想化，假设双方都是完全理性的，每一方都能够确切比较他对各种事物的满意度，他们的谈判技巧是相同的，每一方都充分了解对方的品位和偏好。

为了给出讨价还价问题的理论方法，我们将该问题抽象化以建立数学模型，从而发展理论。

在解决讨价还价问题时，我们使用了数值效用，代表谈判双方的品位或偏好，这是在博弈论中采用的效用形式。在这种意义下，我们建立了使每一方在讨价还价中获得的满意度最大化的数学模型。首先，我们应该回顾一下本章中使用的术语。

2.2 个人效用理论

在这个理论中，“预期”的概念很重要。我们举例说明。假设史密斯先生知道他明天会得到一辆新的别克汽车。我们就说他有一辆别克的预期。相似地，他也可能有一辆卡迪拉克的预期。如果他知道明天要掷硬币决定他会得到一辆别克还是卡迪拉克，我们就可以说他有一个 1/2 别克、1/2 卡迪拉克的预期。因此，一个人的预期是他期望的一种状态，可能包括一些事件的确定性，或其他事件的各种概率。在另一个例子中，史密斯先生或许知道他明天会得到一辆别克，并且认为他也有一半的机会得到一辆卡迪拉克。上述 1/2 别克、1/2 卡迪拉克的预期说明了预期具有下面的重要性质：如果 $0\leqslant p\leqslant 1$，A 和 B 代表两个预期，那么存在一个预期，我们用 $pA+(1-p)B$ 表示，它是两个预期的概率组合，其中 A 的概率为 p，B 的概率为 $1-p$。

通过做出如下假设，我们可以发展个人效用理论：

1. 个人面对两个可能的预期，能够决定更偏好哪一个或者这两个预期是无差异的。

2. 这样得到的顺序关系具有传递性：如果 A 比 B 好，B 比 C 好，那么 A 比 C 好。

3. 任意无差异状态的概率组合都是无差异的。

4. 如果 A、B、C 满足假设 2，那么存在一个 A 和 C 的概率组合与 C 是无差异的。这是因为连续性假设。

5. 如果 $0\leqslant p\leqslant 1$，A 和 B 是无差异的，那么 $pA+(1-p)C$ 和 $pB+(1-p)C$ 是无差异的。同样，如果 A 和 B 是无差异的，那么在任何 B 满足的偏好顺序关系中，A 可以替代 B。

这些假设足以证明存在令人满意的效用函数，给个人的每个预期赋一个实数值。这个效用函数不是唯一的，也就是说，如果 u 是这样的效用函数，那么 $au+b$ 也是，只要 $a>0$。用大写字母代表预期，用小写字母代表实数值，这样的效用函数要满足下面的性质：

(a) $u(A)>u(B)$ 等价于 A 比 B 更受偏好，等等。

(b) 如果 $0\leqslant p\leqslant 1$，那么 $u[pA+(1-p)B]=pu(A)+(1-p)u(B)$。这是效用函数重要的线性性质。

2.3 二人博弈

《博弈论与经济行为》给出了 n 人博弈的理论，它将二人讨价还价问题作为一种特例。但是该理论没有试图找出给定的 n 人博弈的值，即，决定每个参与人拥有的参与博弈的机会值是多少。这个决定只在二人零和博弈的情形下完成了。

我们的观点是，这些 n 人博弈应该有值；即，存在一个数集，它连续地依赖博弈的数学描述中各种量的集合，表示每个参与人参与博弈的机会的效用。

我们可以将二人预期定义为两个一人预期的组合。因此，我们有两个参与人，每个人对于他未来的状况都有确切的期望。我们可以将个人效用函数应用于二人预期，每个效用函数给出对应的个人预期值，个人预期是二人预期的分量。两个二人预期的概率组合可通过它们分量的对应组合来定义。因此，如果［A，B］是一个二人预期，$0\leqslant p\leqslant 1$，那么

$$p[A,B]+(1-p)[C,D]$$

可定义为

$$[pA+(1-p)C,pB+(1-p)D]$$

显然，在一人预期的情况中，个人效用函数具有相同的线性性质。从现在开始，我们所说的预期都代表二人预期。

在讨价还价问题中，一个预期被区分出来，即在谈判者之间没有合作时的预期。因此，对给预期赋值为零的这两个人使用效用函数是很自然的。这仍然确保每个人的效用函数在正实数上取值。今后，使用的任何效用函数都在这个意义下选取。

我们可以作图来表示讨价还价问题，双方选择他们的效用函数，将所有有效预期的效用在平面图中表示出来。

有必要介绍一下关于这样得到的点集的性质假设。我们希望这个点集在数学意义上是紧的（compact）和凸的。它应该是凸的，因为一个预期可以看作集合中两点连线上的任意一点，可以由这两点代表的两个预期的适当概率组合得到。紧性意味着，首先，点集一定是有界的，也

就是说，它可以包含在平面上一个充分大的四边形当中。紧性还表明，任何连续的效用函数都可以在集合中的某些点上取得最大值。

我们可以将两个预期看作等价的，如果它们对每个人的任意效用函数具有相同的效用，那么图形对讨价还价问题的本质特征是完备的描述。当然，因为效用函数不是完全确定的，所以图形只决定于规模的变化。

由于我们的解应该与谈判双方的理性期望所得一致，这些期望可以通过双方适当的谈判实现。因此，存在有效的预期，使得双方得到期望的满意的数量。有理由假设双方是理性的，这样可以通过简单的谈判实现该预期，或实现等价预期。因此，我们可以认为图形的点集中存在一点代表解，它代表双方可以通过公平谈判实现的所有预期。我们给出代表解点和集合关系的条件，推导出求这个解点的简单条件，从而建立这个理论。我们只考虑双方都能从谈判中有所得的情况。（这不排除最终只有一个人获利的情况，因为“公平谈判”与使用概率方法决定最终所得的协议是一致的。任意有效预期的概率组合仍然是有效预期。）

令 u_1 和 u_2 是双方的效用函数。令 $c(S)$ 代表集合 S 的解点，这里 S 是凸紧集，且包含原点。我们假设：

1. 如果 α 是 S 中的点，且存在另一点 β 在集合 S 中，有 $u_1(\beta)>u_1(\alpha)$，$u_2(\beta)>u_2(\alpha)$，那么 $\alpha\neq c(S)$。

2. 如果集合 T 包含集合 S，且 $c(T)$ 在集合 S 中，那么 $c(T)=c(S)$。

我们称集合 S 是对称的，如果存在效用函数 u_1 和 u_2，满足 (a, b) 在集合 S 中，(b, a) 也在集合 S 中；即，图形关于直线 $u_1=u_2$ 对称。

3. 如果集合 S 是对称的，u_1 和 u_2 满足上述性质，那么 $c(S)$ 由 (a, a) 形式的点组成，即在直线 $u_1=u_2$ 上。

上面的第一个假设表示每个人都希望自己在最终谈判中的效用最大化。第三个假设表示每个人都具有相同的谈判技巧。第二个假设更复杂，下面的解释会帮助我们理解这个假设：若 T 是可能的谈判集，两个理性人同意 $c(T)$ 是公平谈判，那么如果谈判集 S 包含 $c(T)$，他们会愿意达成一个限制较少的协议，不会在谈判集 S 外面的点上达成任何协议。如果 S 包含在 T 中，那么他们的解也应该在谈判集 S 中，所以 $c(S)$ 应该等于 $c(T)$。

我们现在证明了这些条件要求集合的解是 u_1u_2 在第一象限的最大值点。因为紧性，我们知道存在这样的点。凸性保证这样的点是唯一的。

我们选择效用函数将上面定义的点转换为（1，1）。因为这只涉及效用通过常数量增加，所以（1，1）是 u_1u_2 的最大值点。集合中没有点使得 $u_1+u_2>2$，因为若存在使得 $u_1+u_2>2$ 的点，那么在连接（1，1）和这个点的直线上，存在某些点使得 u_1u_2 的值大于 1（见图 2－1）。

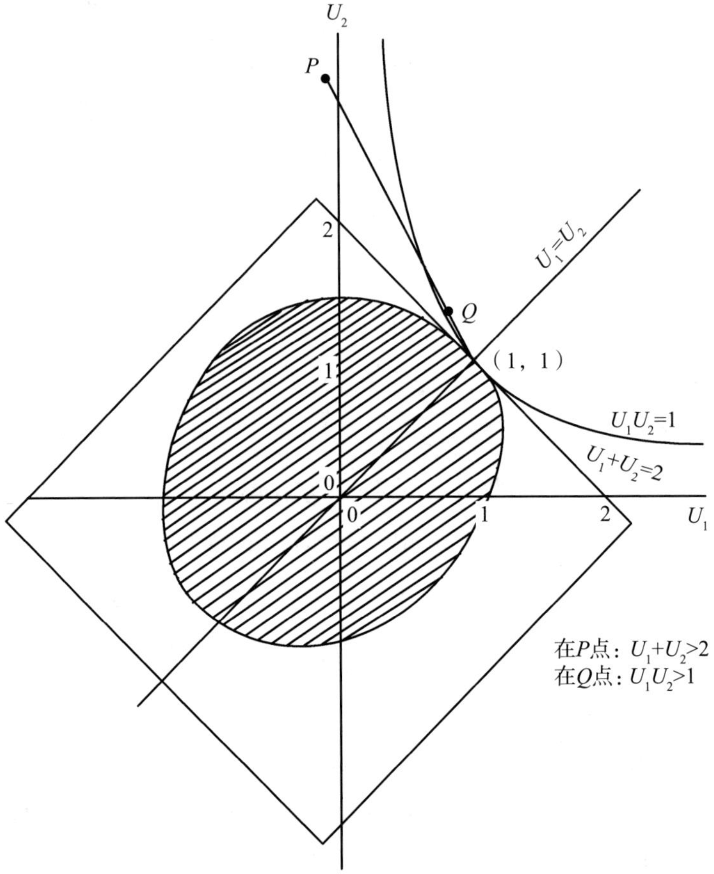

图 2－1

现在我们在 $u_1+u_2\leqslant 2$ 的区域内构造一个四边形，它关于直线 $u_1=u_2$ 对称，有一条边在直线 $u_1+u_2=2$ 上，并且完全包含了选择集。将四边形区域作为新的选择集，取代原来的集合，显然（1，1）是满足第一个假设和第三个假设的唯一点。利用第二个假设，我们可以得出（1，1）一定也是原来选择集（转换前）的解点。这就完成了证明。

下面给出应用这个理论的几个例子。

2.4 例　子

我们假设有两个聪明的参与人，比尔和杰克，他们要交换物品但是没有钱，所以必须进行物物交换。进一步地，为简单起见，我们假设，每个人拥有的某一部分商品的效用等于该部分单个商品的效用和。下面我们给出每个人拥有的商品列表和每个商品对每个人的效用（见表 2－1）。当然，双方使用的效用函数可以看成是任意的。

表 2－1

	对比尔的效用	对杰克的效用
比尔的物品		
书	2	4
鞭子	2	2
球	2	1
球棒	2	2
盒子	4	1
杰克的物品		
钢笔	10	1
玩具	4	1
小刀	6	2
帽子	2	2

这个讨价还价问题的图形如图 2－2 所示。我们得到了一个凸多边

形，其中效用最大化的点在顶点处，并且只存在一个一致的预期。这就是：

比尔给杰克书、鞭子、球和球棒，杰克给比尔钢笔、玩具和小刀。

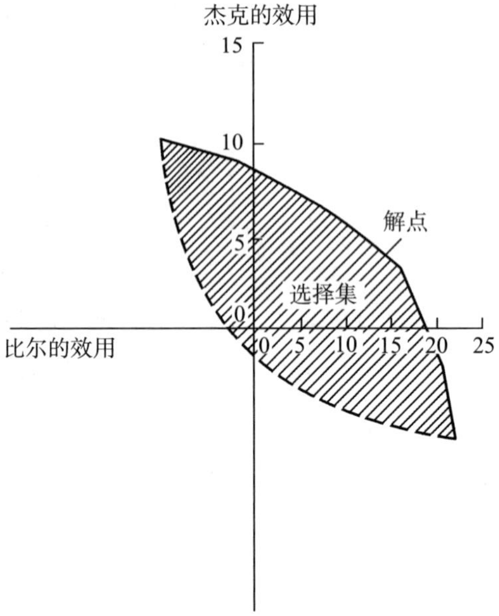

图 2－2

注：图中解点在第一象限中成直角的双曲线上，与选择集只有一个交点。

如果谈判者有交换的一般媒介，则问题呈现出特别简单的形式。在许多情况下，与物品等价的货币可以作为令人满意的近似的效用函数。（货币等价，意味着货币的数量与个人获得的物品是无差异的。）如果一定数量货币的效用，在我们所涉及的问题范围内近似于线性函数，这就是成立的。如果我们对每个人使用交换的一般媒介作为效用函数，那么图形中的点集满足：它在第一象限中的部分构成等腰的开口向右的三角形。因此，解使得谈判双方得到相同的货币利润（见图 2－3）。

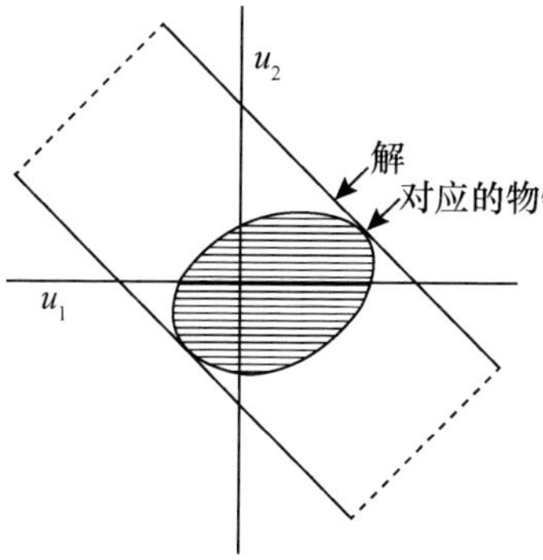

图 2－3

注：阴影区域代表不使用货币的谈判可能集。平行线之间的区域代表允许使用货币的可能集。这里效用和货币度量的所得等于少量的货币。物物交换型的解一定可以通过求 u_1+u_2 的最大值得到，也可以利用货币交换得到。

【注释】

［1］感谢冯·诺依曼和摩根斯坦教授的帮助，他们阅读了文章的原稿并对表述提出了有帮助的建议。

［2］John von Neumann and Oskar Morgenstern. *Theory of Games and Economic Behavior*，Princeton：Princeton University Press，1944（Second Edition，1947），pp. 15－31.

第3章 非合作博弈

约翰·F.纳什

3.1 引　言

冯·诺依曼和摩根斯坦在《博弈论与经济行为》中已经给出了关于二人零和博弈的丰富的理论。书中也包括了 n 人博弈，我们称之为合作博弈。这个理论是基于各个联盟之间关系的分析，联盟由博弈的参与人组成。

相反，我们的理论基于联盟的缺失（absence of coalition），也就是假设每个参与人独立行动，不与其他任何人交流而结成联盟。

在我们的理论中，均衡点（equilibrium point）的概念是基本要素。这个概念是二人零和博弈解的概念的一般化。二人零和博弈均衡点的集合是所有对立的“好策略”的集合。

在下面的各节中，我们要定义均衡点，并证明有限非合作博弈（non-cooperative game）至少存在一个均衡点。我们也要介绍非合作博弈的可解和强可解的概念，并证明关于可解博弈均衡点集合的几何结构的定理。

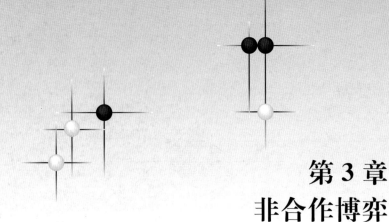

作为该理论的一个应用，我们求出一个简单的三人扑克博弈的解。

3.2 正式的定义和术语

在本节中，我们定义了本章的基本概念，并建立标准的术语和记号。重要的定义之前都有一个简要说明所要定义的概念的小标题。非合作博弈的思想是内在的，而不是外在的，下面我们一一进行介绍。

有限博弈（finite game）：

在有限博弈中，n 人博弈由如下要素组成，n 个或 n 方参与人，各自都具有纯策略的有限集合；每个参与人 i 具有相应的支付函数 p_i，它是从纯策略的所有 n 元组合到实数空间的映射。我们所说的 n 元组合，意味着 n 个策略的集合，每个策略对应不同的参与人。

混合策略（mixed strategy），s_i：

参与人的混合策略是一个非负向量，其各分量的和为 1，且每个分量对应一个纯策略。

我们记 $s_i=\sum_{\alpha} c_{i\alpha}\pi_{i\alpha}$，其中 $c_{i\alpha}\geqslant 0$，$\sum_{\alpha} c_{i\alpha}=1$，代表一个混合策略，$\pi_{i\alpha}$ 是参与人 i 的纯策略。我们将 s_i 看作一个顶点是 $\pi_{i\alpha}$ 的单纯型（simplex）中的点。这个单纯型是实向量空间的凸子集，这告诉我们混合策略是一个线性组合的自然过程。

我们用下标 i，j，k 代表参与人，用 α，β，γ 代表一个参与人的不同纯策略。s_i，t_i，r_i 代表混合策略；$\pi_{i\alpha}$ 代表第 i 个参与人的第 α 个纯策略，等等。

支付函数 p_i：

支付函数 p_i 应用于上面定义的有限博弈，是混合策略 n 元组合的唯一扩充，它对每个参与人的混合策略都是线性的（n 元线性）。我们用 p_i 表示这个扩充，记作 $p_i(s_1, s_2, \cdots, s_n)$。

我们用 ζ 或 τ 表示混合策略的 n 元组合，如果 $\zeta=(s_1, s_2, \cdots, s_n)$，那么 $P_i(\zeta)$ 代表 $P_i(s_1, s_2, \cdots, s_n)$。这样的 n 元组合 ζ，也可以看作向量空间中的一点，即包含混合策略的向量空间的乘积空间。所有这样的 n 元组合构成的集合是凸多面体，代表混合策略的简单乘积。

为了方便，我们用（ζ; t_i）代替（$s_1, s_2, \cdots, s_{i-1}, t_i, s_{i+1}, \cdots, s_n$），这里 $\zeta=(s_1, s_2, \cdots, s_n)$。同理用（$\zeta$; t_i; r_j）代替（(ζ; t_i); r_j），等等。

均衡点：

n 元组合 ζ 是均衡点，当且仅当对每个 i

$$p_i(\zeta)=\max_{\text{对于所有}r_i}[p_i(\zeta;r_i)] \tag{3.1}$$

因此，均衡点是一个 n 元组合 ζ，它使得在其他参与人的策略给定的情况下，每个参与人的混合策略都最大化其支付。所以，每个参与人的策略是对其他人的策略的最优反应。有时，我们将均衡点简记为 eq. pt。

我们称混合策略 s_i 使用了纯策略 $\pi_{i\alpha}$，如果 $s_i=\sum_\beta c_{i\beta}\pi_{i\beta}$ 且 $c_{i\alpha}>0$。如果 $\zeta=(s_1, s_2, \cdots, s_n)$ 且 s_i 使用了 $\pi_{i\alpha}$，我们也称 ζ 使用了 $\pi_{i\alpha}$。

由 $p_i(s_1, \cdots, s_n)$ 关于 s_i 的线性，有

$$\max_{\text{对于所有}r_i}[p_i(\zeta;r_i)]=\max_\alpha[p_i(\zeta;\pi_{i\alpha})] \tag{3.2}$$

我们定义 $p_{i\alpha}(\zeta)=p_i(\zeta;\pi_{i\alpha})$。那么，我们得到 ζ 是均衡点的充分必要条件：

$$p_i(\zeta)=\max_\alpha p_{i\alpha}(\zeta) \tag{3.3}$$

如果 $\zeta=(s_1, s_2, \cdots, s_n)$，$s_i=\sum_\alpha c_{i\alpha}\pi_{i\alpha}$，那么 $p_i(\zeta)=\sum_\alpha c_{i\alpha}p_{i\alpha}(\zeta)$，由式（3.3）可知，只要 $p_{i\alpha}(\zeta)<\max_\beta p_{i\beta}(\zeta)$，就一定有 $c_{i\alpha}=0$，也就是说，除非 $\pi_{i\alpha}$ 是参与人 i 的最优纯策略，否则 ζ 不会使用它。所以我们有：如果 ζ 使用了 $\pi_{i\alpha}$，那么

$$p_{i\alpha}(\zeta)=\max_{\beta} p_{i\beta}(\zeta) \tag{3.4}$$

是均衡点的另一个充分必要条件。

根据判别准则式（3.3），均衡点可以被表示成均衡点的 n 元组合 ζ 空间上的 n 组连续函数的等式，显然这构成了这个空间的闭子集。实际上，这个子集由一些代数变量构成，而由另外一些代数变量分割。

3.3　均衡点的存在性

这个存在性定理的证明基于角谷不动点定理，它发表在《美国自然科学》上（*Proc. Nat. Acad. Sci.* U. S. A.，36，pp. 48 - 49）。这里给出的证明是对早期形式的一个改进，它直接基于布劳威尔不动点定理(Brouwer fixed point theorem)。我们构造 n 元组合空间的一个连续变换 T，证明 T 的不动点是博弈的均衡点。

定理 1　每个有限博弈都有一个均衡点。

证明：令 ζ 是混合策略的 n 元组合，$p_i(\zeta)$ 是参与人 i 对应的支付，$p_{i\alpha}(\zeta)$ 代表在参与人 i 将他的策略改变为第 α 个纯策略 $\pi_{i\alpha}$ 而其他参与人保持 ζ 中的混合策略的情形下，参与人 i 的支付。我们现在定义 ζ 的连续函数的集合为

$$\varphi_{i\alpha}(\zeta)=\max(0,p_{i\alpha}(\zeta)-p_i(\zeta))$$

对 ζ 的每一个分量 s_i，我们定义一个修正的 s_i' 为：

$$s_i'=\frac{s_i+\sum_{\alpha}\varphi_{i\alpha}(\zeta)\pi_{i\alpha}}{1+\sum_{\alpha}\varphi_{i\alpha}(\zeta)}$$

记 ζ' 为 n 元组合（s_1'，s_2'，…，s_n'）。

现在我们证明映射 T：$\zeta\rightarrow\zeta'$ 的不动点是均衡点。

首先考虑任意的 n 元组合 ζ。在 ζ 中，第 i 个参与人的混合策略 s_i 使用确定纯策略。这些策略中的某一个，如 $\pi_{i\alpha}$，一定是“获益最少”的，满足 $p_{i\alpha}(\zeta) \leqq p_i(\zeta)$。这使得 $\varphi_{i\alpha}(\zeta)=0$。

如果这个 n 元组合 ζ 在 T 下是不动点，那么在 s_i 中使用 $\pi_{i\alpha}$ 的比例在 T 中是非减的。因此，对于所有的 β，$\varphi_{i\beta}(\zeta)$ 一定是 0，以防止 s_i' 的分母超过 1。

因此，如果 ζ 在 T 下是不动点，那么对任意 i 和 β，$\varphi_{i\beta}(\zeta)=0$。这意味着没有参与人能够通过采用纯策略 $\pi_{i\beta}$ 而改善他的支付。而这正是均衡点的判别准则［见式（3.2）］。

反之，如果 ζ 是均衡点，那么所有的 φ 都不存在，使得 ζ 是 T 下的不动点。

因为 n 元组合空间满足布劳威尔不动点定理，所以 T 至少存在一个不动点 ζ，它也是均衡点。

3.4 博弈的对称性

博弈的自同构（automorphism）或对称（symmetry），是它的纯策略的一个排列，满足下面给出的条件。

如果两个策略属于一个参与人，那么它们一定归入属于一个参与人的两个策略。因此，如果 ϕ 是纯策略的排列，那么它会导出参与人的排列 ψ。

因此每个纯策略的 n 元组合会排列成纯策略的另一个 n 元组合。我们称 χ 为这些 n 元组合的引致排列。令 ξ 为纯策略的 n 元组合，$p_i(\xi)$ 为参与人 i 对应 n 元组合 ξ 的支付。我们要求，如果 $j=i^{\psi}$，那么

$$p_j(\xi^{\chi})=p_i(\xi)$$

这就是对称的定义。

排列 ϕ 具有混合策略的唯一线性推广。如果 $s_i=\sum_{\alpha} c_{i\alpha}\pi_{i\alpha}$，我们就定义：

$$(s_i)^{\phi}=\sum_{\alpha} c_{i\alpha}(\pi_{i\alpha})^{\phi}$$

ϕ 对混合策略的推广显然会得到 χ 对混合策略的 n 元组合的推广。我们也将其记作 χ。

若对任意的 χ，有 $\zeta^{\chi}=\zeta$，则我们可定义博弈的对称 n 元组合 ζ。

定理 2　任何有限博弈都存在对称的均衡点。

证明：首先我们注意 $s_{i0}=\sum_{\alpha}\pi_{i\alpha}/\sum_{\alpha}1$ 有性质（$(s_{i0})^{\phi}=s_{j0}$，其中 $j=i^{\psi}$，所以 n 元组合 $\zeta_0=(s_{10}$，s_{20}，…，s_{n0}）是任意 χ 下的不动点。因此任何博弈都至少有一个对称的 n 元组合。

如果 $\zeta=$（s_1，s_2，…，s_n），$\tau=$（t_1，…，t_n）是对称的，那么

$$\frac{\zeta+\tau}{2}=\left(\frac{s_1+t_1}{2},\frac{s_2+t_2}{2},\cdots,\frac{s_n+t_n}{2}\right)$$

也是对称的，因为 $\zeta^{\chi}=\zeta\leftrightarrow s_j=(s_i)^{\phi}$，其中 $j=i^{\psi}$，因此有：

$$\frac{s_j+t_j}{2}=\frac{(s_i)^{\phi}+(t_i)^{\phi}}{2}=\left(\frac{s_i+t_i}{2}\right)^{\phi}$$

从而有：

$$\left(\frac{\zeta+\tau}{2}\right)^{\chi}=\frac{\zeta+\tau}{2}$$

这证明对称的 n 元组合集合是 n 元组合空间的凸子集，因为它显然是闭的。

现在观察到，存在性定理证明中使用的映射 T：$\zeta\rightarrow\zeta'$ 是内在定义的。因此，如果 $\zeta_2=T\zeta_1$，且 χ 是由博弈的自同构导出的，我们就有 $\zeta_2^{\chi}=T\zeta_1^{\chi}$。如果 ζ_1 是对称的，则 $\zeta_1^{\chi}=\zeta_1$，因此 $\zeta_2^{\chi}=T\zeta_1=\zeta_2$。因此，这个映射是对称的 n 元组合到它自己的映射。

因为这个集合满足不动点定理，所以一定存在对称的不动点 ζ，它也是对称的均衡点。

3.5 解

这里我们定义解、强解（strong solution）和次解（sub-solution）。非合作博弈不一定总是有解，但是如果有解，一定是唯一解。强解是具有特殊性质的解。次解总是存在，并具有解的许多性质，但是没有唯一性。

记 S_i[①] 为参与人 i 的混合策略的集合，$\mathfrak{S}$是混合策略 n 元组合的集合。

可解性：

一个博弈是可解的，如果它的均衡点的集合$\mathfrak{S}$满足条件：

$$(\tau;r_i)\in\mathfrak{S} \text{ 且 } \zeta\in\mathfrak{S}\rightarrow(\zeta;r_i)\in\mathfrak{S}\text{，对于所有 } i \tag{3.5}$$

这称作可交换（interchangeability）条件。可解博弈的解是均衡点$\mathfrak{S}$的集合。

强可解性：

博弈是强可解的，如果有解$\mathfrak{S}$，使得对于所有的 i，都有：

$$\zeta\in\mathfrak{S} \text{ 且 } p_i(\zeta;r_i)=p_i(\zeta)\rightarrow(\zeta;r_i)\in\mathfrak{S}$$

那么$\mathfrak{S}$称作强解。

均衡策略：

在可解博弈中，令 S_i 是所有混合策略 s_i 的集合，满足对某些 τ 来说，n 元组合（τ；s_i）是均衡点。（s_i 是某个均衡点的第 i 个分量。）我们称 S_i 为参与人 i 的均衡策略集合。

次解：

① 原文为 S_1，应为 S_i。——译者注

如果$\mathfrak{S}$是博弈均衡点集合的子集，且满足条件式（3.1）；并且如果$\mathfrak{S}$是相对于这个性质最大化的，那么我们称$\mathfrak{S}$为次解。

对任意次解$\mathfrak{S}$，我们定义第i个要素集合S_i，是满足对某些τ，$\mathfrak{S}$包含（τ；s_i）中的所有s_i的集合。

注意，一个次解如果唯一，那么它一定是解；它的要素集合是均衡策略的集合。

定理3　一个次解$\mathfrak{S}$是所有n元组合（s_1，s_2，…，s_n）的集合，满足每个$s_i \in S_i$，其中S_i是$\mathfrak{S}$的第i个要素集合。在几何上，$\mathfrak{S}$是它的要素集合的乘积。

证明：考虑这样的n元组合（s_1，s_2，…，s_n）。由定义，$\exists \tau_1$，τ_2，…，τ_n，使得对每个i，$(\tau_i;\ s_i) \in \mathfrak{S}$。利用（$n-1$）次条件式（3.5），我们依次得到$(\tau_1;\ s_1) \in \mathfrak{S}$，$(\tau_1;\ s_1;\ s_2) \in \mathfrak{S}$，…，$(\tau_1;\ s_1;\ s_2;\ \cdots;\ s_n) \in \mathfrak{S}$，最终$(s_1,\ s_2,\ \cdots,\ s_n) \in \mathfrak{S}$，这就是我们要证明的。

定理4　一个次解的要素集合S_1，S_2，…，S_n作为混合策略空间的子集，是闭凸集。

证明：需要证明两点：

(a) 如果s_i和$s_i' \in S_i$，那么$s_i^* = (s_i + s_i')/2 \in S_i$；(b) 如果$s_i^{\#}$是$S_i$的极限点，那么$s_i^{\#} \in S_i$。

令$\tau \in \mathfrak{S}$。那么利用均衡点的判别准则式（3.1），对任意的r_j我们有$p_j(\tau;\ s_i) \geqq p_j(\tau;\ s_i;\ r_j)$和$p_j(\tau;\ s_i') \geqq p_j(\tau;\ s_i';\ r_j)$。将这些不等式相加，再利用$p_j(s_1,\ \cdots,\ s_n)$对$s_i$的线性性质，除以2，我们得到$p_j(\tau;\ s_i^*) \geqq p_j(\tau;\ s_i^*;\ r_j)$，因为$s_i^* = (s_i + s_i')/2$。由此，我们可知（$\tau$；$s_i$）对任意$\tau \in \mathfrak{S}$是均衡点。如果所有这些均衡点的集合（$\tau$；$s_i$）和$\mathfrak{S}$相加，扩大的集合显然满足条件式（3.5），又因为$\mathfrak{S}$是最大化的，所以$s_i^* \in S_i$。

下面证明（b)。注意，n元组合（τ；$s_i^{\#}$）是n元组合集合（τ；s_i）

的极限点，其中 $\tau\in\mathfrak{S}$，$s_i\in S_i$，因为 $s_i^{\#}$ 是 S_i 的极限点。而且这个集合是均衡点的集合，因此它闭集上的任何点也是均衡点。因为所有均衡点的集合是闭集，所以（τ；$s_i^{\#}$）是均衡点，与 s_i^{*} 相同，$s_i^{\#}\in S_i$。

值：

令$\mathfrak{S}$是博弈均衡点的集合。我们定义

$$v_i^{+}=\max_{\zeta\in\mathfrak{S}}[p_i(\zeta)],\quad v_i^{-}=\min_{\zeta\in\mathfrak{S}}[p_i(\zeta)]$$

如果 $v_i^{+}=v_i^{-}$，我们记 $v_i=v_i^{+}=v_i^{-}$。v_i^{+} 是博弈中参与人 i 的上值（upper value）；v_i^{-} 是下值（lower value）；v_i 是值（value），如果它存在。

如果只存在一个均衡点，那么值显然存在。

对次解也可以定义相关的值，可通过限制$\mathfrak{S}$为次解中的均衡点，利用与上面定义相同的方程得到。

在上述意义下，二人零和博弈总是可解的。均衡策略集合 S_1 和 S_2 是“好”策略的集合。这样的博弈并不总是有强解的；只有在纯策略中存在“鞍点”（saddle point）时，强解才存在。

3.6 简单的例子

这里举例说明本章中定义的概念，并展示这些博弈中的特殊情况，见表 3-1。

第一个参与人具有罗马字母的策略和左侧的支付，依此类推

表 3-1

Ex. 1	5	$a\alpha$	-3	解$\left(\frac{9}{16}a+\frac{7}{16}b,\ \frac{7}{17}\alpha+\frac{10}{17}\beta\right)$
	-4	$a\beta$	4	
	-5	$b\alpha$	5	$v_1=\frac{-5}{17}$，$v_2=+\frac{1}{2}$
	3	$b\beta$	-4	

续表

<table>
<tr><td rowspan="4">Ex. 2</td><td>1</td><td>$a\alpha$</td><td>1</td><td rowspan="4">强解 (b, β)
$v_1 = v_2 = -1$</td></tr>
<tr><td>−10</td><td>$a\beta$</td><td>10</td></tr>
<tr><td>10</td><td>$b\alpha$</td><td>−10</td></tr>
<tr><td>−1</td><td>$b\beta$</td><td>−1</td></tr>
<tr><td rowspan="4">Ex. 3</td><td>1</td><td>$a\alpha$</td><td>1</td><td rowspan="4">不可解；均衡点 (a, α)，(b, β) 和 $\left(\frac{a}{2}+\frac{b}{2}, \frac{\alpha}{2}+\frac{\beta}{2}\right)$。后一个策略具有最大-最小和最小-最大性质</td></tr>
<tr><td>−10</td><td>$a\beta$</td><td>10</td></tr>
<tr><td>−10</td><td>$b\alpha$</td><td>−10</td></tr>
<tr><td>1</td><td>$b\beta$</td><td>1</td></tr>
<tr><td rowspan="4">Ex. 4</td><td>1</td><td>$a\alpha$</td><td>1</td><td rowspan="4">强解：混合策略的所有组合
$v_1^+ = v_2^+ = 1$，$v_1^- = v_2^- = 0$</td></tr>
<tr><td>0</td><td>$a\beta$</td><td>1</td></tr>
<tr><td>1</td><td>$b\alpha$</td><td>0</td></tr>
<tr><td>0</td><td>$b\beta$</td><td>0</td></tr>
<tr><td rowspan="4">Ex. 5</td><td>1</td><td>$a\alpha$</td><td>2</td><td rowspan="4">不可解；均衡点 (a, α)，(b, α) 和 $\left(\frac{1}{4}a+\frac{3}{4}b, \frac{3}{8}\alpha+\frac{5}{8}\beta\right)$。但是，经验表明具有趋于 (a, α) 的趋势</td></tr>
<tr><td>−1</td><td>$a\beta$</td><td>−4</td></tr>
<tr><td>−4</td><td>$b\alpha$</td><td>−1</td></tr>
<tr><td>2</td><td>$b\beta$</td><td>1</td></tr>
<tr><td rowspan="4">Ex. 6</td><td>1</td><td>$a\alpha$</td><td>1</td><td rowspan="4">均衡点 (a, α) 和 (b, β)，(b, β) 是不稳定的例子</td></tr>
<tr><td>0</td><td>$a\beta$</td><td>0</td></tr>
<tr><td>0</td><td>$b\alpha$</td><td>0</td></tr>
<tr><td>0</td><td>$b\beta$</td><td>0</td></tr>
</table>

3.7　解的几何形式

在二人零和博弈的情况下，我们已经证明了参与人的“好”策略集合是他的策略空间的凸多面体子集。对于任意可解博弈中参与人的均衡策略集合，我们也会得到同样的结论。

定理 5　可解博弈的均衡策略集合 S_1，S_2，…，S_n 是各自混合策略空间的凸多面体子集。

证明：n 元组合 ζ 是均衡点，当且仅当对每个 i 有

$$p_i(\zeta)=\max_{\alpha} p_{i\alpha}(\zeta) \tag{3.6}$$

这就是条件式（3.3）。一个等价条件是，对每个 i 和 α 有

$$p_i(\zeta)-p_{i\alpha}(\zeta)\geqq 0 \tag{3.7}$$

我们现在考虑参与人 j 的均衡策略 s_j 的集合 S_j 的形式。令 τ 是任意均衡点，那么由定理 2 可知，（τ；s_j）是均衡点，当且仅当 $s_j \in S_j$。对（τ；s_j）应用条件式（3.2），得到：

$$s_j \in S_j \leftrightarrow p_i(\tau;s_j)-p_{i\alpha}(\tau;s_j)\geqq 0 \quad（对于所有 i，\alpha） \tag{3.8}$$

因为 p_i 是 n 元线性的，且 τ 是常量，所以上式是形如 $F_{i\alpha}(s_j)\geqq 0$ 的线性不等式。每一个这样的不等式或被所有的 s_j 满足，或被那些经过策略单纯型的某些超平面的一侧的点满足。因此，条件的完全集（它是有限的）会同时在参与人的策略单纯型的某些凸多面体子集上满足。（半空间的交集。）

作为推论，我们可以得到 S_j 是混合策略（顶点）的有限闭集。

3.8 优势和对抗方法

如果对每个 τ 都有 $p_i(\tau;\ s_i')>p_i(\tau;\ s_i)$，我们就称 s_i' 支配 s_i。

这就是说，无论其他参与人采取什么策略，s_i' 都比 s_i 给参与人 i 更高的支付。要证明 s_i' 是否支配 s_i，只要考虑其他参与人的纯策略即可，因为 p_i 是 n 元线性的。

由定义可知，任何均衡点都不包括劣策略（dominated strategy）s_i。

混合策略对另一混合策略的支配一定包含另外的支配。假设 s_i' 支配 s_i，且 t_i 使用所有在 s_i 中比 s_i' 有更大系数的纯策略。那么对足

够小的 ρ，

$$t_i'=t_i+\rho(s_i'-s_i)$$

是混合策略；由线性可知，t_i 支配 t_i'。

可以证明优势策略集合的几个性质。该集合是简单连接的，由与策略单纯型的某些面联合构成。

一个参与人通过支配而获得的信息，是与其他参与人相关的、排除了均衡点中可能分量的混合策略。如果 t 的分量都是不受支配的，那么需要考虑，排除一个参与人的某些策略可能会排除另一个参与人的策略。

另一个找出均衡点的方法是对抗分析（contradiction-type analysis）。这里假设均衡点存在，某分量策略在策略空间的确定区域内，如果假设是真的，则继续推导必须进一步满足一些条件。推导可能会经过几个阶段，最终得到矛盾的条件，这说明不存在均衡点满足初始假设。

3.9　三人扑克博弈

我们的理论或多或少反映真实情况，我们下面给出一个简单的扑克博弈的例子。规则如下：

(a) 一副牌是大的，如果高低牌数量相同，一手由一张牌组成。

(b) 两个筹码用来下注、开牌或叫牌。

(c) 参与人轮流出牌，如果所有人都过，或一人开牌而其他人有机会叫牌，则博弈结束。

(d) 如果没有人下注，则重新开始。

(e) 否则在下注的最高手之间平分赌注。

我们发现用“行为参数”（behavior parameter）的方法处理这个博弈，比《博弈论与经济行为》中的标准形式更令人满意。在标准形式中，代表一个参与人的两个混合策略是等价的，在某种意义上指每个策略使得参与人在每种特定情况下，以相同的概率选择有效的行动。也就是说，它们代表参与人相同的行为方式。

行为参数给出了在各种可能的情况下每个可能采取的行为的概率。因此它们描述了行为方式。

考虑行为参数，参与人的策略可由图 3－1 表示，假设在最后一次机会用高牌没有意义，因此他不会这样做。希腊字母代表各个行动的概率。

	第一步	第二步
Ⅰ	α 高的时候开牌 β 低的时候开牌	κ 低的时候叫Ⅲ λ 低的时候叫Ⅱ μ 低的时候叫Ⅱ和Ⅲ
Ⅱ	γ 低的时候叫Ⅰ δ 高的时候开牌 ε 低的时候开牌	υ 低的时候叫Ⅲ ξ 低的时候叫Ⅲ和Ⅰ
Ⅲ	ζ 低的时候叫Ⅰ和Ⅱ η 低的时候开牌 θ 低的时候叫Ⅰ ι 低的时候叫Ⅱ	参与人Ⅲ不进行第二次行动

图 3－1

我们通过消去大部分希腊参数来确定所有均衡点。主要通过支配和少许对抗分析消去 β，然后由支配消去 γ，ζ 和 θ。又由对抗分析按顺序消去 μ，ζ，ι，λ，κ 和 υ。如此只留下 α，δ，ε 和 η。对抗分析表明，它们不能是 0 或 1，因此我们得到一组代数方程。方程有解且只有一个解在（0，1）之间。我们得到：

$$\alpha=\frac{21-\sqrt{321}}{10},\quad \eta=\frac{5\alpha+1}{4},\quad \delta=\frac{5-2\alpha}{5+\alpha},\quad \varepsilon=\frac{4\alpha-1}{\alpha+5}$$

解得 $\alpha=0.308$，$\eta=0.635$，$\delta=0.826$，$\varepsilon=0.044$。因为只有一个均衡点，所以博弈有值，即：

$$v_1 = -0.147 = -\frac{(1+17\alpha)}{8(5+\alpha)}, \quad v_2 = -0.096 = -\frac{1-2\alpha}{4},$$

$$v_3 = 0.243 = -\frac{79}{40}\left(\frac{1-\alpha}{5+\alpha}\right)$$

对这个三人扑克博弈更全面的研究是发表在《数学研究年刊》上的《对博弈论的贡献》（Contributions to the Theory of Games）一文。其中，解被当作赌注对本钱变量的比率来研究，并研究了潜在的联盟。

3.10 应　用

接受公平博弈思想的 n 人博弈的研究，意味着非合作博弈当然是这一理论的直接应用。扑克博弈也是最直接的目标。比我们的简单模型更符合实际的扑克博弈分析也是令人感兴趣的问题。

然而，随着博弈的复杂性增加，完整研究所需的数学工作的复杂性增加得相当快。所以博弈分析比这里给出的例子复杂得多，这里的例子只具有计算方法的可行性。

一个不太直接的应用是对合作博弈的研究。合作博弈包括一般参与人的集合、纯策略和支付；还假设参与人可以像冯·诺依曼和摩根斯坦的理论中那样结成联盟。这意味着参与人可以交流并结成联盟，由仲裁人强制执行。但是，不必严格地假设在参与人之间，支付（应该以效用单位表示）可转换甚至可比较。任何可转换效用都是用于博弈本身的，而不大可能用于外部博弈联盟。

在简化成非合作博弈的基础上，作者已经发展了研究合作博弈的一种动态方法。即通过构造博弈前谈判模型，使得谈判成为一个大的非合作博弈的行动（这里有无限的纯策略），从而描述了整体情况。

这个大的非合作博弈可以利用本章的理论（推广到无限博弈的情形）来处理，如果得到值，就是合作博弈的值。因此，分析合作博弈的问题变成了分析合适的、令人信服的、关于谈判的非合作模型的问题。

通过这样的处理，作者已经得到了所有有限二人合作博弈的值，和某些特殊的 n 人博弈的值。

感　谢

塔克（Tucker）博士、盖尔博士和库恩博士为提高本文研究的质量提出了有价值的批评和建议。戴维·盖尔建议研究对称博弈。三人扑克模型的解由沙普利和作者联合完成。最后，在本文研究期间，作者获得了原子能委员会 1949—1950 年度的资金资助。

参考文献

1. von Neumann, Morgenstern. *Theory of Games and Economic Behavior*, Princeton University Press, 1944.

2. J. F. Nash, Jr. "Equilibrium points in n-person games," *Proc. Nat. Acad. Sci.* U. S. A. 36(1950)48－49.

3. J. F. Nash, L. S. Shapley. "A simple three-person poker game," *Annals of Mathematics Study* No. 24, Princeton University Press, 1950.

4. John Nash. "Two person cooperative games," to appear in *Econometrica*.

5. H. W. Kuhn. "Extensive games," *Proc. Nat. Acad. Sci.* U.S.A. 36 (1950)570－576.

第4章 求解博弈的迭代算法

朱莉娅·鲁滨逊

一个二人博弈[1]可以用它的支付矩阵 $A=(a_{ij})$ 表示。第一个参与人选择 m 行中的1行，同时第二个参与人选择 n 列中的1列。如果选择了第 i 行和第 j 列，那么第二个参与人给第一个参与人的支付就是 a_{ij}。

如果第一个参与人以概率 x_i 选择第 i 行，第二个参与人以概率 y_j 选择第 j 列，其中 $x_i \geqq 0$，$\sum x_i=1$，$y_j \geqq 0$，$\sum y_j=1$，那么第一个参与人的期望是 $\sum\sum a_{ij}x_i y_j$。而且

$$\min_j \sum_i a_{ij}x_i \leqq \max_i \sum_j a_{ij}y_j \tag{4.1}$$

因为

$$\min_j \sum_i a_{ij}x_i \leqq \sum_i \sum_j a_{ij}x_i y_j \leqq \max_i \sum_j a_{ij}y_j$$

博弈论的最小最大原理（见参考文献1，p.153）说明，对于某个概率分布 $X=(x_1, \cdots, x_m)$ 和 $Y=(y_1, \cdots, y_n)$，式（4.1）中等式

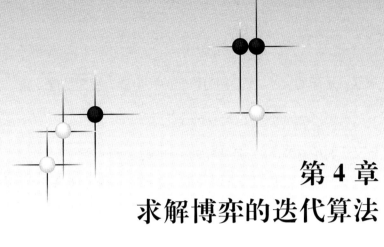

成立。这样的（X，Y）称为博弈的一个解。博弈的值 v 由

$$v=\min_j\sum_i a_{ij}x_i=\max_i\sum_j a_{ij}y_j$$

定义，其中（X，Y）是博弈的一个解。

在本章中，我们要证明乔治·布朗（见参考文献 2）提出的迭代方法的有效性。这种方法对应每个参与人轮流选择最优纯策略来对付对手累积的混合策略的情形。

令 $A=(a_{ij})$ 是 $m\times n$ 矩阵。$A_{i}.$ 表示第 i 行，$A._j$ 表示第 j 列。类似地，如果 $V(t)$ 是一个向量，那么 $v_j(t)$ 是第 j 个分量。令 $\max V(t)=\max_j v_j(t)$，$\min V(t)=\min_j v_j(t)$。用这样的符号，式（4.1）可以重新写成如下形式：

$$\min\sum_i A_{i}.x_i\leqq\max\sum_j A._j y_j \tag{4.2}$$

只要 $x_i\geqq 0$，$\sum x_i=1$，$y_j\geqq 0$，$\sum y_j=1$。

定义 1 （U，V）称为 A 的一个向量系（vector system），如果它由一系列 n 维向量 $U(0)$，$U(1)$，… 和一系列 m 维向量 $V(0)$，$V(1)$，… 组成，并且

$$\min U(0)=\max V(0)$$

且

$$U(t+1)=U(t)+A_{i}.,\quad V(t+1)=V(t)+A._j$$

其中 i 和 j 满足条件：

$$v_i(t)=\max V(t),\quad u_j(t)=\min U(t)$$

因此 A 的向量系可以由给定的 $U(0)$ 和 $V(0)$ 迭代而成。在每一步中，U 的行加上 V 的最大分量，V 的列加上 U 的最小分量。

如果将定义 1 中关于 j 的条件替换为：

$$u_j(t+1)=\min U(t+1)$$

就得到了向量系的另一种表示。这种新的向量系也可以迭代得到。唯一的不同就是这里一系列的 U 和 V 被轮流决定，而在另一个定义中的 U 和 V 能同时得到。在以下所有的证明和定理中，可以使用任何一个定义。

在特殊情况 $U(0)=0$ 和 $V(0)=0$ 下，我们得到 $U(t)/t$ 是 A 的行加权平均值，$V(t)/t$ 是 A 的列加权平均值。因此，对于每个 t 和 t'，有：

$$\frac{\min U(t)}{t}\leqq v\leqq\frac{\max V(t')}{t'}$$

如果对于某些 t 和 t'，上式两边相等，我们就得到了博弈的一个解。遗憾的是，事实不总是这样。然而乔治·布朗推测，当 t 和 t' 趋于 ∞ 时，上式两边就会逼近 v。本章的主要成果就是证明了这个结论对于任何向量系都成立。在数值例子中，第二种类型的向量系要比第一种收敛得更快。

定理[2]　如果（U，V）是 A 的一个向量系，那么

$$\lim_{t\to\infty}\frac{\min U(t)}{t}=\lim_{t\to\infty}\frac{\max V(t)}{t}=v$$

证明将被分成四个引理。

引理 1　如果（U，V）是矩阵 A 的一个向量系，那么

$$\liminf_{t\to\infty}\frac{\max V(t)-\min U(t)}{t}\geqq 0$$

证明：对于每个 t，有

$$V(t)=V(0)+t\sum_j y_jA_{\cdot j}\text{，其中 } y_j\geqq 0,\sum y_j=1$$

$$U(t)=U(0)+t\sum_i x_iA_{i\cdot}\text{，其中 } x_i\geqq 0,\sum x_i=1$$

因此

$$\max V(t)\geqq\min V(0)+t\max\sum_j y_jA_{\cdot j}\geqq\min V(0)+tv$$

且

$$\min U(t) \leqq \max U(0) + t\min\sum_i x_i A_{i\cdot} \leqq \max U(0) + tv$$

所以

$$\liminf_{t\to\infty}\frac{\max V(t)-\min U(t)}{t}\geqq 0$$

定义 2 如果（U，V）是矩阵 A 的一个向量系，那么我们称第 i 行在区间（t，t'）符合条件，如果存在 t_1 有

$$t\leqq t_1\leqq t'$$

且

$$v_i(t_1)=\max V(t_1)$$

类似地，第 j 列在区间（t，t'）符合条件，如果存在 t_2 有

$$t\leqq t_2\leqq t'$$

且

$$u_j(t_2)=\min U(t_2)$$

引理 2 对于给定的矩阵 A 的向量系（U，V），如果 A 所有的行和列在区间（s，$s+t$）符合条件

$$\max U(s+t)-\min U(s+t)\leqq 2at$$
$$\max V(s+t)-\min V(s+t)\leqq 2at$$

其中

$$a=\max_{i,j}|a_{ij}|$$

证明：设 j 满足

$$u_j(s+t)=\max U(s+t)$$

选择 t' 满足 $s\leqq t'\leqq s+t$，则

$$u_j(t')=\min U(t')$$

那么，因为在 t 步里第 i 个分量的变化不大于 at，则

$$u_j(s+t)\leqq u_j(t')+at=\min U(t')+at$$

而且

$$\min U(s+t)\geqq \min U(t')-at$$

所以

$$\max U(s+t)-\min U(s+t)\leqq 2at$$

类似地

$$\max V(s+t)-\min V(s+t)\leqq 2at$$

引理 3 如果对于给定的向量系（U，V），A 的所有行和列在（s，$s+t$）符合条件，那么有

$$\max V(s+t)-\min U(s+t)\leqq 4at$$

证明：根据引理 2，

$$\max V(s+t)-\min U(s+t)\leqq 4at+\min V(s+t)-\max U(s+t)$$

因此，这足以表明

$$\min V(s+t)\leqq \max U(s+t)$$

现在应用式（4.2）到 A 的转置，得到

$$\min\sum_j A_{\cdot j}y_j\leqq \max\sum A_{i\cdot}x_i$$

只要 $x_i\geqq 0$，$\sum x_i=1$，$y_j\geqq 0$，$\sum y_j=1$。特别地，选择 x_i，y_j 满足

$$U(s+t)=U(0)+(s+t)\sum A_{i\cdot}x_i$$

$$V(s+t)=V(0)+(s+t)\sum A_{\cdot j}y_j$$

那么就有

$$\begin{aligned}\min V(s+t) &\leqq \max V(0)+(s+t)\min\sum A_{\cdot j}y_j\\ &\leqq \min U(0)+(s+t)\max\sum A_{i\cdot}x_i\\ &\leqq \max U(s+t)\end{aligned}$$

引理 4 对于任意矩阵 A 和 $\varepsilon>0$，都存在 t_0，使得对于任意向量系 (U, V)，有

$$\max V(t)-\min U(t)<\varepsilon t,\quad t\geqq t_0$$

证明：定理对于一阶矩阵成立，因为 $U(t)=V(t)$ 对所有的 t 都成立。假设定理对于 A 的所有子阵都成立，那么我们要用归纳法来证明它对 A 也成立。选择 t^*，使得对于任何与 A 的子阵 A' 相对应的向量系 (U', V')，我们有

$$\max V'(t)-\min U'(t)<\frac{1}{2}\varepsilon t,\quad \text{只要 } t\geqq t^*$$

我们要证明如果在 A 的给定向量系 (U, V) 中，一些行或列在区间 $(s, s+t^*)$ 不符合条件，那么

$$\max V(s+t^*)-\min U(s+t^*)<\max V(s)-\min U(s)+\frac{1}{2}\varepsilon t^* \tag{4.3}$$

举例来说，假设在区间 $(s, s+t^*)$，第 k 行不符合条件，那么我们能以如下方式构造一个对应于去掉 A 的第 k 行得到的矩阵 A' 的向量系 (U', V')：

$$\begin{aligned}&U'(t)=U(s+t)+C\\ &V'(t)=\mathrm{Proj}_k V(s+t),\quad t=0,1,\cdots,t^*\end{aligned}$$

其中 C 是 n 维向量，它的所有分量都等于 $\max V(s)-\min U(s)$，$\mathrm{Proj}_k V$ 是由 V 通过省略第 k 个分量得到的向量。A' 的行是 1，2，…，$k-1$，

$k+1$，…，m。注意首先有 $\min U'(0)=\max V'(0)$。并且，如果

$$U(s+t+1)=U(s+t)+A_{i}.$$
$$V(s+t+1)=V(s+t)+A_{\cdot j}$$

那么

$$U'(t+1)=U'(t)+A'_{i}.$$
$$V'(t+1)=V'(t)+A'_{\cdot j}$$

并且　$v_i(s+t)=\max V(s+t)$，当且仅当 $v'_i(t)=\max V'(t)$

$u_j(s+t)=\min U(s+t)$，当且仅当 $u'_j(t)=\min U'(t)$，其中 $0\leqq t\leqq t^*$。

因此，我们得到 U' 和 V' 对 $0\leqq t\leqq t^*$ 一定满足一个向量系定义的迭代约束，因为 U 和 V 满足这个条件。很自然地，我们可以无限地继续用 U' 和 V' 构造一个 A' 的向量系。

现在，通过 t^* 的选择，我们知道

$$\max V'(t^*)-\min U'(t^*)<\frac{1}{2}\varepsilon t^*$$

因此

$$\begin{aligned}&\max V(s+t^*)-\min U(s+t^*)\\&\quad=\max V'(t^*)-\min U'(t^*)+\max V(s)-\min U(s)\\&\quad<\max V(s)-\min U(s)+\frac{1}{2}\varepsilon t^*\end{aligned}$$

考虑 $t>t^*$，我们现在证明对给定的 A 的任意向量系 (U, V)，有

$$\max V(t)-\min U(t)<\varepsilon t,\quad t\geqq\frac{8at^*}{\varepsilon}$$

令 $\theta(0\leqq\theta<1)$ 和一个正整数 q 取定后使得 $t=(\theta+q)t^*$。

情形 1　假设有一个正整数 $s\leqq q$，使得 A 所有的行和列在区间

$((\theta+s-1)t^*,(\theta+s)t^*)$ 符合条件，取最大的 s，则

$$\max V(t)-\min U(t)$$
$$\leqq \max V((\theta+s)t^*)-\min U((\theta+s)t^*)+\frac{1}{2}\varepsilon(q-s)t^* \quad (4.4)$$

我们通过重复应用式（4.3）得到这个不等式，因为对每个区间

$$((\theta+r-1)t^*,(\theta+r)t^*),\ r=s+1,\cdots,q$$

A 的一些行或列不符合条件。由引理 3 和 s 的选择，我们有

$$\max V((\theta+s)t^*)-\min U((\theta+s)t^*)\leqq 4at^* \quad (4.5)$$

从式（4.4）和式（4.5），我们得到

$$\max V(t)-\min U(t)\leqq 4at^*+\frac{1}{2}\varepsilon(q-s)t^*<\left(4a+\frac{1}{2}\varepsilon q\right)t^*$$

情形 2 如果没有这样的 s，那么在每个区间 $((\theta+r-1)t^*,(\theta+r)t^*)$，$A$ 的一些行或列不符合条件，因此

$$\max V(t)-\min U(t)<\max V(\theta t^*)-\min U(\theta t^*)+\frac{1}{2}\varepsilon qt^*$$
$$\leqq 4a\theta t^*+\frac{1}{2}\varepsilon qt^*$$

因此，在每种情况下，

$$\max V(t)-\min U(t)<\left(4a+\frac{1}{2}\varepsilon q\right)t^*$$
$$\leqq 4at^*+\frac{1}{2}\varepsilon t<\varepsilon t,\quad t\geqq\frac{8at^*}{\varepsilon}$$

由引理 1 和引理 4，我们有

$$\lim_{t\to\infty}\frac{\max V(t)-\min U(t)}{t}=0$$

但由式（4.1）可知，

$$\lim_{t\to\infty}\sup\frac{\min U(t)}{t}\leqq \upsilon$$

$$\lim_{t\to\infty}\inf\frac{\max V(t)}{t}\geqq \upsilon$$

因此

$$\lim_{t\to\infty}\frac{\min U(t)}{t}=\lim_{t\to\infty}\frac{\max V(t)}{t}=\upsilon$$

参考文献

1. J. von Neumann and O. Morgenstern. *Theory of Games and Economic Behavior*, Princeton University Press.

2. G. W. Brown. *Some Notes on Computation of Games Solutions*, RAND Report p. 78, April 1949, The RAND Corporation, Santa Monica, California.

【注释】

[1] 更严格地说，是二人有限零和博弈。见本章参考文献 1。

[2] 兰德数学问题系列Ⅱ中问题 5 的解被当作这个定理的一种特殊情况。

第5章
扩展型博弈的等价性

F. B. 汤普森

摘要： 本章将刻画四种简单的转化，这些转化足以将任意两个等价的扩展型博弈中的一个转化为另一个。其应用可解决扩展型博弈的简化问题。

非正式的讨论： 给定一个博弈，每个参与人拥有他的一组纯策略。考虑所谓的扩展型博弈，可以通过它的标准型（normal form，也称策略型）进行简化，在标准型博弈中，每个参与人选择一个（纯）策略而忽略其对手的选择，并且通过策略选择得到一个支付。在给定参与人的策略中，可能碰巧存在一些策略，对其对手的各种策略组合，它都能得到相同的支付。在这种情况下，可以考虑一个简化标准型策略，也就是每个参与人选择策略的等价类（equivalence class），两个等价策略针对对手的所有策略得到相同的结果（见参考文献1）。简化标准型博弈的矩阵没有重复的行或列。这样的例子很容易找到，即简化标准型博弈中参与人有更少的选择，因此更容易处理求解博弈的计算问题。

考虑博弈间的不同时，自然会区分只有支付函数不同的博弈，或在其他方面不同的博弈。我们这里考虑的是博弈结构，不严格地说，两个博弈如果只有支付函数不同，那么它们具有相同的博弈结构。因此可以定义相应的标准型和简化标准型博弈。这里每个参与人的策略选择决定了博弈的一个过程，而不是一个数值支付。麦金西（McKinsey）考虑了一类特殊的博弈和它们的信息模式，其见解与我们对博弈结构的理解密切相关（见参考文献 2）。他的讨论可以用如下博弈结构术语来叙述。如果对应于其中一个博弈的任意一个支付函数，都能界定另一个博弈的支付函数，从而使两个博弈结果具有相同的值，那么它所定义的两个博弈结构就被认为是等价的［这里的“值”来自冯·诺依曼的研究（见参考文献 3)］。然后证明两个博弈结构等价的充分必要条件是：当且仅当它们具有同构的简化标准型（见参考文献 4）。这个定理很容易推广到一般的博弈结构，实际上，克伦特尔-麦金西-奎因（Krentel-McKinsey-Quine）的文章（见参考文献 4）和达尔克依（Dalkey）的文章（见参考文献 5）中博弈结构等价性的概念，在本质上就是拥有相同的简化标准型。

克伦特尔-麦金西-奎因和达尔克依的文章的动机是这样的：给定一个扩展型博弈，它的标准型相对于它的简化标准型来说规模可能是巨大的，在标准型的矩阵里重复的行或列的数目很大。“在这种情况下，更愿意将给定博弈转换成扩展型，以减少矩阵中行或列重复的次数。”（见参考文献 4）这方面研究的最好结果已由达尔克依给出。但是，他考虑的转换只包括了信息分割（information partition）的变化。他给出了关于信息分割变化的完美表述，这可以将一个博弈结构转换成另一个等价的博弈结构。如果可以在一个给定博弈结构上实现他所描述的缩小过程，就可以得到一个等价结构，它的标准型将是原来标准型的一个简化。遗憾的是，存在这样的例子，即博弈结构不能以此方式转换为简化标准型，因为它的标准型矩阵中没有重复的行和列。

最后提到的事实指出了我与麦金西交谈中的一个问题：存在这种博弈结构吗？使得达尔克依的逐步缩小过程能以两种方式实现，使得由此产生的两个完全缩小的博弈结构没有相同规模的矩阵。这个问题的回答是“存在”，正如下面的例子（图 5－1）。我们简单地给出两个博弈的图形表示。在达尔克依的观点下，它们是被完全缩小的，并且容易验证它们是等价的。第一个博弈的矩阵是 2×16，第二个博弈的矩阵是 2×8。

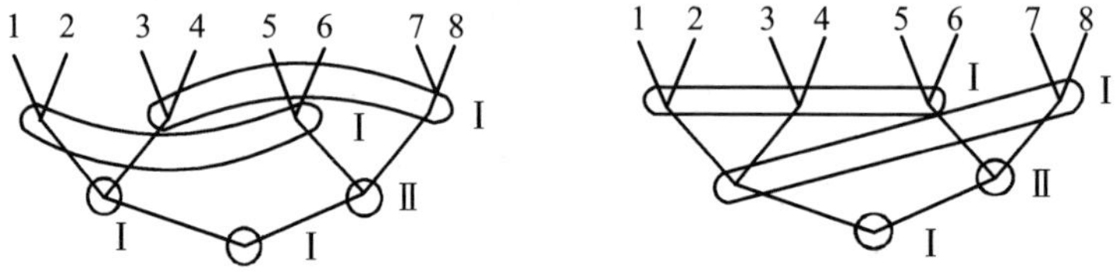

图 5－1

那么问题仍然存在，就是要找到博弈结构的转换，它将这个博弈结构转换为另一个等价的博弈结构，这个等价的博弈结构的标准型实际上就是它的简化标准型。在处理这个问题时我们发现，以下列方式修正博弈结构的概念是很有意义的。两个博弈具有相同的结构，如果它们只有支付函数不同，并且其中一个支付函数对两个行动赋予相同的支付，那么另一个也是这样。因此博弈结构包含了行动集合上的等价关系；如果博弈有一个确定的结构，那么它的支付函数会赋予两个等价行动相同的值。博弈结构的标准型将会是每个参与人的策略选择，它决定行动的等价类，而不仅仅是一个行动。在这个新意义下，结构能以图表形式给出。例如，我们在图 5－2 中表示了一个博弈结构以及它的标准型和简化标准型的矩阵，其中 a、b、c 代表行动的等价类的名称。我们认为两个博弈结构是等价的，如果它们具有同构的简化标准型。

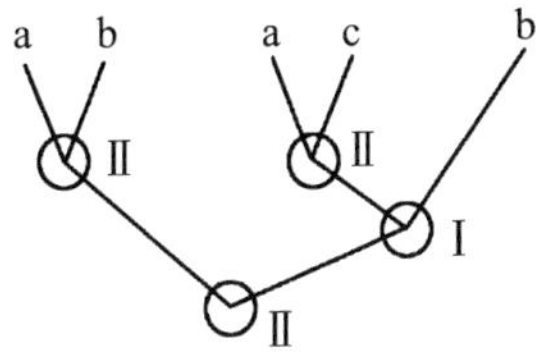

a	a	b	b	a	c	a	c
a	a	b	b	b	b	b	b

a	b	a	c
a	b	b	b

图 5－2

我们希望处理两个密切相关的问题：在博弈结构上寻找一组简单的变换，使得：

(i) 能把一个博弈结构转换成另一个，当且仅当它们是等价的；

(ii) 能把一个博弈结构转换成另一个等价的博弈结构，该博弈结构的标准型矩阵也是它的简化标准型矩阵。

现在很容易找到这样的变换，即将一个博弈结构转换为它的等价博弈结构。考虑图 5－3 中举例的四个变换。容易验证，通过检验，或者

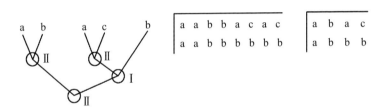

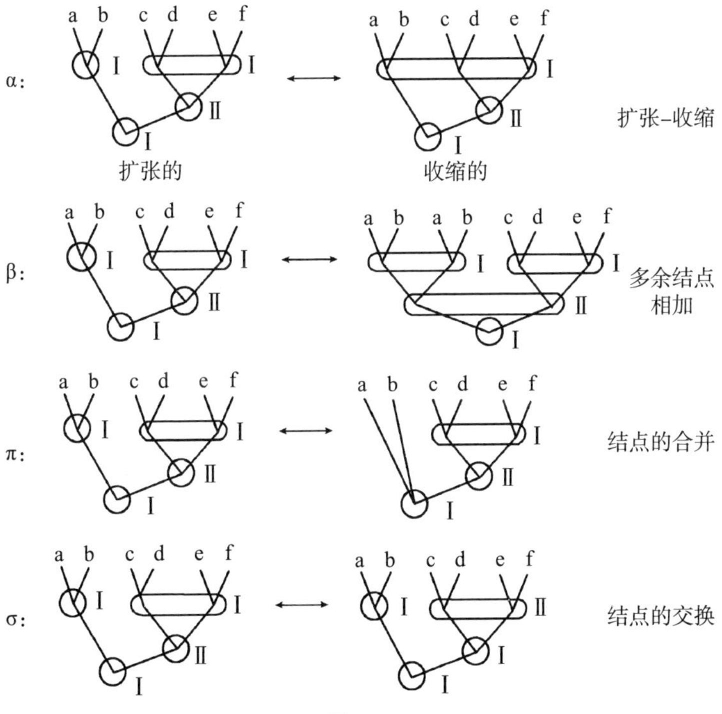

图 5－3

通过写出它们的简化标准型矩阵，每一对中的两个结构都是等价的。我们将说明博弈结构的这四种变换，上面的例子是典型的。然后证明，这四种变换实际上已经足够解决我们的两个问题。确实，给定一个博弈结构，只用上面几种变换我们就能逐步将它转换为另一个结构，它的标准型会是原博弈的简化标准型。我们将以这样一个简化的例子来结束本章这个非正式的讨论。见图 5-4。原结构有一个标准型矩阵，是 16×4，而结构的简化标准型矩阵是 5×3。

正式的表述 令 G 是一个有限的非空集合，部分地由关系 $\leqslant$ 来规定，在这种意义下，G 至少存在一个元素，并且对于 a，b，$c\in G$，$a\leqslant c$，$b\leqslant c$，有 $a\leqslant b$ 或 $b\leqslant a$。对于 a，$b\in G$，a 覆盖（cover）b，如果 $b<a$ 和 $b<c\leqslant a$ 意味着 $c=a$；令 Aa 为所有覆盖 a 的元素的集合。如果 Aa 是空集，那么 a 被称作一个“终点”（end-point）；否则，a 被称作一个“转移”[①]（move）。令 E 为终点的集合。

令 P 是 G 上的一个等价关系，若所有终点的集合是一个等价类。博弈的一个“参与人”是一个等价类 a/P，这里 a 是一个转移。令 $\underline{P}^*$ 代表所有参与人的集合。

令 R 是 G 上的一个等价关系，若满足对于所有的 a，$b\in G$，$R\cap(Aa\times Ab)$ 或者是空集，或者是从 Aa 到 Ab 的一一对应函数。这里，R 相当于库恩的表述中的选择分割和对选择的逆时针排序（见参考文献 1）。

令 I 是 G 上的一个等价关系，若满足（i）$I\subseteq P$，（ii）如果 aIb，那么 $R\cap(Aa\times Ab)$ 非空，（iii）如果 aIb，那么 $a\nless b$。如果 a 是一个转移，那么包含 a 的等价类 a/I 被称作“参与人 a/P 的一个信息集（information set）”。

定义 1 如果 G，$\leqslant$，P，R，I 如上所述，则 $\underline{G}=\langle G, \leqslant, P, R, I\rangle$ 是一个博弈结构。

---

① 即一般意义下的结点。——译者注

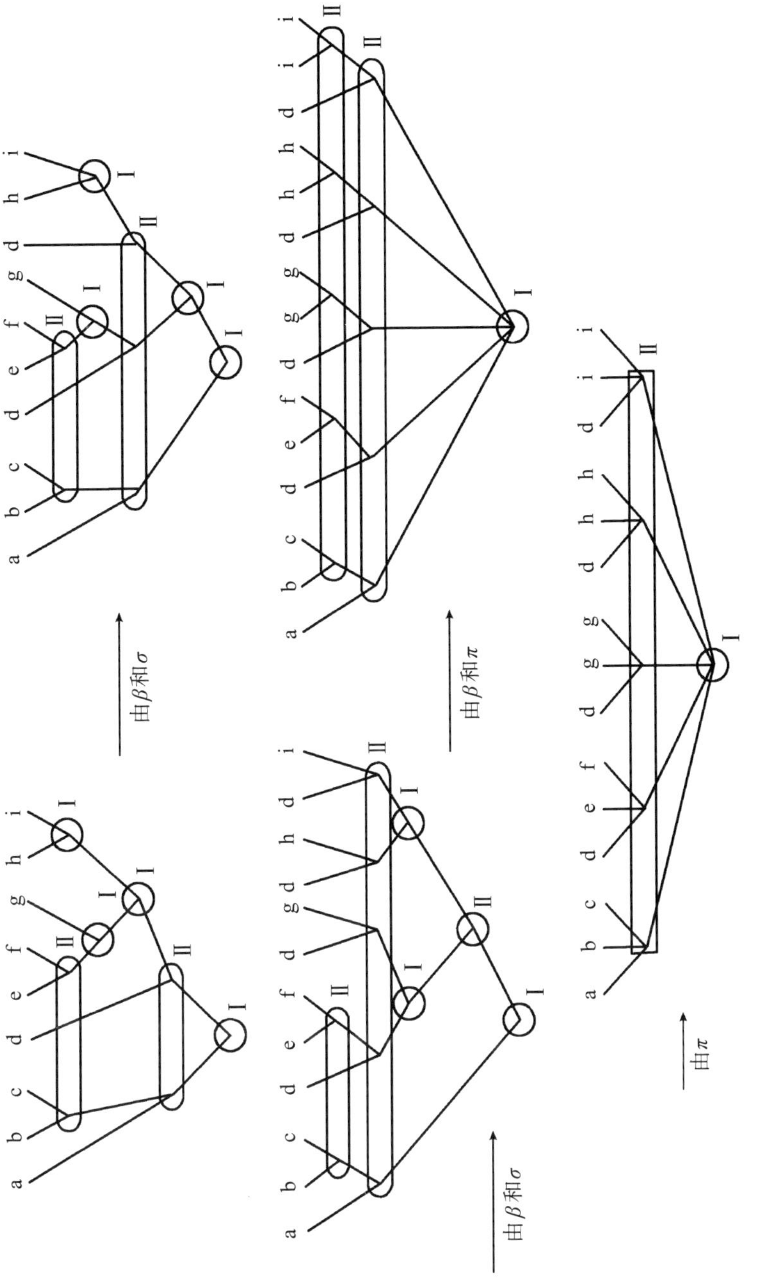

图5-4

定义 2 如果 $\langle G, \leqslant, P, R, I\rangle$ 是一个博弈结构，h 是一个定义在 $E\times \underline{P}^*$ 上的实值函数，并且满足对于 a，$b\in E$，aIb 意味着对于所有的 $p\in \underline{P}^*$ 有 $h(a, p)=h(b, p)$，则 $\underline{G}=\langle\langle G, \leqslant, P, R, I, h\rangle\rangle$ 是一个博弈。h 被称为博弈的支付函数。如果 $\underline{P}^*$ 刚好有 n 个元素，$\underline{G}$ 被称为 n 人博弈。

定义 3 设 $\underline{G}$ 是一个博弈结构，$p\in \underline{P}^*$ 是一个参与人。如果 α 是 p 上的一个函数，满足：

(i) 对于 $a\in p$，$\alpha(a)\in Aa$；

(ii) 对 a，$b\in p$，如果 aIb，那么 $\alpha(a)R\alpha(b)$。

则 α 是 p 的一个策略。设 S_p 为参与人 p 的策略集。令 $S=\prod_{p\in \underline{P}^*} S_p$ 是 S_p 的笛卡尔乘积（Cartesian product）；S 被称作 $\underline{G}$ 的策略空间。

S 的每个元素 α 以一种自然的方式唯一决定了一个终点 $e=e(\alpha)$。事实上，设 a_0 是 G 的最小元素。假设定义了 a_0，a_1，…，a_k。如果 a_k 是一个终点，令 $e(\alpha)=a_k$。否则，令 $a_{k+1}=\alpha_{a_k/\mathrm{P}}(a_k)$。显然，对每个 k，$\{a_0, \cdots, a_k\}$ 会是一个链。因此对于某个 k，a_k 会是一个终点。集合 $\{a_0, \cdots, a_k\}$ 通常被称作一次博弈。

定义 4 设 e 为如上定义的函数。e 可以被认为是博弈结构的矩阵。

定义 5 设 G 是一个有支付 h 的博弈；设 $p\in \underline{P}^*$。$\underline{G}$ 对 p 的支付矩阵是 S 上的函数 H_p，使得对 $\alpha\in S$，$H_p(\alpha)=h(e(\alpha), p)$。

定义 6 设 $\underline{G}$ 是一个博弈结构，$p_1\in \underline{P}^*$ 且 σ_1，$\sigma_2\in S_{p_1}$，如果对任意的 α，$\beta\in S$，使得 $\alpha_{p_1}=\sigma_1$，$\beta_{p_1}=\sigma_2$ 和 $\alpha_p=\beta_p$ 对 $p\in \underline{P}^*-\{p_1\}$ 成立，那么 $\sigma_1\sim\sigma_2$（σ_1 等价于 σ_2），从而 $e(\alpha)Ie(\beta)$。

定义 7 设 $\underline{G}$ 是一个博弈结构。对 $p\in \underline{P}^*$，设 S_p^* 是～下的 S_p 的等价类族。因此 S_p^* 的元素是 p 的等价策略的集合。设 S^* 是 S_p^* 的对 $p\in \underline{P}^*$ 的笛卡尔乘积。那么 $\underline{G}$ 的简化标准型矩阵是 S^* 上的函数 K，从而对 $\alpha^*\in S^*$，$\alpha\in\alpha^*$，有 $K(\alpha^*)=e(\alpha)/I$。

回顾前文，我们相信定义 7 形式化了前面提到的简化标准型矩阵的概念。

定义 8 如果存在一一对应函数 u，υ，w 满足以下条件，则两个博弈结构 $\underline{G}_1$ 和 $\underline{G}_2$ 是等价的，$\underline{G}_1 \sim \underline{G}_2$。

(i) u 是从 $\underline{P}_1^*$ 到 $\underline{P}_2^*$ 的函数；

(ii) υ 是在 $\underline{P}_1^*$ 上的一个函数，使得对于 $p \in \underline{P}_1^*$，$\upsilon(p) = \upsilon_p$ 是从 S_p^* 到 $S_{u(p)}^*$ 的一一映射；

(iii) w 是从集合 E_1/I_1 到 E_2/I_2 的函数，其中 E_i/I_i 为等价关系 I_i 下 E_i 的元素的所有等价类族；

(iv) 对于 $\alpha \in S_1^*$，$w(K_1(\alpha_1^*)) = K_2(\beta^*)$，其中对 $p \in \underline{P}^*$，有 $\upsilon(\alpha_p^*) = \beta_{u(p)}^*$。

定义 9 如果在一般代数意义下，Φ 从 $\underline{G}_1$ 同构地映射到 $\underline{G}_2$，也就是，Φ 将 $\underline{G}_1$ 一一映射到 $\underline{G}_2$，使得对于 a，b，G，$a \leqslant_1 b$ 意味着 $\Phi(a) \leqslant_2 \Phi(b)$，等等，则两个博弈结构 $\underline{G}_1$ 和 $\underline{G}_2$ 在映射 Φ 下是同构的，$\underline{G}_1 \cong_\Phi \underline{G}_2$。

定义 10 如果 $\underline{G} = \langle G, \leqslant, P, R, I \rangle$ 是一个博弈结构，$a \in G$，那么 $\underline{G}^a$ 是序列 $\langle G \cap \{b \mid a \leqslant b\}, \leqslant, P, R, I \rangle$。

引理 1 如果 $\underline{G} = \langle G, \leqslant, P, R, I \rangle$ 是一个博弈结构，$a \in G$，那么 $\underline{G}^a$ 是一个博弈结构。

定义 11 设 $\underline{G}$ 是一个博弈结构，$\underline{P}^*$ 的排序为 $\underline{P}^* = \{p_1, p_2, \cdots, p_k\}$，如果：

(i) 对于所有的转移 a 和 b，aPb 意味着 aIb（也就是说，每个参与人只有一个信息集）；

(ii) 对于 $a \in E$，$p \in \underline{P}^*$，存在 $b \in p$，使得 $b < a$（也就是说，每个参与人在每次博弈中有一次转移）；

(iii) 如果 $a \in p_i$，$b \in p_j$，并且 $i < j$，那么 $a < b$；

(iv) 对于 $a \in G$，b，$c \in Aa$，存在 $a' \in a/I$，b'，$c' \in Aa'$，从而存在 $b'Rb$，$c'Rc$，并且 $\underline{G}^{b'} \not\cong \underline{G}^{c'}$。

那么 $\underline{G}$ 相对于这个排序有标准型。

定理 1 对于每个博弈结构 $\underline{G}$ 及其参与人的每个排序，存在 $\underline{G}'$，$\underline{G}'$有相对于参与人的固定排序的标准型，并且在映射函数 u，v，w 下有 $\underline{G}\sim\underline{G}'$，其中 u 保持了参与人的各自排序。

定理 2 设 $\underline{G}$，$\underline{G}'$是相对于其参与人的固定排序的标准型博弈结构。那么当且仅当 $\underline{G}\cong\underline{G}'$时，在映射函数 u，v，w 下有 $\underline{G}\sim\underline{G}'$，其中 u 保持了参与人的各自排序。

定理 1 和定理 2 的证明是显而易见的。如果一个博弈结构有标准型，那么它的矩阵，即函数 e，没有重复的行或列。

用简化矩阵的术语（虽然简化矩阵还没有被明确定义），我们定义了博弈结构的等价类，并描述了每类确切的规范成员。现在我们考虑主要任务：根据四个基本的转换和独立的策略概念来描述博弈结构的等价类。

定义 12 设 $\underline{G}$ 是一个博弈结构，$p\in\underline{P}^*$，a，$b\in G$。如果存在 a'，$b'\in p$，$a''\in Aa'$，$b''\in Ab'$，从而有 $a'Ib'$，$a''\leqslant a$，$b''\leqslant b$，但没有 $a''Rb''$，那么 $a|_p b$ 存在。

定义 13 设 $\underline{G},\underline{G}'$为博弈结构，$\underline{G}=\langle G,\leqslant,P,R,I\rangle$。那么：

(i)（扩张-收缩）$\underline{G}\sim_1\underline{G}'$，如果对于某些 a，$b\in G$，

(1) 对 $a'Ia$，$b'Ib$，存在 $a'|_{a/p}b'$，

(2) $\underline{G}'\cong\langle G,\leqslant,P,R,I\cup\{\langle c,d\rangle|cIa$ 且 dIb 或 dIa 且 $cIb\}\rangle$；

(ii)（多余结点相加）$\underline{G}\sim_2\underline{G}'$，如果对于某些 a，b_1，$b_2\in G$ 及某些 Φ：

(1) $Aa=\{b_1,b_2\}$；

(2) $\underline{G}^{b_1}\cong_\Phi\underline{G}^{b_2}$；

(3) 对于 $c\geqslant b_1$，$cI\Phi(c)$；

(4) $\underline{G}'\cong\langle G-(\{a\}\cup\{c|b_2\leqslant c\}),P,R,I\rangle$。

(iii)（结点的合并）$\underline{G}\sim_3\underline{G}'$，如果对于某些 $\{a_1,\cdots,a_k\}=a_1/I$，

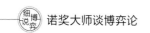

$\{b_1, \cdots, b_k\} = b_1/I$；

(1) $b_i \in Aa_i$ 对 $1 \leqslant i \leqslant k$；

(2) $b_i R b_j, 1 \leqslant i, j \leqslant k$；

(3) $\underline{G}' \cong \langle G - \{b_1, \cdots, b_k\}, \leqslant, P, R, I \rangle$。

(iv)（结点的交换）$\underline{G} \sim_4 \underline{G}'$，如果对于某些 a，b_1，b_2，c_1，c_2，d_1，$d_2 \in G$，以及某些 $\leqslant'$，P'，I'：

(1) $Aa = \{b_1, b_2\}$，$Ab_1 = \{c_1, c_2\}$，$Ab_2 = \{d_1, d_2\}$；

(2) $b_1 I b_2$，$c_1 R d_1$，$c_2 R d_2$；

(3) $A' b_1 = \{c_1, d_1\}$，$A' b_2 = \{c_2, d_2\}$；

(4) $(a/I - \{a\}) \cup \{b_1, b_2\} = b_1/I', (b_1/I - \{b_1, b_2\}) \cup \{a\} = a/I'$；

(5) $\underline{G}' = \langle G, \leqslant', P', R', I' \rangle$；

(6) $\langle G' - G'^a, \leqslant', P', R', I' \rangle \cong_\Phi \langle G - G^a, \leqslant, P, R, I \rangle$，其中 Φ 是一一映射；

(7) $\underline{G}^{c_i} \cong G'^{c_i}$，$\underline{G}^{d_i} \cong G'^{d_i}$，$i = 1, 2$。

在本章的剩余部分，我们有必要给出现在要定义的两个函数。设 $\underline{G}$ 为一个博弈结构，$\underline{U}$ 是它的所有信息集的族。(1) 对 $U \in \underline{U}$，设 $A(U)$ 是在 U 里任何转移上的选项数量。我们注意 $A(U) \geqslant 2$。令 $\pi(\underline{G}) = \sum_{U \in \underline{U}} (A(U) - 2)$。(2) 令 V 是 $\underline{U}$ 的一个排序。因此对某些 k，$\underline{U} = \{V_1, \cdots, V_k\}$。如果存在 $i > j \geqslant k$，$a \in G$，使得 $a \in V_j$，$b \in V_i$ 并且 $a > b$，那么我们说 $b \in G$ 关于 V 次序颠倒。设 B 为次序颠倒的元素的集合。对 $a \in G$，设 $\rho(a)$ 为在 a 之前的元素的个数，设 $r = \max_{a \in G}\{\rho(a)\}$。令 $\sigma(\underline{G}, V) = \sum_{a \in B,\ a \in V_i} 4^{r+i-\rho(a)}$。

引理2 设 $\underline{G}$ 是一个博弈结构，那么存在博弈结构 $\underline{G}_1$，…，$\underline{G}_t$，使得 $\underline{G} \cong \underline{G}_1$，对 $1 \leqslant i < t$，有 $\underline{G}_i \sim_3 \underline{G}_{i+1}$，并且 $\pi(\underline{G}_t) = 0$。

证明：设 $\theta(n)$ 表示：如果 $\underline{G}$ 是一个博弈结构，且 $\pi(\underline{G}) \leqslant n$，那么存在博弈结构 $\underline{G}_1$，…，$\underline{G}_t$，使得 $\underline{G} \cong \underline{G}_1$，对 $1 \leqslant i < t$，有 $\underline{G}_i \sim_3 \underline{G}_{i+1}$，

并且 $\pi(\underline{G}_t)=0$。通过数学归纳法可得到引理。

引理 3 设 $\underline{G}$ 是一个博弈结构，那么存在博弈结构 $\underline{G}_1$，…，$\underline{G}_t$，使得 $\underline{G}\cong\underline{G}_1$，对 $1\leqslant i<t$，$j=2$，3，4，有 $\underline{G}_i\sim_j\underline{G}_{i+1}$，$\pi(\underline{G}_t)=0$，并且，对于某个排序 V，$\sigma(\underline{G}_t, V)=0$。

证明：如引理 2，首先给出 $\underline{G}'$。设 V 为它的信息集的一个排序。我们通过假定 $\sigma(\underline{G}', V)\leqslant n$ 和应用数学归纳法就可完成我们的证明。

定理 3 如果 $\underline{G}$ 是一个博弈结构，那么存在博弈结构 $\underline{G}_1$，…，$\underline{G}_t$，使得 $\underline{G}\cong\underline{G}_1$，对 $1\leqslant i<t$，$j=1$，2，3，4，有 $\underline{G}_i\sim_j\underline{G}_{i+1}$ 或 $\underline{G}_{i+1}\sim_j\underline{G}_i$，并且 $\underline{G}_t$ 在标准型博弈中。

证明：如引理 3，首先给出 $\underline{G}'$。利用定义 13 的（ii），我们得到一个 $\underline{G}''$，它保持 $\underline{G}'$ 的性质，并使得每个信息集与最大链相交。现在我们在所有可能的地方扩张。容易验证定义 13（iii）的某些应用可以给出我们想要的结果。

定理 4 如果 $\underline{G}_1$，…，$\underline{G}_t$ 是博弈结构，且对 $1\leqslant i<t$，$j=1$，2，3，4，有 $\underline{G}_1\sim_j\underline{G}_{i+1}$ 或 $\underline{G}_{i+1}\sim_j\underline{G}_i$，那么 $\underline{G}_1\sim\underline{G}_t$。

证明：显然可以证明 $\underline{G}\sim_j\underline{G}'$ 意味着对 $j=1$，2，3，4 有 $\underline{G}\sim\underline{G}'$。这四种情况的验证是很容易的。

定理 5 当且仅当 $\underline{G}'$ 可以由 $\underline{G}$ 通过定义 16 的四种变换的逐步应用得到时，$\underline{G}\sim\underline{G}'$。

证明：根据定理 1、定理 2、定理 3 和定理 4 可以得到证明。

参考文献

1. Kuhn, H. W. "Extensive games," *Proceedings of the National Academy of Sciences*, Vol. 36(1950), pp. 570 - 576.

2. McKinsey, J. C. C. "Notes on games in extensive form," RM-157.

3. von Neumann, J. and Morgenstern, O. *Theory of Games and Economic Behavior*, Princeton, 1947.

4. Krentel, W. D., McKinsey, J. C. C. and Quine, W. V. "A simplification of games in extensive form," p. 140.

5. Dalkey, N. "Equivalence of information patterns," D(L)-877.

第 6 章 扩展型博弈和信息问题

哈罗德·W.库恩[1]

在冯·诺依曼和摩根斯坦[2]描述的策略型博弈的数学理论中，可以看到主要有两方面的发展：（1）对一般 n 人博弈所有形式化刻画的表述，（2）纯策略概念的引入使得可以通过这种方法的基本简化，用适当的原型博弈代替任意博弈。他们称这两方面为博弈的扩展型和标准型。正如我们注意到的，标准型更适合引出一般理论（例如，二人零和博弈的主要定理），而扩展型揭露了博弈和决策结构特征之间的主要差别，正是决策结构特征决定了这些差别。因为所有博弈都可以转化成扩展型，而实际上只有少数博弈需要标准化，所以去完备扩展型博弈的一般理论是合乎需要的。

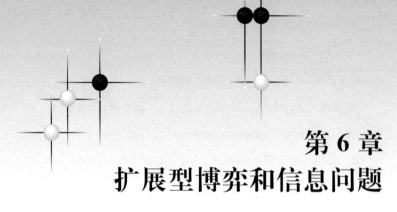

首先，本章很自然地直观提出了扩展型的一种新表述，它包括了大量的博弈种类，比冯·诺依曼使用的还多。几何模型的使用减少了必需的集合理论，并且阐明了信息这一棘手问题。给出纯策略的定义之后，定理 1 去除了直接定义中的冗余。定理 2 和定理 3 描述了许多博弈到子博弈和微分博弈（difference game）的自然分解性质。它们给出了下面一般化的定理，即每个具有完美信息的二人零和博弈在纯策略意义下有解。定理 4 描述了博弈在行为策略下可解的确切标准，它也给出了一种在许多情况下比混合策略更具备最终计算优势的方法。

本章中，代表动机、解释或启发式讨论的段落被放在［…］里。这是为了强调定义和证明的独立性。

6.1　博弈的扩展型

定义 1　博弈树（game tree）K 是具有初始顶点 0 的有限树，该点在一个有向平面中。[3]

［博弈树的概念作为博弈基本特点的自然几何描述被引入，与选择的连续表述相同。初始顶点和嵌入推动了策略概念的算术化。在定义一个博弈之前，有必要给出一些与博弈树相关的一般技术术语。注意，虽然这些术语取自一般用法，但是它们的含义仍由定义给出，这是很重要的。］

术语：在一个结点（vertex）$X \in K$ 上的备选方案是 X 上的枝（edge）e，如果我们在 X 上切割 K，它就是 K 的不包含 0 的部分。如果在 X 上有 j 个备选方案，那么它们用正整数1，…，j 来标号，在正向意义下环绕 X。在结点 0 处，第一个备选方案可以被任意指定。如果备选方案在正向上环绕结点 $X \neq 0$，那么第一个备选方案跟随于 X 上不是备选方案的唯一的枝之后。由此定义的代表 K 中备选方案序号的函数用 v 来表示，所以，$v(e)$ 就是备选方案 e 的序号。那些拥有备选方案的结点称作行动结点（move）[4]；剩下的结点称作博弈。在没有多个结果时，一次博弈也被看作从 0 到一个博弈的唯一一条单向路径。将行动结点分割[5]成集合 A_j，$j=1$，2，…，这里 A_j 包含所有拥有 j 个备选方案的行动结点，这称为选择分割。K 上的临时序（temporal order）

用 $X \leqslant Y$ 定义，如果 X 位于 W_Y 上，W_Y 是连接 0 和 Y 的唯一单向路径；这是一个偏序关系。行动结点 Y 的阶数（rank）是满足 $X \leqslant Y$ 的 X 的个数，或等价于行动结点 $X \in W_Y$ 的个数。

定义 2 一般的 n 人博弈 Γ 是一个博弈树 K，具有下列特征：

（Ⅰ）将行动结点分割成 $n+1$ 个序号集 P_0，P_1，…，P_n，这称作参与人分割（player partition）。P_0 中的行动称作机会行动（chance moves）。P_i 中的行动称作参与人 i 的个人行动（personal moves），$i=1$，…，n。

（Ⅱ）将行动结点分割成集合 U，U 是参与人和选择分割的一个精炼（即，对于某个 i 和 j 来说，每个 U 都包含于 $P_i \cap A_j$），并且满足在同一次博弈中没有 U 包含两个行动结点。这个分割被称为信息分割，它的集合被称为信息集。

（Ⅲ）对每个 $U \subset P_0 \cap A_j$，存在正整数 1，…，j 上的概率分布，它为每个选择赋予正概率。这样的信息集被假定为单元集。

（Ⅳ）对每个博弈 W 有一个 n 元实数组 $h(W)=(h_1(W)$，…，$h_n(W))$。我们称函数 h 为支付函数。

［怎样解释这个形式化的描述呢？即一般的 n 人博弈如何进行？为了形象化这种解释，可以想象有多个彼此孤立的代理人，每个代理人都知道博弈规则。每个信息集对应一个代理人，他们以一种很自然的方式组成参与人，如果一个代理人的信息集在 P_i 中，则他属于第 i 组参与人。这种看似过多的代理人可能与参与人信息的复杂状况相关，博弈规则可能强制这些参与人在一次博弈中忘记他们早先知道的事情。[6]

一次博弈从结点 0 开始。假设该博弈已经进行到行动结点 X。如果 X 是拥有 j 个备选方案的个人行动，那么信息集包含 X 的代理人选择不大于 j 的一个正整数，即只知道他在信息集中的某个行动上选择了一个备选方案。如果 X 是一个机会行动，那么根据（Ⅲ）规定的概率分布，对包含 X 的信息集进行选择。我们以这种方式构造了一个具有初始结点 0 的路径。它是单向的，因为 K 是有限的，所以这导致了唯一的一次博弈 W。在这个点上，参与人 i 得到支付 $h_i(W)$，$i=1$，…，n。K 退化到结点 0 的情形没有被排除。此时 Γ 是一个没有行动结点的博弈，没有人做任何事，并且支付是 $h(0)$。

利用几何模型得到的直观价值在于引入确定数量的冗余。假设 Γ_1 和 Γ_2 是用博弈树 K_1 和 K_2 定义的两个博弈，满足：

(1) K_1 和 K_2 是同构的。

(2) 从 K_1 到 K_2 的同构映射 σ 保留了初始顶点和(Ⅰ)～(Ⅳ)中的规定。

(3) 在每个信息集上，σ 反映了备选方案序号的一个排列。(具体来说，(3) 要求对于每个信息集 $U\subset A_j$，存在正整数 1，…，j 的一个排列 τ_U，使得如果 v_1 和 v_2 表示 K_1 和 K_2 的备选方案序号的函数，那么 $v_2(\sigma(e))=\tau_U(v_1(e))$ 对于 U 中行动的所有备选方案 e 都成立。) 显然，在这种情况下博弈 Γ_1 和 Γ_2 被认为是等价的，并且合适的定义应当定义一般 n 人博弈，作为这种等价关系下的一个等价类。然而，不需要强调这个区别；如果注意适用于等价类与典型情况中的定义，就可以在证明中完全忽略它，并且指出所有定理都对等价类或典型情况成立。

虽然上面大部分的形式化不需要解释，但冯·诺依曼和摩根斯坦的书中还是给出了充分的解释，几个特征也值得讨论。第一个特征涉及博弈树的有限性。因为大部分博弈规则都包括了一个停止规则（stop rule)，该规则只是确保了每次博弈在有限次的选择后停止，并不能使博弈树的有限性显然成立。为了说明该特征，我们沿用康尼格(König)[7]的做法，假定存在无限多个可能的博弈，然后通过构造一个从 0 开始包含无限多个枝的路径，说明这与停止规则矛盾。因为在 0 上的选择是在有限的备选方案集中进行的，所以一定存在无限多个具有相同的第一个枝 e_1 的博弈。我们使用归纳法，假定选择了枝 e_1，…，e_l，使得 e_1，…，e_l 是无限多个博弈的开始部分。那么，因为下一个选择在有限集中进行，那么这些博弈的无限子集一定由同样的枝继续，记作 e_{l+1}。证明完毕。

更重要的是决策时参与人在行动结点上的信息状态的形式化问题。如果考察冯·诺依曼的“信息模式”给出的参与人信息，就会发现它由几部分组成。首先，参与人被告知他的行动结点和备选方案的数目。在我们的术语中，称之为对某些固定的 i 和 j，行动位于 $P_i \cap A_j$ 中。其次，他被告知行动位于博弈的某一确定集合中，而且事先固定了选择的数目。由此得到他的行动位于一个行动的集合中，其中所有行动结点具有相同的阶。这个行动集合在信息分割中构成一个 U。但是，我们已经弱化了 U 中所有行动具有相同的阶这一条件，只要求在同一博弈中没有 U 包含两个行动。]

6.2 与冯·诺依曼形式化的比较

[本节的目的在于，阐明我们的一般 n 人博弈和冯·诺依曼的 n 人博弈之间的关系。顺便说明，上面给出的形式化比冯·诺依曼的形式化更具有一般性，但与说明它们之间的共同点这一主要目的相比，它并不是很重要。为此，最好的方法是说明从一个扩展型描述到另一个扩展型描述的转换方法。因此，我们着手从冯·诺依曼的 n 人博弈推导一般 n 人博弈。[8]

把分割 $\mathscr{A}_k$ 的非空子集 A_k 作为 K 的结点，$k=1, \cdots, v+1$。如果对于某些 C_k，有 $A_{k+1}=A_k \cap C_k$，那么结点 A_k 被一个枝连接到结点 A_{k+1}。注意，如果 A_k 包含在 D_k 中，D_k 包含 j 个集合 C_k，并且 K 上的行动是结点 A_k，$k=1, \cdots, v$，则 A_k 有 j 个备选方案，而博弈是结点 A_{v+1}。行动的参与人分割用 $P_k=\{A_k \mid A_k \subset 某些\ B_k(k)\}$ 来定义，其中 $k=0, 1, \cdots, n$。行动的信息分割用 $U=\{A_k \mid A_k \subset D_k\}$ 来定义，

每个 $D_k \in \mathscr{D}_k(k)$ 都定义一个 U，$k=1$，…，v 和 $k=1$，…，n；机会行动 $A_k \subset B_k(0)$ 构成了信息分割的单元素集。对于每个 $U \subset P_0 \cap A_j$，即对于每个 $A_k \subset B_k(0)$，其中 A_k 包含 $\mathscr{C}_k(0)$ 的 j 个集合 C_k，对应于 $A_k \cap C_k$ 的选择的概率是 $p_k(C_k)$。最后，对所有博弈 A_{v+1}，我们通过 $h_k(A_{v+1})=\mathscr{F}_k(A_{v+1})$ 定义博弈的支付函数 h_k，$k=1$，…，n。

嵌入被留到了最后，因为它独立于其他特征。任意地嵌入 0。假设嵌入已经进行到了行动 A_k。我们在某一固定的具有相同阶数的 U 的所有 A_k 上同方向地嵌入备选方案。因为每个 A_k 具有相同数量的备选方案，所以这样做是可行的（C_k 的数量包含在一个固定的集合 D_k 中，D_k 定义了 U。）

存在两个限制条件，它们在一般 n 人博弈中满足：

（1）所有的博弈结点包含同样数量的行动 v。

（2）在一个固定的信息集 U（由 D_k 定义）中，所有行动具有相同的阶（k）。

条件（1）是无须多说的，通过添加具有一个备选方案的“虚拟”机会行动的简短博弈，可以在我们的所有博弈中实现。条件（2）是需要说明的，在从满足条件（1）和（2）的一般 n 人博弈到冯·诺依曼的 n 人博弈的推导之后，我们讨论条件（2）。

（a）数 v 是条件（1）给定的数。

（b）有限集合 Ω 是 K 中博弈结点的集合。

（c）对每个 $i=1$，…，n：对于 $W \in \Omega$，函数 $\mathscr{F}_i(W)=h_i(W)$。

（d）对每个 $r=1$，…，v：Ω 的分割 $\mathscr{A}_r$ 包含一个集合 A_r，对每个阶数为 r 的行动 X，它是由 $A_r=\{W \mid W>X\}$ 定义的。分割 $\mathscr{A}_{v+1}$ 组成了单元素集 $\{W\}$。

（e）对每个 $r=1$，…，v：Ω 的分割 $\mathscr{B}_r$ 包含一个集合 $B_r(i)$，对每个 $i=0$，1，…，n，它是用 $B_r(i)=\{W \mid W>X$，其中 X 是 r 阶的，$X \in P_i\}$ 定义的。

(f) 对每个 $r=1, \cdots, v$ 和每个 $i=0, 1, \cdots, n$：对 r 阶的信息集 $U \subset P_i$ 上的每个备选方案 e，$B_r(i)$ 中的分割 $\mathscr{C}_r(i)$ 包含一个集合 C_r。它是用 $C_r=\{W \mid W$ 通过备选方案 e 跟在某个 $X \in U$ 后$\}$ 来定义的。

(g) 对每个 $r=1, \cdots, v$ 和每个 $i=1, \cdots, n$：对每个只包含 r 阶行动的 $U \subset P_i$，$B_r(i)$ 中的分割 $\mathscr{D}(i)$ 包含一个集合 D_r。它是用 $D_r=\{W \mid W > X \in U\}$ 来定义的。

(h) 对每个 $r=1, \cdots, v$ 和每个 $C_r \in \mathscr{C}_r(0)$：数 $p_r(C_r)$ 是（Ⅲ）规定的备选方案 e 的概率。

我们省略了关于推导博弈在实际上满足其要求的证明［也就是说，在第一种情况下用定义 1 和定义 2，第二种情况下用 (a)～(h)］。这些证明就算不是显而易见的，也都可以直接或简单地得到。重要的问题是：如果我们再一次从冯·诺依曼的 n 人博弈推导一般 n 人博弈会发生什么？从上面来看答案很明显，即集合 Ω 已经简化到只包括那些被博弈规则允许的博弈结点。更精确地说，集合 Ω 已经简化到满足：(1) 集合的所有分割都使得分割的元素的并集就是该集合本身，(2) 博弈结点 $\pi \in C_k \in \mathscr{C}_k(0)$，满足 $p_k(C_k)=0$ 就不再讨论了。讨论可以总结如下：

分类定理：排除了不合理或不可能博弈的冯·诺依曼 n 人博弈，就是一般 n 人博弈，其中，参与人决策时的信息包含了决策前选择的数量。

图 6－1 用一个一般 n 人博弈的例子[9]结束本节，其中参与人在他的行动结点前没有被告知选择的数目。虚线部分是信息集。］

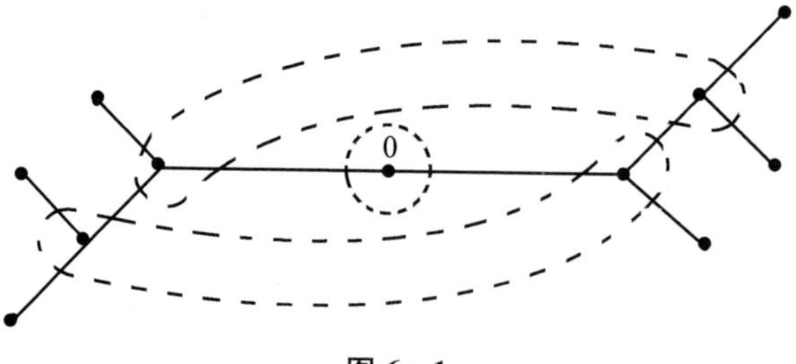

图 6－1

6.3　纯策略和混合策略

定义 3　令 $\mathscr{U}_i=\{U \mid U\subset p_i\}$。参与人 i 的纯策略是一个函数 π_i，它是从 $\mathscr{U}_i$ 到正整数的映射，从而 $U\subset A_j$ 意味着 $\pi_i(U)\leqslant j$。我们也称如果 $\pi_i(U)=v(e)$，则 π_i 在 $X\in U$ 上选择 e。

[对纯策略的解释是，它是参与人 i 的策略家（strategist）在进行博弈前形成的计划，然后参与人 i 将他的选择传达给他的代理人。这一点可以在不违反博弈规则的情况下考虑代理人拥有的信息而实现。想象策略家写了一本书，每一页对应参与人 i 的每个信息集。如果一个信息集有 j 个备选方案，那么它对应的那一页会包含一个不大于 j 的正整数，并被交给在参与人 i 的信息集上行动的代理人。如果该代理人的信息集在博弈中出现，那么他就选择那个用整数标记的备选方案。这个解释的定义如下。]

n 个参与人的纯策略的任意 n 元组合 $\pi=(\pi_1, \cdots, \pi_n)$ 在 K 的每个信息集中的备选方案上定义了一个概率分布，如下所述：

如果 e 是参与人 i 在信息集 U 中一项个人行动的备选方案：

$$p_\pi(e)=\begin{cases}1 & \text{当 } \pi_i(U)=v(e)\text{ 时}\\ 0 & \text{其他}\end{cases}$$

如果 e 是机会行动上的一个备选方案：$p_\pi(e)$ 是通过（Ⅲ）给出的 $v(e)$ 的概率。这样，依次地，对 K 的博弈结点定义概率分布：对所有 W，有 $p_\pi(W)=\prod_{e\in W} p_\pi(e)$。

[这个解释很直观。如果 n 个策略家选择了纯策略 $\pi_1, \cdots, \pi_n$，那么博弈结果 W 发生的概率是 $p_\pi(W)$。]

定义 4 纯策略 π_1，…，π_n 下参与人 i 的期望支付（expected payoff）$H_i(\pi)$ 用 $H_i(\pi)=\sum_W p_\pi(W)h_i(W)$ 定义，$i=1$，…，n。

[冗余再次成为纯策略的简单定义的代价。这是因为纯策略可能在博弈初期做了一个选择，使得许多后面的行动是不可能的，因此造成这些行动上的选择不相关。我们还能以另一种方式观察冗余，即策略 π_i 的作用可以用期望支付 H_i 来度量，因此，如果两个策略相对于其他参与人采用的所有对抗策略（counter-strategy）产生相同的支付，它们就是等价的。暂时认为支付函数 h 是任意的，这可以重新叙述为：如果两个策略相对于其他参与人采用的所有对抗策略的每个博弈结点产生相同的概率，那么它们是等价的。本节的剩余部分证明关于冗余的这两种论述是相同的，因此修正了纯策略的定义。]

如果 $\pi=(\pi_1, \cdots, \pi_i, \cdots, \pi_n)$，我们把 $(\pi_1, \cdots, \pi'_i, \cdots, \pi_n)$ 记作 π/π'_i。

定义 5 纯策略 π_i 和 π'_i 是等价的，记作 $\pi_i \equiv \pi'_i$，当且仅当对所有的博弈 W 和所有包含 π_i 的 π，都有 $p_\pi(W)=p_{\pi/\pi'_i}(W)$。

定义 6 如果存在一个博弈结点 W 和包含 π_i 的 π，使得 $p_\pi(W)>0$ 和 $X\in W$，则称参与人 i 的个人行动 X 在进行博弈 π_i 时是可行的。如果某个 $X\in U$ 在进行博弈 π_i 时是可行的，则称参与人 i 的信息集 U 在进行博弈 π_i 时是相关的。我们用 $\mathrm{Poss}\pi_i$ 表示在进行博弈 π_i 时可行的行动集合，用 $\mathrm{Rel}\pi_i$ 表示在进行博弈 π_i 时相关的信息集族。

命题 1 参与人 i 的行动 X 是在进行博弈 π_i 时可行的，当且仅当在从 0 到 X 的路径 W_X 上，π_i 选择了参与人 i 行动上的所有备选方案。

证明：设 X 在进行博弈 π_i 时是可行的，那么存在一个博弈结点 W 和包含 π_i 的 π，使得 $p_\pi(W)=\prod_{e\in W} p_\pi(e)>0$。显然，$\pi_i$ 选择了 W 上参与人 i 的所有备选方案，从而确定了参与人 i 在 W_X 上的选择。

现在假设 π_i 选择了参与人 i 在 W_X 上的所有备选方案。为了证明

X 出现的可能性，必须构造其他参与人的博弈结点和策略。因为没有信息集在同一博弈中包含两个行动结点，因此在构造策略时，在一条路径上的选择应该是独立的。W_X 上的个人行动的选择被给出，从而得到 W_X。在 X 上的选择由 π_i 来确定。通过在被 π_i 指定的选择之外做任意选择，继续构造博弈。称结果博弈为 W。没有指定的选择是任意做出的，得到的纯策略称作 π_1，…，π_{i-1}，π_{i+1}，…，π_n。那么，因为机会选择的概率是正的，所以 $p_\pi(W)>0$，X 在进行博弈 π_i 时是可行的。

推论 1　设信息集 U 包含参与人 i 在博弈 W 上的第一个行动结点 X。那么 U 对参与人 i 的所有纯策略 π_i 都是相关的。

定理 1　纯策略 π_i 和 π'_i 是等价的，当且仅当它们定义了相同的相关信息集并且在这些集合上一致。

证明：假设 $\pi_i\equiv\pi'_i$，U 在进行博弈 π_i 时是相关的。那么存在一个行动 $X\in U$、一个博弈 W 和包含 π_i 的 π，使得

$$p_\pi(W)>0 \text{ 且 } X\in W$$

因此 $p_{\pi/\pi'_i}(W)=p_\pi(W)>0$，并且 U 对 π'_i 是相关的。此外，根据 $p(W)$ 的定义，$\pi_i(U)=\pi'_i(U)=v(e)$，其中 e 是 W 上的 X 的备选方案，因此 π_i 和 π'_i 在 U 上一致。

为了证明这个条件是充分的，假设给定一个博弈 W 和包含 π_i 的 π。如果 $p_\pi(W)=\prod_{e\in W}p_\pi(e)>0$，那么对位于 W 上的所有备选方案 e 和 U 中参与人 i 的个人行动，$\pi'_i(U)=v(e)$ 成立。所有这些行动在进行博弈 π_i 时都是可行的，因此对 π'_i 有同样的结论。而

$$\prod_{e\in W}p_{\pi/\pi'_i}(e)=\prod_{e\in W}p_\pi(e)$$

但是，在这个讨论中交换 π_i 和 π'_i，$p_\pi(W)=0$ 意味着 $p_{\pi/\pi'_i}(W)=0$。因此 $\pi_i\equiv\pi'_i$。

[像策略书一样，对纯策略的解释可以通过把无关信息集作为空白页扩展到上面定义的等价类。]

[即使是最简单的博弈，例如猜硬币，也显示出如果参与人在每次博弈中使用同样的纯策略，他就会处于劣势。因此他应该随机化他的选择。本节描述两种随机化方法。在第一种方法中，参与人使用他的纯策略上的一个概率分布，根据这个分布，他对给定的博弈采取一个特殊的纯策略。沿用冯·诺依曼的说法，这被称作混合策略。第二种方法在第6.5节研究。]

定义7 参与人 i 的混合策略 μ_i 是参与人 i 的纯策略上的一个概率分布，它对 π_i 赋予概率 q_{π_i}。

n 个参与人的混合策略的任意 n 元组合（μ_1，…，μ_n）定义了 K 的博弈结点上的一个概率分布，

$$p_\mu(W)=\sum_\pi q_{\pi_1}\cdots q_{\pi_n}p_\pi(W)\text{，对于所有的 }W$$

定义8 参与人 i 对混合策略 μ_1，…，μ_n 的期望支付 $H_i(\mu)$ 用 $H_i(\mu)=\sum_W p_\mu(W)h_i(W)$ 来定义，其中 $i=1$，…，n。

命题2 对于每个行动 X，设 $c(X)$ 为从0到 X 的路径 W_X 上备选方案的机会概率的乘积。那么

$$p_\mu(X)=c(X)\sum_{\substack{X\in \mathrm{Poss}\,\pi_i\\ i=1,\cdots,n}} q_{\pi_1}\cdots q_{\pi_n}=c(X)\prod_{i=1}^{n}\Big(\sum_{X\in \mathrm{Poss}\,\pi_i} q_{\pi_i}\Big)$$

给出了当参与人进行博弈 μ 时行动 X 发生的概率。

证明：这是命题1的一个直接推论和对混合策略的解释。

定义9 如果存在包含 μ_i 的混合策略的一个 n 元组合 μ，使得 $p_\mu(X)>0$，则参与人 i 的一个个人行动 X 被称作在进行博弈 μ_i 时可能发生的。如果某个 $X\in U$ 是在进行博弈 μ_i 时可能发生的，则参与人 i 的信息集 U 被称作在进行博弈 μ_i 时相关的。我们记 $\mathrm{Poss}\mu_i$ 和 $\mathrm{Rel}\mu_i$ 为在进行博弈 μ_i 时可能发生的 X 和相关的 U 的集合。

6.4　博弈的分解

[经常发生这种情况，即在某一固定行动结点 X 之后的博弈的行动构成了一个子博弈。当参与人分割时，它们以 X 作为第一个行动构成博弈树的结点，机会行动上的概率和这个博弈树中博弈结点的支付都来自原始博弈。如果在原始博弈的每个行动上，无论参与人的行动是否在子博弈中，他的选择都被告知，则信息集的分割也是如此。

如果这种情况发生，则不在子博弈中的行动也构成了一个博弈的行动结点，该博弈决定了结点 X 上的支付（它在这个博弈中是一个博弈结点）。在本节中，我们将研究一个博弈分解为两个博弈，并证明这两个博弈的均衡点决定了原始博弈的均衡点。]

定义 10　给定博弈 Γ 的行动结点 X，如果我们去掉 X 上唯一的枝（如果有），且这个枝不是 X 上的备选方案，则令 K_X 是包含 X 的 K 的分解。如果每个信息集 U 或者包含在 K_X 中，或者不与 K_X 相交，则我们称 Γ 在 X 上分解为 Γ_X 和 $\Gamma_D(\mu_X)$。博弈 Γ_X 称作子博弈，定义如下：

博弈树是 K_X，它与 K 一样嵌入相同的有向平面，且 X 是初始结点。

（I_X）（II_X）Γ_X 的行动参与人和信息分割是 K 限制在 K_X 上的行动的相对分割。参与人 i 的信息集族用 $\mathscr{X}_i$ 表示。

（III_X）Γ_X 中的每个机会行动的概率分布是由（Ⅲ）规定的 Γ 中的概率分布。

（IV_X）Γ_X 的支付函数 h_X 是限制在 K_X 上的博弈结点的支付函数 h。

博弈 $\Gamma_D(\mu_X)$ 称作微分博弈，在 Γ_X 中定义混合策略的每个 n 元组合 μ_X。它的博弈树是 $K—K_X$，在 X 上结束，将 0 作为它的初始结点。（I_D）～（IV_D）的规定同上，另外定义 $h_D(X)=H_X(\mu_X)$。为了强调 $\Gamma_D(\mu_X)$ 在 μ_X 上的支付的依赖性，我们记这个支付为 $H_D(\mu_D，\mu_X)$。

参与人 i 的信息集族用 $\mathscr{D}_i$ 表示。

[对应于 Γ 到子博弈 Γ_X 和微分博弈 Γ_D 的自然分解，存在从 Γ 的纯策略到 Γ_X 和 Γ_D 的纯策略的自然分解。本节证明的主要难点在于分析这个分解对支付的影响，以及 Γ 的混合策略的类似分解。]

定义 11 设博弈 Γ 在 X 上分解。那么我们称参与人 i 的纯策略 π_i 在 X 上分解为 Γ_X 和 Γ_D 中参与人 i 的纯策略 $\pi_{X\mid i}$ 和 $\pi_{D\mid i}$，如果

(1) $\pi_{X\mid i}$ 是 π_i 从 $\mathscr{U}_i$ 到 $\mathscr{X}_i$ 的限制；

(2) $\pi_{D\mid i}$ 是 π_i 从 $\mathscr{U}_i$ 到 $\mathscr{D}_i$ 的限制。因为 $\mathscr{U}_i$ 是 $\mathscr{X}_i$ 和 $\mathscr{D}_i$ 的不相交的合并，我们也能由纯策略 $\pi_{X\mid i}$ 和 $\pi_{D\mid i}$ 组成一个纯策略 π_i，用 $\pi_i=(\pi_{X\mid i},\ \pi_{D\mid i})$ 来表示。

引理 1 如果 π_i 分解成 $\pi_{X\mid i}$ 和 $\pi_{D\mid i}$，$i=1,\ \cdots,\ n$，那么

$$p_\pi(Y)=p_{\pi_D}(Y)\quad \text{对所有的 } Y\in K_D \text{ 成立}$$

$$p_\pi(Y)=p_{\pi_D}(X)p_{\pi_X}(Y)\quad \text{对所有的 } Y\in K_X \text{ 成立}$$

其中 $\pi=(\pi_1,\ \cdots,\ \pi_n)$，$\pi_X=(\pi_{X\mid 1},\ \cdots,\ \pi_{X\mid n})$ 和 $\pi_D=(\pi_{D\mid 1},\ \cdots,\ \pi_{D\mid n})$。

证明：利用 $p_\pi(Y)$ 的定义和 K_X 中所有从 0 到 Y 的路径都经过 X 这一事实，可以直接证明。

定义 12 设博弈 Γ 在 X 上分解。我们称参与人 i 的一个混合策略 μ_i 在 X 上分解为参与人 i 在 Γ_X 和 Γ_D 中的混合策略 $\mu_{X\mid i}$ 和 $\mu_{D\mid i}$，如果

(1) $q_{\pi_{D\mid i}}=\sum\limits_{D(\pi_i)=\pi_{D\mid i}} q_{\pi_i}$ 对所有的 $\pi_{D\mid i}$ 成立，其中 $D(\pi_i)$ 表示 π_i 从 $\mathscr{U}_i$ 到 $\mathscr{D}_i$ 的限制。

(2) 当 $X\in \mathrm{Poss}\mu_i$ 时，

$$q_{\pi_{X\mid i}}=\sum_{\substack{X(\pi_i)=\pi_{X\mid i}\\ X\in \mathrm{Poss}\pi_i}} \Big/ \sum_{X\in \mathrm{Poss}\,\pi_i} q_{\pi_i}\quad \text{对所有的 } \pi_{X\mid i} \text{ 成立，}$$

其中 $X(\pi_i)$ 表示 π_i 从 $\mathscr{U}_i$ 到 $\mathscr{X}_i$ 的限制。

当 $X\notin \mathrm{Poss}\mu_i$ 时，

$$q_{\pi_{X|i}}=\sum_{X(\pi_i)=\pi_{X|i}} q_{\pi_i} \text{ 对所有的 } \pi_{X|i} \text{ 成立。}$$

引理 2　参与人 i 在 Γ_X 和 Γ_D 里的混合策略 $\mu_{X|i}$ 和 $\mu_{D|i}$ 是从 Γ 中某个 μ_i 的分解得到的。

证明：设（$\pi_{D|i}$，$\pi_{X|i}$）表示由 $\pi_{D|i}$ 和 $\pi_{X|i}$ 合成得到的 Γ 的纯策略。然后令

$$q_{(\pi_{D|i},\pi_{X|i})}=q_{\pi_{D|i}}q_{\pi_{X|i}} \quad \text{对所有的 } \pi_{D|i} \text{ 和 } \pi_{X|i} \text{ 成立，}$$

如果注意到 $X\in \mathrm{Poss}\mu_i$ 当且仅当 $X\in \mathrm{Poss}\mu_{D|i}$，那么定义 12 的（1）和（2）很容易验证。注意我们对混合策略的合成和分解是对纯策略原始定义的一致性扩展。

定理 2　如果 Γ 在 X 上分解，那么 Γ 存在混合策略的 n 元组合 μ 到 Γ_X 和 Γ_D 的混合策略的 n 元组合对（μ_D，μ_X）的一个映射，使得

$$H(\mu)=H_D(\mu_D,\mu_X) \tag{6.1}$$

如果（μ_D，μ_X）在映射下对应于 μ。

证明：这个映射是定义 10 的分解。引理 2 说明它是所有二元组合上的映射。为了证明式（6.1），我们分别考虑方程的两边。

首先，
$$\begin{aligned}H(\mu)&=\sum_W p_\mu(W)h(W)\\&=\sum_{W\in K-K_X} p_\mu(W)h(W)+\sum_{W\in K_X} p_\mu(W)h(W)\end{aligned} \tag{6.2}$$

其次，
$$\begin{aligned}H_D(\mu_D,\mu_X)&=\sum_{W\in K_D} p_{\mu_D}(W)h_D(W)\\&=\sum_{W\in K-K_X} P_{\mu_D}(W)h_D(W)+p_{\mu_D}(X)H_X(\mu_X)\end{aligned} \tag{6.3}$$

注意，如果 $W\in K-K_X$，则

$$p_\mu(W)=\sum_\pi q_{\pi_1}\cdots q_{\pi_n}p_\pi(W)$$

$$= \sum_{\pi_D} \left(\sum_{D(\pi)=\pi_D} q_{\pi_1} \cdots q_{\pi_n} \right) p_{\pi_D}(W)$$

$$= \sum_{\pi_D} q_{\pi_{D|1}} \cdots q_{\pi_{D|n}} p_{\pi_D}(W)$$

$$= p_{\mu_D}(W)$$

因此，比较式（6.2）和式（6.3），我们只需证明

$$\sum_{W \in K_X} p_\mu(W) h(W) = p_{\mu_D}(X) H_X(\mu_X) \tag{6.4}$$

但是，由于

$$H_X(\mu_X) = \sum_{W \in K_X} p_{\mu_X}(W) h_X(W) = \sum_{W \in K_X} p_{\mu_X}(W) h(W)$$

为了证明式（6.4），只有说明

$$p_\mu(W) = p_{\mu_D}(X) p_{\mu_X}(W) \quad \text{对于所有的 } W \in K_X \text{ 成立。} \tag{6.5}$$

（注意，这类似于引理 2 的后半部分，是对混合策略的论述，并且我们将关于混合策略分解的定义有意地设计成保持这个性质。）

注意：

$$p_{\mu_D}(X) = \sum_{\pi_D} q_{\pi_{D|1}} \cdots q_{\pi_{D|n}} p_{\pi_D}(X)$$

$$= c(X) \prod_{i=1}^{n} \left(\sum_{X \in \text{Poss } \pi_{D|i}} q_{\pi_{D|i}} \right)$$

$$= c(X) \prod_{i=1}^{n} \left(\sum_{X \in \text{Poss } \pi_i} q_{\pi_i} \right)$$

其中 $c(X)$ 是从 0 到 X 的路径上机会选择概率的乘积（无效的乘积被认为是 1），并且

$$p_{\mu_X}(W) = \sum_{\pi_X} q_{\pi_{X|1}} \cdots q_{\pi_{X|n}} p_{\pi_X}(W)$$

$$= \sum_{\pi_X} \left\{ \prod_{i=1}^{n} \left[\sum_{\substack{X(\pi_i)=\pi_{X|i} \\ X \in \text{Poss } \pi_i}} q_{\pi_i} \Big/ \sum_{X \in \text{Poss } \pi_i} q_{\pi_i} \right] \right\} p_{\pi_X}(W)$$

我们有

$$
\begin{aligned}
p_{\mu_D}(X)p_{\mu_X}(W) &= c(X)\sum_{\pi_X}\left\{\prod_{i=1}^{n}\left(\sum_{\substack{X(\pi_i)=\pi_{X|i}\\ X\in \text{Poss}\,\pi_i}}\right)\right\}p_{\pi_X}(W)\\
&= \sum_{\pi} q_{\pi_1}\cdots q_{\pi_n} p_{\pi_D}(X)p_{\pi_X}(W)\\
&= \sum_{\pi} q_{\pi_1}\cdots q_{\pi_n} p_{\pi}(W)\\
&= p_{\mu}(W)
\end{aligned}
$$

这就完成了证明。

［定理 2 的基本结果是，如果我们把均衡点作为 n 人博弈的解的定义，那么 Γ 的解可以由 Γ_X 和 Γ_D 的解合成。］

定义 13　博弈 Γ 的混合策略的一个 n 元组合 $\bar{\mu}=(\bar{\mu}_1,\ \cdots,\ \bar{\mu}_n)$ 叫作一个均衡点[10]，如果

$$
H_i(\bar{\mu})\geqq H_i(\bar{\mu}/\mu_i)\quad i=1,\cdots,n
$$

对所有的 μ_i 成立，其中 $\bar{\mu}/\mu_i$ 表示混合策略的 n 元组合，它是在 $\bar{\mu}$ 中用 μ_i 代替 $\bar{\mu}_i$ 得到的。

定理 3　设 Γ 在 X 上分解，$\bar{\mu}_X$ 为子博弈 Γ_X 的一个均衡点，$\bar{\mu}_D$ 为 $\Gamma_D(\bar{\mu}_X)$ 的一个均衡点。如果 $\bar{\mu}$ 为 Γ 的混合策略的任意 n 元组合，它可以分解为 $\bar{\mu}_X$ 和 $\bar{\mu}_D$，则 $\bar{\mu}$ 为 Γ 的一个均衡点。

证明：设 μ_i 是参与人 i 的任意混合策略，它可以分解为 $\mu_{X|i}$ 和 $\mu_{D|i}$。那么显然有 $\bar{\mu}/\mu_i$ 分解成 $\bar{\mu}_X/\mu_{X|i}$ 和 $\bar{\mu}_D/\mu_{D|i}$，且有

$$
\begin{aligned}
H_i(\bar{\mu}) &= H_{D|i}(\bar{\mu}_D,\bar{\mu}_X) \geqq H_{D|i}(\bar{\mu}_D/\mu_{D|i},\bar{\mu}_X)\\
&= \sum_{W\in K-K_X} p_{\bar{\mu}_D/\mu_{D|i}}(W)h_{D|i}(W)\\
&\quad + p_{\bar{\mu}_D/\mu_{D|i}}(X)H_{X|i}(\bar{\mu}_X)\\
&\geqq \sum_{W\in K-K_X} p_{\bar{\mu}_D/\mu_{D|i}}(W)h_{D|i}(W)\\
&\quad + p_{\bar{\mu}_D/\mu_{D|i}}(X)H_{X|i}(\bar{\mu}_X/\mu_{X|i})\\
&= H_{D|i}(\bar{\mu}_D/\mu_{D|i},\bar{\mu}_X/\mu_{X|i})\\
&= H_i(\bar{\mu}/\mu_i)
\end{aligned}
$$

[定理 3 的计算结果很清楚。求解两个小博弈通常比求解一个大博弈要容易。我们介绍两种应用，它们可以从这个结论直接或间接地得到。]

(1) 策梅洛-冯·诺依曼定理（the theorem of Zermelo-von Neumann）。众所周知，具有完美信息的二人零和博弈在纯策略意义下存在鞍点。[11]在我们的形式化中，具有完美信息的博弈的所有信息集是单元素集，鞍点是均衡点概念在二人零和情况下的特例。

推论 2 具有完美信息的一般 n 人博弈在纯策略意义下存在均衡点。

证明：证明是对 Γ 中行动结点数量的归纳。对于没有行动的博弈，这个结论肯定成立。对于具有一个行动的博弈，这个结论是直接的，因为如果这个行动是参与人 i 的个人行动，那么他应该选择最大化他支付的备选方案，而如果这个行动是一个机会行动，那么也符合定理。对于一个有 m 个行动的博弈，假设它具有完美信息，因此它可以被分解为两个有少于 m 个行动的博弈。由归纳假设可知，这两个博弈在纯策略下有均衡点，它们的合成又是一个纯策略，并且，根据定理 3，其均衡点就是 Γ 的一个均衡点。

(2) 同时博弈（静态博弈）。这一类博弈由汤普森（G. Thompson）提出，作为完美信息博弈的自然扩充，称作同时博弈（simultaneous game），可以通过定理 3 求解。同时博弈是二人零和博弈，可以被描述为由两个参与人同时发生的行动结点组成；在每个这样的行动之后，两个参与人都被告知选择。因为我们的形式化体系没有处理同时发生的行动（甚至猜硬币都有两个连续的行动），我们必须进行如下博弈：参与人 1 在 $2k-1$ 阶行动上有 a_{2k-1} 个选择，参与人 2 在 $2k$ 阶行动上有 a_{2k} 个选择，其中 $k=1, \cdots, K$。参与人 1 在他的所有行动上拥有完美信息，而参与人 2 在他的 $2k$ 阶行动上被告知除了参与人 1 在 $2k-1$ 阶行动上的选择之外的任何事。显然我们能在参与人 1 的任意行动上分解一个同时发生的博弈。

6.5 行为策略

［在本节中我们研究随机化选择的另一种自然的方法。利用这种方法，参与人在他的每个信息集中的备选方案上选择一个概率分布，因此就在他知道的时候进行随机选择。假设在不同信息集上的选择是独立的，因此有理由称之为“无关联”的或“局部随机化”的策略。但是，因为这些是试图观察参与人行为方面度量的分布，所以我们称之为行为策略（behavior strategy）。］

定义 14　对于每个满足 $U \subset A_j$ 的 $U \subset \mathscr{U}_i$，参与人 i 的一个行为策略 β_i，赋予了 j 个非负数 $b(U, v)$，$v=1, \cdots, j$，满足 $\sum_v b(U, v) = 1$。

n 个参与人的行为策略的任意 n 元组合 $\beta=(\beta_1, \cdots, \beta_n)$ 定义了 K 上的博弈结点上的一个概率分布，如下：

如果 e 是个人行动结点 $X \in U \in \mathscr{U}_i$ 上的一个备选方案，那么 $p_\beta(e)=b(U, v(e))$。

如果 e 是机会行动上的备选方案，那么 $p_\beta(e)$ 就是利用（Ⅲ）得到的 $v(e)$ 的概率。

最后，$p_\beta(W) = \prod_{e \in W} p_\beta(e)$。

定义 15　参与人 i 在行为策略 $\beta_1, \cdots, \beta_n$ 上的期望支付 $H_i(\beta)$ 定义为

$$H_i(\beta) = \sum_W p_\beta(W) h_i(W), i=1,\cdots,n$$

［从我们对行为策略的解释来看，显然每个混合策略决定一个行为策略。定义 16 建立了这种等价关系，后面的引理证明每个行为策略都可以由某个混合策略实现。］

定义 16　参与人 i 的一个混合策略 $\mu_i=(q_{\pi_i})$ 的行为 β_i 是如下定义的一个行为策略：

如果 $U\in \mathrm{Rel}\mu_i$，那么

$$b(U,v)=\sum_{\substack{U\in \mathrm{Rel}\pi_i\\ \pi_i(U)=v}} q_{\pi_i}\Big/\sum_{U\in \mathrm{Rel}\pi_i} q_{\pi_i}$$

如果 $U\notin \mathrm{Rel}\mu_i$，那么

$$b(U,v)=\sum_{\pi_i(U)=v} q_{\pi_i}$$

引理 3　给定参与人 i 的一个行为策略 β_i，定义混合策略 $\mu_i=(q_{\pi_i})$ 为

$$q_{\pi_i}=\prod_{U\in \mathscr{U}_i} b(U,\pi_i,(U)) \tag{6.6}$$

那么 β_i 是 μ_i 的行为。

证明：这个引理是定义 16 和式（6.6）的直接结论。

[为了将这些概念应用到具体例子，我们考虑如下博弈：

有一个合伙人博弈（partner game）。在这个二人零和博弈里，参与人 1 由两个代理人组成，分别是商人和合伙人。有两张卡片，一张标记着“高”，一张标记着“低”，分给商人和参与人 2——两种可能的分配以同样的概率发生。拿到标记“高”的卡片的人从拿到标记“低”的人那里得到 1 美元，并且可以选择终止或继续博弈。如果博弈继续，合伙人（他不知道分配的种类）可以命令商人与参与人 2 交换卡片或是保留他的那张卡片。再一次地，拥有标记“高”的卡片的人可以从拥有标记“低”的卡片的人那里得到 1 美元。

在我们的形式化中，这个博弈用图 6 - 2 来描述（注意可能发生的博弈用参与人 1 的支付来标记）

$$\mathscr{U}_0=\{U_0\},\mathscr{U}_1=\{U_1,U_3\},\mathscr{U}_2=\{U_2\}$$

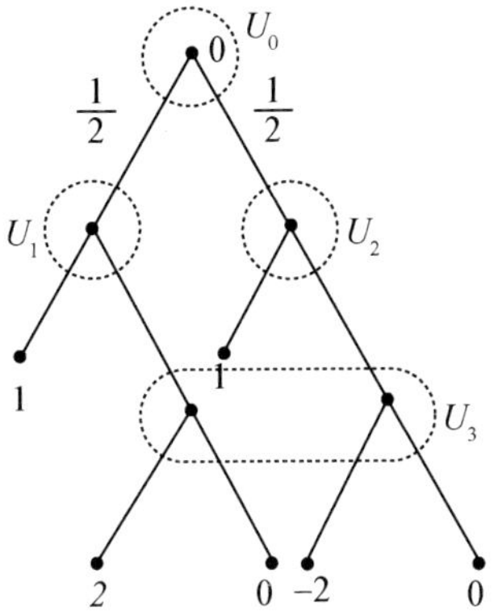

图 6-2

为了简单起见，我们用（$\pi_1(U_1)$，$\pi_1(U_3)$）表示参与人 1 的纯策略 π_1，用（$\pi_2(U_2)$）表示参与人 2 的纯策略。那么博弈的期望支付矩阵 $H_1(\pi_1, \pi_2)$ 见表 6-1：

表 6-1

	(1)	(2)
(1，1)	0	$-\frac{1}{2}$
(1，2)	0	$\frac{1}{2}$
(2，1)	$\frac{1}{2}$	0
(2，2)	$-\frac{1}{2}$	0

“解”为 $q_{(1,1)}=q_{(2,2)}=0$，$q_{(1,2)}=q_{(2,1)}=\frac{1}{2}$，并且 $q_{(1)}=q_{(2)}=\frac{1}{2}$ 保证了当参与人 2 期望自己的损失少于 $\frac{1}{4}$ 时，参与人 1 的期望支付是 $\frac{1}{4}$。另外，如果我们设 $x=b(U_1, 1)$，$1-x=b(U_1, 2)$ 和 $y=b(U_3, 1)$，$1-y=b(U_3, 2)$ 是参与人 1 的行为策略，我们有：

$$\text{参与人 1 对 } \pi_2=\begin{cases}(1)\\(2)\end{cases}\text{的期望支付是}\begin{cases}-\frac{1}{2}+\frac{1}{2}x+y-xy\\\frac{1}{2}x-xy\end{cases}$$

因此参与人 1 能够保证他自己的最大支付是

$$\max_{\substack{0\leqslant x\leqslant 1\\0\leqslant y\leqslant 1}}\min\left\{-\frac{1}{2}+\frac{1}{2}x+y-xy,\frac{1}{2}x-xy\right\}=0$$

因此，行为策略可能比混合策略的效果更差。注意混合策略 $\mu_1=(q_{(1,1)}$，$q_{(1,2)}$，$q_{(2,1)}$，$q_{(2,2)})$ 有它的行为 $\beta_1=(x，y)=(q_{(1,1)}+q_{(1,2)}，q_{(1,1)}+q_{(2,1)})$。因此，如果我们考虑参与人 1 的最优混合策略$\left(0，\frac{1}{2}，\frac{1}{2}，0\right)$，相关的行为就是 $x=y=\frac{1}{2}$，并且，尽管最优混合策略保证参与人 1 的所得是$\frac{1}{4}$，它的相关行为只保证参与人 1 的所得为 0。这个矛盾当然是因为行为策略的无关特点。为了在利用行为策略的时候得到正确结果，我们必须限制信息分割的特点。]

定义 17 我们称一个博弈 Γ 拥有完美回忆，如果 $U\in \mathrm{Rel}\pi_i$ 和 $X\in U$ 意味着对所有的 U，X 和 π_i 有 $X\in \mathrm{Poss}\pi_i$。

[读者应该验证这个条件等价于，博弈的规则允许每个参与人记得他在以前的行动结点上所知道的任何事和他在那些结点上的所有选择。这避免了代理人的作用。确实，不具有完美回忆的博弈是那些在口头规则中包含代理人描述的博弈，如桥牌博弈（bridge）。]

引理 4 设 Γ 是一个拥有完美回忆的博弈，$i=1$，…，n。如果 i 在 W 上有一个行动结点，令 i 在 W 上的最后一个备选方案是 e，在 $X\in U$ 和集合 $T_i(W)=\{\pi_i \mid U\in \mathrm{Rel}\pi_i$ 且 $\pi_i(U)=v(e)\}$ 上发生，否则 $T_i(W)$ 就是所有 π_i 的集合。最后，设 $c(W)$ 是 W 上机会选择的概率的乘积，如果没有机会选择就设其为 1。那么，对所有的 π 和 W，有

$$p_\pi(W)=\begin{cases}c(W) & \text{当 } \pi_i\in T_i(W)\quad i=1,\cdots,n \text{ 时}\\0 & \text{其他}\end{cases}$$

证明：显然，我们只需证明 $\pi_i\in T_i(W)$ 意味着 π_i 选择了 W 上 i

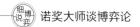

的所有备选方案（如果存在）。$\pi_i \in T_i(W)$ 意味着 $U \in \mathrm{Rel}\pi_i$，因此，由于 Γ 拥有完美回忆，$X \in \mathrm{Poss}\pi_i$。所以，利用命题 1，π_i 选择了 W 上 i 的所有备选方案。

引理 5　设 e 是一次博弈 W 的一个备选方案，它在 $X \in U \in \mathcal{U}_i$ 上发生，设局中人 i 的下一个行动（如果存在）为 $Y \in V$。进一步，设

$$S = \{\pi_i \mid U \in \mathrm{Rel}\pi_i \quad 且 \quad \pi_i(U) = v(e)\}$$

$$T = \{\pi_i \mid V \in \mathrm{Rel}\pi_i\}$$

那么 $S = T$。

证明：设 $\pi_i \in S$。那么 $U \in \mathrm{Rel}\pi_i$，因此，由于 Γ 拥有完美回忆，有 $X \in \mathrm{Poss}\pi_i$，所以，利用命题 1，π_i 选择了从 0 到 X 的路径上的 i 的所有备选方案。但 $\pi_i(U) = v(e)$，因此 π_i 选择了从 0 到 Y 的路径上的 i 的所有备选方案。所以有 $Y \in \mathrm{Poss}\pi_i$，$V \in \mathrm{Rel}\pi_i$ 和 $\pi_i \in T$。

设 $\pi_i \in T$。那么 $V \in \mathrm{Rel}\pi_i$，因此，由于 Γ 拥有完美回忆，$Y \in \mathrm{Poss}\pi_i$，所以有 $X \in \mathrm{Poss}\pi_i$ 和 $\pi_i(U) = v(e)$。也就是说，$\pi_i \in S$，引理得证。

定理 4　设 β 为一个与博弈 Γ（博弈中所有行动至少拥有两个备选方案）中混合策略 μ 的任意一个 n 元组合相关的行为，那么

$$H_i(\beta) = H_i(\mu) \quad i = 1, \cdots, n$$

并且对所有的 μ 和支付函数 h 成立的充分必要条件是 Γ 拥有完美回忆。

证明：假设 Γ 拥有完美回忆，那么我们只需证明对于所有的 W，都有

$$p_\beta(W) = p_\mu(W)$$

如果存在一个 W 上的选择，它属于局中人 i，并且在 μ_i 的一个无关信息集里的行动结点上发生，那么等式两边显然都是 0。因此我们假设所有这样的信息集都是和 μ_i 相关的。我们对两边分别操作，首先：

$$p_{\beta}(W)=\prod_{e\in W}p_{\beta}(e)$$

考虑那些属于局中人 i 在 W 上的备选方案 e，它们的概率由定义 16 的分式给出。由引理 5 可知，当每个分子是下一个分式的分母时，第一个分母显然是 1。因此

$$p_{\beta}(W)=c(W)\prod_{i=1}^{n}\Big(\sum_{\pi_i\in T_i(W)}q_{\pi_i}\Big)$$

其中 $c(W)$ 和 $T_i(W)$ 如引理 4 中定义。另外，利用引理 4 可得

$$\begin{aligned}p_{\mu}(W)&=\sum_{\pi}q_{\pi_1}\cdots q_{\pi_n}p_{\pi}(W)\\&=\sum_{\pi_i\in T_i(W)}q_{\pi_1}\cdots q_{\pi_n}c(W)\end{aligned}$$

比较 $p(W)$ 的两个表达式，我们证明了充分性。

对于必要性，如果 Γ 没有完美回忆，那么一定存在一个纯策略 π_i 和一个信息集 U 里的两个行动结点 X 和 Y，并有 $X\in \mathrm{Poss}\pi_i$ 和 $Y\notin \mathrm{Poss}\pi_i$。选择一个 π'_i，博弈 W 和 n 元组合 π' 说明了 Y 存在于 $\mathrm{Poss}\pi'_i$。如果一方规定 $\mu_i=\frac{1}{2}\pi_i+\frac{1}{2}\pi'_i$，那么

$$p_{\pi'/\mu_i}(W)=\frac{1}{2}c(W)$$

但是，在从 0 到 Y 的路径上存在一个备选方案 e，这个路径是 π'_i 而不是 π_i 选择的，因此 e 被 μ_i 的行为赋予概率 $\frac{1}{2}$。如果我们假设 $\pi'_i(U)\neq\pi_i(U)$，那么 μ_i 的行为赋予概率 $\frac{1}{2}$ 给博弈 Y 在 W 上的备选方案。因此

$$p_{\beta}(W)\leqq\frac{1}{4}c(W)$$

证明完毕。

例子　为了阐明行为策略的作用，我们从文献中找到了三个例子。它们都是扑克博弈的各种变形，基本的共同点是它们都拥有完美回忆。

例 1　冯·诺依曼和摩根斯坦给出了一个扑克的例子[12]，其中每个参与人纯策略的数目是 3^S，S 是可能的“手”的数目。因此混合策略集的维数是 e^S-1。但是，行为策略集的维数是 $2S$；如果 S 是个很大的数，它们之间的差异是很大的。

例 2　在作者[13]给出的例子里，优势策略的讨论将参与人 1 的纯策略从 27 减到了 8，将参与人 2 的纯策略从 64 减到了 4。不过，解的计算仍然是很冗长的事情。但有了行为策略，支付函数对参与人 1 来说有 3 个变量，对参与人 2 来说有 2 个变量；此外，由于没有次数高于 2 的项，所以求解的计算仅仅是初等微积分的一个简单练习。

例 3　在纳什和沙普利[14]的简单三人扑克博弈中，优势策略的讨论导致了一个博弈结果，其中三个参与人分别拥有 17 个、19 个、31 个混合策略。但是，他们每个人拥有 5 个行为策略，这个简化使得发现博弈的唯一均衡点成为可能。

【注释】

[1] 本章的研究受到海军研究办公室的资助。

[2] von Neumann, J. and Morgenstern, O. *The Theory of Games and Economic Behavior*, 2nd ed. Princeton, 1947.

[3] 用树作为博弈的几何表示，由冯·诺依曼给出（*Loc. Cit.*, p. 77），但是，他只处理了具有完美信息的博弈。

[4] 区分我们这里所说的“行动”和冯·诺依曼的定义是重要的。确切地说，冯·诺依曼的行动是我们这里给定排序的所有行动的集合。

[5] 在本章中，分割意味着彻底地分解成（可能是空的）不相交的集合。

[6] 这由冯·诺依曼给出，通过二人的桥牌博弈以这种方式进行。

[7] König, D. “Uber eine Schlussweise aus dem Endlichen ins Unendliche,” *Acta Szeged* 3 (1927), pp. 121 - 130.

[8] 为了比较，下面采用冯·诺依曼的符号（*loc. Cit.*，pp. 73－75）。

[9] 这个例子，与解释的补充说明一样，与沙普利和麦金西讨论过。

[10] Nash，J. “Non-Cooperative games”，*Ann. Of Math.*，54（1951），pp. 286－295。

[11] Zermelo，E. “Uber eine Anwendung der Mengenlehre auf die Theorie des Schachspiels,” *Proc. Fifth Int. Cong. Math.*，Vol. Ⅱ，Cambridge（1912），p.501.

[12] *Loc. Cit.*，pp. 190－196.

[13] Kuhn，H. “A simplified two-person poker,” *Annals of Math. Study*，24（1950）pp. 97－103.

[14] Nash，J. and Shapley，L. S. “A simple three-person poker game,” *Annals of Math. Study*，24（1950），pp. 105－116.

第 7 章 n 人博弈的值[1]

劳埃德·S.沙普利

7.1 引　言

博弈理论的基础是，假设博弈的参与人能够以他们的效用准则，评价每个可能成为博弈结果的期望（prospect）。在将理论应用于各个领域时，一般假设期望被允许包含在期望类中，即进行一个博弈的期望。因此评价博弈的可能性是至关重要的。目前的理论不能对应用中的典型博弈赋值，只有相对简单的情况——博弈不依赖于其他博弈——容易分析和求解。

在冯·诺依曼和摩根斯坦[2]的有限理论中，评价的困难在于“基本”（essential）博弈，且只有这些。在本章中，我们推导基本情况的值，并检验其基本性质。我们从三个公理出发，它们具有直观解释，可以决定唯一的值。

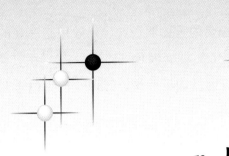

我们现在的工作，虽然在数学上是自封的，但在概念上是以冯·诺依曼-摩根斯坦理论中关于特征函数（characteristic function）的介绍为

基础的。因此我们坚持必要的重要假设：(a) 效用是客观的和可传递的；(b) 博弈是合作的；(c) 博弈满足 (a) 和 (b)，由其特征函数充分表示。但是，我们没有遵循如下假设，即理性行为包含在冯·诺依曼-摩根斯坦的解的概念中。

我们认为一个博弈是规定的参与人在博弈位置上的规则的集合。规则只描述我们称之为抽象博弈（abstract game）的情况。抽象博弈通过角色进行——如“商人”或“参观团”——而不是通过博弈外部的参与人进行。博弈论主要处理抽象博弈[3]。这个区分是有用的，使我们能确切地说明，博弈的值只依赖于它的抽象性质（见下文的公理 1）。

7.2 定 义

令 U 是参与人的集合，定义一个博弈为从 U 的子集到实数域的任何超可加（superadditive）的集值函数（set-function）v，因此

$$v(0)=0 \tag{7.1}$$

$$v(S) \geqslant v(S \cap T)+v(S-T) \qquad (\text{所有 } S,T \subseteq U) \tag{7.2}$$

v 的载体（carrier）是任意集合 $N \subseteq U$，满足

$$v(S)=v(N \cap S) \qquad (\text{所有 } S \subseteq U) \tag{7.3}$$

v 的载体的任何扩展集（superset）仍是 v 的载体。载体的使用避免了通常根据参与人数量对博弈的分类。任何载体之外的参与人对博弈都没有直接影响，因为他们对任意联盟都没有贡献。我们将讨论拥有有限载体的博弈。

两个博弈的和［重合（superposition）］也是一个博弈。在直观上，它由两个博弈得到，它们具有独立的规则，但参与人的集合可能重叠。如果博弈恰巧拥有不相交的载体，那么它们的和就是它们的合并

(composition)。[4]

令 $\prod(U)$ 为 U 的排列的集合，即 U 在它本身上一对一的映射。如果 $\pi \in \prod(U)$，那么记 πS 为 S 在 π 下的像，我们定义函数 πv 为

$$\pi v(\pi S) = v(S) \qquad (\text{所有 } S \subseteq U) \tag{7.4}$$

如果 v 是一个博弈，那么博弈类 πv，$\pi \in \prod(U)$，可以被看作与 v 一致的抽象博弈。与合并不同，博弈的加法运算不能推广到抽象博弈。

通过博弈 v 的值 $\phi[v]$，我们考虑一个函数，它与 U 中每个 i 的实数 $\phi_i[v]$ 相关，并满足如下公理。因此该值提供了一个可加的集值函数（非基本博弈）$\bar{v}$：

$$\bar{v}(S) = \sum_S \phi_i[v] \qquad (\text{所有 } S \subseteq U) \tag{7.5}$$

来代替超可加函数 v。

公理 1　对每个 $\pi \in \prod(U)$，

$$\phi_{\pi i}[\pi v] = \phi_i[v]$$

公理 2　对 v 的每个载体 N，

$$\sum_N \phi_i[v] = v(N)$$

公理 3　对任意两个博弈 v 和 w，

$$\phi[v+w] = \phi[v] + \phi[w]$$

注　公理 1（对称性）叙述了值是抽象博弈的基本性质。公理 2（有效性）叙述了值代表博弈所有结果的一个分布。这排除了以下情况，例如，评价 $\phi_i[v] = v((i))$，即每个参与人都悲观地认为其他人会合作对抗他自己。公理 3（加法法则）表明当两个独立的博弈合并时，它们的值一定是参与人的和。这对任意最终应用于相互依赖的博弈系统的评价方法来说是首要条件。

值得注意的是，决定唯一的值不再需要进一步的条件。[5]

7.3 值函数的确定

引理 1 如果 N 是 v 的有限载体，那么对 $i \notin N$，

$$\phi_i[v]=0$$

证明：设 $i \notin N$。N 和 $N \cup (i)$ 是 v 的载体；且 $v(N)=v(N \cup (i))$。因此由公理 2 知，$\phi_i[v]=0$，证毕。

我们首先考虑确定的对称博弈。对任意的 $R \subseteq U$，$R \neq 0$，定义 v_R：

$$v_R(S)=\begin{cases}1 & S \supseteq R \\ 0 & S \not\supseteq R\end{cases} \tag{7.6}$$

函数 cv_R 是一个博弈，对任意非负的 c，R 是载体。

下面，我们用 r，s，n…分别代表 R，S，N，…中元素的个数。

引理 2 对 $c \geqslant 0$，$0<r<\infty$，我们有

$$\phi_i[cv_R]=\begin{cases}c/r, & i \in R \\ 0, & i \notin R\end{cases}$$

证明：考虑 R 中的 i 和 j，选择 $\pi \in \prod(U)$ 满足 $\pi R=R$ 和 $\pi i=j$。则有 $\pi v_R=v_R$，因此，由公理 1 知：

$$\phi_j[cv_R]=\phi_i[cv_R]$$

由公理 2 知：

$$c=cv_R(R)=\sum_{j \in R}\phi_j[cv_R]=r\phi_i[cv_R]$$

对任意的 $i \in R$ 成立。结合引理 1，证毕。

引理 3[6] 任何具有有限载体的博弈 v_R 是对称博弈的线性组合：

$$v=\sum_{\substack{R\subseteq N\\ R\neq 0}}c_R(v)v_R \tag{7.7}$$

N 是 v 的任意有限载体。系数与 N 无关，由下式给出：

$$c_R(v)=\sum_{T\subseteq R}(-1)^{r-t}v(T)\qquad(0<r<\infty) \tag{7.8}$$

证明：我们必须验证

$$v(S)=\sum_{\substack{R\subseteq N\\ R\neq 0}}c_R(v)v_R(S) \tag{7.9}$$

对所有 $S\subseteq U$ 和 v 的任意有限载体 N 成立。如果 $S\subseteq U$，则根据式（7.6）和式（7.8），式（7.9）变为

$$\begin{aligned}v(S)&=\sum_{R\subseteq S}\sum_{T\subseteq R}(-1)^{r-t}v(T)\\&=\sum_{T\subseteq S}\left[\sum_{r=t}^{s}(-1)^{r-t}\binom{s-t}{r-t}\right]v(T)\end{aligned}$$

若 $s=t$，则括号中的表达式为 0，所以我们得到 $v(S)=v(S)$。由式（7.3），有

$$\begin{aligned}v(S)&=v(N\cap S)\\&=\sum_{R\subseteq N}c_R(v)v_R(N\cap S)\\&=\sum_{R\subseteq N}c_R(v)v_R(S)\end{aligned}$$

证毕。

注　容易证明，若 R 没有包含在 v 的任何一个载体中，则 $c_R(v)=0$。

公理 3 的一个直接推论是，如果 v，w 和 $v-w$ 为全部博弈，则 $\phi[v-w]=\phi[v]-\phi[w]$。因此，我们将引理 2 应用于引理 3 的表达式，得到公式

$$\phi_i[v]=\sum_{\substack{R\subseteq N\\ R\ni i}}c_R(v)/r\qquad(\text{所有 } i\in N) \tag{7.10}$$

代入式（7.8），得到简化结果

$$\phi_i[v] = \sum_{\substack{S \subseteq N \\ S \ni i}} \frac{(s-1)!\ (n-s)!}{n!} v(S) - \sum_{\substack{S \subseteq N \\ S \not\ni i}} \frac{s!\ (n-s-1)!}{n!} v(S)$$

$$(\text{所有 } i \in N) \qquad (7.11)$$

利用等式

$$\gamma_n(s) = (s-1)!\ (n-s)!\ /n! \qquad (7.12)$$

我们现在得到：

定理 对每个具有有限载体的博弈，存在满足公理 1～公理 3 的唯一值函数 ϕ，由下式给出

$$\phi_i[v] = \sum_{S \subseteq N} \gamma_n(s)[v(S) - v(S-(i))]$$

$$(\text{所有 } i \in U) \qquad (7.13)$$

其中，N 是 v 的任意有限载体。

证明：由式（7.11）、式（7.12）和引理 1 得到式（7.13）。注意式（7.13），它与式（7.10）一样不依赖于特别的有限载体 N，因此可以定义定理中的 ϕ。根据式（7.13）的推导，显然存在唯一的值函数满足上述公理，可以通过引理 3 验证。

7.4 值的基本性质

推论 1 我们有

$$\phi_i[v] \geqslant v((i)) \qquad (\text{所有 } i \in U) \qquad (7.14)$$

等号成立当且仅当 i 是虚的，即当且仅当

$$v(S) = v(S-(i)) + v((i)) \qquad (S \ni i) \qquad (7.15)$$

证明：对任意 $i\in U$，我们考虑 $i\in N$，由式（7.2）得到

$$\phi_i[v]\geqslant\sum_{\substack{S\subseteq N\\S\ni i}}\gamma_n(s)v((i))$$

当且仅当式（7.15）成立时等号成立，因为没有 $\gamma_n(s)$ 是 0。注意，下式成立时，证明完毕。

$$\sum_{\substack{S\subseteq N\\S\ni i}}\gamma_n(s)=\sum_{s=1}^{n}\begin{pmatrix}n-1\\s-1\end{pmatrix}\gamma_n(s)=\sum_{s=1}^{n}\frac{1}{n}=1 \tag{7.16}$$

只有在这个推论中，我们的结论才依赖于函数 v 的超可加性。

推论 2　如果 v 是可分的，即若博弈 $w^{(1)}$，$w^{(2)}$，…，$w^{(p)}$ 具有两两不相交的载体 $N^{(1)}$，$N^{(2)}$，…，$N^{(p)}$ 存在且满足

$$v=\sum_{k=1}^{p}w^{(k)}$$

那么，对每个 $k=1，2，\cdots，p$，

$$\phi_i[v]=\phi_i[w^{(k)}]\qquad（所有\ i\in N^{(k)}）$$

证明：由公理 3 可证。

推论 3　如果 v 和 w 是策略等价的，即：若

$$w=cv+\overline{a} \tag{7.17}$$

其中，c 是正常数，$\overline{a}$ 是具有有限载体的 U 上的可加集值函数[7]，那么

$$\phi_i[w]=c\phi_i[v]+\overline{a}((i))\qquad（所有\ i\in U）$$

证明：由公理 3，将推论 1 应用到非基本博弈 $\overline{a}$ 上，并由式（7.13）在 v 上是线性和齐次的这一事实可证。

推论 4　如果 v 是常和的（constant-sum），即如果

$$v(S)+v(U-S)=v(U)\qquad（所有\ S\subseteq U） \tag{7.18}$$

那么它的值由下式给出：

$$\phi_i[v]=2\Big[\sum_{\substack{S\subseteq N\\ S\ni i}}\gamma_n(s)v(S)\Big]-v(N)\qquad (\text{所有 } i\in N)\ (7.19)$$

其中 N 是 v 的任意有限载体。

证明：对 $i\in N$，有

$$\begin{aligned}\phi_i[v]&=\sum_{\substack{S\subseteq N\\ S\ni i}}\gamma_n(s)v(S)-\sum_{\substack{T\subseteq N\\ T\not\ni i}}\gamma_n(t+1)v(T)\\&=\sum_{\substack{S\subseteq N\\ S\ni i}}\gamma_n(s)v(S)-\sum_{\substack{S\subseteq N\\ S\ni i}}\gamma_n(n-s+1)[v(N)-v(S)]\end{aligned}$$

但 $\gamma_n(n-s+1)=\gamma_n(s)$。所以由式（7.16）得到式（7.18）。

7.5 举　例

如果 N 是 v 的一个有限载体，令 A 是 n 个向量（a_i）的集合，满足

$$\begin{cases}\sum_N \alpha_i=v(N)\\ \alpha_i\geqslant v((i))\qquad (\text{所有 } i\in N)\end{cases}$$

如果 v 不是基本的，则 A 是唯一的点；否则 A 是 $n-1$ 维的正则单纯型。由公理 2 和推论 1 可知，v 的值可认为是 A 中的一点 ϕ。记 A 的中心（centroid）为 θ：

$$\theta_i=v((i))+\frac{1}{n}\Big[v(N)-\sum_{j\in N}v((j))\Big]$$

例 1　对二人博弈、三人常和博弈与非基本博弈，有

$$\phi=\theta\qquad (7.20)$$

上式同样对任意对称博弈也成立，即博弈 N 在传递性排列下保持不变，并且更一般地，博弈与它们是策略等价。这些结果由对称性就可得到，

并不依赖于公理 3。

例 2　对于一般的三人博弈，考虑 ϕ 在 A 中的位置，被一个正则六边形覆盖，在每个一维面的中点与边界相交（见图 7-1）。后面的情况当然是可分解博弈，有一个参与人是虚的。

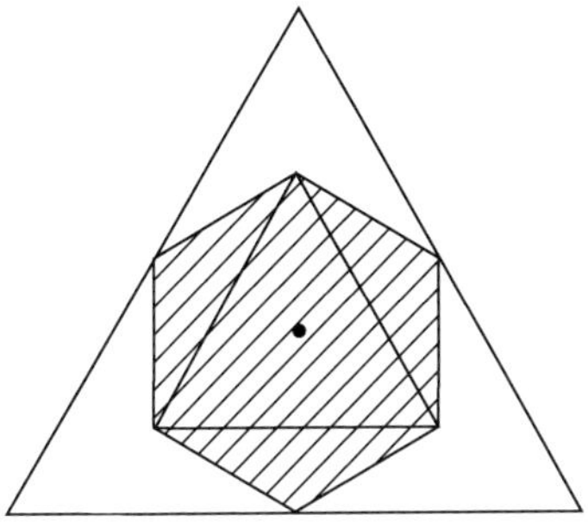

图 7-1

例 3　限额博弈[8]（quota games）的特征是，存在常数 ω_i 满足

$$\begin{cases}\omega_i+\omega_j=v((i,j)) & (\text{所有 } i,j\in N, i\neq j)\\ \sum\limits_N \omega_i=v(N)\end{cases}$$

对 $n=3$，有

$$\phi-\theta=\frac{\omega-\theta}{2} \tag{7.21}$$

因为假设 ω 为 A 中任意一点，所以 ϕ 的范围是一个三角形，内接在例 2 的六边形中（见图 7-1）。

例 4　所有四人常和博弈是限额博弈。因为

$$\phi-\theta=\frac{\omega-\theta}{3} \tag{7.22}$$

限额 ω 的范围覆盖了一个确定的立方体[9]，包含 A。同时，ϕ 值的范围覆盖一个平行的内接立方体，在每个二维面的中点与 A 的边界相交。在更高的限额博弈中，点 ϕ 和 ω 没有直接关系。

例 5 加权的大多数博弈[10]（weighted majority game）的特征是，存在权重 w_i，使得 $\sum_S w_i = \sum_{N-S} w_i$ 不成立，并满足

$$\begin{cases} v(S) = n - s, & \text{若} \sum_S w_i > \sum_{N-S} w_i \\ v(S) = -s, & \text{若} \sum_S w_i < \sum_{N-S} w_i \end{cases}$$

因此博弈简单地记作 $[w_1, w_2, \cdots, w_n]$。容易证明

$$\phi_i < \phi_j \Rightarrow w_i < w_j \quad (\text{所有 } i, j \in N) \tag{7.23}$$

在任何加权的大多数博弈 $[w_1, w_2, \cdots, w_n]$ 中成立。因此，权重和值对参与人有相同的排序。

在特定情况下，能够毫无困难地计算出精确的值。对博弈 $[1, 1, \cdots, n-2]$[11]，我们有

$$\phi = \frac{n-3}{n-1}(-1, -1, \cdots, -1, n-1)$$

且对博弈 $[2, 2, 2, 1, 1, 1]$[12]，我们有，

$$\phi = \frac{2}{5}(1, 1, 1, -1, -1, -1)$$

等等。

7.6 讨价还价问题值的计算

前文给出的推导方法不适用于研究讨价还价问题，它得到的博弈的值是（期望）结果。我们以描述这一问题来结束本章。我们模型的形式化具有机会行动，是基于无知或不考虑参与人的社会组织的，它支持以下观点，即最好认为值是状态的预先评价。

组成有限载体 N 的参与人同意在主要联盟中进行博弈，联盟以下

述方式形成：(1) 开始时只有一个成员，每次加入一个参与人，直到所有参与人都加入。(2) 加入联盟的参与人的排序随机决定，所有排列具有相同的可能性。(3) 每个参与人在加入联盟时，要求并承诺他对联盟值的贡献（由函数 v 决定）。这样一来，主要联盟会“有效”地进行博弈，从而得到 $v(N)$ ——足以满足所有承诺。

这种结构下的期望容易得到。令 $T^{(i)}$ 是 i 之前的参与人的集合。对任意 $S \ni i$，如果 $S-(i)=T^{(i)}$，那么 i 的支付是 $v(S)-v(S-(i))$，发生例外的概率是 $\gamma_n(s)$。因此 i 的整体期望正好是它的值，如式 (7.13) 证明所示。

参考文献

1. Borel, E. and Ville, J. “Applications aux jeux de hazard,” *Traité du Calcul des Probabilitiés et de ses Applications*, Vol. 4, Part 2. Paris: Gauthier-Villars, 1938.

2. Kuhn, H. W. and Tucker, A. W. (eds.). “Contributions to the theory of games,” *Annals of Mathematics Study*, No. Princeton, 1950.

3. von Neumann, J. and Morgenstern, O. *Theory of Games and Economic Behavior*. Princeton, 1944; 2nd ed., 1947.

4. Shapley, L. S. “Quota solutions of n-person games,” this study.

【注释】

[1] 本章的研究部分由兰德公司发起。

[2] 见参考文献 3。没有值的无限博弈的例子可在参考文献 2，pp. 58 - 59 中找到，也见参考文献 1，p. 110。也见参考文献 2，pp. 152 - 153。

[3] 一个例外发生在对称的情形中（见参考文献 2，pp. 81 - 83 中的例子），参与人必须和他们的角色相区分。

[4] 见参考文献 31，26.7.2 小节和 41.3 节。

[5] 关于值更深入的三个性质可能被认为是合适的公理，将在引理 1、推论 1 和推论 3 证明。

[6] 这个引理的使用由罗杰斯（H. Rogers）提出。

[7] 这是麦金西的“S-等价”（见参考文献 2，p. 120），比冯·诺依曼和摩根斯坦的策略等价（见参考文献 3，27.1 节）广泛。

[8] 在参考文献 4 中讨论。

[9] 在参考文献 4 的图 1 中举例说明。

[10] 见参考文献 3，50.1 节。

[11] 在参考文献 3 中详细讨论，见 55 节。

[12] 在参考文献 3 中讨论，见 53.2.2 小节。

第 8 章 随机博弈

劳埃德·S.沙普利

8.1 引 言

在随机博弈（stochastic game）中，博弈从一个状态（position）到另一个状态逐步进行，状态转移概率由两个参与人联合决定。我们假设有 N 个有限状态，在每一个状态，两个参与人分别有 m_k，n_k 个有限备选方案，然而这个博弈可能是无限次的。如果在状态 k 两个参与人分别选择第 i 个和第 j 个备选方案，那么博弈结束的概率是 $s_{ij}^k>0$，博弈进行到状态 l 的概率是 p_{ij}^{kl}。定义：

$$s=\min_{k,i,l} s_{ij}^k$$

由于 s 是正数，博弈以概率 1 在有限次后结束，因为对于任意整数 t，t 步以后博弈还没有结束的概率不会超过 $(1-s)^t$。

支付在整个博弈过程中进行：在状态 k，无论何时，只要选择方案 i，j，一个参与人从另一个参与人那里得到的支付就为 a_{ij}^k。如果我们

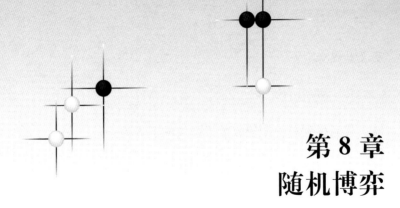

定义上界 M 为

$$M=\max_{k,i,j}|a_{ij}^k|$$

那么我们得到总的期望收益或损失的上界为：

$$M+(1-s)M+(1-s)^2M+\cdots=M/s \tag{8.1}$$

整个博弈过程取决于 N^2+N 个矩阵：

$$P^{kl}=(p_{ij}^{kl}|i=1,2,\cdots,m_k;j=1,2,\cdots,n_k)$$

$$A^k=(a_{ij}^k|i=1,2,\cdots,m_k;j=1,2,\cdots,n_k)$$

其中 k，$l=1$，2，…，N，元素满足：

$$p_{ij}^{kl}\geqslant 0,\ |a_{ij}^k|\leqslant M,\quad \sum_{l=1}^{N}p_{ij}^{kl}\leqslant 1-s_{ij}^k\leqslant 1-s<1$$

指定一个起始状态就得到一个特定的博弈 Γ^k。术语“随机博弈”指的是全集 $\Gamma=\{\Gamma^k\mid k=1,2,\cdots,N\}$。

因为需要考虑大量不相关的信息，这些博弈纯策略和混合策略构成的全集是很复杂的。然而，我们只介绍某种行为策略。[1]遵循这种行为策略，无论博弈沿着哪条路径进行，每次达到同一状态时，参与人选择某种行动的概率都是一样的，我们称这样的行为策略为平稳策略（stationary strategy)。对于第一个参与人，平稳策略可以用 N 维概率分布来描述：

$$\vec{x}=(x^1,x^2,\cdots,x^N)\quad x^k=(x_1^k,x_2^k,\cdots,x_{m_k}^k)$$

对于第二个参与人的策略也可以用这样的方式描述。这种表达方式适用于 Γ 中的所有博弈。

注意平稳策略通常不是纯平稳策略（所有的 x_i^k 都为 0 或 1）的混合，因为行为策略中的概率一定是不相关的。

8.2 解的存在性

给定矩阵对策 B，用 val[B] 表示第一个参与人的最小最大值，$X[B]$、$Y[B]$ 分别表示第一个参与人和第二个参与人的最优混合策略集。[2] 如果 B 和 C 是两个相同阶数的矩阵，则易证明：

$$|\text{val}[B]-\text{val}[C]|\leqslant\max_{i,j}|b_{ij}-c_{ij}| \tag{8.2}$$

现在回到随机博弈 Γ，定义矩阵 $A^k(\vec{\alpha})$ 的元素为：

$$a_{ij}^k+\sum_l p_{ij}^{kl}\alpha^l$$

其中 $i=1$，2，…，m_k；$j=1$，2，…，n_k；$\vec{\alpha}$ 为任意 N 维数值向量。任意选取 $\vec{\alpha}_{(0)}$，用如下递归定义 $\vec{\alpha}_{(t)}$：

$$\alpha_{(t)}^k=\text{val}[A^k(\vec{\alpha}_{(t-1)})],\quad t=1,2,\cdots$$

（如果对每一个 k，我们取 $\alpha_{(0)}^k$ 为矩阵 A^k 对应的最小最大值，那么 $\alpha_{(t)}^k$ 就是截断博弈 $\Gamma_{(t)}^k$ 对应的最小最大值，$\Gamma_{(t)}^k$ 起始于状态 k，如果博弈次数大于 t，就在 t 步之后截断。）我们要证明当 $t\to\infty$ 时，极限 $\vec{\alpha}_{(t)}$ 存在，并且极限值与 $\vec{\alpha}_{(0)}$ 无关，极限向量的元素就是无穷博弈 Γ^k 对应的最小最大值。

考虑变换 T：

$$T\vec{\alpha}=\vec{\beta},\ \text{其中}\ \beta^k=\text{val}[A^k(\vec{\alpha})]$$

定义向量 $\vec{\alpha}$ 的范数为：

$$\|\vec{\alpha}\|=\max_k|\alpha^k|$$

利用式（8.2），我们得到：

$$\begin{aligned}\|T\vec{\beta}-T\vec{\alpha}\|&=\max_k|\text{val}[A^k(\vec{\beta})]-\text{val}[A^k(\vec{\alpha})]|\\&\leqslant\max_{k,i,j}|\sum_l p_{ij}^{kl}\beta^l-\sum_l p_{ij}^{kl}\alpha^l|\end{aligned}$$

$$\leqslant \max_{k,i,j}\left|\sum_{l} p_{ij}^{kl}\right| \max_{l}\left|\beta^{l}-\alpha^{l}\right|$$

$$=(1-s)\|\bar{\beta}-\vec{\alpha}\| \tag{8.3}$$

特别地，$\|T^{2}\vec{\alpha}-T\vec{\alpha}\| \leqslant (1-s)\|T\vec{\alpha}-\vec{\alpha}\|$。因此序列 $\vec{\alpha}_{(0)}$，$T\vec{\alpha}_{(0)}$，$T^{2}\vec{\alpha}_{(0)}$，…是收敛的。极限向量 $\vec{\Phi}$ 满足 $\vec{\Phi}=T\vec{\Phi}$。但是这样的向量是唯一的。如果存在另一个向量 $\vec{\Psi}$，使得 $\vec{\Psi}=T\vec{\Psi}$，则：

$$\|\vec{\Psi}-\vec{\Phi}\|=\|T\vec{\Psi}-T\vec{\Phi}\| \leqslant (1-s)\|\vec{\Psi}-\vec{\Phi}\|$$

根据式(8.3)，$\|\vec{\Psi}-\vec{\Phi}\|=0$。因此 $\vec{\Phi}$ 是 T 变换唯一的不动点，并且与 $\vec{\alpha}_{(0)}$ 无关。

现在证明 Φ^{k} 是博弈 Γ^{k} 对应的最小最大值。我们注意到如果在前 t 次博弈中，第一个参与人采取有限博弈 $\Gamma_{(t)}^{k}$ 的最优策略，随后任意行动，则他可以确保自己获得的支付与有限博弈 $\Gamma_{(t)}^{k}$ 相比，误差不会超过 $\varepsilon_{t}=(1-s)^{t}M/s$；对另外一个参与人也有同样的结果。因为 $\varepsilon_{t}\to 0$，$\Gamma_{(t)}^{k}$ 的最小最大值收敛于 Φ^{k}，我们得出结论：Φ^{k} 实际上是博弈 Γ^{k} 的最小最大值。总结如下：

定理 1　随机博弈的值是方程组

$$\Phi^{k}=\operatorname{val}[A^{k}(\vec{\Phi})] \quad k=1, 2, \cdots, N$$

的唯一解 $\vec{\Phi}$。

我们接下来的目标是证明最优策略的存在。

定理 2　平稳策略 $\vec{x}^{*}$，$\vec{y}^{*}$（其中 $x^{l}\in X[A^{l}(\vec{\Phi})]$，$y^{l}\in Y[A^{l}(\vec{\Phi})]$，$l=1, 2, \cdots, N$）分别是两个参与人在 Γ 中每一个博弈 Γ^{k} 的最优策略。

证明：考虑 Γ^{k} 有限的情形，假设博弈将在第 t 步结束，第一个参与人得到的支付为 $a_{ij}^{h}+\sum_{l} p_{ij}^{hl}\Phi^{l}$，而不仅仅是 a_{ij}^{h}。显然在这有限的情形中，平稳策略 $\vec{x}^{*}$ 确保第一个参与人得到 Φ^{k} 数量的支付。如果第一个参与人在最初的博弈 Γ^{k} 中采用 $\vec{x}^{*}$，则博弈次数大于 t 的期望收益至少是：

$$\Phi^k-(1-s)^{t-1}\max_{h,i,j}\sum_l p_{ij}^{hl}\Phi^l$$

因此期望收益至少是：

$$\Phi^k-(1-s)^t\max_l\Phi^l$$

第一个参与人的总体期望收益至少是：

$$\Phi^k-(1-s)^t\max_l\Phi^l-(1-s)^tM/s$$

因为这对任意大的 t 都是成立的，所以这就意味着 $\vec{x}^*$ 在博弈 Γ^k 中是第一个参与人的最优策略。同样可以证明 $\vec{y}^*$ 是第二个参与人的最优策略。

8.3　简化成有限维的博弈

val 算子的非线性使得通过定理 1 和定理 2 来求博弈的确切解变得非常困难。我们希望将支付直接通过平稳策略表达出来。用 $\vec{\Gamma}=\{\vec{\Gamma}^k\}$ 表示纯策略是 Γ 平稳策略的博弈全集。支付函数 $\mathfrak{H}^k(\vec{x},\vec{y})$ 一定满足：

$$\mathfrak{H}^k(\vec{x},\vec{y})=x^kA^ky^k+\sum_l x^kP^{kl}y^k\,\mathfrak{H}^l(\vec{x},\vec{y})\qquad k=1,2,\cdots,N$$

这个方程组存在唯一解。事实上对于线性变换 $T_{\vec{x}\vec{y}}$ 有：

$$T_{\vec{x}\vec{y}}\,\vec{\alpha}=\vec{\beta}\qquad 其中\ \beta^k=x^kA^ky^k+\sum_l x^kP^{kl}y^k\alpha^l$$

对应于式（8.3）我们立即得到：

$$\begin{aligned}\|T_{\vec{x}\vec{y}}\vec{\beta}-T_{\vec{x}\vec{y}}\vec{\alpha}\|&=\max_k\left|\sum_l x^kP^{kl}y^k(\beta^l-\alpha^l)\right|\\&\leqslant(1-s)\|\vec{\beta}-\vec{\alpha}\|\end{aligned}$$

因此由克莱姆法则（Cramer’s rule）有：

$$\mathfrak{H}^k(\vec{x},\vec{y})=\frac{\begin{vmatrix} x^1P^{11}y^1-1 & x^1P^{12}y^1 & \cdots & -x^1A^1y^1 & \cdots & x^1P^{1N}y^1 \\ x^2P^{21}y^2 & x^2P^{22}y^2-1 & & & & \\ \cdots & & \cdots & & \cdots & \\ x^NP^{N1}y^N & \cdots & \cdots & -x^NA^Ny^N & \cdots & x^NP^{NN}y^N-1 \end{vmatrix}}{\begin{vmatrix} x^1P^{11}y^1-1 & x^1P^{12}y^1 & \cdots & x^1P^{1k}y^1 & \cdots & x^1P^{1N}y^1 \\ x^2P^{21}y^2 & x^2P^{22}y^2-1 & \cdots & & & \\ \cdots & & & x^kP^{kk}y^k-1 & & \cdots \\ x^NP^{N1}y^N & \cdots & \cdots & x^NP^{Nk}y^N & \cdots & x^NP^{NN}y^N-1 \end{vmatrix}}$$

定理 3 博弈 $\vec{\Gamma}^k$ 存在鞍点：

$$\min_{\vec{y}}\max_{\vec{x}}\mathfrak{H}^k(\vec{x},\vec{y})=\max_{\vec{x}}\min_{\vec{y}}\mathfrak{H}^k(\vec{x},\vec{y}) \tag{8.4}$$

方程（8.4）对任意的 $k=1$，2，…，N 都成立。对所有 $\Gamma^k\in\Gamma$ 的博弈都最优的平稳策略也一定是所有 $\vec{\Gamma}^k\in\vec{\Gamma}$ 博弈的最优纯策略。反之，亦成立。Γ 和 $\vec{\Gamma}$ 有着同样的值向量。

由定理 2 很容易证明定理 3。应该指出，博弈 Γ^k（或 $\vec{\Gamma}^k$）的最优策略 $\vec{x}$ 不一定是 Γ（或 $\vec{\Gamma}$）中其他博弈的最优策略。这是因为 Γ 有可能是“间断”的（disconnected）；如果 p_{ij}^{kl} 都是非零的，就不可能出现这种情形。

可以证明 Γ 的最优平稳策略集是闭的凸多面体。有着理性系数的随机博弈不一定存在一个理性的值。和双线性形式的最小最大原理不同，方程（8.4）不是在任意有序数域内都有效。

8.4 例子和应用

（1）当 $N=1$ 时，Γ 可以用一个简单的矩阵对策 A 来描述，博弈依据参与人的选择决定的概率重复进行。Γ 的支付函数是：

$$\mathfrak{H}(x,y)=\frac{xAy}{xSy}$$

其中 S 是非零的停止概率矩阵。冯·诺依曼[3]建立了对应于这种理性形式的最小最大定理；随后卢米斯（Loomis）[4]给出了一个基本的证明。

（2）如果令所有的停止概率 s_{ij}^{k} 等于常数 $s(s>0)$，我们就得到一个不确定的连续博弈模型，博弈中未来的支付用因子（$1-s)^{t}$ 来贴现。在这种情形下，实际转移概率是 $q_{ij}^{kl}=p_{ij}^{kl}/(1-s)$。固定 q_{ij}^{kl}，改变 s，我们可以研究利率对最优策略的影响。

（3）依据库恩和汤普森[5]的解释，随机博弈不是完美信息博弈，却是同时博弈。可令 m_k 或 n_k 等于 1（k 取任意值），完美信息可以在我们讨论的框架内模拟出来。这样的完美信息随机博弈同样有平稳的纯策略解。

（4）如果对任意的 k，我们令 $n_k=1$，这样就有效地排除了第二个参与人，博弈成为动态规划模型。[6]该博弈的最优解是任意最大化如下表达式的整数集 $\vec{i}=\{i_1, i_2, \cdots, i_N \mid 1\leqslant i_k\leqslant m_k\}$。

$$\mathfrak{H}^{k}(\vec{i})=\frac{\begin{vmatrix} p_{i_1}^{11}-1 & p_{i_1}^{12} & \cdots & -a_{i_1}^{1} & \cdots & p_{i_1}^{1N} \\ p_{i_2}^{21} & p_{i_2}^{22}-1 & & & & \\ \cdots & & & \cdots & & \cdots \\ p_{i_N}^{N1} & & \cdots & -a_{i_N}^{N} & \cdots & p_{i_N}^{NN}-1 \end{vmatrix}}{\begin{vmatrix} p_{i_1}^{11}-1 & p_{i_1}^{12} & \cdots & p_{i_1}^{1k} & \cdots & p_{i_1}^{1N} \\ p_{i_2}^{21} & p_{i_2}^{22}-1 & & \cdots & & \\ \cdots & & & p_{i_k}^{kk}-1 & & \cdots \\ & & & \cdots & & \\ p_{i_N}^{N1} & & \cdots & p_{i_N}^{Nk} & \cdots & p_{i_N}^{NN}-1 \end{vmatrix}}$$

例如（取 $N=1$），设有备选程序 $i=1, \cdots, m$ 的成本为 $c_i=-a_i$，成

功的概率为 s_i。由上述内容得到的行动准则是：采取最大化比率 a_{i^*}/s_{i^*} 或 s_{i^*}/c_{i^*} 的程序 i^*。

（5）注释［6］将上述理论总结推广到有无限个备选方案和无限个状态的情形，我们会在其他地方继续讨论这些问题。

【注释】

［1］Kuhn，H. W. "Contributions to the theory of games Ⅱ," *Annals of Mathematics Studies* No. 28，Princeton，1953，pp. 209-210.

［2］von Neumann，J.，and Morgenstern，O. *Theory of Games and Economic Behavior*，Princeton，1944 and 1947，p. 158.

［3］von Neumann，J. *Ergebnisse eines Math. Kolloquiums*，8，73-83（1937）.

［4］Loomis，L. H. these Proceedings，32，213-215（1946）.

［5］Bellman，R. these Proceedings，38，716-719（1952）.

［6］Isbell，J. *Bull*. A. M. S.，59，234-235（1953）.

第 9 章
递归博弈

休·埃弗里特[1]

9.1 引 言

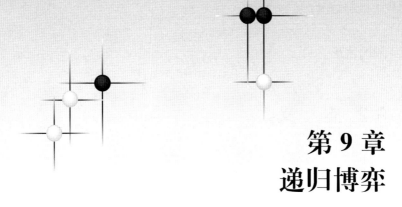

递归博弈（recursive game）是博弈单元（game element）的有限集合，这个集合中的每个博弈单元的支付要么是一个实数，要么是集合中的另一个博弈；但是支付不能同时为实数和集合中的另一个博弈。通过给递归博弈中的每个博弈支付赋予一个实数值，可以将每个博弈单元变成普通的博弈，它们的值和最优策略（如果存在）取决于这些具体的赋值。可以证明，如果每个博弈单元对于特定的实数赋值有解，那么递归博弈也有解。特别地，如果对博弈支付的所有实数赋值，博弈单元有最小最大解（minmax solution），那么递归博弈在平稳策略意义下有一个上下确界解（supinf solution）。如果博弈单元只有上下确界解，那么递归博弈有上下确界解，但是这个解可能需要在非平稳策略下取得。除了要求博弈单元对博弈支付的任意实数赋值有解之外，对博弈单元没有别的限制条件。递归博弈也可以被推广到更一般的情形。

9.2 定　义

递归博弈 $\vec{\Gamma}$ 是由 n 个博弈单元构成的有限集合，记作 Γ^1，Γ^2，…，Γ^n，每个博弈单元有两个策略空间，记做 S_1^k，S_2^k，分别代表参与人 1 和参与人 2 对应于 Γ^k 的策略空间。对于每两个策略 $X^k \in S_1^k$，$Y^k \in S_2^k$，有如下表达式（一般支付）：

$$H^k(X^k, Y^k; \vec{\Gamma}) = p^k e^k + \sum_{j=1}^{n} q^{kj} \Gamma^j \tag{9.1}$$

其中

$$p^k, q^{kj} \geqq 0 \quad 且 \quad p^k + \sum_j q^{kj} = 1$$

对这个一般支付的解释是，如果参与人 1 和参与人 2 分别使用策略 X^k 和 Y^k 进行博弈 Γ^k，那么一次博弈的结果或者是终止博弈，参与人 1 从参与人 2 那里得到支付 e^k；或者是没有支付，两个参与人继续进行集合中的其他博弈。这里 p^k 和 q^{kj} 是发生这些结果的概率。

$P_1$①的策略 $\chi \in \mathscr{S}_1$ 是向量的无限序列，$\chi = \{\vec{X}_t\} = \vec{X}_1$，$\vec{X}_2$，…，$\vec{X}_t$，…，其中 $\vec{X}_t = (X_t^1$，X_t^2，…，$X_t^n)$，$X_t^i \in S_1^i$ 对所有 t 和所有 i 成立，其解释是，如果 P_1 发现他在第 t 次博弈中位于博弈 Γ^k，则他将使用策略 X_t^k。如果对于所有的 t，有 $X_t^i = X_1^i$，则策略 χ 在第 i 个博弈单元上是平稳的。如果对于所有博弈单元，它都是平稳的，则策略 χ 是平稳的。类似地，对 P_2 的策略 $\Psi \in \mathscr{S}_2$ 有同样的定义。

一对策略 χ，Ψ 和初始状态 Γ^j 定义了博弈单元之间的一个随机游走。由于第 t 次博弈在 Γ^k 中得到支付 e_t^k，所以也定义了期望 $\mathrm{Ex}^j[\chi$，

① 表示参与人 1。——译者注

Ψ]。因此每个策略组合都相应地存在一个期望向量，它的元素对应递归博弈的初始状态。如果对策略组合（χ，Ψ），我们定义$n\times n$ 矩阵 P_t，Q_t 和列向量$\vec{E}_t$：

$$[P_t]^{ij}=\delta^{ij}p^i \qquad [Q_t]^{ij}=q^{ij}$$
$$[Q_0]^{ij}=\delta^{ij} \qquad E_t^i=e^i \tag{9.2}$$

其中，p^i，q^{ij}和e^i 由式（9.1）推出的 $H^i(X_t^i$，Y_t^i；$\vec{\Gamma}$）给出，则可以直接计算 n 次博弈的期望向量：

$$\overrightarrow{\mathrm{Ex}}_n(\chi,\Psi)=\sum_{k=1}^{n}\left(\prod_{t=0}^{k-1}Q_t\right)P_k\vec{E}_k \tag{9.3}$$

其中

$$\prod_{t=0}^{k-1}Q_t=Q_0Q_1Q_2Q_3\cdots Q_{k-1}$$

因此得到最终期望

$$\overrightarrow{\mathrm{Ex}}(\chi,\Psi)=\lim_{n\to\infty}\overrightarrow{\mathrm{Ex}}_n(\chi,\Psi)=\sum_{k=1}^{\infty}\left(\prod_{t=0}^{k-1}Q_t\right)P_k\vec{E}_k \tag{9.4}$$

式（9.4）对于有界的支付总是收敛的，对于不能终止的博弈我们赋予它 0 作为期望值。

递归博弈是有解的，如果存在一个向量 $\vec{V}$，且如果对于任意的 $\varepsilon>0$，存在策略 $\chi^\varepsilon\in\mathscr{S}_1$，$\Psi^\varepsilon\in\mathscr{S}_2$，满足

$$\overrightarrow{\mathrm{Ex}}(\chi^\varepsilon,\Psi)\geqq\vec{V}-\varepsilon\vec{1} \qquad (\text{对所有的 } \Psi\in\mathscr{S}_2) \tag{9.5}$$

$$\overrightarrow{\mathrm{Ex}}(\chi,\Psi^\varepsilon)\leqq\vec{V}+\varepsilon\vec{1} \qquad (\text{对所有的 } \chi\in\mathscr{S}_1)$$

其中 $\vec{V}\geqq\vec{W}\rightleftarrows V^i\geqq W^i$（对于所有的 i）和 $\vec{1}=(1,1,\cdots,1)$。那么 χ^ε 和 Ψ^ε 称作 ε-最优策略（ε-best strategy），$\vec{V}$ 称作递归博弈的值。(因此我们的定义适合所有从不同初始状态 Γ^i 出发的博弈的解。)

9.3 值映射，M

对任意向量 $\vec{W}=(W^1, W^2, \cdots, W^n)$，通过定义（数值的）支付函数 $\Gamma^k(\vec{W})$，我们可以将博弈单元 Γ^k 简化为一个普通博弈（非递归博弈）：

$$H^k(X^k,Y^k;\vec{W})=p^k e^k+\sum_j q^{kj}W^j$$
$$(X^k,Y^k)\in S_1^k\times S_2^k \tag{9.6}$$

即将式（9.1）中的 $H(X^k, Y^k; \vec{\Gamma})$ 的 Γ^j 用实数 W^j 代替。事实上，我们可以任意赋值 W^j，来代替博弈 Γ^j。

定义 1 博弈单元 Γ^i 满足上下确界条件，如果普通博弈 $\Gamma^i(\vec{W})$ 对所有的 $\vec{W}$ 在一般意义上有上下确界解。

定义 2 博弈单元 Γ^i 满足最小最大条件，如果 $\Gamma^i(\vec{W})$ 对所有 $\vec{W}$ 有最小最大解。

当然，如果博弈单元满足最小最大条件，那么它也满足上下确界条件。因此我们只研究所有博弈单元都至少满足上下确界条件的递归博弈。

如果递归博弈 $\vec{\Gamma}$ 的 n 个博弈单元满足上下确界条件，那么对任意 n 维向量 $\vec{U}$，我们定义 n 维向量 $\vec{U}'=M(\vec{U})$：

$$U'^i=\text{val }\Gamma^i(\vec{U}) \tag{9.7}$$

从 n 维向量到 n 维向量的映射 M，称为博弈 $\vec{\Gamma}$ 的值映射（value mapping）。

我们现在定义向量（或数）的 $\geqq^{\cdot}$ 和 $^{\cdot}\leqq$ 关系：

$$\vec{U}\geqq^{\cdot}\vec{V}\rightleftarrows\begin{cases}U^i>V^i, & 若\ V^i>0\\ U^i\geqq U^i, & 若\ V^i\leqq 0\end{cases}\quad（对所有的\ i）$$

$$\vec{U}^{\cdot}\leqq\vec{V}\rightleftarrows\begin{cases}U^i<V^i, & 若\ V^i<0\\ U^i\leqq V^i, & 若\ V^i\geqq 0\end{cases}\quad（对所有的\ i）\tag{9.8}$$

进一步定义，对 $\vec{\Gamma}$，n 维向量类 $C_1(\vec{\Gamma})$，$C_2(\vec{\Gamma})$ 有

$$\vec{W}\in C_1(\vec{\Gamma})\rightleftarrows M(\vec{W})\geqq^{\cdot}\vec{W}$$
$$\vec{W}\in C_2(\vec{\Gamma})\rightleftarrows M(\vec{W})^{\cdot}\leqq\vec{W} \tag{9.9}$$

注意，$C_1(\vec{\Gamma})$ 和 $C_2(\vec{\Gamma})$ 不相交，除非有零向量。

定理 1　(a) $\vec{W}\in C_1(\vec{\Gamma})\Rightarrow$对每个 $\varepsilon>0$，存在策略 $\chi^{\varepsilon}\in\mathscr{S}_1$，满足

$$\overrightarrow{\mathrm{Ex}}(\chi^{\varepsilon},\Psi)\geqq\vec{W}-\varepsilon\vec{1}\quad(\Psi\in\mathscr{S}_2)$$

(b) $\vec{W}\in C_2(\vec{\Gamma})\Rightarrow$对每个 $\varepsilon>0$，存在策略 $\Psi^{\varepsilon}\in\mathscr{S}_2$，满足

$$\overrightarrow{\mathrm{Ex}}(\chi,\Psi)\leqq\vec{W}+\varepsilon\vec{1}\quad(\chi\in\mathscr{S}_1)$$

证明：我们证明 (a)，假设给定一个 $\vec{W}\in C_1(\vec{\Gamma})$ 和一个 $\varepsilon>0$，然后用 $\vec{W}$ 构造一个策略 $\chi^{\varepsilon}\in\mathscr{S}_1$，就能得到我们想要的结论。

令 $\vec{W}'=M(\vec{W})$。因为 $\vec{W}\in C_1(\vec{\Gamma})$，所以所有的 W^i 在值映射下正向增加，且因为只存在一个有限的数，所以存在$\gamma>0$，使得 $W^i>0\Rightarrow W'^i-W^i\geqq\gamma$ 对所有的 i 成立。选择 δ 使得 $0<\delta<\min(\gamma,\ \varepsilon)$，令 P_1 的策略 $\chi^{\varepsilon}\in\mathscr{S}_1$ 具有分量 X_t^i 满足下列条件：

(1) 如果 $\Gamma^i(\vec{W})$ 有一个最优策略，$\bar{X}^i\in S_1^i$（对 P_1），那么令 $X_t^i=\bar{X}^i$（对所有 t）。(博弈单元 i 是平稳的。)

(2) 如果 $\Gamma^i(\vec{W})$ 对 P_1 没有最优策略，但是 $W^i>0$，那么令$X_t^i=\tilde{X}^i$（对所有 t），其中 $\tilde{X}^i\in S_1^i$ 在博弈 $\Gamma^i(\vec{W})$ 中是 δ -最优的（博弈单元 i 是平稳的)。

(3) 如果 $\Gamma^i(\vec{W})$ 对 P_1 没有最优策略，且 $W^i\leqq0$，那么令 $X_t^i\in S_1^i$ 在 $\Gamma^i(\vec{W})$ 中是 δ_t -最优策略，其中 $\delta_t=\left(\dfrac{1}{2}\right)^t\delta$（博弈单元 i 是非平稳的)。

那么由式（9.6)、式（9.7）和式（9.9）可知，对这样定义的 $\vec{X}_t$ 和所有的$\vec{Y}_t$ 有（对所有的 i)：

$$H^i(X_t^i, Y_t^i; \vec{W}) = p_t^i e_t^i + \sum_j q_t^{ij} W^j$$
$$\geqq \begin{Bmatrix} W^i + \gamma - \text{条件(1) 和(2) 下的 } \delta & (W^i > 0) \\ W^i - \text{条件(3) 下的 } \delta_t & (W^i \leqslant 0) \end{Bmatrix} \tag{9.10}$$

因此，如果我们通过式（9.11）来定义非负向量 $\vec{\mu}$ 和 $\vec{\delta}_t$：

$$\mu^i = \begin{Bmatrix} \gamma - \delta & \text{若 } W^i > 0 \\ 0 & \text{若 } W^i \leqq 0 \end{Bmatrix}; \quad \delta_t^i = \begin{Bmatrix} 0 & \text{若 } W^i > 0 \\ \delta_t & \text{若 } W^i \leqq 0 \end{Bmatrix} \tag{9.11}$$

那么我们可以把式（9.10）用矩阵表示为

$$P_t \vec{E}_t + Q_t \vec{W} \geqq \vec{W} + \vec{\mu} - \vec{\delta}_t \tag{9.12}$$

在 χ^ε 下，对所有 t 和对所有 Ψ，式（9.13）都成立。

根据如下事实：不等式两边都加上一个常向量，或者都乘以一个具有非负元素的矩阵，不等式不变，通过式（9.3）和式（9.12），我们可计算递归博弈在策略 χ^ε 下 n 次博弈的期望支付，对任意 Ψ：

$$\overrightarrow{\mathrm{Ex}}_n = \sum_{k=1}^{n} \left(\prod_{t=0}^{k-1} Q_t\right) P_k \vec{E}_k$$
$$\geqq \sum_{k=1}^{n} \left(\prod_{t=0}^{k-1} Q_t\right) \left[(I - Q_k)\vec{W} + \vec{\mu} - \vec{\delta}_k\right] \tag{9.13}$$

其中 I 是单位矩阵（identity matrix）。用包含 $\vec{W}$ 的术语，式（9.13）可以被重新写作：

$$\overrightarrow{\mathrm{Ex}}_n \geqq \vec{W} - \left(\prod_{t=0}^{n} Q_t\right)\vec{W}$$
$$+ \sum_{k=1}^{n} \left(\prod_{t=0}^{k-1} Q_t\right)\vec{\mu} - \sum_{k=1}^{n} \left(\prod_{t=0}^{k-1} Q_t\right)\vec{\delta}_k \tag{9.14}$$

现在令

$$\tau = \max_i W^i / (\gamma - \delta)$$

如果它是正的或 0（或者所有的 $W^i<0$），那么，通过 $\vec{\mu}$ 的定义，我们有 $\tau\vec{\mu}\geqq\vec{W}$，因此

$$\sum_{k=1}^{n}(\prod_{t=0}^{k-1}Q_t)\vec{\mu}-(\prod_{t=0}^{n}Q_t)\vec{W}\geqq\sum_{k=1}^{n}(\prod_{t=0}^{k-1}Q_t)\vec{\mu}-\tau(\prod_{t=0}^{n}Q_t)\vec{\mu}$$
$$=\sum_{k=1}^{n}\vec{\mu}_{k-1}-\tau\vec{\mu}_n \qquad (9.15)$$

这里我们已经定义了

$$\vec{\mu}_k=(\prod_{t=0}^{k}Q_t)\vec{\mu}$$

现在，由于 $\vec{0}\leqq\vec{\mu}_k\leqq(\gamma-\delta)\vec{1}$ 和 $\tau\geqq0$，显然，存在一个 m 使得对所有的 $n>m$，有

$$\sum_{k=1}^{n}\vec{\mu}_{k-1}\geqq\tau\vec{\mu}_n$$

因为，如果和的一个分量发散，则 $\tau\vec{\mu}_n$ 的有界性保证结论成立；如果一个分量收敛，这就意味着对应分量 $\vec{\mu}_n\to0$，这也保证结论成立。这个结果，加上式（9.14）和式（9.15），意味着存在 m 使得对所有的 $n>m$：

$$\overrightarrow{\mathrm{Ex}}_n\geqq\vec{W}-\sum_{k=1}^{n}(\prod_{t=0}^{k-1}Q_t)\vec{\delta}_k \qquad (9.16)$$

因此，

$$\overrightarrow{\mathrm{Ex}}(\chi^{\varepsilon},\Psi)=\lim_{n\to\infty}\overrightarrow{\mathrm{Ex}}_n$$
$$\geqq\vec{W}-\lim_{n\to\infty}\sum_{k=1}^{n}(\prod_{t=0}^{k-1}Q_t)\vec{\delta}_k\quad(\text{对于所有的 }\Psi)$$
$$(9.17)$$

但是根据 $\vec{\delta}_k$ 的定义，有 $\vec{\delta}_k\leqq\delta_k\vec{1}$，因此

$$(\sum_{t=0}^{k-1}Q_t)\vec{\delta}_k\leqq\delta_k\vec{1}$$

因为矩阵的所有元素都是非负的并且≦1。这意味着

$$\lim_{n\to\infty}\sum_{k=1}^{n}\left(\prod_{t=0}^{k-1}Q_t\right)\vec{\delta}_k \leqq \left(\sum_{k=1}^{\infty}\delta_k\right)\vec{1}$$

$$=\left(\sum_{k=1}^{\infty}\left(\frac{1}{2}\right)^k\delta\right)\vec{1}=\delta\vec{1} \qquad (9.18)$$

由定义 $\delta_k=\left(\frac{1}{2}\right)^k\delta$ 可知。此外，由于选择 $\delta<\varepsilon$，最终我们从式（9.17）和式（9.18）得到：

$$\overrightarrow{\mathrm{Ex}}(\chi^\varepsilon,\Psi)\geqq\vec{W}-\varepsilon\vec{1} \qquad （对所有的 \Psi\in\mathscr{S}_2） \qquad (9.19)$$

定理 1 中（a）的证明完毕。转换参与人的角色，同理可证明（b）。

如果博弈是零和的，则定理 1 的一个直接结果是：

$$\vec{W}_1\in C_1(\vec{\Gamma}),\quad \vec{W}_2\in C_2(\vec{\Gamma})\Rightarrow\vec{W}_1\leqq\vec{W}_2。 \qquad (9.20)$$

9.4 临界向量

定义 3 $\vec{V}=\vec{V}(\vec{\Gamma})$ 是 $\vec{\Gamma}$⇄的一个临界向量（critical vector），对每一个 $\varepsilon>0$，存在两个向量 $\vec{W}_1$ 和 $\vec{W}_2$，位于向量 $\vec{V}$ 的一个 ε 邻域内 $(\varepsilon N_\varepsilon(\vec{V}))$，满足 $\vec{W}_1\in C_1(\vec{\Gamma})$ 和 $\vec{W}_2\in C_2(\vec{\Gamma})$。[$\vec{V}$ 在 $C_1(\vec{\Gamma})$ 和 $C_2(\vec{\Gamma})$ 闭包的交集内。]

定理 2 $\vec{V}$ 是 $\vec{\Gamma}$ 的临界向量 ⇒ $\vec{\Gamma}$ 有解，值是 $\vec{V}$。(因此 $\vec{V}$ 是唯一的。)

证明：从临界向量的定义、定理 1 以及解的定义可以直接得出。

推论 如果 $\vec{\Gamma}$ 有临界向量 $\vec{V}$，那么对所有的 $\varepsilon>0$，存在参与人的 ε-最优策略 χ^ε，Ψ^ε。这些策略对所有博弈单元 i 都是平稳的，并且或者 Γ^i 满足最小最大条件，或者 V^i 是有利的。($V^i>0$ 是对 P_1 有利的，$V^i<0$是对 P_2 有利的。)

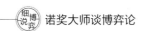

证明：在定理 1 的条件（2）中 ε-最优策略的构成可以得出。

注 1　普通博弈（非递归博弈）的值显然是该博弈中的一个一维临界向量。

9.5　递归博弈的简化

对任意递归博弈 $\vec{\Gamma}=(\Gamma^1, \Gamma^2, \cdots, \Gamma^m)$，我们可以构造简化递归博弈 $\vec{\Gamma}^s(\vec{W}^{\bar{s}})$，从 $\vec{\Gamma}$ 的博弈单元的任意子集 s 出发，为博弈单元的补集 $\bar{s}$，对博弈支付 Γ^i 赋予实数值 W^i。即，在简化博弈中，对博弈单元 Γ^i，$i\in s$，一般支付函数被定义为：

$$H^i(X^i, Y^i; \vec{\Gamma}^s(\vec{W}^{\bar{s}}))=p^ie^i+\sum_{j\in\bar{s}}q^{ij}W^j+\sum_{j\in s}q^{ij}\Gamma^j \qquad (9.21)$$

我们说博弈单元 Γ^i 具有有界支付，如果存在有限的数 α 和 β，对所有 $(X^i, Y^i)\in S_1^i\times S_2^i$，满足 $\beta\leqq e^i\leqq\alpha$。

现在我们讨论这个值的作用（如果存在），该值由简化博弈 $\vec{\Gamma}^s(v\vec{1}^s)$ 通过对集合 $\bar{s}$ 赋予单一实数值 v 得到。我们将第 k 个分量：

$$\overrightarrow{\mathrm{val}}^s\{\vec{\Gamma}^s(v\vec{1}^{\bar{s}})\}$$

缩写成 $V^k(v)$，将博弈单元 $\vec{\Gamma}^k(v\vec{1}^{\bar{s}})$ 缩写成 $\Gamma^k(v)$。那么有：

引理 1　(a) $\alpha>0$，$\beta<0$ 是所有 $\vec{\Gamma}^k$，$k\in s$ 的支付界。

(b) 对所有 v，存在 $V^k(v)$。

这意味着：

(c) $\beta\leqq V^k(v)\leqq\alpha$，对 $\beta\leqq v\leqq\alpha$。

(d) 对每个 $\delta>0$ 和所有的 v，有 $V^k(v)-\delta\stackrel{*}{\leqq}V^k(v-\delta)\leqq V^k(v)\leqq V^k(v+\delta)\stackrel{*}{\leqq}V^k(v)+\delta$，其中“$\stackrel{*}{\leqq}$”的意思是“$<$”，除非 $V^k(v)=v$。

也就是说，如果简化博弈对所有的 v 都有解，那么它的值的分量随着 v

单调变化，并且值的变化率小于或等于 v 的变化率，只要$V^k(v)\neq v$，则严格不等式成立。

证明：我们考虑一个单一的博弈单元 $\Gamma^k(v)$，值为 $V(v)$，为了方便，我们去掉上标。对任何策略 χ 和 Ψ，在简化博弈中，初始状态 $\Gamma(v)$ 的期望支付总可以写成以下形式：

$$\mathrm{Ex}(\chi,\Psi)=(1-S)E+Sv \qquad 0\leqq S\leqq 1 \tag{9.22}$$

其中 S 是最终从不属于 s 的博弈单元得到支付的概率，$(1-S)E$ 是剩下的期望，E 对所有的策略 χ 和 Ψ 满足关系 $\beta\leqq E\leqq\alpha$，α 和 β 是 s 中博弈单元的支付界。那么（c）可被直接证明，因为式（9.22）意味着：

$$\begin{aligned}(1-S)\beta+S\beta &\leqq (1-S)E+Sv\\ &\leqq (1-S)\alpha+S\alpha \qquad (\text{所有的 }\chi,\Psi)\\ &\Rightarrow\beta\leqq \mathrm{Ex}(\chi,\Psi)\leqq\alpha\ (\text{所有的 }\chi,\Psi)\\ &\Rightarrow\beta\leqq V(v)\leqq\alpha \end{aligned}\tag{9.23}$$

现在（b）意味着对每个 $\varepsilon>0$，存在策略 χ^ε，Ψ^ε，它们是 $\Gamma(v)$ 的 ε-最优策略，满足

$$(1-S)E+Sv\geqq V(v)-\varepsilon \quad (\text{在策略 }\chi^\varepsilon\text{ 下对所有的 }\Psi) \tag{9.24}$$

$$(1-S)E+Sv\leqq V(v)+\varepsilon \quad (\text{在策略 }\Psi^\varepsilon\text{ 下对所有的 }\chi) \tag{9.25}$$

现在我们通过考虑这些策略在 $\Gamma(v+\delta)$ 中的作用来证明（d）。首先考虑 $\Gamma(v-\delta)$。在这种情况下，χ，Ψ 的期望可以写作：

$$(1-S)E+S(v-\delta) \tag{9.26}$$

其中 S 和 E 对于 χ，Ψ 在 $\Gamma(v)$ 中是相同的。根据式（9.25），P_2 对所有的 $\varepsilon>0$，都有一个策略 Ψ^ε，当应用到 $\Gamma(v-\delta)$ 时，得出这个策略的期望［由式（9.26）得］：

$$\begin{aligned}\mathrm{Ex}=(1-S)E+S(v-\delta)&\leqq V(v)+\varepsilon-S\delta\\ &\leqq V(v)+\varepsilon\end{aligned}\tag{9.27}$$

并且由于这样的策略对所有的 $\varepsilon>0$ 都存在，我们可以得到：

$$V(v-\delta)\leqq V(v) \tag{9.28}$$

我们现在证明：

$$V(v-\delta)\geqq^{*} V(v)-\delta \tag{9.29}$$

由式（9.24）可知，对于每一个 $\varepsilon>0$，存在一个策略 χ^{ε}，使得它被应用于博弈 $\Gamma(v-\delta)$ 时，由式（9.26）得：

$$\mathrm{Ex}=(1-S)E+S(v-\delta)\geqq V(v)-\varepsilon-S\delta \qquad （对所有的\ \Psi） \tag{9.30}$$

并且，由于 P_1 对于所有的 $\varepsilon>0$ 都有这样一个策略，且 $S\leqq 1$，我们可以得到：

$$V(v-\delta)\geqq V(v)-\delta \tag{9.31}$$

我们现在证明仅当 $V(v)=v$ 的时候，等式成立。假定

$$V(v-\delta)=V(v)-\delta \tag{9.32}$$

那么，由（b）可知，P_2 对于每一个 $\varepsilon>0$ 都有一个策略 $\overline{\Psi}^{\varepsilon}$，它是博弈 $\Gamma(v-\delta)$ 的 ε -最优策略，因此对于这样的 $\overline{\Psi}^{\varepsilon}$，由式（9.32）和式（9.26）知：

$$(1-S)E+S(v-\delta)\leqq V(v-\delta)+\varepsilon=V(v)-\delta+\varepsilon \tag{9.33}$$

对所有的 $\chi\in\mathscr{S}_1$ 成立。

对于上面提到的两个策略 χ^{ε} 和 $\overline{\Psi}^{\varepsilon}$，通过利用支付的上下界 α 和 β，我们可以找到 S 的某一个上下界，这里我们要求下界 $\beta<v-\delta$。对于每一个 v 和 δ，这个要求总能够被满足，因为我们总是可以在必要的时候，把一个下界换成更小的下界。[读者注意，策略 χ^{ε} 和 $\overline{\Psi}^{\varepsilon}$ 在同一个博弈中不是 ε -最优的；当 $\overline{\Psi}^{\varepsilon}$ 在 $\Gamma(v-\delta)$ 下是 ε -最优的时，χ^{ε} 指代

$\Gamma(v)$。] 从式（9.33），我们可以得到：

$$(1-S)\beta+S(v-\delta)\leqq V(v)-\delta+\varepsilon \tag{9.34}$$

$$\Rightarrow S\leqq\frac{V(v)-\delta+\varepsilon-\beta}{v-\delta-\beta}\qquad (\text{对于 } \chi^{\varepsilon},\bar{\Psi}^{\varepsilon}) \tag{9.35}$$

从式（9.24）我们得到：

$$(1-S)\alpha+Sv\geqq V(v)-\varepsilon \tag{9.36}$$

$$\Rightarrow S\leqq\frac{\alpha-V(v)+\varepsilon}{\alpha-v}\qquad (\text{对于 } \chi^{\varepsilon},\bar{\Psi}^{\varepsilon}) \tag{9.37}$$

把式（9.35）和式（9.37）应用到式（9.30），我们得到对 $\Gamma(v-\delta)$ 的两个关系，它必须满足：

$$\mathrm{Ex}(\chi^{\varepsilon},\bar{\Psi}^{\varepsilon})\geqq V(v)-\varepsilon-\delta\left(\frac{V(v)-\delta+\varepsilon-\beta}{v-\delta-\beta}\right) \tag{9.38}$$

$$\mathrm{Ex}(\chi^{\varepsilon},\tilde{\Psi}^{\varepsilon})\geqq V(v)-\varepsilon-\delta\left(\frac{\alpha-V(v)+\varepsilon}{\alpha-v}\right) \tag{9.39}$$

但是由于 $\bar{\Psi}^{\varepsilon}$ 是博弈（$\Gamma(v-\delta)$）的 ε-最优策略，对每一个 $\varepsilon>0$，相应的 $\bar{\Psi}^{\varepsilon}$ 可以根据一个 χ^{ε} 确定，由式（9.38）和式（9.39），我们可以得出博弈 $\Gamma(v-\delta)$ 的值，$V(v-\delta)$ 一定满足如下关系：

$$V(v-\delta)\geqq V(v)-\delta\left(\frac{V(v)-\delta-\beta}{v-\delta-\beta}\right) \tag{9.40}$$

$$V(v-\delta)\geqq V(v)-\delta\left(\frac{\alpha-V(v)}{\alpha-v}\right) \tag{9.41}$$

然而，δ 在式（9.40）和式（9.41）中的乘数都比 1 小，只要 $V(v)\neq v$，这和假设（9.32）矛盾，因此我们可以得出：

$$V(v-\delta)=V(v)-\delta\Rightarrow V(v)=v \tag{9.42}$$

上式和式（9.31）一起证明了下式的正确性：

$$V(v-\delta)\overset{*}{\geqq}V(v)-\delta\qquad (\text{对所有的 } v,\delta) \tag{9.43}$$

最后，转换参与人的角色，可以证明与式（9.29）和式（9.43）相似的关于 $\Gamma(v+\delta)$ 的结论，证明完毕。

现在我们将对普通博弈 $\Gamma^i(\vec{W})$（对于任意的 $\vec{W}$）给出相似的结论：

引理 2 （a）$\alpha>0$，$\beta<0$ 是 Γ^i 支付的上下界，

（b）$\vec{\delta}=(\delta^1, \delta^2, \cdots, \delta^n)$，　对所有 i，$\delta^i\geqq 0$，

（c）$\gamma=\max_i\delta^i$，

（d）$\beta\vec{1}\leqq\vec{W}\leqq\alpha\vec{1}$，

意味着：

（e）$\beta\leqq \mathrm{val}\Gamma^i(\vec{W})\leqq\alpha$，

（f）$\mathrm{val}\Gamma^i(\vec{W})-\gamma\leqq\mathrm{val}\Gamma^i(\vec{W}-\vec{\delta})\leqq\mathrm{val}\Gamma^i(\vec{W})$

$\leqq\mathrm{val}\Gamma^i(\vec{W}+\vec{\delta})\leqq\mathrm{val}\Gamma^i(\vec{W})+\gamma$。

这说明了一个著名的结论：普通博弈的值是它的支付的连续单调函数，服从李普西茨（Lipschitz）第一条件。这一点可以通过对引理 1 的证明做简单的修改来证明。

注 2 由于临界向量是博弈的值，引理 1 和引理 2 也适用于临界向量。

因为引理 2 建立了值映射 M 的连续性，我们可以得出一些关于临界向量更有用的结论。

定理 3 如果 $\vec{V}$ 是 $\vec{\Gamma}$ 的临界向量，那么 $\vec{V}$ 是值映射的一个不动点，进一步地，$\vec{W}_1\in C_1(\vec{\Gamma})\Rightarrow\vec{W}_1\leqq\vec{V}$，$\vec{W}_2\in C_2(\vec{\Gamma})\Rightarrow\vec{W}_2\geqq\vec{V}$。

证明：根据临界向量的定义、值映射的连续性和式（9.38）可以得出结论。

定理 4 如果 $\vec{\Gamma}$ 有一个临界向量 $\vec{V}$，那么对 $\vec{\Gamma}$ 的博弈单元的任何子集 s，简化博弈 $\vec{\Gamma}^s(\vec{V}^{\bar{s}})$［它由对支付 Γ^i 赋值 $V^i(i\in\bar{s})$ 构成］，有临界向量 $V(\vec{\Gamma}^s(\vec{V}^{\bar{s}}))$，它的分量与 $\vec{\Gamma}$ 在子集 s 中的分量相同，记作 $V(\vec{\Gamma}^s(\vec{V}^{\bar{s}}))=\vec{V}^s$。

证明：$\vec{V}$ 是 $\vec{\Gamma}$ 的临界向量意味着，对每一个 $\varepsilon>0$，存在一个 $\vec{W}_1\in$

$N_\varepsilon(\vec{V})$，满足

$$M(\vec{W}_1) \dot{\geqq} \vec{W}_1 \quad (\vec{W}_1 \in C_1(\vec{\Gamma})) \tag{9.44}$$

现在，由定理 3，我们知道 $\vec{W}_1 \leqq \vec{V}$，这意味着

$$\vec{W}_1^{\bar{s}} \leqq \vec{V}^{\bar{s}} \tag{9.45}$$

根据式（9.45）、引理 2、式（9.44）和值映射的定义：

$$\begin{aligned} \mathrm{val}\Gamma^i(\vec{V}^{\bar{s}}, \vec{W}_1^s) &\geqq \mathrm{val}\Gamma^i(\vec{W}_1^{\bar{s}}, \vec{W}_1^s) \\ &= \mathrm{val}\Gamma^i(\vec{W}_1) \dot{\geqq} W_1^i \quad (i \in s) \end{aligned} \tag{9.46}$$

这是值映射 $\widetilde{M}$ 对简化博弈 $\vec{\Gamma}^s(\vec{V}^{\bar{s}})$ 的简单叙述：

$$\widetilde{M}(\vec{W}_1^s) \dot{\geqq} \vec{W}_1^s \qquad (\text{所以 } \vec{W}_1^s \in C_1(\vec{\Gamma}^s(\vec{V}^{\bar{s}}))) \tag{9.47}$$

相似的结论对 $\vec{W}_2^s$ 也成立，我们得出 $\vec{V}^s$ 是博弈 $\vec{\Gamma}^s(\vec{V}^{\bar{s}})$ 的临界向量，证明完毕。

9.6 临界向量的存在性——主要定理

定理 5 如果递归博弈的博弈单元的支付是有界的，并满足上下确界条件，则每个递归博弈都有临界向量。

证明：引入博弈单元数目用到：

假设（k）：每个递归博弈由 k 个博弈单元或者更少的博弈单元构成，每个博弈单元都有有界支付，并满足上下确界条件，有临界向量。

现在考虑由 $k+1$ 个博弈单元构成的任意递归博弈 $\vec{\Gamma}$，每个博弈单元都满足上述性质。去掉一个博弈单元，如 Γ^q，考虑剩下的集合 $\vec{\Gamma}^r$，作为简化博弈 $\vec{\Gamma}^r(v)$，它是被赋值到 Γ^q 的“值” v 的函数。那么，这是一个由 k 个博弈单元组成的递归博弈，因此由假设可知，它对所有 v

有一个临界向量 $\vec{V}^r(v)$。更进一步，由于引理 1 适用于临界向量，正如我们已经证明的，对所有博弈单元，$\vec{V}^r(v)$ 是 v 的连续单调函数。

现在考虑普通博弈 $\Gamma^q(\vec{V}^r(v), v)$，只要满足上下确界条件，它对所有的 v 就有一个值。定义：

$$\tilde{V}(v)=\mathrm{val}\Gamma^q(\vec{V}^r(v),v) \tag{9.48}$$

由引理 1 和引理 2，我们得到关于 $\tilde{V}(v)$ 的条件：

$$\begin{aligned}\tilde{V}(v)-\delta &\leqq \tilde{V}(v-\delta)\leqq\tilde{V}(v)\leqq\tilde{V}(v+\delta)\\ &\leqq\tilde{V}(v)+\delta, \quad (\delta\geqslant 0)\end{aligned} \tag{9.49}$$

$$\beta\leqq\tilde{V}(v)\leqq\alpha，对所有 v，满足 \beta\leqq v\leqq\alpha \tag{9.50}$$

其中 α，β 是博弈 $\vec{\Gamma}$ 所有博弈单元的支付的上界和下界。因此 $\tilde{V}(v)$ 是在闭区间 $[\beta, \alpha]$ 上到它自己的连续映射，所以存在闭的非空的不动点集合，因此，存在一个绝对值最小的不动点，记作 v^*，满足：

$$V(v^*)=v^*，且对所有 v，V(v)=v\Rightarrow|v|\geqq|v^*| \tag{9.51}$$

我们将证明，$(k+1)$ 维向量 $\vec{V}$ 由 $\vec{V}=[\vec{V}^r(v^*), v^*]$ 定义，且这个向量总是存在的，是 $\vec{\Gamma}$ 的临界向量。为了说明这一点，我们要证明，对任意 $\varepsilon>0$，存在 $\vec{W}_1\in N_\varepsilon(\vec{V})$，从而 $\vec{W}_1\in C_1(\vec{\Gamma})$：

情形 1　$v^*>0$。

首先我们注意到

$$\tilde{V}(v)>v \quad（对\ 0\leqq v<v^*） \tag{9.52}$$

由式 (9.49) 和式 (9.51) 可知，如果我们令 $v=v^*-\delta$，$\delta>0$，那么 $\tilde{V}(v)=\tilde{V}(v^*-\delta)\geqq\tilde{V}(v^*)-\delta=v^*-\delta=v$。但是等式不能成立，或者它与不动点 v^* 是绝对值最小的性质矛盾。现在式 (9.52) 表明，对每一个 $\varepsilon>0$ 存在一个 $v^\varepsilon\in N_\varepsilon(v^*)$，满足 $V(v^\varepsilon)>v^\varepsilon$，因此，存在一个 δ，$0<\delta<\varepsilon$，满足：

$$\widetilde{V}(v^{\varepsilon})>v^{\varepsilon}+\delta \tag{9.53}$$

现在我们处理简化博弈 $\vec{\Gamma}^{r}(v^{\varepsilon})$，引入假设保证它存在一个向量 $\vec{V}^{r}(v^{\varepsilon})$，这个向量是 $\vec{\Gamma}^{r}(v^{\varepsilon})$ 的临界向量，所以存在向量 $\vec{W}_1^r\in N_{\delta}(\vec{V}^{r}(v^{\varepsilon}))$，具有以下性质：

$$\text{val }\Gamma^{k}(\vec{W}_1^r,v^{\varepsilon})\geqq W_1^k \qquad (\text{所有 } k\in r) \tag{9.54}$$

现在式（9.53）意味着在 Γ^q 中，$\text{val }\Gamma^{q}(\vec{V}^{r}(v^{\varepsilon}),v^{\varepsilon})>v^{\varepsilon}+\delta$，又由于 $\vec{W}_1^r\in N_{\delta}(\vec{V}^{r}(v^{\varepsilon}))$，应用引理 2，我们得到：

$$\text{val }\Gamma^{q}(\vec{W}_1^r,v^{\varepsilon})>\varepsilon \tag{9.55}$$

但是，式（9.54）和式（9.55）是（$k+1$）维向量的简单叙述，即 $\vec{W}_1=[\vec{W}_1^r，v^{\varepsilon}]$ 具有性质 $M(\vec{W}_1)\geqq\vec{W}_1$，所以：

$$\vec{W}_1\in C_1(\vec{\Gamma}) \tag{9.56}$$

但是根据对 v^{ε} 的选择：

$$v^{\varepsilon}\in N_{\varepsilon}(v^{*}) \tag{9.57}$$

这意味着，对临界向量利用引理 1，即 $\vec{V}^{r}(v^{\varepsilon})\in N_{\varepsilon}(\vec{V}^{r}(v^{*}))$，因为 $\vec{W}_1^r\in N_{\delta}\{\vec{V}^{r}(v^{\varepsilon})\}$ 和 $\delta<\varepsilon$，这意味着：

$$\vec{W}_1^r\in N_{2\varepsilon}(\vec{V}^{r}(v^{*})) \tag{9.58}$$

联系式（9.57）和式（9.58）可得：

$$\vec{W}_1=[\vec{W}_1^r,v^{\varepsilon}]\in N_{2\varepsilon}\{[\vec{V}^{r}(v^{*}),v^{*}]\} \tag{9.59}$$

因此，$\vec{W}_1\in N_{2\varepsilon}(\vec{V})$，情形 1 得证。

情形 2　$v^{*}\leqq 0$。

现在，$\vec{V}=[\vec{V}^{r}(v^{*})，v^{*}]$ 除了第 q 个元素等于 v^{*} 外，可能还有其他一些元素与之相等。令 $\bar{p}$ 代表所有那些 $V^{k}=v^{*}$ 的指标 k 的集合。

那么根据定理 3，$\vec{V}^r$ 是简化博弈 $\vec{\Gamma}^r(v^*)$ 的值映射 $\widetilde{M}$ 的不动点，我们可以得出：

$$\mathrm{val}\Gamma^k(\vec{V}^r(v^*),v^*)=v^* \qquad (k\in\bar{p}) \tag{9.60}$$

我们现在处理简化博弈 $\vec{\Gamma}^p(v\vec{1}^{\bar{p}})$，它由博弈单元 Γ^i，$i\in p$ 构成，对所有 $\bar{p}$ 中的博弈单元赋值 v。根据定理 4，对于 $k\in\bar{p}$，$V^k=v^*$，博弈 $\vec{\Gamma}^r(v^*)$ 具有临界向量 $\vec{\Gamma}^r(v^*)$，我们得出：

$$V(\vec{\Gamma}^p(v^*\vec{1}^{\bar{p}}))=\vec{V}^p=\vec{v}$$

（局限在 p 中，是 $\vec{\Gamma}^p(v^*\vec{1}^{\bar{p}})$ 的临界向量）　(9.61)

现在，如果记 $V(\vec{\Gamma}^p(v\vec{1}^{\bar{p}}))$ 为 $\tilde{V}^p(v)$，由引理 1，我们得到对任意 $\varepsilon>0$ 和 $v=v^*-\varepsilon$，有

$$\tilde{\vec{V}}^p(v^*)-\tilde{\vec{V}}^p(v)<v^*-v=\varepsilon \tag{9.62}$$

在所有的博弈单元中，由于 $\tilde{\vec{V}}^p(v^*)=\vec{V}^p$ 对任意单元均与 v^* 不相等。因此，存在 δ，$0<\delta<\varepsilon$，使得：

$$\tilde{\vec{V}}^p(v^*)-\tilde{\vec{V}}^p(v)\leqq\varepsilon\vec{1}^p-\delta\vec{1}^p \tag{9.63}$$

$$\Rightarrow\tilde{\vec{V}}^p(v)-\delta\vec{1}^p\geqq\tilde{\vec{V}}^p(v^*)-\varepsilon\vec{1}^p \tag{9.64}$$

现在选择 $\vec{W}_1^p\in N_\delta\{\tilde{\vec{V}}^p(v)\}$，使得：

$$\mathrm{val}\Gamma^i(v\vec{1}^{\bar{p}},\vec{W}_1^p)\geqslant W_1^i \qquad (i\in p) \tag{9.65}$$

这样的 $\vec{W}_1^p$ 一定存在，因为 $\tilde{\vec{V}}^p(v)$ 是博弈 $\vec{\Gamma}^p(v\vec{1}^{\bar{p}})$ 的临界向量。现在把式（9.60）重新写作：

$$\mathrm{val}\Gamma^k(v^*\vec{1}^{\bar{p}},\tilde{\vec{V}}^p(v^*))=v^* \qquad (k\in\bar{p}) \tag{9.66}$$

我们应用引理 2 得到：

$$\mathrm{val}\Gamma^{k}\left((v^{*}-\varepsilon)\vec{1}^{\bar{p}},\tilde{\vec{V}}^{p}(v^{*})-\varepsilon\vec{1}^{p}\right)\geqq v^{*}-\varepsilon \qquad (k\in\bar{p}) \tag{9.67}$$

这意味着，由于 $v=v^{*}-\varepsilon$，通过式（9.64）和引理 2 可得

$$\mathrm{val}\Gamma^{k}(v\vec{1}^{\bar{p}},\tilde{\vec{V}}^{p}(v)-\delta\vec{1}^{p})\geqq v \qquad (k\in\bar{p}) \tag{9.68}$$

但是

$$\vec{W}_{1}^{p}\in N_{\delta}\{\tilde{\vec{V}}^{p}(v)\}$$

把引理 2 应用到式（9.68）得到：

$$\mathrm{val}\Gamma^{k}(v\vec{1}^{\bar{p}},\vec{W}_{1}^{p})\geqq v \qquad (k\in\bar{p}) \tag{9.69}$$

现在，因为 $v\leqq 0$，式（9.65）和式（9.69）确切地给出了结论：$(k+1)$ 维向量 $\vec{W}_{1}=[v\vec{1}^{\bar{p}}，\vec{W}_{1}^{p}]$ 在 $C_{1}(\vec{\Gamma})$ 中。

最后，由于

$$\vec{W}_{1}^{p}\in N_{\delta}\{\tilde{\vec{V}}^{p}(v)\}$$

并且有 $\tilde{\vec{V}}^{p}(v)\in N_{\varepsilon}(\vec{V}^{p})$ ［由式（9.61）、式（9.62）得到］和 $\delta<\varepsilon$，我们有 $\vec{W}_{1}^{p}\in N_{2\varepsilon}(\vec{V}^{p})$，因为：

$$v\vec{1}^{\bar{p}}\in N_{\varepsilon}\{v^{*}\vec{1}^{\bar{p}}=\vec{V}^{\bar{p}}\}$$

我们得到 $\vec{W}_{1}\in N_{2\varepsilon}(\vec{V})$，情形 2 得证。

我们看到，在每种情形下构造了一个 $\vec{V}$，对任意 $\varepsilon>0$，有 $\vec{W}_{1}\in N_{\varepsilon}(\vec{V})$，从而 $\vec{W}_{1}\in C_{1}(\vec{\Gamma})$。相似地，通过交换关系和将所有不等式调号（即转换参与人的角色），得到 $\vec{W}_{2}\in C_{2}(\vec{\Gamma})$，$\vec{W}_{2}\in N_{\varepsilon}(\vec{V})$，同时也证明了我们构造的向量 $\vec{V}$ 是 $\vec{\Gamma}$ 的临界向量。

我们已经证明，从假设（k）能推出假设（$k+1$）。进一步地，一个空的博弈对所有策略的支付都是 0，因此它的值是 0，假设显然成立，由于 0 本身是这个博弈的临界向量，所以定理 5 得到了证明。（具有一个单元的递归博弈的证明在定理 8 给出。）我们现在用定理 2、定理 5 和推论 1 来总结我们的结论：

定理 6　主要定理：每个递归博弈的博弈单元都具有有界支付，并满足上下确界条件，有解 $\vec{V}$，并且参与人的 ε -最优策略 χ^{ε} 和 Ψ^{ε} 在所有博弈单元 i 上是平稳的，在这些策略上，或者 Γ^i 满足最小最大条件，或者 V^i 是有利的。

定理 6 的一个重要结论是，任何博弈单元都是矩阵对策的递归博弈（矩阵拥有一般的支付形式 $a_{ij}=p_{ij}e_{ij}+\sum_k q_{ij}^k\ \Gamma^k$）有解，且对参与人存在 ε -最优平稳策略，因为所有这样的矩阵博弈单元满足最小最大条件。

9.7　一般化

为了我们的目的，我们将定义一个随机博弈 $\vec{\Gamma}$，它是博弈单元（Γ^i）的集合，每个单元都有策略空间 S_1^i 和 S_2^i，一般支付函数的形式为：

$$H^i(X^i,Y^i;\vec{\Gamma})=e^i+p^iS+\sum_j q^{ij}\ \Gamma^j;\quad (X^i,Y^i)\in S_1^i\times S_2^i$$

$$p^i,q^{ij}\geqq 0;\quad p^j+\sum_j q^{ij}=1 \tag{9.70}$$

现在 e^i 是一个支付，无论博弈是否停止，都有这个支付，p^i 是博弈停止概率，q^{ij} 是转移到另一个博弈单元的转移概率，如前所述。在这样的博弈中，允许支付在博弈过程中积累，这一点和递归博弈不同，递归博弈只在博弈结束时才有支付。

如果我们现在把所有的定义和公式用明显的形式（比如在期望形式

中，用 $\vec{E}$ 来替换 $P\vec{E}$）推广到随机博弈，我们会发现，定理 1、定理 2、定理 3 和定理 4 对随机博弈仍然成立。但是，引理 1 不再成立［(c) 不再成立，(d) 中严格的 $\leqq^*$ 变成比较宽松的 $\leqq$］，引理 2 的 (e) 不再适用，因此主要定理推广到任意的随机博弈是不可能的，我们只能检验一些特殊的情形。

a. 拟递归博弈

一个拟递归博弈（pseudo-recursive game）[2] 是一个随机博弈，在这个随机博弈中，e^i/p^i 对所有的 X^i，$Y^i \in S_1^i \times S_2^i$ 在所有博弈单元中是有界的。这样的随机博弈可以简化成一个等价的递归博弈，只需把支付函数重新写成如下形式：

$$H^i(X^i, Y^i; \vec{\Gamma}) = p^i\left(\frac{e^i}{p^i}\right) + \sum_j q^{ij}\Gamma^j \tag{9.71}$$

这和式 (9.1) 相似，因此有：

定理 7 定理 6 对拟递归博弈成立。

b. 简单随机博弈

一个简单随机博弈（simple stochastic game）是由一个博弈单元组成的随机博弈，它只能重复它自己，支付函数为：

$$H(X, Y; \Gamma) = e + q\Gamma \quad (X, Y) \in S_1 \times S_2 \quad 0 \leqq q \leqq 1 \tag{9.72}$$

如果我们允许无限值的可能性，则定义：

$$\text{val}\Gamma = +\infty \Rightarrow \text{对任意 } \xi \text{ 存在一个 } \chi^\xi \in \mathscr{S}_1$$
$$\text{使得 Ex}(\chi^\xi, \Psi) \geqq \xi \quad (\text{对所有 } \Psi \in \mathscr{S}_2) \tag{9.73}$$

类似地，对 val$=-\infty$，对临界向量的概念做一个类似的推广（在这种情况下仅仅是一个数字），那么对简单随机博弈解的存在性，我们可以给出一个完整答案，它对 e 和 q 没有任何限制。

定理 8 每个满足上下确界条件的简单随机博弈有解。

证明：我们只要注意，推广到实数线上的点或者在 $C_1(\Gamma)$ 中，或者在 $C_2(\Gamma)$ 中，这两个集合不会是空集，因为 $-\infty$ 总是在 C_1 中，$+\infty$ 总是在 C_2 中，因此它们的交集非空。而且它们闭包上的点是 Γ 的临界向量，定理得证。

c. 单向随机博弈

一个单向随机博弈（univalent stochastic game）是对所有策略、所有博弈单元，支付总是非负的（或者非正的）博弈。这种博弈在描述特定的追踪博弈（pursuit game）时有用，在追踪博弈中，参与人 1 是被追踪的参与人，他在成功躲避追踪的每一步行动中，从追踪者（P_2）那里得到正的支付，当追踪成功而没有支付时博弈结束。

在随机博弈中引入“陷阱（trap）”的概念是很有用的，陷阱是一个博弈单元或博弈单元的集合，一旦博弈进入陷阱中的一个博弈单元，一个参与人就可以独立地让博弈在陷阱中停留，从而从另一个参与人处累积支付，得到任意高的期望。因此，陷阱是在式（9.73）的意义下具有无限值的博弈单元的集合。如果每个参与人在所有博弈单元中都能够阻止对他不利的无限支付，则博弈不包含陷阱。我们将看到，即使是没有陷阱的随机博弈，也不总是有解，至少在我们前面解的意义之下是这样的。

定理 9　每个单向随机博弈有解，如果它的博弈单元满足上下确界条件，并且没有陷阱。

证明：考虑序列 $\{\vec{W}_k\}$：

$$\vec{W}_0=\vec{0}$$

$$\vec{W}_{k+1}=M(\vec{W}_k)$$

这是对值映射重述的一般化。由于所有支付是非负的，我们知道 $\vec{W}_1\geqq 0=\vec{W}$。现在，假定 $\vec{W}_{k+1}\geqq\vec{W}_k$。那么由引理 2 的（f），$\mathrm{val}\Gamma^i(\vec{W}_{k+1})\geqq\mathrm{val}\Gamma^i(\vec{W}_k)$ 对所有的 i 成立，这意味着 $M(\vec{W}_{k+1})\geqq M(\vec{W}_k)$，即 $\vec{W}_{k+2}\geqq\vec{W}_{k+1}$，因

此我们已经证明了：

$\{\vec{W}_n\}$在所有博弈单元上是单调递增的。

令 $\tilde{\vec{\Gamma}}(n)$ 是截断博弈（truncated game），由 $\vec{\Gamma}$ 在 n 次博弈后具有 0 支付而强制停止，显然它的值通过在 0 向量上重复值映射 n 次得到，因此等于 $\vec{W}_n$。我们可以断定，P_1 可以取得和这个值任意接近的值，只要它在截断博弈中采取 ε-最优策略，并且因为所有支付都大于等于 0，它在 n 次博弈后没有损失。因此对于序列 $\{\vec{W}_k\}$ 中的每个 $\vec{W}_n$，对每个 $\varepsilon>0$，存在 $\chi^\varepsilon\in\mathscr{S}_1$，使得：

$$\overrightarrow{\mathrm{Ex}}(\chi^\varepsilon,\Psi)\geqq\vec{W}_n-\varepsilon\vec{1}\qquad(\text{对所有 }\Psi\in\zeta_2)$$

但是，由于博弈被假定为没有陷阱，P_2 可以阻止任意无限大的正期望，所以序列 $\{\vec{W}_k\}$ 是有上界的，因此收敛于某一有限极限 $\vec{W}^*$，P_1 可以任意接近它，并且 $M(\vec{W}^*)=\vec{W}^*$。然而，这意味着 $\vec{W}^*\in C_2(\vec{\Gamma})$，因此根据定理 1，$P_2$ 也可以任意接近 $\vec{W}^*$，故而博弈有解，并且值为 $\vec{W}^*$。（应该注意到，一般来说，重复值映射的极限不是博弈的值。参见第 9.10 节，例 6。）

可以证明，如果单向随机博弈的博弈单元满足推广的最小最大条件［$\Gamma^i(\vec{W})$ 对所有 $\vec{W}$，包括无限单元的情况，有最小最大解］，那么即使存在陷阱，博弈也有解，当然无限值也被允许。把这个结论推广到上下确界的情形的困难在于，重复值映射的极限 $\vec{W}^*$，可能有无限分量，在上下确界情形下不一定满足 $M(\vec{W}^*)=\vec{W}^*$，而在最小最大情形中却满足。

9.8 对连续时间情形的推广

我们将进一步把递归博弈的理论一般化，包括引入连续时间参数的情形，而不只是离散时间参数。我们希望证明，连续时间的递归博弈理论可以以简单方式简化成前面的理论。

一个连续时间递归博弈（continuous time recursive game）$\vec{\Gamma}$ 是博弈单元 $\{\Gamma^i\}$ 的集合，支付函数的形式是：

$$H^i(X^i, Y^i; \vec{\Gamma}) = p^i e^i + \sum_j{}' q^{ij} r^j \qquad (\textstyle\sum' \text{不包含} j = i) \tag{9.74}$$

对此的解释是，如果参与人在 Γ^i 中采取策略 X^i，Y^i，那么在（无穷小的）时间间隔 $\mathrm{d}t$ 后，博弈得到支付 e^i，以概率 $p^i\mathrm{d}t$ 博弈停止，而 $q^{ij}\mathrm{d}t$ 是参与人转移到 Γ^j 进行博弈的概率。这里 p^i 和 q^{ij} 是转移率（transition rate）。它们是非负的，但是和不必为 1。

在这样的博弈中，参与人在每一时刻采取某一策略，但是他们可以在任何时候改变策略。然而，我们假定，对所有可以接受时间相关的策略，转移率是可积的，$\int p^i\mathrm{d}t$ 和 $\int q^{ij}\mathrm{d}t$ 总是存在的。（在实际博弈中，这显然是不可能的，参与人无法这么快改变策略，所以这个条件不满足。）我们进一步假定转移率 p^i 和 q^{ij}，与支付 e^i 一样，它们在所有博弈单元中对所有策略是有界的。

我们将证明，能够以一种很简单的形式把 $\vec{\Gamma}$ 与一个离散时间递归博弈（discrete time recursive game）$\vec{\Gamma}(\Delta)$ 联系起来，这个离散时间递归博弈如果有一个临界向量，那么就给出了 $\vec{\Gamma}$ 的最优（或 ε -最优）博弈的所有必要信息，即它们具有相同的值，离散时间递归博弈的 ε -最优策略提供了 $\vec{\Gamma}$ 的 ε -最优策略。因此，连续时间递归博弈的问题可以简化成离散时间递归博弈问题。

简化成离散时间递归博弈的过程是这样的：令 Δ 为一个正数，使得 $\Delta(p^i + \varepsilon'_j q^{ij}) \leqq 1$ 在所有博弈单元中对所有策略都成立。（这样的 Δ 的存在性由转移率的有界性来保证。）令 $\vec{\Gamma}(\Delta)$ 表示离散时间递归博弈，

它的第 i 个博弈单元的支付函数是：

$$H^i(X^i,Y^i;\vec{\Gamma}(\Delta))=P^{*i}e^{*i}+\sum_j q^{*ij}\ \Gamma^j(\Delta) \qquad (9.75)$$

其中，数字由相同策略的 $\vec{\Gamma}$ 的支付定义，由式（9.74）给出，如下：

$$p^{*i}=\Delta p^i,\quad q^{*ij}=\Delta q^{ij}\quad (i\neq j),$$
$$q^{*ii}=1-\Delta\Big(p^i+\sum_j{}'q^{ij}\Big),\quad e^{*i}=e^i \qquad (9.76)$$

如果这样构造的离散时间递归博弈有一个临界向量，那么对每个 $\varepsilon>0$，对 P_1 存在策略 $\chi^\varepsilon=\{\vec{X}_t\}$，［由定理 1 中的条件（2）的方法构造］满足不等式（9.10）。我们希望确认，这个策略 χ^ε 也是连续时间递归博弈 $\vec{\Gamma}$ 的 ε-最优策略，$\vec{\Gamma}(\Delta)$ 由 $\vec{\Gamma}$ 导出，但是我们在将 χ^ε 应用于 $\vec{\Gamma}$ 时，必须首先给出一些规则，以免它不是平稳策略。

首先，我们定义一个事件（event）为在任意时间，博弈停止或存在到另一个博弈单元的转换。我们定义第 k 次博弈的时间是第 $k-1$ 个事件和第 k 个事件之间的时间。那么我们给出规则：

规则 1　如果 $\chi^\varepsilon=\{\vec{X}_t\}$ 是根据定理 1 的条件（2）构造的博弈 $\vec{\Gamma}(\Delta)$ 的一个 ε-最优策略，那么在博弈 $\vec{\Gamma}$ 中，在时间 T 的策略 $\vec{X}_t$ 有 $t=k+1+[T/\Delta]$，其中 k 是博弈当前所处的轮数，$[T/\Delta]$ 是 $\leqq T/\Delta$ 的最大整数（T 从博弈开始算起）。

因此，根据规则 1，参与人总是在序列 $\{\vec{X}_t\}$ 中的一个单元进行博弈，并在每次事件发生且经过持续时间为 Δ 的时间间隔后转换到下一单元。类似地考虑 P_2 也成立。通过对在 $\vec{\Gamma}$ 中使用策略 χ 和 Ψ 的理解来构造 $\vec{\Gamma}(\Delta)$，我们可以给出：

定理 10　$\vec{\Gamma}(\Delta)$ 有临界向量 $\vec{V}$ 和 ε-最优策略 χ^ε，Ψ^ε［根据定理 1 的条件（2）构造］$\Rightarrow\chi^\varepsilon$ 和 Ψ^ε 也是 $\vec{\Gamma}$ 的 ε-最优策略，且这个博弈有值为 $\vec{V}$ 的解。

证明：让我们假定现在是第 k 轮博弈，P_1 采用策略 χ^ε，用 t 度量从本轮博弈开始的时间（第 $k-1$ 个事件）。P_1 因此采取策略 $\vec{X}_{k+1+[T/\Delta]}$，这个策略仅仅在时刻 $[T/\Delta]$ 改变，根据式（9.10）和式（9.11）有：

$$p^{*i}e^{*i}\sum_j q^{*ij}W^j \geqq W^i + u^i - \delta^i_{k+1+[T/\Delta]} \tag{9.77}$$

对所有 $Y^i \in S_2^i$ 和所有 i 成立。根据式（9.76），这意味着，

$$p^i e^i + \sum_j{}' q^{ij}W^j \geqq \left(p^i + \sum_j{}' q^{ij}\right)W^i + \frac{1}{\Delta}\mu^i - \frac{1}{\Delta}\delta^i_{k+1+[T/\Delta]} \tag{9.78}$$

对所有 Y^i 和 i 成立。由于式（9.78）对所有 Y^i 和 i 成立，因此，它在 $\vec{\Gamma}$ 的每个时间段都成立。

我们现在注意第 k 轮博弈的最终结果，而不管博弈包括的时间，并希望计算出第 k 轮博弈各种可能的最终结果的概率 $\tilde{p}^i_k$，$\tilde{q}^{ij}_k(i\neq j)$。我们可以把博弈过程看作一个离散的随机博弈过程，它只进行一个事件，不考虑时间。

无论 P_2 采用何种策略 $\Psi=\vec{Y}(t)$，转移率 p^i，q^{ij} 与支付 e^i 都一样是时间的函数，满足式（9.78）。让我们把注意力集中到第 i 个单元上，令 $n(t)\mathrm{d}t$ 代表事件在时间间隔 $\mathrm{d}t$ 上发生的概率，因此转移率 $n(t)$ 是：

$$n(t)=p^i(t)+\sum_j{}' q^{ij}(t) \tag{9.79}$$

进一步地，令 $R(t)$ 是第 k 个事件在时刻 t 还没有发生的概率（注：t 度量从第 k 轮博弈开始算起的时间），那么显然，$R(t)$ 是单调递减的，界于 0 和 1 之间，满足关系：

$$\int_0^t R(\tau)n(\tau)\mathrm{d}\tau = 1 - R(t) \tag{9.80}$$

到时间 t，第 k 轮博弈会停止的概率 $\bar{p}^i(t)$ 为：

$$\bar{p}^i(t)=\int_0^t R(\tau)p^i(\tau)\mathrm{d}\tau \tag{9.81}$$

而博弈转移到 Γ^j 的概率 $\overline{q}^{ij}(t)$ 是：

$$\overline{q}^{ij}(t)=\int_0^t R(\tau)q^{ij}(\tau)\mathrm{d}\tau \tag{9.82}$$

最后，如果

$$\overline{e}^i(t)=\frac{\int_0^t R(\tau)p^i(\tau)e^i(\tau)\mathrm{d}\tau}{\int_0^t R(\tau)p^i(\tau)\mathrm{d}\tau}$$

代表支付的均值（当然，这个均值以 e^i 的界为界），那么我们可以把总的期望支付写作：

$$\overline{p}^i(t)\overline{e}^i(t)=\int_0^t R(\tau)p^i(\tau)e^i(\tau)\mathrm{d}\tau \tag{9.83}$$

然而，应用式（9.78），对第 k 轮博弈，在第 i 个博弈单元，在策略 χ^ε 下，对所有 $\vec{Y}(t)$，我们有：

$$\begin{aligned}
&\overline{p}^i(t)\overline{e}^i(t)+\sum_j{}'\,\overline{q}^{ij}(t)W^j\\
&=\int_0^t R(\tau)p^i(\tau)e^i(\tau)\mathrm{d}\tau+\sum_j{}'W^j\int_0^t R(\tau)q^{ij}(\tau)\mathrm{d}\tau\\
&=\int_0^t R(\tau)\left[p^i(\tau)e^i(\tau)+\sum_j{}'q^{ij}(\tau)W^j\right]\mathrm{d}\tau\\
&\geqq\int_0^t R(\tau)\left[n(\tau)W^i+\frac{1}{\Delta}\mu^i-\frac{1}{\Delta}\delta^i_{k+1[T/\Delta]}\right]\mathrm{d}\tau
\end{aligned} \tag{9.84}$$

所以，应用式（9.80）有

$$\begin{aligned}
&\overline{p}^i(t)\overline{e}^i(t)+\sum_j{}'\overline{q}^{ij}(t)W^j\\
&\geqq[1-R(t)]W^i+\frac{1}{\Delta}\mu^i\left(\int_0^t R(\tau)\mathrm{d}\tau\right)\\
&\quad-\frac{1}{\Delta}\int_0^t R(\tau)\delta^i_{k+1+[T/\Delta]}\mathrm{d}\tau
\end{aligned} \tag{9.85}$$

现在由定理 1 的条件（2）构造

$$\delta^i_{k+1+[T/\Delta]} \leqq \left(\frac{1}{2}\right)^{k+1+[T/\Delta]} \delta$$

因为 $R(\tau)$ 上界为 1，必然有 $\tau \leqq T$，我们有：

$$\int_0^\infty R(\tau)\delta^i_{k+1+[T/\Delta]} \mathrm{d}\tau \leqq \delta\int_0^\infty \left(\frac{1}{2}\right)^{k+1+[T/\Delta]} \mathrm{d}\tau$$

$$=\delta\left(\frac{1}{2}\right)^{k+1} \Delta\sum_{n=0}^{\infty}\left(\frac{1}{2}\right)^n = \Delta\left(\frac{1}{2}\right)^k \delta$$

因此第 k 轮博弈的最终转移率 $\widetilde{p}^i_k$ 和 $\widetilde{q}^{ij}_k$，由 $t\to\infty$时式（9.75）的极限给出，满足：

$$\widetilde{p}^i_k \widetilde{e}^i_k + \sum_j{}' \widetilde{q}^{ij}_k W^j \geqq [1-R(\infty)]W^i + \frac{1}{\Delta}\mu^i \left(\int_0^\infty R(\tau)\mathrm{d}\tau\right)$$

$$-\left(\frac{1}{2}\right)^k \delta \tag{9.86}$$

我们现在发现，如果 $W^i>0$（这意味着 $\mu_i>0$），那么 $R(\infty)$ 一定是 0，否则 $\int_0^\infty R(\tau)\mathrm{d}\tau$ 将是无限的（$R\in\downarrow$），并且式（9.86）的左边也是无限的，这对有界的 e^i 和有限的 W^i 是不可能的。因此，如果 W^i 是正的，则 $[1-R(\infty)]W^i=W^i$，而如果 $W^i \leqq 0$，那么 $[1-R(\infty)]W^i \geqq W^i$。因此式（9.86）意味着：

$$\widetilde{p}^i_k \widetilde{e}^i_k + \sum_j{}' \widetilde{q}^{ij}_k W^j \geqq W^i + \frac{1}{\Delta}\mu^i \left(\int_0^\infty R(\tau)\mathrm{d}\tau\right)$$

$$-\left(\frac{1}{2}\right)^k \delta \tag{9.87}$$

最后，由于 Δ 的选择使得 $\Delta(p^i+\varepsilon'_j q^{ij}) \leqq 1$ 对所有博弈单元中的所有策略都成立，我们已经有 $\Delta n(\tau) \leqq 1$ 对所有的 τ 成立，于是：

$$\int_0^t R(\tau)n(\tau)\mathrm{d}\tau = 1-R(t) \leqq \int_0^t R(\tau)\frac{1}{\Delta}\mathrm{d}\tau$$

$$=\frac{1}{\Delta}\int_0^t R(\tau)\mathrm{d}\tau$$

因此，

$$\frac{1}{\Delta}\int_0^{\infty} R(\tau)\mathrm{d}\tau \geqq 1-R(\infty)$$

但是因为 $\mu^i=0$（除非 $W^i>0$），并且 $W^i>0$ 又意味着 $R(\infty)=0$，所以我们可以得到：

$$\frac{1}{\Delta}\mu^i\left(\int_0^{\infty} R(\tau)\mathrm{d}\tau\right)\geqq \mu^i$$

那么由式（9.87），在策略 χ^{ε} 下，对任意 Ψ：

$$\widetilde{p}_k^i\widetilde{e}_k^i+\sum_j{}'\overline{q}_k^{ij}W^j\geqq W^i+\mu^i-\left(\frac{1}{2}\right)^k\delta \tag{9.88}$$

类似的分析对每个博弈单元都成立，所以式（9.88）对所有 i 都成立。

式（9.88）包括最终转移率和第 k 轮博弈的期望支付，与式（9.10）和式（9.11）是等价的。但是，如果我们通过式（9.2），由 $\widetilde{p}_k^i$，$\widetilde{p}_k^{ij}$ 和 $\widetilde{e}_k^i$ 构造矩阵 P_k，Q_k 和向量 $\vec{E}_k$，那么期望公式（9.3）和式（9.4）也适用于这种情况。因此，定理 1 的证明也是适用的，我们推导出最终策略 χ^{ε} 的期望对所有 Ψ 满足 $\overrightarrow{\mathrm{Ex}}(\chi^{\varepsilon},\Psi)\geqq\vec{W}-\varepsilon\vec{1}$。

由于 $\vec{W}\in N_{\varepsilon}(\vec{V})$，策略 χ^{ε} 是 P_1 的 2ε -最优策略。转换参与人的角色，证明对 P_2 也是如此，所以定理得证。

定理 10 很容易推广到连续时间随机博弈的情形，这个连续时间随机博弈 $\vec{\Gamma}$ 的博弈 Γ^i 单元具有支付形式：

$$H^i(X^i,Y^i;\vec{\Gamma})=e^i+p^iS+\sum_j{}'q^{ij}\Gamma^j$$

对上式的解释是，如果参与人在 Γ^i 中使用策略 X^i，Y^i，那么在时间 $\mathrm{d}t$，支付 $e^i\mathrm{d}t$ 发生，博弈以概率 $p^i\mathrm{d}t$ 结束，而以概率 $q^{ij}\mathrm{d}t$ 转移到 Γ^j。在这种情况下，e^i 是直到博弈结束的所有时间的支付率（在博弈过程中积累）。那么定理 10 成立，在所有公式中直接用 e^i 代替 p^ie^i（用 $\vec{E}$ 代替 $P\vec{E}$），并且有

定理 11 定理 10 对连续时间随机博弈成立。

最后，我们指出，处理有些单元是离散时间博弈，另一些单元是连续时间博弈的递归（或者随机）博弈，是没有困难的。只需把连续时间博弈单元简化为离散时间博弈单元，利用上文给出的方法即可，而离散时间博弈单元不用改变。

9.9 总结和评价

我们主要的工具是两个概念，即值映射和临界向量。定理 1 和定理 2 证明了临界向量是离散时间递归（和随机）博弈的解，定理 10 和定理 11 把这个结论推广到连续时间随机博弈。因此我们可以完全一般化地叙述：

如果一个递归博弈或者随机博弈，在离散的或是连续的（或者混合的）时间里，有一个临界向量，那么这个临界向量是唯一的，并且是博弈的解。

因此第 9.6 节证明了所有离散时间递归博弈临界向量的存在性，它的博弈单元具有有界支付且满足上下确界条件。这个结果和上述结论一起表明：

每一个具有有界支付并满足上下确界条件的离散时间递归博弈，与每个连续时间博弈（它派生的离散时间博弈是这样的递归博弈）一样有解。

后面的这个结论不能推广到随机博弈，因为此时不能保证临界向量的存在性，这一点可以在第 9.10 节的例 3 和例 4 中看到。

我们要强调几点。我们已经研究了希望大量博弈“混合在一起”的联合问题具有不同的反应路径（通过允许一些博弈的结果是其他博弈而不是数值支付），前提是假设单个博弈（单元）总是可解的（例如，在博弈循环开始以后，通过给博弈结果赋予实数值，得到的普通博弈有解）。

上述情形和自动控制机制分析非常相似，在自动控制机制分析中，一个闭的循环自动控制机制的复杂行为是通过分析各个部分来分析（开环）的。自动控制机制分析主要关注通过已知机制的各个部分的行为来预测闭的循环的行为。递归博弈可以被另称作“带反馈的博弈”。

因为不必对博弈单元进行任何限制来得到我们的结论，所以，无论博弈单元是矩阵博弈、平面博弈（game on the square）、扩展型无限博弈，还是某些尚未发现的博弈类型，或另外的递归博弈，它们都是正确的。因此认为递归博弈是博弈的特定类型是错误的。这个概念可以应用到任何博弈（每个博弈都是一个单元递归博弈），但只有当参与人要面对（博弈单元）不同的状态和这些单元状态的行为被完全理解时，这个概念才有用。

9.10 例子、反例、应用

为了说明结论，并说明定理的限制条件，我们列举了一些离散时间博弈的简单例子。连续时间的例子可以通过对转换率的重新解释得到。

例 1

$$\Gamma:\begin{pmatrix}\Gamma & 1\\ 1 & 0\end{pmatrix}\quad \begin{matrix}\text{值 }1\text{，}P_1\text{ 的 }\varepsilon\text{-最优策略}[1-\varepsilon,\varepsilon]\text{，}\\ \text{所有策略对 }P_2\text{ 是最优解}\end{matrix}$$

这是一个递归博弈的例子，满足最小最大条件，但是 P_1 没有最优策略。注意 1 是这个博弈值映射的唯一不动点。

例 2

$$\Gamma:\begin{pmatrix}\Gamma & 5\\ 1 & 0\end{pmatrix}\quad \text{其中，限制 } P_2 \text{ 的策略类型为}[1-\alpha,\alpha],\ 0<\alpha\leqq 1$$

这是一个递归博弈的例子，满足上下确界条件，P_2 没有平稳的ε-最优策略。值是1，［4/5，1/5］对 P_1 是最优的，P_2 可以通过一个非平稳策略［$1-\alpha_t$，α_t］逼近1，其中 $\sum_{t=1}^{\infty}\alpha_t<\varepsilon$

例 3

$$\Gamma^1:\begin{pmatrix}\Gamma^2 & 10 & \Gamma^3\\ -10 & 0 & -10\\ \Gamma^3 & 10 & \Gamma^2\end{pmatrix};\quad \Gamma^2:(1+\Gamma^2);\quad \Gamma^3:(-2+\Gamma^3)$$

这是具有陷阱的随机博弈的例子，不存在解。

例 4

$$\Gamma^1:\begin{pmatrix}1+\Gamma^2 & 5\\ -5 & 0\end{pmatrix}\quad \Gamma^2:\begin{pmatrix}-1+\Gamma^1 & 5\\ -5 & 0\end{pmatrix}$$

这是没有陷阱的随机博弈的例子，但是根据我们的定义，它仍然没有解，因为在最优策略下期望支付在振荡。这个博弈不存在临界向量。

例 5

$$\Gamma^1:\begin{pmatrix}\Gamma^1 & \Gamma^1\\ \Gamma^2 & 20\\ 20 & \Gamma^2\end{pmatrix}\quad \Gamma^2:(-10)$$

这是一个递归博弈，满足最小最大条件，Γ^1 的值是5，在 Γ^1 中 P_1 的最优策略是［0，1/2，1/2］，P_2 的最优策略是［1/2，1/2］。然而，对任何截断（在第 n 步强制停止），Γ^1 的值是10而不是5。这表明，递归博弈（或随机博弈）的解一般不能通过截断博弈解的极限来得到。同时注意，这个例子中重复值映射从 $\vec{0}$ 开始不收敛于博弈的值。

例 6 “布洛托上校指挥由三个军事单位控制的前哨，并且负责抓捕两个单位的敌方营地，他们在 10 英里以外。如果布洛托成功抓捕敌方而自己没有损失，则他得到 $+1$；如果在任何情况下有所损失，则他得到 -1。白天搜捕是不可行的，为了有效地抓捕，夜间搜捕需要的进攻力量比防守力量多一个单位。如果进攻力量不足，那么就选择撤退而不选择进攻。”

在这个博弈中，参与人在一个晚上的行动策略是简单地将单位分为进攻力量和防守力量。令 A 代表进攻，D 代表防守，这个递归博弈的矩阵是：

布洛托 A	布洛托 D	敌方 A 0 / D 2	敌方 A 1 / D 1	敌方 A 2 / D 0
0	3	Γ	Γ	Γ
1	2	Γ	Γ	1
2	1	Γ	1	−1
3	0	1	−1	−1

显然，这个博弈的值是 $+1$，此时布洛托采取 ε-最优策略 $[0,1-\varepsilon-\varepsilon^2,\varepsilon,\varepsilon^2]$，敌方的所有策略都是最优的。

这样的战术主要是二人零和递归博弈的应用。注意，布洛托的耐心由他采取的 ε-最优策略的 ε 的倒数度量，因为他选择的 ε 越小，他赢得的概率越大，同时博弈持续的可能性增加。在递归博弈中总是这样，甚至在单元满足最小最大条件时，参与人也被迫采用 ε-最优策略，因为这样的策略是必须的。

虽然是非零和博弈，但是通过允许一个或几个参与人出价或提出要求，许多讨价还价问题可方便地构造成递归博弈，如果达成协议，则博弈停止并得到支付，否则继续进行博弈而没有支付。

参考文献

1. Shapley, L. S. "Stochastic games," *Proceedings of the National Academy of Sciences*, *U. S. A*, 39(1953), pp. 1095 - 1100.

【注释】

[1] 自然科学基金博士前项目 1953—1956。

[2] 随机博弈由沙普利（见参考文献 1）进行了研究，它是一般化的矩阵博弈，其条件是停止概率对所有策略在所有博弈单元中有界，但不是 0，属于拟递归博弈。

第 10 章
没有附加支付的合作博弈的冯·诺依曼-摩根斯坦解

罗伯特·J.奥曼　B.皮莱格

附加支付（side payment）的使用在 n 人博弈的古典[1]理论中包含三个严格的假设。首先，必须存在交换的一般媒介（如货币），这样附加支付可能是有效的。其次，附加支付必须是物质上和法律上可行的。最后，假设效用是可无条件转移的，即每个参与人对货币的效用[2]是货币数量的线性函数[3]。这些假设严重限制了古典理论的应用。特别地，最后一个假设被卢斯（Luce）和雷法（Raiffa）（见参考文献 2，p. 233）认为是“非常严格的——在许多情况下，使得 n 人博弈理论变得无用”。本章的目的是，提供一个平行于古典理论的理论大纲，但是不利用附加支付。[4]我们的定义与参考文献 2（p. 234）和参考文献 3 中给出的定义相关，但是以前的研究只限于给出定义，而没有进一步深入，本章给出的理论大纲包括一般化相当部分的古典理论的结果。因此证明，严格的附加支付假设对于发展基于冯·诺依曼和摩根斯坦思想的理论不是必需的。这里只包括理论的一般描述和重要定理的叙述；细节和证明在其他文章中给出。

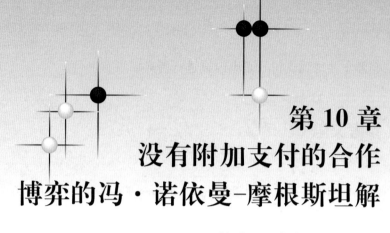

10.1 有效性

让我们关注给定的有限 n 人博弈，令 N 代表参与人集合。E^N 代表 n 维欧氏空间（n-dimensional Euclidean space），用 N 中的元素为 E^N 中的点的坐标标号。E^N 中的点称作支付向量（payoff vector）。如果 $x \in E^N$，$i \in N$，那么 x_i 表示 x 中对应参与人 i 的分量，称之为 i 的支付。

在直观上，如果通过联合力量，B 中的成员进行博弈，使得 B 中每个参与人 i 至少可得 x_i，则联盟 B 对支付向量 x 是有效的。这个定义有大量的解释。冯·诺依曼和摩根斯坦采用更保守的定义，假设 B 中的多数成员能够计算他们所能得到的支付，如果 $N-B$ 的参与人结成联盟，则其目标是最小化 B 的支付。在没有附加支付的情况下，至少存在有效性定义的两个一般化：

（1）如果存在 B 的策略[5]，使得对每个 $N-B$ 使用的策略，B 中的每个成员 i 至少得到 x_i，则联盟 B 对支付向量 x 称作 α-有效。

（2）如果对每个 $N-B$ 使用的策略，存在 B 的策略，使得 B 中的每个成员 i 至少得到 x_i，则联盟 B 对支付向量 x 称作 β-有效。

粗略地说，α-有效意味着 B 可以确保得到它在 x 中的份额，独立于 $N-B$ 的行动，而 β-有效意味着 $N-B$ 不能阻止 B 得到它在 x 中的份额。在古典理论中，这两种有效性是等价的，但是若没有附加支付就不成立。使用哪一种定义取决于品位和习惯。在以前的文献中这两种定义都会出现，形式上多少有些区别（见参考文献 2，p. 175；参考文献 3；参考文献 5）。似乎有一种倾向认为 α-有效在直观上更具有吸引力；但可以证明，β-有效最终会得到更重要的结论。[6]本章中的理论同等地使用两种定义。

10.2 公理化处理

根据有效性可以定义 n 人理论的许多基本概念——支配、解、核等等。当然，我们得到的结果通常依赖于采用何种有效性定义。因此，我们定义 α-核和 β-核，对于给定博弈它们通常是不同的；类似地，定义 α-解和 β-解；等等。然而，可以证明多数基本理论对两种有效性定义都成立。这些理论的证明只利用两种定义的一般性质，需要公理化处理。

n 人特征函数（characteristic function）是具有 n 个成员的集合 N，与函数 v 一起，它将 N 的每个子集 B 映射到 E^N 的子集 $v(B)$ 上，因此有如下条件：

（1）$v(B)$ 是凸的；

（2）$v(B)$ 是闭的；

（3）$v(\phi)=E^N$[7]；

（4）如果 $x\in v(B)$，$y\in E^N$，且对所有 $i\in B$ 都有 $y_i\leqq x_i$，那么 $y\in v(B)$；

（5）如果 B_1 和 B_2 不相交，那么 $v(B_1\cup B_2)\supset v(B_1)\cap v(B_2)$。

n 人博弈是 n 人特征函数（N，v）与 $v(N)$ 的凸紧多面体子集 H。

这样定义的 n 人博弈实际上比通常意义下的博弈具有更多的含义，它是具有有效性的博弈。集合 H 是所有可行的或可得的支付向量的集合，即可以通过 N 的联合策略得到的所有支付的集合。$v(B)$ 代表所有支付向量的集合，其中 B 是有效的。条件（1）、（2）和（3）是很好理解的。条件（4）说明，如果联盟 B 对支付向量 x 是有效的，那么它对任何小于（或等于）x 的支付向量也是有效的。条件（5）是对古典理论[8]中特征函数超可加性的一个自然推广。

为了证明这些定义是适当的，必须证明任意有限博弈在与 α-有效或β-有效结合时，满足我们关于博弈的定义。[9]大多数证明是直接的；只有对β-有效验证条件（5）时需要更深的讨论，要用到角谷不动点定理。

公理化方法的一个主要优点在于其适用性：它不仅适用于第 10.1 节中关于有效性的定义，是基于古典理论描述的保守方法，而且适用于许多其他的有效性定义。例如，我们可以基于Ψ-稳定的思想（见参考文献 2，pp. 163－168，pp. 174－176，pp. 220－236）给出有效性的定义。有许多途径构造这样的定义；一般的思想是，为了保证联盟B对支付向量x和联盟结构τ的有效性，联盟B在给定联盟结构τ下一定是可得的，并且没有$N-B$中的联盟能够阻止B得到它在支付向量x中的份额。特别地，我们称B是对（x，τ）有效的，如果$B\in\Psi(\tau)$，且存在B的策略，使得$N-B$的每一个分割（B_1，…，B_k）均为$\Psi(\tau)$中的元素，对B_j使用的每个k元策略组合，B的每个成员i至少得到x_i。如果我们调换量词，会得到相关但不同的概念。如果固定τ，有效性的两个概念满足除了条件（5）之外的所有公理，因此本章的结论对它们成立（见注释［8］）。

10.3　支配和解

给定n人博弈$G=(N, v, H)$。如果$x\in v(B)$，$x_i>y_i$（对所有$i\in B$），则称支付向量x通过B支配（dominate）支付向量y；如果存在B使得x通过B支配y，则称x支配y。如果K是支付向量的任意集合，我们定义$\mathrm{dom}K$是所有支付向量的集合，它们至少被K中的一个元素支配。如果P是支付向量的任意集合，且$K\cap\mathrm{dom}K$是空集，$K\cup\mathrm{dom}K\supset P$，那么$P$的子集$K$是$P$-稳定的（$P$-stable）。集合$P-\mathrm{dom}P$称作$P$-核。如果$x$支配$y$，且所有支配$x$的$z$也支配$y$，则

称支付向量 x 优化（majorize）支付向量 y。参考文献 4 的第 1 节中所有涉及支配、P-稳定、P-核和优化的引理和定理在本章中也成立，证明也相同。

显然，对每个 $i\in N$，存在广义实数[10]，使得 $v(\{i\})=\{x\in E^N: x_i\leqslant v_i\}$。如果对每个 $i\in N$ 有 $x_i\geqslant v_i$，则支付向量 x 称为个体理性的（individually rational）。如果不存在 $y\in H$，使得对每个 $i\in N$ 有 $y_i>x_i$，则 x 称为集体理性的（group rational）。我们用 $\overline{A}$ 代表 H 中个体理性成员的集合，A 代表 $\overline{A}$ 中也是集体理性成员的集合。那么能够证明，H 的子集是 A-稳定的当且仅当它是 $\overline{A}$-稳定的时成立。这使得我们只对 A-稳定集合定义 G 的解[11]是合理的。

下一步是讨论哪些博弈是可解的，以及它们的解是什么。首先，容易证明所有 2 人博弈有唯一解[12]，即 A 的所有元素。下面我们研究三人零和[13]博弈。和古典理论的情形不同，现在我们找到大量重要的不同博弈，它们的解表现出强烈的多样性和复杂性。基本定理是：

定理 1 每个三人零和博弈都是可解的。

此处没有给出证明，但可以通过将 A 分解成不同区域，分别在每个区域求解，然后合并各个区域的解得到 A 的解。区域的形状依赖于 $v(B)$ 和它们之间的相互关系。三人常和博弈或四人零和博弈的可解性问题还没有解决。

定理 1 只是我们结论中的一个，它只用到 $v(B)$ 是凸的假设［条件（1）］。[14]

10.4 合　并

令 $G_1=(N_1, v_1, H_1)$ 和 $G_2=(N_2, v_2, H_2)$ 是博弈，它们的参与人集合 N_1 和 N_2 不相交。直观地，G_1 和 G_2 的合并（composition）G

是博弈，它的每个行动由 G_1 的一个行动和 G_2 的一个行动组成，彼此间没有任何关系。正式地，我们定义 $G=(N, v, H)$，其中 $N=N_1\cup N_2$，$H=H_1\times H_2$[15]，对每个 $B\subset N$，$v(B)=v_1(B\cap N_1)\times v_2(B\cap N_2)$成立。

定理 2　H 的子集 K 解得 G 的充分必要条件是，它具有形式 $K_1\times K_2$，其中 K_1 解得 G_1，K_2 解得 G_2。

结论如此简单有些令人惊讶，考虑到古典理论中的一致结论更复杂。古典理论结论的复杂性，是因为它允许 N_1 和 N_2 的成员之间有附加支付，而在我们的结构中它们没有这种关系。因此虽然古典理论是我们理论的特例，但在古典意义下两个博弈合并得到的博弈，一般不是我们这里的博弈的合并。所有我们的解都可以出现在古典理论中，但是反之则不成立。我们的解是那些对两个参与人团队都没有“贡献”的解（见参考文献 1，第 46.11.2 小节，p. 401）。

10.5　核

定理 3　A-核与 $\overline{A}$-核一致。

这个定理使得我们用 A-核定义博弈的核是合理的。证明一定会用到 H 是多面体的假设（这是用到这一假设的唯一定理）；而且，如果假设不成立，则定理错误。

沙普利在参考文献 6 中得出结论，即在古典理论中，所有解的交集是核。在我们的理论中，这一结论不成立；而且，存在有唯一解的三人零和博弈，这严格地包含核。[16]

10.6　β-核与超博弈

博弈[17]的超博弈（supergame）也是博弈，它的每个行动由 Γ 的行动的无限序列组成。n 人博弈（见参考文献 5）的强均衡点（strong equilibrium point），严格地说，是策略的 n 元组合 $\{\xi_i\}_{i\in N}$，具有如下性质：如果任意联盟 B 的成员 j 使用不同于 ξ_j 的策略，而不在 B 中的参与人使用 ξ_i，那么 B 中至少有一个参与人不会在改变中获利，即他的获利不会超过所有参与人使用 ξ_i 时的获利。强均衡点是纳什均衡点（见参考文献 7）的加强形式；在纳什均衡点上，不存在使任何个人改变策略的激励，而在强均衡点上，不存在使任何联盟改变策略的激励。

参考文献 5 中定义了 c -可接受支付向量（c-acceptable payoff vector），可以证明支付向量对给定有限博弈是 c -可接受的，当且仅当它是对应超博弈的强均衡点的支付向量时成立。可以证明 c -可接受支付向量的集合与 β -核一致。[18] 因此，有限博弈的 β -核是对应超博弈的强均衡点的支付向量的集合。

10.7 “扩展”的理论

扩展博弈（extended game）的定义与博弈的定义相似，唯一的不同是，H 不是 $v(N)$ 的子集而只是 E^N 的子集。在古典理论中，扩展博弈在合并理论中作为理论工具是重要的；它们最先由冯·诺依曼和摩根斯坦进行了讨论（见参考文献 1，第 X 章）。

定理 1 和定理 2 对扩展博弈仍然成立。定理 3 须改为“A -核是 $\overline{A}$ -核与 A 的交集”。参考文献 4 的第 1 节同之前一样一般化；但是，我们没有得到扩展博弈中，A -稳定集与 $\overline{A}$ -稳定集之间的关系。

参考文献

1. J. von Neumann and O. Morgenstern. *Theory of Games and*

Economic Behavior, Princeton University Press, 1943, 2nd ed., 1947.

2. R. D. Luce and H. Raiffa. *Games and Decisions*, John Wiley, 1957.

3. L. S. Shapley and M. Shubik. "Solutions of n-person games with ordinal utilities(abstract)," *Econometrica* Vol. 21(1953)p. 348.

4. D. B. Gillies. *Solutions to General Non-zero-sum Games*, *Contributions to the Theory of Games TV*, Princeton University Press, 1959, pp. 47 – 85.

5. R. J. Aumann. *Acceptable Points in General Cooperative N-person Games*, ibid., pp. 287 – 324.

6. L. S. Shapley. *Open Questions* (dittoed), Report of an Informal Conference on the Theory of n-Person Games held at Princeton University, March 20 – 21, 1953, p. 15.

7. J. F. Nash. "Non-cooperative games," *Ann. of Math*. Vol. 54 (1951) pp. 286 – 295.

【注释】

[1] 我们在此使用"古典"一词来代表在参考文献 1 和参考文献 4 中描述的冯·诺依曼-摩根斯坦理论。

[2] 或其他的交换媒介。

[3] 见参考文献 2，p. 168。可以证明，当 $n \geqslant 3$ 时，货币效用的线性是存在可无条件转移效用的充分必要条件。

[4] 特别地，我们的理论当然也适用于允许附加支付的情况。另外，如果效用是可无条件转移的，那么我们的理论简化为古典理论。

[5] 本章使用的"策略"，含义与参考文献 2 (p. 116) 的"相关混合策略"、"联合随机策略"、"合作策略"，以及参考文献 5 的"相关策略 B-向量"相同。

[6] 见第 6 节。

[7] ϕ 代表空集。

[8] 条件 (5) 不是对本章中的任何结论都是必需的。之所以在这里列出，是为了

与古典理论平行，并且希望更强的公理化最终得到更丰富的理论。

[9] 这里 $v(B)$ 和 H 具有前面描述的含义。

[10] 实数或$+\infty$，$-\infty$。

[11] 如果 K 是 G 的解，我们也称 K 解得 G，或 G 是可解的。

[12] 这个解与二人合作博弈的谈判集密切相关（见参考文献 2，p. 118），但不相同。

[13] 如果 H 包含在平面 $\sum_{i\in N} x_i = 0$ 中，则博弈称作是零和的。

[14] 如果没有这个假设，定理是否成立还是一个问题；没有得到确切的证明。

[15] “×”表示笛卡尔乘积。

[16] 解是分离的，所以提供了沙普利结论的一个反例，即所有的并集是相关联的。当然，这个例子没有解决古典理论中的这些问题。

[17] 这里的“博弈”是一般意义下的，不是第 10.2 节定义的博弈。

[18] 也就是说，我们用 β-有效作为有效性定义时的核。

第 11 章
关于经济的核的极限定理[1]

杰拉德·德布鲁　赫伯特·E.斯卡夫[2]

11.1 引　言

在埃奇沃思的《数学心理学》(*Mathematical Psychics*，参考文献 5) 中，他提出了著名的两种商品交换的研究，这在具有两类消费者的经济中也可能出现。他考虑的第一种情况涉及两个人，每个人对每种商品拥有确定数量的初始禀赋 (possesses)。交易的结果是两种商品总量的重新配置，所以，在几何上可以描述为对应经济的埃奇沃思盒中的点。

埃奇沃思将他的注意力限制在那些帕累托最优 (Pareto optimal) 的交换上，即，如果不通过额外交易削弱另一个消费者，一个消费者就不能得到更多的满足。他进一步限制了可接受的最终配置，即那些使两个消费者的情况至少与交易前一样好的配置。那些没有被这些规则排除的配置构成了“契约曲线”(contract curve)。

正如埃奇沃思指出的，竞争配置在契约曲线上 (在第 11.2 节的假设下)。但是还有许多其他的配置，并且对两个消费者情况的分析没有表明竞争解具有特殊的地位。为了确认竞争配置，埃奇沃思引入了由 $2n$ 个消费者组成的扩展经济，他们分成两类。同一类中的每个消费者具有相同的偏好，在交易前具有相同的资源。这样做的目的是证明，当 n 很大时，越来越多的配置被排除，最终只剩下竞争配置。这个论述可以解释为，当消费者数量变为无穷时，契约曲线收缩到竞争均衡的集合。

显然，上面涉及的排除配置的两个原理，需要其他原理的补充(如果这个结论是正确的)。埃奇沃思阐明的一般原理是“再收缩”(recontracting)。考虑 $2n$ 个消费者的总资源的配置，以及消费者的任意集团(不要求每一类具有相同数量的消费者)。如果集团中的成员可以再分配他们的初始禀赋，使得某些成员更偏好新的配置结果，而没有其他成员认为自己的情况变坏，则这个集团可以再收缩。假设是，如果配置可以被某些消费者集团再收缩，那么可以排除它。

埃奇沃思证明，随着 n 增大，不能再收缩的配置集合缩小，且以竞争均衡的集合为极限。《数学心理学》中给出的证明可以用当代数理经济学工具重新叙述。但是，基于埃奇沃思盒的几何图形，似乎不能应用到多于两种商品和多于两类消费者的一般情况。

正如马丁·舒比克(Martin Shubik)指出的，问题可以从 n 人博弈理论的角度研究。在非常令人激动的文章(见参考文献 12)中，他用冯·诺依曼-摩根斯坦解的概念和吉利斯(Gillies，参考文献 6)的核的概念，分析了埃奇沃思问题。其他将市场看作 n 人博弈的讨论见冯·诺依曼和摩根斯坦(见参考文献 7)以及沙普利的几篇文章(见参考文献 9、10)。

上述研究广泛使用了可转移效用的概念。当这个概念已经被博弈理论广泛接受时，它相对于主流经济学思想还是外来语。但是近期的几篇文章，从 n 人博弈理论的观点看，避免了可转移效用的假设(见参考文献 1、2)，并包含了核的定义。这个概念与埃奇沃思再收缩的概念一致。

参考文献 8 中斯卡夫（Scarf）对有任意种类的消费者和任意数量的商品的经济分析了后面意义下的核：考虑经济中每个消费者种类有 r 个消费者，可以证明分配给所有同类消费者相同的商品束，并且对于所有 r 都在核中的配置一定是竞争的。每个种类中有无限多个消费者的经济也被研究，并被证明这个经济的核中的配置是竞争的。这些定理证明的简化和对它们假设的弱化由德布鲁（见参考文献 4）给出。

我们的第一个目的是，证明上一段中涉及的两个定理中的第一个具有非常广泛的应用，因此为了得到关于核的研究的进一步简化，放弃文章（见参考文献 8，第 4 节，A. 2；参考文献 4，A. 4）中难以理解的假设。我们的第二个目的是，考虑包括生产的情况。

在传统的瓦尔拉斯均衡分析中，消费者的资源和他们对生产者的利润分割是给定的。假设经济中的所有代理人都接受一个价格系统，该系统尽量使得总需求等于总供给。在帕累托最优性研究中，价格是从一个非常不同的观点来考虑的。考虑具有不确定的资源配置的经济有效组织问题，实质上是证明，经济状态是最优的当且仅当存在每个消费者和生产者都接受的价格系统时成立。在埃奇沃思的理论和我们给出的一般化情形中，价格又是从另一个不同的观点来考虑的。给定一个具有特定资源配置的经济，它由确定种类的消费者组成，消费者种类相对于每类消费者的数量很少，结果是可行的，也就是没有联盟能够阻止它，当且仅当存在一个消费者和生产者都接受的价格系统时成立。这就是说，竞争均衡——也只有竞争均衡——是可行的。在帕累托最优的研究中，价格是在没有事先给出的情况下出现在分析中的。

11.2　纯交换经济的核

首先我们研究没有生产的经济。我们考虑有 m 个消费者，每个消费者对商品束具有特定的偏好，商品束由有限种商品的非负数量构成。这样的商品束可由商品空间中非负象限的向量表示，第 i 个消费者的偏好由完全前序$\succsim_i$ 表示。当然，$x'\succsim_i x$ 的解释是第 i 个消费者或者认为 x'比 x 好，或者认为它们无差异。如果 x'严格比 x 好，那么记作 $x'\succ_i x$。

有三个关于偏好的假设：

假设 1 非饱和性（insatiability）。令 x 是任意非负商品束。我们假设存在商品束 x'，使得 $x'\succ_i x$。

假设 2 强凸性（strong-convexity）。令 x'和 x 是任意不同的商品束，有 $x'\succsim_i x$，令 α 是任意数，满足 $0<\alpha<1$。我们假设 $\alpha x'+(1-\alpha)x\succ_i x$。

假设 3 连续性（continuity）。我们假设对任意非负的 x'，两个集合

$$\{x \mid x \underset{i}{\succsim} x'\}\text{和}\{x \mid x \underset{i}{\precsim} x'\}$$

是闭的。

每个消费者都拥有商品束，他愿意交换以得到更偏好的商品束。向量 ω_i 代表第 i 个消费者的资源。为了方便，我们做出如下假设：

假设 4 个人资源严格为正。我们假设每个消费者拥有的每种商品的数量严格为正。

现在可以定义核。因为本节没有考虑生产，所以交易的结果是总供给为 $\sum_{i=1}^{m}\omega_i$ 的一个配置，因此可以描述为 m 个非负商品束（x_1，…，x_m），从而

$$\sum_{i=1}^{m}(x_i-\omega_i)=0$$

如果一个配置不能被任何消费者集合 S 再收缩，也就是说，没有消费

者集合 S 能够在他们之间再分配他们的初始禀赋，而改善 S 中任意成员的情况同时不损害其他人的情况，则这个配置在核中。这里我们强调，允许消费者的任意集合联合，并独立地重新配置经济中其他消费者的资产。

为了给出核的正式定义，我们引入消费者集合阻碍（block）配置的概念。令（x_1，…，x_m）满足 $\sum_{i=1}^{m}(x_i-\omega_i)=0$，将总供给赋予不同的消费者，$S$ 为消费者的任意集合。我们称配置被 S 阻碍，如果存在商品束 $x_i{}'$，对 S 中的所有 i，有

$$\sum_{i\in S}(x_i'-\omega_i)=0 \tag{11.1}$$

$$x_i' \underset{i}{\succsim} x_i \tag{11.2}$$

至少对 S 中的一个成员的严格偏好关系成立。

经济的核定义为，它是总供给的所有配置集合，不能被任何集合 S 阻碍。这个定义的一个直接结论是，核中的配置是帕累托最优的。令集合 S 为所有消费者，即可证明这一结论。另外，如果我们考虑可能的阻碍集合是第 i 个消费者自己，那么我们看到核中的配置一定满足条件 $x_i \succsim_i \omega_i$；即在他得到核配置的情况下，第 i 个消费者不会偏好他的初始禀赋。当然，当考虑更一般化的集合 S 时，会得到许多其他条件。

不能直接看出核中总是存在某些配置。在 n 人博弈理论中构造一个简单的例子，其中每个结果都受到一些联盟的阻碍，所以核是空集。如果放松对偏好的一般假设，也会得到具有空核的经济。下面是由斯卡夫、沙普利和舒比克提供的典型例子。

考虑一个具有两种商品和三个消费者的经济，每个消费者的偏好由图 11-1 的无差异曲线描述。参考文献 11 中证明了，如果每个消费者的初始资源是分别拥有 1 个单位的每种商品，则经济的核是空的。这个结论不依赖于无差异曲线的非光滑性。

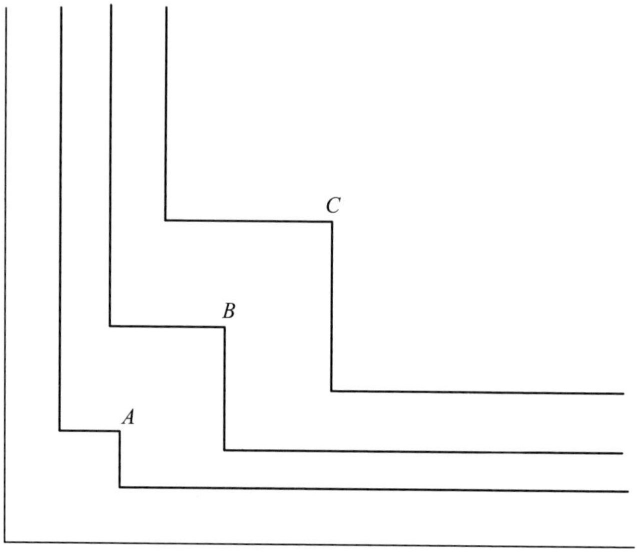

图 11-1

在本章中我们给出了上面列出的一般假设，这可以保证核是非空的。这个证明过程是，首先证明竞争均衡存在，然后说明每个竞争均衡都在核中。

已知，给定关于偏好和初始禀赋的四个假设，则存在竞争均衡（见参考文献 3)。也就是说，存在非负商品束（x_1，…，x_m）满足 $\sum_{i=1}^{m}(x_i-\omega_i)=0$ 和价格向量 p，从而 x_i 在预算约束$p\cdot x_i\leqq p\cdot\omega_i$下满足消费者 i 的偏好。福利经济学的类似讨论证明了竞争配置是帕累托最优的，并且由沙普利扩展以证明：

定理 1 竞争配置在核中。

首先注意，$x_i'\succ_i x_i$ 显然有 $p\cdot x_i'>p\cdot\omega_i$，否则 x_i 不满足消费者 i 在预算约束下的偏好最大化。又注意 $x_i'\succsim_i x_i$ 有 $p\cdot x_i'\geqq p\cdot\omega_i$。这是因为，如果 $p\cdot x_i'<p\cdot\omega_i$，那么根据假设 1 和假设 2，在$x_i'$ 邻域中存在消费向量满足预算约束，并比 x_i 好。

令 S 是可能的阻碍集合，所以 $\sum_{i\in S}(x_i'-\omega_i)=0$，对所有 $i\in S$ 有 $x_i'\succsim_i x_i$，且至少对一个 i 的严格偏好关系成立。由这两点可知，对所有 $i\in S$，有 $p\cdot x_i'\geqq p\cdot\omega_i$，且至少对一个 i 严格不等式成立。因此

$$\sum_{i\in S}p\cdot x_i'>\sum_{i\in S}p\cdot\omega_i$$

与 $\sum_{i\in S}(x_i'-\omega_i)=0$ 矛盾。

11.3　消费者数量无穷大时的核

现在我们首先沿用埃奇沃思使用的扩大市场的方法。考虑经济中有 m 类消费者，每类有 r 个消费者。对同类的两个消费者，我们假设他们具有相同的偏好和相同的初始资源向量。因此经济由 mr 个消费者组成，我们用一对数字（i，q）表示，$i=1$，2，…，m，$q=1$，2，…，r。第一个序号代表个人的类别，第二个序号区分同类中的不同个人。

配置由 mr 个非负商品束 x_{iq} 的集合描述，满足

$$\sum_{i=1}^{m}\sum_{q=1}^{r}x_{iq}-r\sum_{i=1}^{m}\omega_i=0$$

下面的定理简化了我们的研究。

定理 2　核中的配置赋予同类的所有消费者相同的消费。

对任意给定类别 i，令 x_i 代表消费向量 x_{iq} 中的最差向量，根据这类消费者的共同偏好，并假设对某些类别 i'，两个消费者被赋予不同的商品束。那么

$$\frac{1}{r}\sum_{q=1}^{r}x_{iq}\succsim_i x_i\quad（对于所有\ i）$$

对 i' 的严格偏好关系成立。又有

$$\sum_{i=1}^{m}\left(\frac{1}{r}\sum_{q=1}^{r}x_{iq}-\omega_i\right)=0$$

因此，集合由每类中的一个消费者组成，其中每个消费者得到最少偏好消费，从而该集合会受阻碍。

上面证明的定理 2 意味着，此处考虑的复制经济（repeated economy）的核中的配置，可以被描述为 m 个非负商品束（x_1，…，x_m），满足 $\sum_{i=1}^{m}(x_i-\omega_i)=0$。当然，核中的商品束依赖于 r。容易证明，$r+1$ 的核包含在 r 的核中，因为一个配置在 r 重复制经济中受阻碍，当然也在 $r+1$ 重复制经济中受阻碍。

我们考虑经济中的竞争配置，该经济由每类中的一个消费者组成，当扩大经济使得每类有 r 个消费者时，复制配置，得到的配置在较大经济中是竞争的，且在核中。因此，作为 r 的函数，核构成了一个非增的集合序列，每个集合包含由每类一个消费者组成的经济的竞争配置集合。我们的主要结论是对所有 r，核中没有其他配置。

定理 3 如果（x_1，…，x_m）对所有 r 来说都在核中，那么它是竞争配置。

令 Γ_i 是商品空间中满足 $z+\omega_i\succ_i x_i$ 的所有 z 的集合，Γ 是集合 Γ_i 并集的凸包。因为对所有 i，Γ_i 是凸的（非空），所以 Γ 由所有向量 z 组成，可写作 $\sum_{i=1}^{m}\alpha_i z_i$，其中 $\alpha_i\geqq 0$，$\sum_{i=1}^{m}\alpha_i=1$，且 $z_i+\omega_i\succ_i x_i$。图 11－2 描述了包含两种商品、两类消费者的情形下的这个集合。

我们首先构造比 x_1 更受偏好的商品束的集合，将每个商品束减去向量 ω_1，得到集合 Γ_1。同理，对 x_2 和 ω_2 进行同样操作得到 Γ_2。然后，得到 Γ_1 和 Γ_2 的并集，并通过凸包得到 Γ。可以验证，在一般意义下，对任意种类的商品和消费者，原点不属于集合 Γ，这是定理 3 证明的关键。

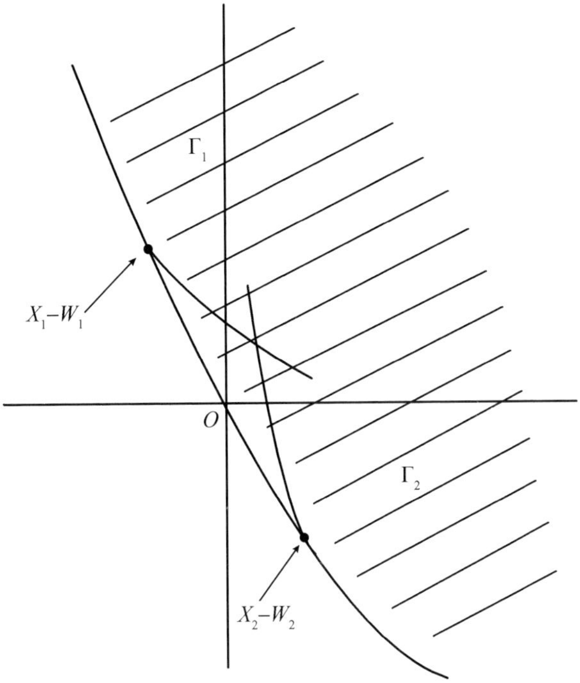

图 11－2

我们假设原点属于 Γ。那么 $\sum_{i=1}^{m}\alpha_i z_i=0$，其中 $\alpha_i \geqq 0$，$\sum_{i=1}^{m}\alpha_i=1$，且$z_i+\omega_i \succ_i x_i$。选择整数 k，它最终趋于$+\infty$，令 α_i^k 是大于或等于 $k\alpha_i$ 的最小整数。令 I 是满足 $\alpha_i>0$ 的 i 的集合。

对 I 中的每个 i，我们定义 z_i^k 为 $[(k\alpha_i)/(\alpha_i^k)]\ z_i$，得到 $z_i^k+\omega_i$ 属于 $[\omega_i z_i+\omega_i]$，且当 k 趋于无穷时，趋于 $z_i+\omega_i$。偏好的连续性假设使得对充分大的 k，有 $z_i^k+\omega_i \succ_i x_i$。而且

$$\sum_{i\in I}\alpha_i^k z_i^k=k\sum_{i\in I}\alpha_i z_i=0$$

考虑类别 i 的成员 α_i^k 组成的联盟，赋予每个成员 $z_i^k+\omega_i$，其中 i 在集合 I 中。这样的联盟阻碍配置（x_1，…，x_m），复制次数等于$\max\limits_{i\in I}\alpha_i^k$。这与假设（$x_1$，…，$x_m$）对所有 r 在核中矛盾。

然后，我们给出原点不属于凸集 Γ 的证明。显然，存在法线为 p

的超平面（hyperplane）支撑它，对所有 $z\in\Gamma$，有 $p\cdot z\geqq 0$。

如果 $x'\succ_i x_i$，那么 $x'-\omega_i\in\Gamma_i$，因此在 Γ 中，我们得到 $p\cdot x'\geqq p\cdot\omega_i$。因为在 x_i 的每一邻域中，都存在严格比 x_i 好的消费，所以有 $p\cdot x_i\geqq p\cdot\omega_i$。但是

$$\sum_{i=1}^{m}(x_i-\omega_i)=0$$

因此，对每个 i，$p\cdot x_i=p\cdot\omega_i$ 成立。

最终的讨论完成了。我们已经证明了存在价格 p，使得对每个 i，(1) $x'\succ_i x_i$ 意味着 $p\cdot x'\geqq p\cdot\omega_i$，(2) $p\cdot x_i=p\cdot\omega_i$。与常见的均衡分析一样，这证明了 x_i 实际上满足消费者 i 在预算约束下的偏好，即$x'\succ_i x_i$ 实际上意味着 $p\cdot x'>p\cdot\omega_i$。因为 ω_i 所有分量严格为正，所以存在非负 x^0 在预算超平面下方。如果对某些 x''，有 $x''\succ_i x_i$ 和 $p\cdot x''=p\cdot\omega_i$，那么线段 $[x^0, x'']$ 上逼近 x''的点会严格比 x_i 好，且在预算超平面下方，这与 (1) 矛盾。定理 3 证毕。

11.4 生产经济的核

我们关于核的一个直接推广是推广到生产经济中。我们假设消费者的所有配置可来自相同的生产可能集 Y，它是商品空间的子集。Y 中的点 y 代表可行的生产计划。生产中的投入由 y 的负分量表示，产出由正分量表示。从现在开始，除了第 11.2 节给出的四个假设（偏好的非饱和性、强凸性和连续性，个人资源严格为正），我们再给经济加上以下假设：

假设 5 Y 是顶点在原点的凸锥。

因此第 11.2 节和第 11.3 节可以看作核的特例，其中 Y 是只包含原点一个元素的集合。

在下面的论述中，具有 m 个消费者的经济配置是非负商品束 $(x_1, \cdots, x_m)$，使得存在 Y 中的生产计划 y 满足需求等于供给 $\sum_{i=1}^{m} x_i = y + \sum_{i=1}^{m} \omega_i$，即使得 $\sum_{i=1}^{m}(x_i - \omega_i)$ 属于 Y。这个配置被消费者的集合 S 阻碍，如果能够找到商品束 x'_i，对 S 中的所有 i，有：(1) $\sum_{i \in S}(x'_i - \omega_i)$ 属于 Y，(2) 对 S 中的所有 i，$x'_i \succsim_i x_i$ 至少对 S 中的一个成员严格偏好关系成立。经济的核定义为不受阻碍的所有配置的集合。

如果存在价格系统 p，使得 Y 中利润最大化（因为 Y 是顶点在原点的凸锥，所以最大利润是 0），x_i 满足消费者 i 在预算约束 $p \cdot x \leqq p \cdot \omega_i$ 下的偏好，则配置是竞争的。假设 1～假设 5 不再保证竞争配置的存在性，但是定理成立：竞争配置在核中。

证明与前面给出的几乎相同。令 S 是可能的阻碍集合，满足 $\sum_{i \in S}(x'_i - \omega_i) = y$ 属于 Y，且对 S 中的所有 i，有 $x'_i \succsim_i x_i$ 至少对一个 i 严格偏好关系成立，且 $p \cdot y \leqq 0$。因为对 S 中的所有 i，有 $p \cdot x'_i \geqq p \cdot \omega_i$，且至少对一个 i 严格不等式成立，我们有 $\sum_{i \in S} p \cdot x'_i > \sum_{i \in S} p \cdot \omega_i$ 或 $p \cdot y > 0$，这就出现了矛盾。

与前面一样，我们考虑经济中有 m 类消费者，每类有 r 个消费者。配置由 mr 个商品束 x_{iq} 表示，从而 $\sum_{i=1}^{m} \sum_{r=1}^{q} x_{iq} - r\sum_{i=1}^{m} \omega_i$ 属于 Y。容易证明类似的定理 2 成立：核中的配置赋予同类的所有消费者相同的消费。对前面证明的唯一修正是，$y \in Y$ 意味着 $(1/r)y \in Y$。

因此核中的配置可由 m 个商品束 $(x_1, \cdots, x_m)$ 表示，$\sum_{i=1}^{m}(x_i - \omega_i)$ 属于 Y。显然，当 r 增加时，核构成了非增集合的序列。现在我们叙述定理 3 的类似证明：如果 $(x_1, \cdots, x_m)$ 对所有 r 来说都在核中，那么它是竞争配置。集合 Γ 与前面的定义一致，它是 m 个集合并集的凸包，

$$\Gamma_i=\{z\,|\,z+\omega_i\succ_i x_i\}$$

然后我们证明 Γ 和 Y 不相交。假设二者相交，则 $\sum_{i=1}^{m}\alpha_i z_i=y$ 属于 Y，$\alpha_i\geqq 0$，$\sum_{i=1}^{m}\alpha_i=1$ 且 $z_i+\omega_i\succ_i x_i$。使用与定理 3 证明中同样的定义 k，α_i^k，I，z_i^k，我们得到对充分大的 k，有 $z_i^k+\omega_i\succ_i x_i$。而且

$$\sum_{i\in I}\alpha_i^k z_i^k=k\sum_{i\in I}\alpha_i z_i=ky$$

因为 $ky\in Y$，所以配置被定理 3 证明中定义的联盟阻碍。因此出现矛盾。

因此，两个凸集 Γ 和 Y，被法线为 p 的超平面分离，使得对所有 Γ 中的点 z，$p\cdot z\geqq 0$，所有 Y 中的点 y，$p\cdot y\leqq 0$。之后与前面的证明方法一致，得到竞争配置。

11.5 推　广

直到现在，我们一直假设消费者的消费束属于商品空间的非负象限。这个限制只是为了使论述简单，不是必要的。我们可以要求 i 类（$i+1$，…，m）的所有消费者属于商品空间的给定子集 X_i。假设这些集合满足条件：X_i 是凸的。

对假设 1～假设 4 进行适当的修正；特别地，对假设 3，假设两个集合$\{x\mid x\succsim_i x'\}$和 $\{x\mid x\precsim_i x'\}$ 在 X_i 中是闭的，对假设 4，假设 ω_i 是 X_i 的内点。那么，不需要改变证明，三个定理仍然成立。

另一个推广是替代假设 2（偏好的强凸性）的：

假设 6　凸性。令 x'和 x 是满足 $x'\succ_i x$ 的任意商品束，α 是满足 $0<\alpha<1$ 的任意实数。我们假设 $\alpha x'+(1-\alpha)x\succ_i x$。

这个替代既不影响定理 1 的结论也不影响证明。为了得到类似的定

理 2，我们考虑有 m 类消费者，每类有 r 个消费者的经济。给定核中的配置（x_{iq}），定义 $\bar{x}_i$ 为 $(1/r)\sum_{q=1}^{r} x_{iq}$，与前面一样，记 x_i 为 x_{iq} 中最小效用的消费束，与 i 类消费者的共同偏好一致。因为 $\sum_{i=1}^{m}(\bar{x}_i - \omega_i)$ 属于 Y，由每类一个成员组成的联盟得到最小消费阻碍，除非对每个 i，有 $\bar{x}_i \sim_i x_i$。因此，由假设 6，核中的配置赋予所有同类消费者同样的消费，与该类的平均消费无差异。这得到了经济严格核的定义，它是所有不受阻碍配置的集合，赋予相同类别的所有消费者相同的消费束。正如我们已经证明的，核中的配置与严格核中的配置相关（由 r 次重复的 m 平均消费组成），它与每个消费者的第一个配置无差异。因此，核与严格核的区别是不明显的。但是，我们能够在假设 6 下处理严格核，与在假设 2 下处理核一样。作为 r 的函数，严格核形成了非增集合的序列，如果（x_1，…，x_m）对所有 r 来说在严格核中，那么它是竞争配置。

参考文献

1. Aumann, R. J. "The Core of a cooperative game without side payments," *Transactions of the American Mathematical Society*, XCVIII (March 1961), 539 - 552.

2. —— and Peleg, B. "Von Neumann-Morgenstern solutions to cooperative games without side payments," *Bulletin of the American Mathematical Society*, LXVI (May 1960), 173 - 179.

3. Debreu, Gerard. "New concepts and techniques for equilibrium analysis," *International Economic Review*, III (September 1962), 257 - 273

4. ——. "On a theorem of Scarf," *The Review of Economic Studies*, XXX (1963).

5. Edgeworth, F. Y. *Mathematical Psychics*. London: Kegan Paul, 1881.

6. Gillies, D. B. *Some Theorems on n-Person Games*, Ph. D. Thesis. Princeton University, 1953.

7. von Neumann, John and Oskar Morgenstern. *Theory of Games and Economic Behavior*. Princeton: Princeton University Press, 1947.

8. Scarf, Herbert. "An analysis of markets with a large number of participants," *Recent Advances in Game Theory*. The Princeton University Conference, 1962.

9. Shapley, L. S. *Markets as Cooperative Games*. The Rand Corporation, 1955, p. 629.

10. ——. *The Solutions of a Symmetric Market Game*. The Rand Corporation, 1958, p. 1392.

11. —— and Shubik, Martin. *Example of a Distribution Game Having no Core*. Unpublished manuscript prepared at the Rand Corporation, July 1961.

12. Shubik, Martin. "Edgeworth market games," in A. W. Tucker and R. D. Luce(eds.), *Contributions to the Theory of Games IV*. Princeton: Princeton University Press, 1959.

【注释】

[1] 1962年11月收到原稿。

[2] 杰拉德·德布鲁的工作首先受到海军研究办公室的资助，以及考尔斯委员会(Cowles Commission) 的经济研究项目 NR047—006 和加利福尼亚大学 ONR222 (77) 的资助。赫伯特·斯卡夫的工作受到海军研究办公室和斯坦福大学 ONR-225 (28) 的资助。全部或部分引用得到联邦政府的许可。

第 12 章 合作博弈的谈判集*

罗伯特·J.奥曼　迈克尔·马施勒

12.1 引　言

本章试图利用数学公式解决人们在用特征函数描述 n 人合作博弈时可能面临的争论问题。

n 人博弈理论最主要的困难在于对博弈的目的缺乏一个清晰明确的定义。当然，博弈的目的并不仅仅是取得利润最大化，因为如果每个参与人都追求在联盟中的个人利润最大化，那么他们永远也不会达成一个协议。这就决定了博弈的目的是达到某种稳定性，如果参与人想要达成某种协议，那么在这种稳定性下，任何一个参与人都会同意。这种稳定性应该在某种程度上反映每个参与人的权力，这是由博弈的规则决定的。

在本章中，我们假设所有参与人都可以进行谈判（bargain），通过充分的交流，并基于他们所拥有的威胁和反击达成一个稳定结果。所有这

* 这项研究是由海军研究办公室［1858（16）］和纽约卡内基公司共同支持的。

些稳定结果的集合被称为谈判集[1]，在第 12.2 节中我们将给出谈判集的定义并讨论它的一些性质。特别是，这个集合可以通过求解线性代数不等式组来得到。

在后文中，二人博弈和三人博弈的谈判集被充分讨论（第 12.3 节、第 12.4 节、第 12.5 节），一些特殊情况的四人博弈也被讨论了，但不是所有联盟都是被允许的（第 12.6 节、第 12.8 节）。

对各种猜想推测的一些反例，譬如存在性定理，将在第 12.7 节中讨论，可能的建议和修正将出现在第 12.9 节和第 12.10 节。第 12.11 节将讨论我们的定理与其他解的概念之间相似和背离的方面，例如威克瑞（Vickrey）的自管制模式（self-policing pattern）的概念（见参考文献 8）和卢斯的 Ψ-稳定性概念（见参考文献 3）。如果博弈是用给定的思罗尔（Thrall）特征函数（见参考文献 7）或没有附加支付的合作博弈的奥曼-皮莱格特征函数来描述的，那么我们也概述了如何修正我们的理论。

我们总结得出，某些博弈的冯·诺依曼-摩根斯坦解的中心部分也出现在谈判集中。但这一现象的原因仍然是模糊的。

12.2 谈判集

我们来考虑一个用特征函数描述的 n 人合作博弈 Γ。更确切地，给定 n 个参与人组成的集合 $N=\{1, 2, \cdots, n\}$，它和由 N 中的非空子集 B 组成的集合 $\{B\}$ 一起被称为可允许联盟（permissible coalition）。对任意的 B，$B\in\{B\}$，给定数 $v(B)$，称之为联盟 B 的值。

为了简单起见，在本章中我们假设 $\{B\}$ 中的所有一人联盟的值是零，即：

$$i\in\{B\} \qquad v(i)=0 \tag{12.1}$$

另外，我们还假设有：

$$v(B) \geqslant 0 \qquad B \in \{B\} \tag{12.2}$$

如果我们加入 $\{B\}$ 中所有其他的非允许联盟，并指定它们的值为零，那么后面我们会发现这并不会引起本质的变化。

现在定义一个如下形式的支付结构

$$(x;\mathscr{B}) = (x_1, x_2, \cdots, x_n; B_1, B_2 \cdots, B_m) \tag{12.3}$$

其中 B_1，B_2，…，B_m 是 $\{B\}$ 中互不相交的集合，且它们的并集为 N，即：

$$B_j \cap B_k = \emptyset, \quad j \neq k; \quad \bigcup_{j=1}^{m} B_j = N \tag{12.4}$$

x_i 是实数且满足

$$\sum_{i \in B_j} x_i = v(B_j) \qquad j = 1, 2, \cdots, m \tag{12.5}$$

因此，一种支付结构就代表了博弈的一种可能结果，其中，参与人将他们自己分成联盟 B_1，B_2，…，B_m，在每个联盟里，参与人分享这一联盟的值，每个参与人得到 x_i，$i=1$，2，…，n。

当面临这样一种博弈时，每个参与人都试图得到他认为自己能够得到的最大利益。我们可以合理预测有些支付结构永远不会发生，例如，我们认为具有 $x_{i_0} < 0$ 的支付结构不可能发生，因为参与人 i_0 可以通过自己组成一个联盟来保护其利益。我们愿意做更强的假设，定义结果 (12.3) 是一个联盟理性的支付结构（c. r. p. c.)[2]，即对任意的 B，$B \in \{B\}$，$B \subset B_j$，$j=1$，2，…，m，

$$\sum_{i \in B} x_i \geqslant v(B) \tag{12.6}$$

因此，我们假设，如果一个联盟中的某些参与人能够通过组建其他的可允许联盟而获得更大利益，那么这个联盟永远不能形成。

由于存在限制条件 $B \subset B_j$，我们关于联盟理性的假设与关于核的假设有所不同。这一限制条件避免了我们在处理博弈的核为空时可能遇到的困难（见参考文献 3）。

就自身而言，联盟理性的假设是很强的，即它使得博弈所形成的联盟在本质上具有超可加性。确实，一个联盟的值小于它的不相交子联盟值的和，这一情况在任何联盟理性的支付结构下都不会发生，因此我们把它定义为非允许的或者用零来代替它的值。更进一步，这一假设对在参考文献 3 中讨论的同样的理论目标也是存在的。作为事实，我们的理论也可以在没有联盟理性这一假设的基础上进一步发展，这一点将在第 12.10 节得到说明。不管怎样，因为我们只对稳定性结构感兴趣，所以这一假设对我们仍具有一定的指导意义。

当观察面对上述博弈的人们时，我们可以发现这样几个现象。通常，在磋商阶段，每个人都试图得到他所期望的最大值，同时他们又倾向于进入一个安全的联盟。特别地，后一因素将适用于那些计划长时间运作的联盟。对这种“安全”的研究又引出了同情和憎恶，它们对最终结果的形成也起着十分重要的作用。同时还要求各种各样的担保、签署各种各样的合同等等。如果人们没有感到足够安全，那么即使加入一个联盟可以得到更多，他们一般也不会加入。

这种对安全的需求通常被合法地、有效地表述为：为了使联盟中没有人感到受压迫，而劝说合伙人接受较少的利润。这就产生了公平博弈的要求，可以通过很多方法来实现。一般来说，“如果所有方面都是相等的”，那么平均分配利润就被认为是“公平”的。有时，人们也可以按照其他先例建立的固定比率进行利润分配。

如果“所有方面”都不平等，人们就会同意这样一个联盟，即在联盟中比较强大的合伙人得到的多一些。这样，在磋商阶段，即联盟形成之前，每个参与人都会尽力使他的合伙人相信他在某种程度上是强大的。他会采取各种方式，重要的是他有能力证明自己拥有其他的或更好的选择。他的合伙人，除了指出他们自己的选择，还会反复争论，即使没有他的帮助，他们也可以保持自己的计划利润份额。这样，磋商阶段通常表现为威胁和反击或者抗议和反抗议的形式。我们试图将这一原理数学公式化。如果所有的抗议都由反抗议来回答，似乎就可以达到某种程度的稳定性。

任何一个人的抗议都能够被满足，这恐怕还不够。因为在磋商阶段，参与人联盟的一个子集可能会对其他子集产生威胁。如果我们坚持这种强稳定性，就不得不慎重考虑这些威胁。事实上，我们必须这样做。

我们确信在磋商阶段还存在其他方法，例如，建立在所谓的“效用的个人间可比性”基础上的威胁、对其他博弈的支持和宣传等等。这些在本章中都将忽略。

下面的例子将说明我们的目的。令 $n=3$，$v(1)=v(2)=v(3)=v(123)=0$，$v(12)=100$，$v(13)=100$，$v(23)=50$。考虑支付结构

$$(80,20,0;12,3) \tag{12.7}$$

现在，参与人 2 可以通过提出如下支付结构进行抗议

$$(0,21,29;1,23) \tag{12.8}$$

他和参与人 3 都将得到更多。参与人 1 不能进行反抗议，因为他不能保持自己的 80，而同时提供参与人 3 至少 29。因此，支付结构（12.7）是不稳定的。另外

$$(75,25,0;12,3) \tag{12.9}$$

是稳定的。例如，参与人 2 的一个抗议

$$(0,26,24;1,23) \tag{12.10}$$

将会遭到一个反抗议

$$(75,0,25;13,2) \tag{12.11}$$

或者，参与人 1 的一个抗议

$$(76,0,24;13,2) \tag{12.12}$$

也会遭到一个反抗议

$$(0,25,25;1,23) \tag{12.13}$$

在这些反抗议中，受威胁的参与人能够保持自己的份额，同时要提供给他的合伙人至少和提出抗议的参与人提供得一样多的份额。最终，这个博弈的稳定结果只能是

$$(0,0,0;1,2,3);(75,25,0;12,3);(75,0,25;13,2);$$
$$(0,25,25;1,23) \tag{12.14}$$

很多人在面对这个博弈时都是从支付结构（12.9）和（12.11）开始考虑的，这在一定程度上刺激了我们本章研究的产生。我们试图发现这些支付结构的共同特点，并考虑如何归纳出更多更复杂的情形。

考虑如上所述的一个博弈 Γ。令 K 为参与人集合 N 的非空子集。参与人 i 为 K 在一个支付结构（x，$\mathscr{B}$）中的合伙人，如果他是 $\mathscr{B}$ 中与 K 相交的联盟中的一名成员。K 在支付结构（x；$\mathscr{B}$）中的所有合伙人的集合记作 $P[K;(x;\mathscr{B})]$，因此有

$$P[K;(x;\mathscr{B})]\equiv\{i\mid i\in B_j, B_j\cap K\neq\varnothing\} \tag{12.15}$$

注意，与通常的用法不同，$K\subset P[K;(x;\mathscr{B})]$，即 K 中的任何成员都是 K 的合伙人。K 只需要允诺自己的合伙人得到他自己的那一部分 x。

定义 2.1 令（x；$\mathscr{B}$）是一个形如支付结构（12.3）的联盟理性支付结构，博弈 Γ 满足式（12.6）。令 K 和 L 都是（x；$\mathscr{B}$）中联盟 B_j 的不相交子集。在（x；$\mathscr{B}$）中，K 对 L 的一个抗议是联盟理性支付结构

$$(y;\mathscr{C})\equiv(y_1,y_2,\cdots,y_n;C_1,C_2,\cdots,C_l) \tag{12.16}$$

对它我们有

$$P[K;(\mathscr{y};\mathscr{C})]\cap L=\varnothing \tag{12.17}$$

$$y_i>x_i，对所有 i，i\in K \tag{12.18}$$

$$y_i\geqslant x_i，对所有 i，i\in P\ [K;\ (\mathscr{y};\ \mathscr{C})\ ] \tag{12.19}$$

参与人 K 口头抗议，宣称没有参与人 L［见支付结构（12.17）］的帮助，他们在联盟理性支付结构［见式（12.18）］中可以得到更多，这个新的情形是合理的，因为新的合伙人得到的不比在先前的联盟理性支付结构中得到的少［见式（12.19）］。

定义 2.2　令（x；$\mathscr{B}$）是一个形如结构（12.3）的联盟理性支付结构，博弈 Γ 满足式（12.6），并令（$\mathscr{y}$；$\mathscr{B}$）是 K 在（x；$\mathscr{B}$）中对 L 的一个抗议，K，$L\subset B_j$。那么 L 对 K 的一个反抗议也是一个联盟理性支付结构，记作

$$(\mathscr{z};\mathscr{D})\equiv(z_1,z_2,\cdots,z_n;D_1,D_2,\cdots,D_k) \tag{12.20}$$

对它我们有

$$P[L;(\mathscr{z};\mathscr{D})]\not\supset k \tag{12.21}$$

$$z_i\geqslant x_i，对所有 i，i\in P\ [L;\ (\mathscr{z};\ \mathscr{D})\ ] \tag{12.22}$$

$$z_i\geqslant y_i，对所有 i，i\in P\ [L;\ (\mathscr{z};\ \mathscr{D})\ ]\ \cap P\ [K;\ (\mathscr{y};\ \mathscr{C})\ ] \tag{12.23}$$

参与人 L 口头反抗议，宣称他们可以保持他们原有的份额［式（12.22）］，并保证他们的合伙人得到至少在式(12.22)中的原始份额，如果他们是 K 在抗议中的合伙人，那么他们将得到的一定不会比他们在抗议［式(12.23)］中得到的少。有时，L 中的成员需要对 K 中部分成员采取“分而制之”的策略，使之成为自己的合伙人，但他们不需要这样对待 K 中所有的成员。

定义 2.3　如果在（x；$\mathscr{B}$）中，K 对 L 的任何一个抗议，都存在 L 对 K 的一个反抗议，则一个联盟理性支付结构（x；$\mathscr{B}$）是稳定的。博弈 Γ 中所有稳定的联盟理性支付结构的集合称为谈判集 $\mathscr{M}$。

由定义给出的“安全”的感觉，意味着联盟内所有的威胁都能够被解决。也可以说在比较式（12.17）和式（12.21）时缺少某种对称性，但这种情形起初是不对称的。一般而言，K（或者另一个“K”）对各种群体的 L 的一个抗议满足条件（12.16），它们中的任何一个都必定有一个反抗议。

固然，即使对谈判集中的支付结构有稳定性的要求，也不意味着结果属于 $\mathscr{M}$。例如，一个参与人可能会同意牺牲自己的部分利益来保证他进入一个联盟。上面提到的其他一些因素也会引起对 $\mathscr{M}$ 的偏离。然而，如果对稳定性的要求足够高，我们希望得到的结果将不会对 $\mathscr{M}$ 产生较大的偏离。在这种意义下，这一理论又具有标准化的一面。更进一步，随着参与人数量的增加，各种可能的威胁随之增加，运用相关的概念定义，通过计算可以得出参与人在哪里是安全的，他所面临的威胁是什么。这又是标准化的另一个方面。[3]

谈判集永远是非空的。实际上，$(0,0,\cdots,0;1,2,\cdots,n)$ 总是属于 $\mathscr{M}$ 的。

在一个值为零的联盟中，任何一个抗议（如果存在）都将得到反抗议，即其他的参与人单独组成一人联盟。

联盟理性支付结构中的虚拟变量通常为零，因此它不可能属于 K 提出的任何一个抗议。另外它总可以通过组成单独的联盟使它的值为零。它对于任何一个抗议和反抗议都没有作用，因为不管有没有它的帮助，效果都是相同的。因此，一个虚拟变量对 $\mathscr{M}$ 不会产生重要的影响。

对 $\mathscr{M}$ 的定义没有使用“效用的个人间可比性”，并且它与参与人的名字也是无关的。

定理 2.1 博弈 Γ 的谈判集 $\mathscr{M}$ 可以表示为关于未知变量 x_i 的一些连接-分离（conjunct-disjunct）[4]线性不等式组的解集。因此，它是 n 维空间中有限个凸多面体集合的并集，其中 n 维空间坐标用（x_1，

x_2，…，x_n）表示。

证明[5]：在任何有限坐标的表达形式中，具有用“与”和“或”连接的线性不等式组的形式，如果存在自由变量，它必定满足一些确定的连接-分离线性不等式组。这在逻辑上有一个著名的定理，但为了追求完整性，我们也给出证明的框架。当只有一个量词时，情况是显然的。更进一步，我们假设这个量词是∃，因为∀＝～∃～。这个定理是根据一个多面体的投影仍是一个多面体这样一个事实产生的。

12.3　二人博弈

考虑博弈的谈判集 $\mathscr{M}$：

$$v(1)=v(2)=0 \qquad v(12)=a\geqslant 0 \tag{12.24}$$

包括所有可能的联盟理性支付结构，为：

$$\begin{aligned}&(0,0;1,2)\\&(x_1,x_2;12) \qquad x_1+x_2=a,\ x_1\geqslant 0,\ x_2\geqslant 0\end{aligned} \tag{12.25}$$

实际上这里没有任何可能的抗议。

12.4　三人博弈，少于三个参与人的可允许联盟

在这一节中，我们研究博弈：

$$\begin{aligned}&v(1)=v(2)=v(3)=0 \qquad v(12)=a \qquad v(23)=b\\&\qquad v(13)=c \qquad a,b,c\geqslant 0\end{aligned} \tag{12.26}$$

定理 4.1　在博弈（12.26）中，主要有两种重要的情形。

情形 A　如果 a，b，c 满足三角不等式（triangle inequality）条件

$$a \leqslant b+c \qquad b \leqslant a+c \qquad c \leqslant a+b \tag{12.27}$$

那么谈判集 $\mathscr{M}$ 是：

$$\begin{array}{l}
\left(0, 0, 0; 1,2,3\right) \\
\left(\frac{a+c-b}{2}, \frac{a+b-c}{2}, 0; 12,3\right) \\
\left(\frac{a+c-b}{2}, 0, \frac{c+b-a}{2}; 13,2\right) \\
\left(0, \frac{a+b-c}{2}, \frac{c+b-a}{2}; 1,23\right)
\end{array} \tag{12.28}$$

情形 B 如果 $a>b+c$，那么谈判集 $\mathscr{M}$ 为：

$$\begin{array}{l}
(0, 0, 0; 1,2,3) \\
(c \leqslant x_1 \leqslant a-b, a-x_1, 0; 12,3) \\
(c, 0, 0; 13,2) \\
(0, b, 0; 1,23)
\end{array} \tag{12.29}$$

在证明这个定理之前，我们先给出一些解释，这将帮助我们更加明确谈判集的一些本质。

例 1 令 $a=100$，$b=100$，$c=50$。它满足三角不等式关系，因此谈判集 $\mathscr{M}$ 可描述为：{(0，0，0；1，2，3)(25，75，0；12，3)(25，0，25；13，2)(0，75，25；1，23)}。

得到这些解的另外一种方法是直觉推理：假设参与人 1 得到 α，那么参与人 2 得到 $100-\alpha$，同时他将同意支付参与人 3 至少 $100-(100-\alpha)=\alpha$。这样参与人 3 将会支付参与人 1 至少 $50-\alpha$。如果 $50-\alpha>\alpha$，那么参与人 1 将更愿意联合参与人 3。这样会使参与人 2 同意得到更少。如果 $50-\alpha<\alpha$，且参与人 1 坚持得到 α，那么参与人 2 将会从参与人 3 那里得到更多。因此，均衡当且仅当 $50-\alpha=\alpha$ 时成立，此时 $\alpha=25$。

例 2 上面的讨论在 $a=20$，$b=30$，$c=100$ 的情形下是错误的。在这种情形下，每人得到 $\alpha=45$，参与人 2 将会面临损失。他可以通过自己组成一个联盟来避免损失。我们的谈判集将不再是离散的：{(0，0，0；1，2，3）$(20\leqslant x_1\leqslant 70$，0，$100-x_1$；13，2）（20，0，0；12，3）（0，0，30；1，23)}。我们可以做如下推理：参与人 1 在联盟 13 中对得到少于 20 感到不满足，因为他可以联合参与人 2 得到更多。同理参与人 3 也要求至少得到 30。幸运的是，这两个要求都可以被满足，参与人 2 是一个处于弱势的参与人，所以他不会对结果产生任何影响。

例 3　令 $a=100$，$b=100$，$c=0$。我们发现谈判集仍是离散的：{（0，0，0；1，2，3）（0，100，0；12，3）（0，0，0；13，2）（0，100，0；1，23）}。这些解反映了谈判集自由竞争的特点。实际上，参与人 2 总是可以得到 100，因为无论参与人 1 得到多少正的需求，参与人 3 都会对得到更少感到满意。反之也同样成立。我们的理论没有考虑心理威胁，即参与人 2 可能失去 100，因此他为了和参与人 1 或参与人 3 组成联盟而可能支付部分数额。在实际情况下还必须考虑其他限制条件，比如：(1) 可能存在一个惯例，即必须预先支付一个确切的最小数额或比例作为保证，以形成这一联盟。(2) 参与人 1 和参与人 3 之间签订卡特尔协议，两人都宣称除非至少得到某一确切数额的利润，否则不与参与人 2 形成联盟。(3) 国家通过了支持卡特尔和反卡特尔的法律。(4) 众所周知，为了保证一定的利润，一个人愿意放弃某一确切数额或比例的利润以推动均衡向对自己有利的方向发展。

定理 4.1 的证明：显然，(0，0，0；1，2，3) $\in\mathscr{M}$。

接着，让我们考虑在什么情况下，支付结构 $(x_1, x_2, 0; 12, 3)$ 属于谈判集。它必须是联盟理性的，因此满足：

$$x_1\geqslant 0 \qquad x_2\geqslant 0 \qquad x_1+x_2=v(12) \tag{12.30}$$

引理 1　参与人 1 没有抗议的充分必要条件是：

$$x_1\geqslant v(13) \tag{12.31}$$

证明：实际上，如果 $x_1 \geqslant v(13)$，那么参与人 1 无论单独组成联盟[见式（12.30）]还是加入联盟 13 都不会有抗议。如果 $x_1 < v(13)$，那么参与人 1 可以提出这样一个抗议：

$$\left(\frac{v(13)+x_1}{2},0,\frac{v(13)-x_1}{2};13,2\right) \tag{12.32}$$

这是一个联盟理性支付结构。

引理 2 参与人 1 有一个抗议，且对任何一个抗议参与人 2 都有一个反抗议的充分必要条件是：

$$x_1 < v(13) \tag{12.33}$$

$$x_1 - x_2 \geqslant v(13) - v(23) \quad 或 \quad x_2 = 0 \tag{12.34}$$

证明：实际上，如果式（12.33）和式（12.34）成立，那么通过引理 1，参与人 1 有一个抗议。并且只能是这种形式

$$(x_1+\varepsilon,0,v(13)-x_1-\varepsilon;13,2) \tag{12.35}$$

其中，ε 是充分小的正数。如果 $x_2=0$，那么式（12.35）本身就是一个反抗议；否则

$$(0,v(23)-v(13)+x_1+\varepsilon,v(13)-x_1-\varepsilon;1,23) \tag{12.36}$$

就是另一个可能的反抗议。通过式（12.33）可知，参与人 2 的所得甚至会大于 x_2。如果式（12.33）不成立，通过引理 1 可知参与人 1 不存在任何抗议。如果式（12.33）成立，但

$$x_2 > 0 \quad 且 \quad x_1 - x_2 < v(13) - v(23) \tag{12.37}$$

那么参与人 1 可以根据式（12.35）进行抗议，选择一个充分小的 ε，使它满足 $v(23)-v(13)+x_1+\varepsilon < x_2$。这样，参与人 2 就不存在任何反抗议，无论是他单独组成联盟还是与参与人 3 形成联盟。

对以上所述进行总结，并做出相应变换，我们可以得到：

引理 3 支付结构（x_1，x_2，0；12，3）属于谈判集 $\mathscr{M}$ 的充分必要

条件是：x_1，x_2 满足式（12.30），且至少满足下面的其中一列：

$$\begin{array}{l|l|l} x_1\geqslant v(13) & x_1<v(13) & x_1<v(13) \\ & x_2=0 & x_1-x_2\geqslant v(13)-v(23) \end{array} \tag{12.38}$$

同时，还要至少满足下面的其中一列：

$$\begin{array}{l|l|l} x_2\geqslant v(23) & x_2<v(23) & x_2<v(23) \\ & x_1=0 & x_2-x_1\geqslant v(23)-v(13) \end{array} \tag{12.39}$$

当考虑 $x_1+x_2=a$ 时，这些不等式可化简为：

$$\begin{array}{l|l|l} 0\leqslant x_1\leqslant a & x_1<c & 0\leqslant x_1\leqslant a \\ c\leqslant x_1 & x_1=a & \dfrac{a+c-b}{2}\leqslant x_1<c \end{array} \tag{12.40}$$

$$\begin{array}{l|l|l} x_1\leqslant a-b & a-b<x_1 & a-b<x_1\leqslant\dfrac{a+c-b}{2} \\ & x_1=0 & \end{array} \tag{12.41}$$

我们利用假设 a，b，$c\geqslant 0$，和不等式组（12.40）和（12.41），经过详细的计算可以得出以下结果：

情形 A　如果 a，b，c 满足三角不等式条件（12.27），那么

$$x_1=\frac{a+c-b}{2} \tag{12.42}$$

是唯一的解。

情形 B　如果 $a>b+c$，那么每个 x_1 满足

$$c\leqslant x_1\leqslant a-b \tag{12.43}$$

是一个解，并且没有其他的解。

情形 C　如果 $b>a+c$，那么 $x_1=0$ 是唯一的解。

情形 D　如果 $c>a+b$，那么 $x_1=a$ 是唯一的解。

由于只有这几种可能的情形，并且它们还是互相排斥的，因此对定

理 4.1 的证明也就完成了。

12.5 一般的三人博弈

我们考虑在第 12.4 节讨论的博弈基础上增加 123 的联盟，并记 $v(123)=d\geqslant 0$。这一联盟对先前的支付结构没有影响。实际上，这一联盟不能被用作抗议和反抗议，因为它包含了所有的参与人 L 和 K。因此，我们只需找出在什么条件下，这一支付结构（x_1，x_2，x_3；123）属于新的谈判集。

首先它必须是联盟理性的，x_1，x_2，x_3 必须满足：

$$
\begin{aligned}
&x_1, x_2, x_3 \geqslant 0; \quad x_1+x_2\geqslant a, \quad x_2+x_3\geqslant b,\\
&x_1+x_3\geqslant c; \quad x_1+x_2+x_3=d
\end{aligned}
\tag{12.44}
$$

此外，如果满足式（12.44），就不存在抗议，因此这一组支付结构也属于 $\mathscr{M}$。

为了使不等式组（12.44）至少有一个解，它的充分必要条件是：

$$
d\geqslant a, b, c, \quad d\geqslant \frac{a+b+c}{2} \tag{12.45}
$$

因此我们得出：

定理 5.1 具有如下形式的三人博弈：

$$
\begin{aligned}
&v(1)=v(2)=v(3)=0, \quad v(12)=\mathrm{a}, \quad v(23)=b,\\
&v(13)=c, \quad v(123)=d, \quad a, b, c, d\geqslant 0
\end{aligned}
$$

谈判集 $\mathscr{M}$ 是由定理 4.1 给出的支付结构和满足式（12.44）的支付结构（x_1，x_2，x_3；123）组成的。后一部分支付结构的存在当且仅当满足式（12.45）时才成立。

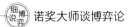

12.6　四人博弈，只有一人和三人联盟

考虑一个四人博弈，其中可允许联盟是所有的一人和三人联盟。它们的值如下：

$$v(1)=v(2)=v(3)=v(4)=0,$$
$$v(123)=a,\quad v(124)=b,$$
$$v(134)=c,\quad v(234)=d,\quad a,b,c,d\geqslant 0 \tag{12.46}$$

显然（0，0，0，0；1，2，3，4）属于谈判集 $\mathscr{M}$。按照第 12.4 节使用的方法，类似的考虑列在附录 1 中的不等式组中。这些不等式组是使支付结构（x_1，x_2，x_3；123，4）属于谈判集的充分必要条件。

我们忽略简单却烦琐的计算过程，而着重强调结果。主要有四种不同的情形：

情形 A　如果

$$\begin{aligned}2a&\leqslant b+c+d\\2b&\leqslant a+c+d\\2c&\leqslant a+b+d\\2d&\leqslant a+b+c\end{aligned} \tag{12.47}$$

那么谈判集为：

$$\begin{array}{lllll}
(\quad 0 & 0 & 0 & 0 & ;1,2,3,4)\\
\left(\dfrac{a+b+c-2d}{3}\right. & \dfrac{a+b+d-2c}{3} & \dfrac{a+c+d-2b}{3} & 0 & \left.;123,4\right)\\
\left(\dfrac{a+b+c-2d}{3}\right. & \dfrac{a+b+d-2c}{3} & 0 & \dfrac{b+c+d-2a}{3} & \left.;124,3\right)\\
\left(\dfrac{a+b+c-2d}{3}\right. & 0 & \dfrac{a+c+d-2b}{3} & \dfrac{b+c+d-2a}{3} & \left.;134,2\right)\\
(\quad 0 & \dfrac{a+b+d-2c}{3} & \dfrac{a+c+d-2b}{3} & \dfrac{b+c+d-2a}{3} & ;234,1)
\end{array} \tag{12.48}$$

情形 B　如果

$$\begin{aligned}&2a>b+c+d\\&2b\leqslant a+c+d,\quad b\leqslant c+d\\&2c\leqslant a+b+d,\quad c\leqslant b+d\\&2d\leqslant a+b+c,\quad d\leqslant b+c\end{aligned}\tag{12.49}$$

那么谈判集为：

$$\begin{array}{lllll}(& 0 & 0 & 0 & 0;1,2,3,4)\\ \left(\right. & x_1 & a-x_1-x_3 & x_3 & 0;123,4 \left. \right)\\ \left(\right. & \frac{b+c-d}{2} & \frac{b+d-c}{2} & 0 & 0;124,3 \left. \right)\\ \left(\right. & \frac{b+c-d}{2} & 0 & \frac{c+d-b}{2} & 0;134,2 \left. \right)\\ \left(\right. & 0 & \frac{b+d-c}{2} & \frac{c+d-b}{2} & 0;234,1 \left. \right)\end{array}\tag{12.50}$$

其中，x_1 和 x_3 满足不等式组：

$$0\leqslant x_1\leqslant a-d,\quad 0\leqslant x_3\leqslant a-b,\quad c\leqslant x_1+x_3\leqslant a\tag{12.51}$$

情形 C 如果

$$\begin{aligned}&2a>b+c+d\\&2b\leqslant a+c+d,\quad b>c+d\\&2c\leqslant a+b+d\\&2d\leqslant a+b+c\end{aligned}\tag{12.52}$$

那么谈判集是

$$\begin{array}{lllll}(& 0 & 0 & 0 & 0;1,2,3,4)\\ (& x_1 & a-x_1-x_3 & x_3 & 0;123,4\ )\\ (& c\leqslant\xi_1\leqslant b-d & b-\xi_1 & 0 & 0;124,3\ )\\ (& c & 0 & 0 & 0;134,2\ )\\ (& 0 & d & 0 & 0;234,1\ )\end{array}\tag{12.53}$$

其中，x_1 和 x_3 满足不等式组（12.51）。

情形 D　如果

$$\begin{aligned}&2a>b+c+d\\&2b>a+c+d\\&a\geqslant b\end{aligned}\tag{12.54}$$

则谈判集与情形 C 相同。

只有情形 A 是完全离散的；所有其他情形都包含连续条件（12.51）。不等式组（12.47）可以看作推广的三角不等式条件。实际上，从不等式组（12.47）我们可以得出 a，b，c，d 中的任意三个均满足三角不等式条件。更进一步，例如，等式 $a=b+c$ 只有在 $a=d$ 的情况下才能成立，但反过来并不成立。（如 $a=8$，$b=c=d=5$。）

在情形 A 下得出谈判集的另一种可能方法是：如果参与人 1 和参与人 2 分别得到 α 和 β，那么参与人 3 在联盟 123 中得到 $a-\alpha-\beta$。根据这些值，参与人 4 在联盟 124 中得到 $b-\alpha-\beta$，在联盟 134 中得到 $c-a+\beta$，在联盟 234 中得到 $d-a+\alpha$。为了不使联盟对其他的联盟产生威胁，充分必要条件是：

$$b-\alpha-\beta=c-a+\beta=d-a+\alpha\tag{12.55}$$

因此

$$\alpha=\frac{a+b+c-2d}{3}\qquad\beta=\frac{a+b+d-2c}{3}\tag{12.56}$$

如果

$$2a\geqslant b+c+d\qquad a\geqslant b,c,d\tag{12.57}$$

则联盟 123 较为强大，参与人 4 不可能得到比 0 更多的支付。如果我们把他从博弈中忽略，并把包含他的联盟中的其余两个人看作一个新的二人联盟，这个新联盟的值与先前的相同，这样我们得到一个三人博弈，其中 $v(123)=a$，$v(12)=b$，$v(13)=c$，$v(23)=d$，$v(1)=v(2)=v(3)=0$。

与前面两节比较可以发现，如果式（12.57）中的前一个不等式成立，那么博弈在情形 B、C、D 下与在情形 A 下创建的新博弈的谈判集在本质上是相同的。

[注意不等式组（12.49）和（12.52）都意味着 $a>b$，c，d 成立，不等式组（12.54）意味着 $a\geqslant b$，$a>c$，d 成立，同时不等式组（12.52）和（12.54）意味着 $b>c+d$ 成立。]

因此我们可以得出：

定理 6.1 一个四人博弈的可允许联盟是所有的一人和三人联盟，它的谈判集中所有对联盟的可能分割都可能出现。集合是离散的当且仅当不等式组（12.47）成立。如果式（12.57）成立，则谈判集在本质上与从先前博弈中去掉常用来补充实现联盟最大值的那个参与人后得到的三人博弈的情形相同。这名被去掉的参与人通常所得为零。

注 1 只有当非允许联盟是三人联盟时，同样的情况才会出现在三人博弈中。如果三角不等式条件不成立，那么一个联盟足够强大，使得可以将博弈减少成二人博弈，并保持谈判集在本质上不变。而且较弱的参与人所得为零。

注 2 条件（12.57）是满足下式的联盟理性支付结构（x_1，x_2，x_3，0；123，4）存在的充分必要条件。

$$
\begin{aligned}
&x_1, x_2, x_3\geqslant 0 \quad && x_1+x_2\geqslant b \\
&x_1+x_3\geqslant c && x_2+x_3\geqslant d
\end{aligned}
\tag{12.58}
$$

显然，这样的支付结构不可能再被抗议。然而，在任何一个联盟理性支付结构中，参与人 4 都在一个三人联盟中，且所得大于零，那么就存在一个针对参与人 4 的抗议，且不能被反抗。这样联盟 123 “指挥”一切；这就是为什么参与人 4 不能要求得到超过零的支付。

注 3　针对离散情形的非正式准则：每个联盟的值在联盟成员之间平等分配。如果某人参加联盟，那么他得到自己的份额减去他的合伙人在不包含他的联盟中得到的份额的余额。例如，参与人 1 的份额是 $a/3$，$b/3$，$c/3$。如果他加入联盟 123，他的合伙人从联盟 234 中得到的份额是 $d/3$，$d/3$，这是不包括参与人 1 的联盟。因此，如果他加入联盟 123，参与人 1 得到：

$$\frac{a}{3}+\frac{b}{3}+\frac{c}{3}-\frac{d}{3}-\frac{d}{3} \tag{12.59}$$

在离散的情况下，相同的准则也适用于只有一人和二人联盟的三人博弈。

注 4　离散情况存在于具有非负的“三人限额（3-quota）”的博弈中。如果他成功地成为一个三人联盟中的一员，那么在谈判集中每一个参与人都将得到他自己的限额。关于限额的博弈将在参考文献 5 中讨论，参考文献 6 对本节结论进行了进一步归纳。

12.7　存在性定理，反例

定义 7.1　如果在没有其他可允许联盟得到更多支付的情况下，联盟中的参与人平均分配联盟的值是可能的，则博弈 Γ 中的可允许联盟是有效的。

例如，在第 5 节谈到的博弈中，联盟 123 是有效的充分必要条件是式（12.45）成立。

显然，我们可以假设 N 的任何一个子集都是可允许联盟，而那些具有正值的联盟是有效的，因为我们所遇到的都是联盟理性支付结构。零值的联盟称为平凡联盟（trivial coalition）。

我们遇到的第一个问题是：在谈判集 $\mathscr{M}$ 中，是否只有当参与人全部分离，即都组成一人联盟时才是平凡联盟。答案是否定的。

例 4 $n=5$，非平凡联盟是 12，35，134，2345，它们的值分别为：

$$v(12)=10, v(35)=85, v(134)=148, v(2345)=160 \quad (12.60)$$

考虑联盟理性支付结构

$$(\alpha, \beta, 0, 0, 0; 12, 3, 4, 5) \quad (12.61)$$

其中 $0 \leqslant \alpha \leqslant 10$，$\alpha+\beta=10$。现在参与人 1 可以提出抗议

$$(11, 0, 29, 108, 0; 134, 2, 5) \quad (12.62)$$

如果 $\alpha<10$，则这一抗议是公正的，即参与人没有反抗议。实际上，参与人 2 的任何保持自己正的份额 β 的努力必将以一个非理性的联盟结束。这样支付结构（12.61）仅当 $\alpha=10$，$\beta=0$ 时属于 $\mathscr{M}$。但这种情况是可以排除的，因为参与人 2 也有一个公正的抗议：(0，1，100，44，15；1，2345)。

令 Γ 是一个博弈，其中一些联盟的值为正。除非所有的参与人都得到零，否则没有支付结构属于 $\mathscr{M}$，这种情况是否可能？换句话说，虽然有些联盟的值为正，但如果人们坚持定义 $\mathscr{M}$ 的这种稳定性，那么进入这种联盟是否可能没有用处？实际上，这种情况在下面的例子中确实存在。

例 5[6]

$v(12b)=1$，　$b=3,4,5,6$

$v(1ab)=1$，　$a=3,4; b=5,6$

$v(2pq)=1$，　$p=3, q=4$　或　$p=5, q=6$

$v(3456)=1$，

$v(B)=1$，　B 至少包含上面联盟中的一个

$v(B)=0$，　其他情况

证明过程虽然长但比较容易，对这个博弈，$(x;\mathscr{B})\in\mathscr{M}$意味着 $x_i=0$，$i=1$，2，…，6。

下面的这个定理可能对我们更好地理解谈判集 $\mathscr{M}$ 的本质有所帮助。

定理 7.1　设 Γ 是一个 n 人博弈，其中 12 是一个可允许联盟。记 $\mathscr{B}^0\equiv 12$，B_2，…，B_m 是一个固定的分割。令 $(x,\mathscr{B}^0)\equiv(x_1, x_2, \cdots, x_n;\mathscr{B}^0)$ 是一个联盟理性支付结构，并令 J 是所有σ_1 的集合，$0\leqslant\sigma_1\leqslant v(12)$，使得在 $(\sigma_1, v(12)-\sigma_1, x_3, x_4, \cdots, x_n;\mathscr{B}^0)$ 中，参与人 1 对参与人 2 有一个公正的抗议[7]，那么 J 是关于闭区间 $[0, v(12)]$ 的开集。

证明：如果

$$(x_1, x_2, \cdots, x_n; 12, B_2, \cdots, B_m) \tag{12.63}$$

是一个联盟理性支付结构，那么也有

$$(x_1+\varepsilon, x_2-\varepsilon, x_3, \cdots, x_n; 12, B_2, \cdots, B_m) \tag{12.64}$$

对$-x_1\leqslant\varepsilon\leqslant v(12)-x_1$ 成立。

如果 $x_1\in J$，那么 $\delta\equiv v(12)-x_1>0$，否则参与人 2 就会通过单独组成联盟进行抗议。

令 $(y;\mathscr{C})$ 是参与人 1 对参与人 2 的一个抗议，那么有 $y_1>x_1$。令 z_2 是参与人 2 加入联盟所能得到的支付最大值，在这个联盟中，他的合伙人（如果存在）将得到他们在这个抗议中所期望得到的支付。显然这样的最大值是存在的，且有 $z_2<x_2$，因为 $x_1\in J$。选择 ε 使得

$$-x_1\leqslant\varepsilon<\min(\delta, y_1-x_1, x_2-z_2) \tag{12.65}$$

那么 $x_1+\varepsilon$ 也属于 J。实际上，支付结构（12.64）是联盟理性的；$(y;\mathscr{C})$ 将是一个公正的抗议。

因此，如果 $x_1\in J$，那么区间 $[0, x_1+\varepsilon]$ 上所有的点都属于 J。

定理 7.2　设 Γ 是一个 n 人博弈，其中 12 是一个可允许联盟，并

且所有可允许联盟都是一人、二人和三人联盟。如果（x；$\mathscr{B}^0$）是一个联盟理性支付结构，那么，存在一个联盟理性支付结构

$$(\xi_1, \xi_2, x_3, x_4, \cdots, x_n; 12, B_2, \cdots, B_m) \quad (12.66)$$

使得参与人 1 和参与人 2 都没有任何公正的抗议，其中 $\mathscr{B}^0 \equiv 12, B_2, \cdots, B_m$。

证明：在定理 7.1 中，我们已经证明了，对于参与人 1 有公正的抗议，数 x_1 组成一个关于［0，$v(12)$］的一个开集 T_1。同理，对于参与人 2 有公正的抗议，数 x_1 也组成一个关于相同区间的开集 T_2（x_3，…，x_n 保持不变）。我们要证明 T_1 和 T_2 是不相交的，即找出一个点 ξ_1 在［0，$v(12)$］中不属于 T_1 和 T_2，因此支付结构（12.66）就符合条件。（没有一个集合是闭区间，因为 $v(12) \notin T_1$，$0 \notin T_2$。）

实际上，我们假设

$$(\sigma_1, \sigma_2, x_3, \cdots, x_n; 12, B_2, \cdots, B_m) \quad (12.67)$$

是一个联盟理性支付结构，其中两个参与人都有公正的抗议。在参与人 1 的抗议中，必须加入一个联盟 C，这一联盟必须包括一个以上的参与人且不包括参与人 2。同理，在参与人 2 的抗议中，必须加入一个联盟 D，这一联盟必须包括一个以上的参与人且不包括参与人 1。如果 $C \cap D = \emptyset$，那么参与人 2 的抗议可以作为对参与人 1 抗议的反抗议，后者因此不再是公正的。如果 $C \cap D \equiv E \neq \emptyset$，那么 E 包含一个或两个参与人。不失一般性，我们假设 E 中的所有参与人在参与人 2 的抗议中得到的至少不少于在参与人 1 的抗议中得到的。如果 E 中只有一个参与人，那么参与人 2 的抗议是参与人 1 抗议的反抗议。如果 E 中包含两个参与人，那么这并不总是成立，因为为了进行反抗议，参与人 2 必须对 E 中参与人的支付进行修正。这样做可能会产生不是联盟理性的支付结构；也就是 E 中的一个参与人和参与人 2 可以通过结成一个联盟使所得更多。但如果这种情况出现，这个联盟就可

以作为一个反抗议，例如，参与人 2 自己得到 σ_2，而让另外的参与人得到剩余部分。

注 5 如果我们去掉可允许联盟中参与人数量的限制条件，上述定理就不成立。在例 4 中，我们提供了一个反例。

应用：假设两个人都得到了一个建立加油站的许可证。每个人都在考虑最多引入两个合伙人的可能性。对于各种可能的联盟，他们具有各种不同的期望利润。其他的合伙人没有许可证。当然，这两个人也会考虑建立他们两人的联盟。在上述假设下，定理 7.2 说明了两个具有许可证的人的联盟将出现在谈判集中。

12.8 只允许一人和二人联盟的四人博弈

对于博弈：

$$\begin{aligned}
&v(1)=v(2)=v(3)=v(4)=0,\\
&v(12)=a,\quad v(23)=b,\\
&v(34)=c,\quad v(13)=d,\\
&v(24)=e,\quad v(14)=f,\\
&a,b,c,d,e,f\geqslant 0
\end{aligned}\tag{12.68}$$

决定在什么条件情况下（x_1，x_2，x_3，x_4；12，34）属于 $\mathscr{M}$ 的不等式组见附录 2。

定理 7.2 保证了任何只包含一个二人联盟的分割都将出现在谈判集 $\mathscr{M}$ 中。现在我们来研究分割成两部分的情况。我们的目标是证明这种分割的某些情形出现在谈判集 $\mathscr{M}$ 中。即使我们限制最大分割，即，这些分割中联盟值的和是最大的，这种情形也同样成立。这些限制将有助于我们减少分析所使用的不等式的数量。

定理 8.1 设Γ是如式（12.68）所示的一个博弈，其中

$$a+c\geqslant d+e,\ a+c\geqslant b+f \tag{12.69}$$

那么，在谈判集 $\mathscr{M}$ 中总存在支付结构（x_1，x_2，x_3，x_4；12，34）。

证明：我们省略计算过程，只指出各种可能的情形。

情形 A 如果

$$a\leqslant b+d,\quad b\leqslant a+d,\quad d\leqslant a+b,\quad 2c\geqslant b+d-a \tag{12.70}$$

那么

$$\left(\frac{a+d-b}{2},\frac{a+b-d}{2},\frac{d+b-a}{2},\frac{2c+a-b-d}{2};12,34\right)\in\mathscr{M} \tag{12.71}$$

如果

$$a\leqslant b+d,\quad b\leqslant a+d,\quad d\leqslant a+b,\quad 2c<b+d-a \tag{12.72}$$

那么

$$\left(\frac{a+d-b}{2},\frac{a+b-d}{2},c,0;12,34\right)\in\mathscr{M} \tag{12.73}$$

情形 B 如果

$$a>b+d,\quad c>d+f \tag{12.74}$$

那么

$$(d,a-d,0,c;12,34)\in\mathscr{M} \tag{12.75}$$

情形 C 如果

$$a>b+d,\quad f>c+d,\quad b+c\geqslant e \tag{12.76}$$

那么

$$(f-c,a+c-f,0,c;12,34)\in\mathscr{M} \tag{12.77}$$

[实际上，式（12.76）和式（12.69）意味着 $c \geqslant e-b \geqslant e-(a+c-f)$，因此 $a+2c \geqslant e+f$。] 如果

$$a>b+d,\quad f>c+d,\quad e>b+c \tag{12.78}$$

那么

$$\left(\frac{a+f-e}{2},\frac{a+e-f}{2},0,c;12,34\right)\in\mathscr{M} \tag{12.79}$$

[实际上，式（12.69）和式（12.78）意味着 $2d+e \leqslant d+a+c<a+f$ 和 $2b+f \leqslant b+a+c<a+e$。]

情形 D　如果

$$a>b+d,\quad d>f+c,\quad b+c \geqslant e \tag{12.80}$$

那么

$$(a-b,b,0,c;12,34)\in\mathscr{M} \tag{12.81}$$

如果

$$a>b+d,\quad d>f+c,\quad e>b+c \tag{12.82}$$

那么

$$(a+c-e,e-c,0,c;12,34)\in\mathscr{M} \tag{12.83}$$

情形 E　如果

$$d>a+b,\quad d>c+f \tag{12.84}$$

那么

$$(a,0,d-a,c+a-d;12,34)\in\mathscr{M} \tag{12.85}$$

所有其他的情形或者没有最大分割，或者可以通过改变参与人的序号简化成这些情况：

$$1 \leftrightarrow 3,\quad 2 \leftrightarrow 4$$

12.9 受限制的谈判集

对一个给定的博弈，通常存在许多稳定的支付结构。虽然我们没有制定标准从中进行选择，但在某些情形下很明显，$\mathscr{M}$中的一些支付结构要好于其他的。因此，我们建议应该在$\mathscr{M}$中删除后者，因此提出了受限制的谈判集μ^*。

$\mathscr{M}$中的一个支付结构（x；$\mathscr{B}$）应该被删除，如果出现下列情形中的一种：

（1）在$\mathscr{M}$中，存在一个支付结构（x^*；$\mathscr{B}^*$）满足

$$x_i^* > x_i; \quad i=1,2,\cdots,n$$

（2）在$\mathscr{M}$中，存在一个支付结构（x^{**}；$\mathscr{B}^{**}$），其中$\mathscr{B}^{**}$是$\mathscr{B}$中联盟的并，满足：

$$x_i^{**} > x_i$$

对所有属于由$\mathscr{B}$中超过一个联盟的并集形成的团体的参与人i和对所有其他参与人都有：

$$x_i^{**} \geqslant x_i$$

从前几节的例子中我们可以看出，只有那些具有相对较大值的联盟（如果存在）才会出现在$\mathscr{M}^*$中。

12.10 可能的修正

由于我们的理论试图处理一些“现实”的问题，因此存在足够的灵活性允许我们对其进行一些修正。

举例来说，如果参与人面临着例 5 中的博弈情况，他们可能会认为

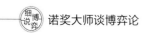

对稳定性的要求太严格了。他们宁愿放松这一要求，以便能够在博弈中有所得益。

人们可以提出下列对谈判集 $\mathscr{M}_1$ 的定义：

定义 10.1 如果 K 对 L 的任何一个抗议，都能在 L 中找到某人，使得他具有反抗议，那么支付结构（x；$\mathscr{B}$）属于谈判集 $\mathscr{M}_1$。

按照这一定义，包含 K 的联盟 B_j 中的任何一个不是 K 的合伙人的参与人具有反抗议。但这样的几个参与人可能不能同时保持他们的份额。显然，这一结果使得谈判集 $\mathscr{M}_1$ 包含 $\mathscr{M}$，因为能够提出反抗议的集合的数量减少了。在这种情况下，例如，在例 5 中，博弈的参与人可能会同意属于 $\mathscr{M}_1$ 的支付结构：

$$\left(\frac{1}{3},\frac{1}{3},\frac{1}{3},0,0,0;123,4,5,6\right)$$

在其他现实生活的情形中，人们可以预先估计哪个联盟可以提出抗议，哪个联盟可以提出反抗议。这就产生了各种各样的谈判集，并使我们循环考虑 Ψ-稳定性。（见参考文献 3，pp. 163－168，174－176，220－236。）

人们可以限制 K 总是只有一个人，并且 L 是联盟中除了 K 的合伙人以外的其余成员。通过下面这个例子我们可以看出：这种一个人对其他人的稳定性产生了谈判集 $\mathscr{M}_2$ 不同于 $\mathscr{M}$ 所要求的稳定性。

例 6 考虑博弈：

$$n=5,v(i)=0,v(123)=30,v(24)=v(35)=50,$$
$$v(1245)=v(1345)=60$$

令

$$(x;\mathscr{B})=(10,10,10,0,0;123,4,5)$$

如果 $K=1$，2 或 3，那么属于这一联盟但不是他的合伙人的参与人通常具有反抗议；但对 $K=23$ 的抗议，

$$(0,11,11,39,39;1,24,35)$$

却不存在反抗议，因为参与人 1 不能保持他自己的份额。因此（x；$\mathscr{B}$）$\in \mathscr{M}_2$ 但$\notin \mathscr{M}$。

容易证明 $\mathscr{M} \subset \mathscr{M}_2$。

有时人们不仅希望在联盟内部有一定的安全感，还希望免受外部威胁。如不同联盟中的几个参与人可能会威胁到这些联盟中其他人的情况。处理这种强稳定性要求的合理方法是允许 K 和 L 属于不同的联盟，但必须要求 K 和 L 同时都与相同的一个联盟相交。这将产生一个包含于 $\mathscr{M}$ 的谈判集 $\mathscr{M}_0$。对于二人博弈、三人博弈和只允许一人、三人和四人联盟的四人博弈，我们都有 $\mathscr{M}_0=\mathscr{M}$。如果 $n=4$，其中一人或二人联盟是可允许的，可以用附录 3 中的不等式代替附录 2 中的不等式。幸运的是，这些不等式都满足第 12.8 节的所有例子，因此，如果用 $\mathscr{M}_0$ 代替 $\mathscr{M}$，定理 8.1 成立。

最后，我们还有一个关于联盟理性假设的问题。如果去掉这一限制条件，我们可能得到具有负值的谈判集，但这没有影响，因为（0，0，…，0；1，2，…，n）总在谈判集中，因此我们需要受限制的谈判集只包含个体理性支付结构。然而就像在例 7 中我们得到的那样，受限制的谈判集也可以包含一些非联盟理性支付结构。

例 7　考虑博弈 Γ：

$$v(i)=0,v(12)=v(45)=v(46)=v(56)=v(123)=30,$$
$$v(34)=10$$

在这个博弈中，非联盟理性支付结构

$$(10,10,10,0,15,15;123,4,56)$$

是稳定的，如果我们去掉联盟理性这一假设条件。实际上，它属于受限制的谈判集，否则在谈判集中将存在一个支付结构（x；$\mathscr{B}$）满足

$$\sum_{i=1}^{6} x_i > 60$$

这种情况只有当联盟 34 形成时才能发生。另外，因为 $x_3 \geqslant 10$，$x_4 \geqslant 0$，参与人 3 得到 10。这种情况是不可能的，因为 $x_1 + x_2 = 30$，所以参与人 4 有一个公正的抗议。

如果从谈判集的定义中去除联盟理性这一条件，我们就可以证明受限制的谈判集可能含有非联盟理性支付结构。

12.11 结　论

与我们的理论最接近的可能是威克瑞的自管制模式（见参考文献 8）的概念。他的抗议——称为“异端责难”（heretical imputation）——与我们的类似；然而，他的反抗议——称为“处罚原则责难”（penalizing policy imputation）——与我们的有较大不同。

无论是异端责难还是处罚原则责难在威克瑞的理论中都是责难，然而在我们的理论中却不是这样。他的处罚原则责难坚持认为至少有一个异端联盟（heretical coalition）中的成员受到处罚，但是我们要求集合 L 在这一性质下都成立。然而最主要的区别是威克瑞在寻找一个责难的集合——自管制模式——作为一个整体是稳定的[8]，而我们的谈判集所包含的每一个支付结构自身都是稳定的。

在第 12.10 节我们指出如果缺少交流，就可以把 Ψ-稳定性合并到我们的理论中。两个理论都强调了结果在实际形成的联盟结构上的独立性。然而，Ψ-稳定性理论要求对责难进行支付[9]，但我们要求结果满足式（12.5）（见参考文献 3，p. 222）。联盟理性的要求（12.6）是 Ψ-稳定性理论要求的一种特殊情况，如果人们要求在联盟结构 τ 中，联盟子集的值都是 $\Psi(\tau)$。对米尔诺（Milnor）的 L 类型的合理结果也有类似的要求（见参考文献 3，pp. 240－242）。

在很多实际情况下，特征函数并不是描述博弈的最好方法。有时在我们所处理的每个联盟结构中，在任何联盟的值都只有一个的情况下，使用思罗尔特征函数（见参考文献 7）来描述更好些。在这些情况下，人们可以试着去定义抗议和反抗议，当然方法是多种多样的。

将本章所描述的概念运用于没有附加支付的合作博弈的奥曼-皮莱格特征函数，在本质上不需要进行什么改变。

最后，我们很高兴地指出我们的理论给出了许多情形的解，特别是经典博弈中经常出现的情形。例如，非零和三人博弈[10]的离散情形的谈判集在本质上包括了非歧视的冯·诺依曼-摩根斯坦解的三个要点的中心内容（见参考文献 9，pp. 550－554），但不包括它们解上的附加偏离。非离散情形的谈判集在本质上就是核。这意味着一种模式，即谈判集形成了冯·诺依曼-摩根斯坦解的“中心”或“直觉”部分，其中复杂性消失了。

附录 1

令 Γ 是一个四人博弈，联盟和它们的值由式（12.46）给出。为了使（x_1，x_2，x_3，0；123，4）属于谈判集 $\mathscr{M}$，它成立的充分必要条件是：

$$0\leqslant x_1,\quad 0\leqslant x_3,\quad x_1+x_3\leqslant a,\quad x_2=a-x_1-x_3 \qquad \text{(A1. 1)}$$

且至少满足下列一行中的一个不等式（或等式）。

$x_1+x_3\geqslant c$	$2x_1+x_3\geqslant a+c-d$	$x_1+x_3=a$
$x_3\leqslant a-b$	$x_3-x_1\leqslant d-b$	$x_3=0$
$x_1\leqslant a-d$	$2x_1+x_3\leqslant a+c-d$	$x_1=0$
$x_3\leqslant a-b$	$x_1+2x_3\leqslant a+c-b$	$x_3=0$
$x_1+x_3\geqslant c$	$x_1+2x_3\geqslant a+c-b$	$x_1+x_3=a$
$x_1\leqslant a-d$	$x_3-x_1\geqslant d-b$	$x_1=0$

附录 2

令 Γ 是一个四人博弈，联盟和它们的值由式（12.68）给出。为了使（x_1，x_2，x_3，x_4；12，34）属于谈判集 $\mathscr{M}$，它成立的充分必要条件是：

$$0\leqslant x_1\leqslant a,\quad 0\leqslant x_3\leqslant c,$$
$$x_1+x_2=a,\quad x_3+x_4=c \tag{A2.1}$$

且至少满足下列一行中的一个不等式（或等式）。

如果分割 12 和 34 是最大的［即式（12.69）的情形］，则最后一列可以忽略。

$x_1=a$	$x_1+x_3\geqslant d$	$2x_1\geqslant a+d-b$	$x_1+x_3\geqslant a+c-e$
$x_1=a$	$x_1-x_3\geqslant f-c$	$2x_1\geqslant a+f-e$	$x_1-x_3\geqslant a-b$
$x_1=0$	$x_1-x_3\leqslant a-b$	$2x_1\leqslant a+d-b$	$x_1-x_3\leqslant f-c$
$x_1=0$	$x_1+x_3\leqslant a+c-e$	$2x_1\leqslant a+f-e$	$x_1+x_3\leqslant d$
$x_3=c$	$x_1+x_3\geqslant d$	$2x_3\geqslant c+d-f$	$x_1+x_3\geqslant a+c-e$
$x_3=c$	$x_1-x_3\leqslant a-b$	$2x_3\geqslant c+b-e$	$x_1-x_3\leqslant f-c$
$x_3=0$	$x_1-x_3\geqslant f-c$	$2x_3\leqslant c+d-f$	$x_1-x_3\geqslant a-b$
$x_3=0$	$x_1+x_3\leqslant a+c-e$	$2x_3\leqslant b+c-e$	$x_1+x_3\leqslant d$

附录 3

如果要求（x_1，x_2，x_3，x_4；12，34）属于谈判集 $\mathscr{M}$（见第 12.10 节），下列不等式将代替附录 2 中给出的不等式。同样，既要满足式（A2.1），又要至少满足下列一行中的一个不等式（或等式）。

$x_1+x_3\geqslant d$	$x_1=a$ $2x_3\geqslant c+d-f$	$x_3=c$ $2x_1\geqslant a+d-b$	$x_1+x_3\geqslant a+c-e$

续表

$x_1-x_3\geqslant f-c$	$x_1=a$ $2x_3\leqslant c+d-f$	$x_3=0$ $2x_1\geqslant a+f-e$	$x_3-x_1\leqslant b-a$
$x_1-x_3\leqslant a-b$	$x_1=0$ $2x_3\geqslant b+c-e$	$x_3=c$ $2x_1\leqslant a+d-b$	$x_1-x_3\leqslant f-c$
$x_1+x_3\leqslant a+c-e$	$x_1=0$ $2x_3\leqslant b+c-e$	$x_3=0$ $2x_1\leqslant a+f-e$	$x_1+x_3\leqslant d$

参考文献

1. Aumann, R. J. and Maschler, M. "An equilibrium theory for n-person cooperative games," *American Math. Soc. Notices*, Vol. 8(1961), p. 261.

2. Aumann, R. J. and Peleg, B. "Von Neumann-Morgenstern solutions to cooperative games without side payments," *Bull. Amer. Math. Soc.* 66 (1960), pp. 173 - 179.

3. Luce, R. D. and Raiffa, H. *Games and Decisions*. New York: John Wiley and Sons, 1957.

4. Maschler, M. "An experiment on n-person cooperative games," Recent Advances in Game Theory, Proceedings of a Princeton University Conference, October 1961. Privately printed for members of the conference (1962), pp. 49 - 56.

5. Maschler, M. "Stable payoff configurations for quota games," in this study.

6. Maschler, M. "n-Person games with only 1, n-1, and n-person permissible coalitions," *J. Math. Analysis and Applications*, Vol. 6 (1963), pp. 230 - 256.

7. Thrall, R. M. "Generalized characteristic functions for n-person

games,"Recent Advances in Game Theory, Proceedings of a Princeton University Conference, October 1961. Privately printed for members of the conference (1962), pp. 157 – 160.

8. Vickrey, W. "Self-policing properties of certain imputation sets," *Contributions to the Theory of Games*, Vol. IV; *Annals of Mathematics Studies*, No. 40, Princeton: Princeton University Press, 1959, pp. 213 – 246.

9. von Neumann, J. and Morgenstern, O. *Theory of Games and Economic Behavior*, 2nd ed. Princeton: Princeton University Press, 1947.

【注释】

[1] 谈判集的定义出现在参考文献1中。

[2] 在参考文献1中，c. r. p. c. 也称为 p. c.

[3] 与谈判集相近的一些结论可在实证研究（见参考文献4）中找到。

[4] 即通过“与”和“或”连接的线性不等式组。

[5] 我们借助于拉宾（M. Rabin）教授和鲁滨逊（A. Robinson）教授所证明的这一点。

[6] 这个博弈主要由冯·诺依曼和摩根斯坦给出（见参考文献9，pp. 467 – 469），作为这种单一博弈的一个例子，它通常不属于多数的加权博弈，也没有主要的单一解。

[7]“公正的抗议”是指一个没有反抗议的抗议。

[8] 特别是，他在寻找“最强解”。

[9] 或者至少可行的个体理性 n 元组合（见参考文献3，p. 226）。

[10] 显然，人们必须通过明显的方式来修正特征函数以得到超可加性。

第 13 章
具有连续交易者市场的竞争均衡存在性[1]

罗伯特·J.奥曼

具有大量不重要的个体交易者的市场的适当模型是连续交易者市场模型。在本章中我们证明在这样一个市场中存在竞争均衡，即使个体偏好不具有凸性。而在有限交易者的市场中，这个结论不能成立。

13.1 引　言

严格证明市场竞争均衡的存在性问题最初受到经济学家沃尔德(Wald)的关注（见参考文献 11)。继他的开创性论文发表之后，其他作者[2]证明了在各种不同假设下竞争均衡的存在性。所有这些工作都假定交易者具有凸性偏好。[3]的确，如果忽略这个假定，我们可以很容易举出不存在竞争均衡的市场的例子。

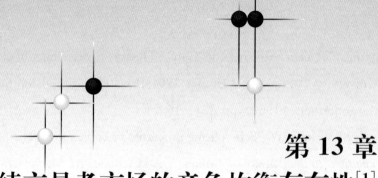

近来，这样一个问题引起了经济学家的注意[4]，即在市场中存在相当多的个体交易者，并且所有个体交易者对市场的影响都微乎其微的情

况下，凸性假设是否可以忽略。人们在探索式、不严密的情形下认为，即使每个个体交易者的偏好都为非凸的，大量个体交易者的总体偏好仍然呈现凸性。沙普利和舒比克最近发表了关于这一问题的严格论述（见参考文献 10），尽管这一论述与竞争均衡并没有直接关系。我们将在第 13.8 节讨论他们所做的工作。

在以往的论文中（见参考文献 2），我们认为对于具有大量不重要的个体交易者的市场的最合适模型是连续交易者市场模型。物理学中应用了类似的模型，例如，我们为了便于研究其数学特性，用微粒的连续统来代替液体中存在的大量微粒。这就提出了是否能证明在连续交易者市场中存在竞争均衡，即使偏好不具有凸性的问题。本章的目的就在于对这一问题给出肯定的答案，从而在连续交易者情形下研究市场理论。

我们普遍认为，只有在完全竞争市场，即存在大量不重要的个体交易者的市场中，竞争均衡的概念才是有意义的。这一概念对于少数几个交易者来说没有任何意义。从而可以看出，当竞争均衡是完全相关的时候，凸性偏好对于证明存在性不是必需的。

本章中的证明以麦肯齐（Mckenzie）关于有限市场竞争均衡的存在性证明（见参考文献 9）为基础。但由于存在连续的交易者［从而必须用到巴拿赫空间（Banach-space）方法］以及偏好的非凸性质，该证明对原证明做了重大改动。

第 13.2 节给出了模型的精确描述以及主要定理。第 13.3 节介绍了一个辅助定理。第 13.4 节是对这个辅助定理的简要证明，第 13.5 节则是该辅助定理的完整的证明。第 13.6 节由辅助定理推导出主要定理。

第 13.7 节对本章的证明与麦肯齐的证明做了详细的比较，第 13.8 节讨论了本章中的结论与我们以往论文（见参考文献 2）的结论以及沙普利-舒比克的结论（见参考文献 10）之间的关系。

本章的结论只涉及纯粹的市场，如纯交换经济。这个结论也许还可以推广到生产经济（至少当假定规模收益不变时），但我们还没有进行这方面的研究。

13.2 数学模型及主要定理的叙述

考虑欧氏空间 E^n；空间的维数 n 为市场中交易的商品种类数。用上标来表示商品的种类号。依照标准表示，对 E^n 中的 x 和 y，$x>y$ 表示对任意 i 都有 $x^i>y^i$；$x \geqq y$ 表示对任意 i 都有 $x^i \geqq y^i$；而 $x \geqslant y$ 表示 $x \geqq y$ 但没有 $x=y$。向量函数的积分为各分量积分组成的向量。上标代表商品的种类号。用 $x \cdot y$ 表示 E^n 中 x、y 的数乘 $\sum_{i=1}^{n} x^i y^i$ 。符号 0 表示 E^n 的原点以及实数零，这样并不会导致混淆。符号“\”表示集合减，而符号“−”则表示普通的代数减。

一个商品束 x 为 E^n 的非负子空间 Ω 上的一点。交易者集合为闭区间 [0，1]，用 T 表示。测度、可测、积分、可积都是勒贝格（Lebesgue）意义上的概念。所有积分都是关于变量 t 的（代表交易者），并且在绝大多数情况下积分范围为整个 T。因此我们在积分式中省略符号 dt，并且不特别指出被积函数与 t 的对应关系，而只有当积分范围不是整个 T 时才特别指出。从而 $\int \boldsymbol{x}$ 表示 $\int_T \boldsymbol{x}(t)\mathrm{d}t$ 。空集（null set）是测度为 0 的集合。本章不考虑交易者集合为空集的情况。因此本章中提到的所有交易者，或每个交易者，或某个集合中的每个交易者，都不包括交易者集合为空的情况。

一个分配（交易者的商品束）是一个从 T 到 Ω 的积分函数。有固定的初始禀赋 $\boldsymbol{i}$；直观地，$\boldsymbol{i}(t)$ 为交易者 t 进入市场时拥有的商品束。假定

$$\int \boldsymbol{i}>0 \tag{13.1}$$

这表明没有完全不存在于市场中的商品。

对每个交易者 t，都有一个定义在 Ω 上的偏好关系 $\succsim_t$ 称为至少一样好。假定该偏好关系是半序的（quasi-order），即满足传递性、自反性和完备性。[5] 由 $\succsim_t$ 我们定义关系 $\succ_t$ 和 $\sim_t$，称为优于和无差异，并且分别有：

$x \succ_t y$ 若 $x \succsim_t y$ 但 $y \succsim_t x$ 不成立

$x \sim_t y$ 若 $x \succsim_t y$ 且 $y \succsim_t x$

有如下假设：

合意性(商品的)：$x \geqslant y \Rightarrow x \succ_t y$　(13.2)

连续性(商品的)：对每个 $y \in \Omega$，集合 $\{x: x \succ_t y\}$ 和 $\{x: y \succ_t x\}$ 为开集(相对于 Ω)　(13.3)

可测性：若 $\boldsymbol{x}$ 和 $\boldsymbol{y}$ 为分配，则集合 $\{t: \boldsymbol{x}(t) \succ_t \boldsymbol{y}(t)\}$ 是可测的　(13.4)

这些假设的内容可以直观地从它们的名字上理解。注意到由 $\succsim_t$ 是半序的假设和连续性假设（13.3），可以推导出对每个固定的交易者 t，都存在 Ω 上的连续效用函数 $v_t(x)$（见参考文献 4）。又由可测性假设[6]（13.4），可以选择 v_t 使得 $v_t(x)$ 同时对 t 和 x 都是可测的。

一个配置为一个满足 $\int \boldsymbol{x} = \int \boldsymbol{i}$ 的分配 $\boldsymbol{x}$。价格向量为 R^n 上的元素 p，且 $p \geqslant 0$。虽然价格向量也在 Ω 上，但是不能把它看成商品束。如果满足对每个交易者 t，$\boldsymbol{x}(t)$ 在预算集 $\boldsymbol{B}_p(t) = \{x \in \Omega: p \leqq p \cdot \boldsymbol{i}(t)\}$ 中是关于 $\succ_t$ 的最大值，则价格向量 p 和配置 $\boldsymbol{x}$ 构成一个竞争均衡。

主要定理　在本章的条件下，存在竞争均衡。

13.3　辅助定理的叙述

为了证明主要定理，我们先建立一个辅助定理，这个辅助定理本身也具有一定的意义。定义一个由正整数 n（商品种类数）、初始禀赋 $\boldsymbol{i}$，以及 Ω 上每个交易者 t 的偏好关系 $\succsim_t$ 构成的市场 μ。我们考虑的这个市场与前面描述的市场有以下几点不同。第一，将初始禀赋的假设（13.1）强化为

$$\boldsymbol{i}(t)>0 \quad (\text{对所有 } t) \tag{13.5}$$

这意味着每个交易者持有每一种商品的初始禀赋都大于零。

第二，商品束 x 是饱和的，更确切地说，如果对一切 $y\in\Omega$ 都有 $x\succsim_t y$，则该商品束是为了满足交易者 t 的愿望的。弱化假设（13.2）如下：

$$\text{弱合意性：除非 } y \text{ 饱和，否则 } x>y\Rightarrow x\succ_t y \tag{13.6}$$

注意这是对假设（13.2）的双重弱化，$x>y$ 代替了 $x\geqslant y$，并且允许饱和的情形［在假设（13.2）的条件下是不可能达到饱和的］。

第三，在辅助定理中不只是允许，而是特别需要用到饱和的情形。设 $\boldsymbol{v}$ 为一个分配。称交易者 t 的需求对 $\boldsymbol{v}(t)$ 是商品-理性饱和的，如果对所有商品束 x 和商品 i，$x^i \geqq \boldsymbol{v}^i(t)$，都有

$$x\sim_t(x^1,\cdots,x^{i-1},\boldsymbol{v}^i(t),x^{i+1},\cdots,x^n)$$

换句话说，将第 i 个值变为对应的 $\boldsymbol{v}^i(t)$ 不会改变其无差异水平。这说明当第 i 种商品的数量为 $\boldsymbol{v}^i(t)$ 时，对该种商品的需求达到饱和，尽管交易者 t 还需要更多其持有量少于 $\boldsymbol{v}^j(t)$ 的其他商品 j。下面重新对这个条件进行说明，集合 $\boldsymbol{V}(t)=\{x\in\Omega\text{：} x \leqq \boldsymbol{v}(t)\}$ 为 $\leqq \boldsymbol{v}(t)$ 的商品束的“超矩形”，并定义从 Ω 到 $\boldsymbol{V}(t)$ 的映射 v_t 如下：$v_t(x)$ 为将商品束 x 中所有大于对应 $\boldsymbol{v}^i(t)$ 的 x^i 替换为 $\boldsymbol{v}^i(t)$ 所形成的新的商品束。这样对商品-理性饱和的 $\boldsymbol{v}(t)$ 有 $v_t(x)\sim_t x$。由于 $x\succsim_t y$ 当且仅当 $v_t(x)\succsim_t v_t(y)$ 时成立，因此整个偏好序是由它在超立方体 $\boldsymbol{V}(t)$ 中的行为决定的。图 13－1 描绘了一个商品-理性饱和的偏好序。

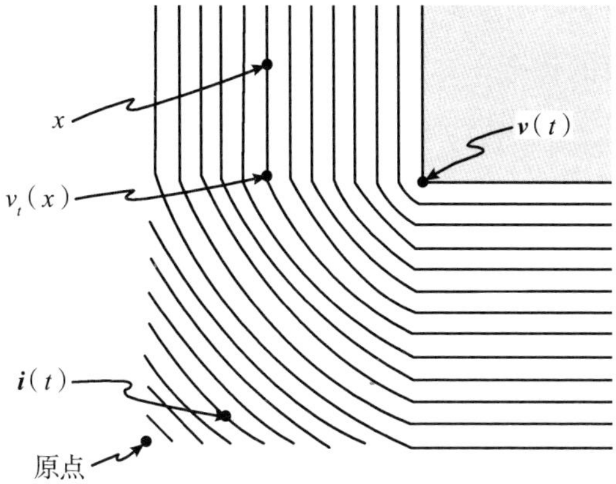

图 13－1

商品-理性饱和的 $\boldsymbol{v}(t)$ 的存在在直观上是可接受的。简单地说，这表示一种商品可以被个体利用的数量有上界，无论其他商品是否可利用。要求 $\boldsymbol{v}$ 为一个分配，即要求 $\boldsymbol{v}$ 可积，表示市场作为一个整体是商品-理性饱和的。更准确地说是存在一个商品束（即 $\int \boldsymbol{v}$）可以在交易者中进行分配，使得每个交易者的需求都达到商品-理性饱和。现在假设：

存在一个分配 $\boldsymbol{v}$ 使得每个厂商 t 的需求都在 $\boldsymbol{v}(t)$
达到商品-理性饱和　　(13.7)

最后，需要进行如下假设：

饱和性约束：如果不满足 $x > \boldsymbol{i}(t)$，则 x 不饱和　　(13.8)

辅助定理　设市场 μ 满足本节假设以及假设（13.3）和假设（13.4），则 μ 存在一个竞争均衡。

13.4　辅助定理证明的概述

辅助定理的证明首先从偏好集 $\boldsymbol{C}_p(t)$ 的定义开始。对每个厂商 t

及每一价格向量 p，定义 $\boldsymbol{C}_p(t)$ 为与预算集 $\boldsymbol{B}_p(t)$ 中的所有元素至少一样好的消费束的集合，在形式上为

$$\boldsymbol{C}_p(t)=\{x\in\Omega:x\succsim_t y,\forall y\in\boldsymbol{B}_p(t)\}$$

见图 13－2。下面定义

$$\int\boldsymbol{C}_p=\left\{\int x:x\text{ 为一个分配，满足 }x(t)\in\boldsymbol{C}_p(t),\ \forall t\right\}$$

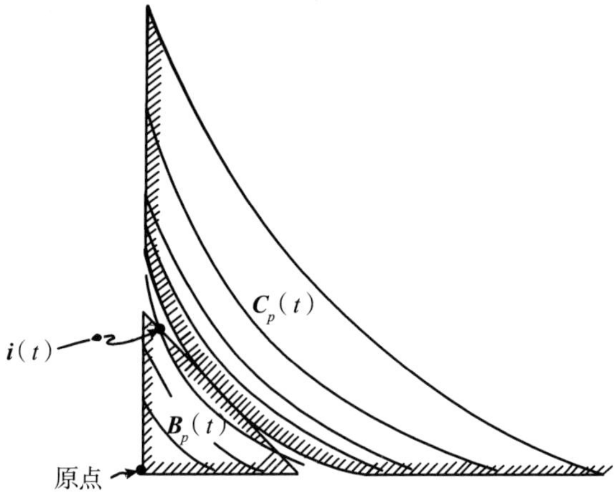

图 13－2

这个集合称为总偏好集。$\int\boldsymbol{C}_p$ 为可在交易者中以某种方式进行分配的总商品束的集合，这种分配方式使得每个交易者至少和他在以价格 p 卖出初始禀赋并以其收益买入商品的最好情形（以他的标准）下一样满意。

由于我们没有对偏好做凸性假设，因此各个偏好集 $\boldsymbol{C}_p(t)$ 不必是凸的。另外，总偏好集 $\int\boldsymbol{C}_p$ 是凸的，可以看出这一事实的成立是因为存在连续交易者，这正是证明的核心所在。利用总偏好集 $\int\boldsymbol{C}_p$ 的凸性，可以证明 $\int\boldsymbol{C}_p$ 中存在唯一一个距离 $\int\boldsymbol{i}$ 最近的点 $c(p)$；令 $h(p)=c(p)-\int\boldsymbol{i}$。

将价格向量标准化使得向量元素的和为 1，简记为 P，即 $P=\left\{p\in\Omega: \sum_{i=1}^{n}p^i=1\right\}$。证明的中心思想是利用 h 来建立一个从 P 到 P 本身的连续函数 f，然后利用布劳威尔不动点定理[7]，得到的不动点——用 q 表示——就是一个均衡价格向量。定义函数 f 为

$$f(p)=\frac{p+h(p)}{1+\sum_{i=1}^{n}h^i(p)}$$

后面将会看到 $h(p)\geqq 0$。因此定义中函数 f 的分母不会为 0，从而对一切 $p\in P$，有 $f(p)\in P$。假定 q 为 f 上的一个不动点。则有

$$q\left(1+\sum_{i=1}^{n}h^i(q)\right)=q+h(q)$$

即

$$h(q)=\alpha q \tag{13.9}$$

由于 $h(p)\geqq 0$，

$$\alpha=\sum_{i=1}^{n}h^i(q)\geqq 0$$

我们希望能够得到

$$h(q)=0 \tag{13.10}$$

事实上，假设（13.10）是错误的。从 h 的定义以及 $\int \boldsymbol{C}_p$ 的凸性可知，对一切 p，通过 $h(p)+\int \boldsymbol{i}$ 与 $h(p)$ 垂直的超平面支撑[8] $\int \boldsymbol{C}_p$。对 $p=q$ 应用之，得到

$$\left(y-\int \boldsymbol{i}\right)\cdot h(q)\geqq h(q)\cdot h(q)$$

对所有 $y\in\int \boldsymbol{C}_q$ 成立。因为假设（13.10）是错误的，$\alpha>0$，从而由式

（13.9）可得

$$\left(y-\int \boldsymbol{i}\right)\cdot \alpha q \geqq \alpha^{2} q \cdot q$$

因此

$$\left(y-\int \boldsymbol{i}\right)\cdot q \geqq \alpha(q \cdot q)>0\text{，对所有 } y \in \int \boldsymbol{C}_{q} \qquad (13.11)$$

对每个 t，如果设 $\boldsymbol{x}(t)$ 为预算集 $\boldsymbol{B}_q(t)$ 上关于 t 的偏好序的最大值点，那么一方面我们有 $(\boldsymbol{x}(t)-\boldsymbol{i}(t))\cdot q \leqq 0$，另一方面对一切 t，有 $\boldsymbol{x}(t)\in \boldsymbol{C}_q(t)$。从而，通过积分可得 $\left(\int \boldsymbol{x}-\int \boldsymbol{i}\right)\cdot q \leqq 0$ 且 $\int \boldsymbol{x} \in \int \boldsymbol{C}_q$，这与式（13.11）矛盾，并证明了式（13.10）。

式（13.10）有 $\int \boldsymbol{i} \in \int \boldsymbol{C}_q$，即存在一个分配 $\boldsymbol{x}$ 满足 $\int \boldsymbol{x}=\int \boldsymbol{i}$，且对一切 t 有 $\boldsymbol{x}(t)\in \boldsymbol{C}_q(t)$。从而，$\boldsymbol{x}$ 为一个配置，且 $\boldsymbol{x}(t)$ 与 $\boldsymbol{B}_q(t)$ 上的所有元素至少一样好。要证明（q，$\boldsymbol{x}$）是一个竞争均衡，只需证明对一切 t，有 $\boldsymbol{x}(t)\in \boldsymbol{B}_q(t)$。现假设对某些 t，有 $q\cdot \boldsymbol{x}(t)<q\cdot \boldsymbol{i}(t)$。则 $\boldsymbol{x}$ 不饱和［由饱和性约束（13.8）可知］，从而由弱合意性假设（13.6），对 $\delta>0$ 有 $\boldsymbol{x}(t)+(\delta, \cdots, \delta)\succ_t \boldsymbol{x}(t)$。但是对足够小的 δ，仍然有

$$q\cdot(\boldsymbol{x}(t)+(\delta,\cdots,\delta))=q\cdot \boldsymbol{x}(t)+\delta<q\cdot \boldsymbol{i}(t)$$

从而有 $\boldsymbol{x}(t)+(\delta, \cdots, \delta)\in \boldsymbol{B}_q(t)$；这与 $\boldsymbol{x}(t)\in \boldsymbol{C}_q(t)$ 矛盾。因此不可能有 $q\cdot \boldsymbol{x}(t)<q\cdot \boldsymbol{i}(t)$，得出结论：对所有 t，有 $q\cdot \boldsymbol{x}(t)\geqq q\cdot \boldsymbol{i}(t)$。若对某些 t，“$>$”成立，则可推导出 $\int q\cdot \boldsymbol{x}>\int q\cdot \boldsymbol{i}$，这与 $\int \boldsymbol{x}=\int \boldsymbol{i}$ 矛盾。从而对所有 t，有 $q\cdot \boldsymbol{x}(t)=q\cdot \boldsymbol{i}(t)$，且对所有 t 有 $\boldsymbol{x}(t)\in \boldsymbol{B}_q(t)$。因此，（$q$，$\boldsymbol{x}$）是一个竞争均衡。

上述证明与麦肯齐的思想（见参考文献 9）非常相近，在如下方面是不完整的：$h(p)$ 应有的性质——存在性、唯一性、连续性和非负

性——没有得到证明；以及没有考虑到选择的积分 $\int \boldsymbol{x}$ 与式（13.11）矛盾的 $\boldsymbol{x}$ 可测的情形。这两点将在下节进行证明。

13.5　辅助定理的完整证明

在本节中，我们在很大程度上运用了集值函数的积分理论，其详述见参考文献 3。在运用参考文献 3 中的结论继续证明之前，先进行一些必要的定义。

令 $\boldsymbol{F}$ 为定义在 T 上的函数，它的值为 Ω 的子集。定义

$$\int \boldsymbol{F} = \left\{ \int \boldsymbol{f} : \boldsymbol{f} \text{ 可积且 } \boldsymbol{f}(t) \in \boldsymbol{F}(t), \ \forall t \right\}$$

$\boldsymbol{F}$ 称为博雷尔可测的（Borel-measurable），如果它的图像 $\{(x, t): x \in E^n, x \in \boldsymbol{F}(t)\}$ 为 $\Omega \times T$ 的博雷尔子集。$\boldsymbol{F}$ 称为积分有界的（integrably bounded），如果存在可积的点值函数 $\boldsymbol{b}$，使得对一切 t，有 $x \in \boldsymbol{F}(t) \Rightarrow x \leqq \boldsymbol{b}(t)$。对每个 t，用 $\boldsymbol{F}^*(t)$ 代表 $\boldsymbol{F}(t)$ 的凸包。

对每个 P 中的 p，设 F_p 为 Ω 的一个子集。如果对满足条件 $x_1 \in F_{p_1}$，$x_2 \in F_{p_2}$，… 的 P 中每个收敛的序列 p_1，p_2，… 以及 Ω 中每个收敛序列 x_1，x_2，…，有 $\lim x_k \in F_{\lim p_k}$，则称 F 关于 p 上半连续。如果对 P 中每个收敛的序列 p_1，p_2，…，每个 $F_{\lim p_k}$ 上的点都为 Ω 中一个收敛序列 x_1，x_2，… 的极限，使得 $x_1 \in F_{p_1}$，$x_2 \in F_{p_2}$…，则称 F 关于 p 下半连续。如果 F 既上半连续又下半连续，则 F 是连续的。

如果 F_1，F_2，… 为 E^n 的子集，则定义 $\lim \sup F_k$ 为 E^n 上所有其任意邻域都与无穷多个 F_k 相交的 x 的集合。

下列引理证明见参考文献 3。

引理 5.1　$\int \boldsymbol{F}$ 是凸的。

引理 5.2 如果 $\boldsymbol{F}$ 是博雷尔可测的，且对一切 t 有 $\boldsymbol{F}(t)$ 非空，则存在可测函数 f，使得对一切 t 有 $\boldsymbol{f}(t)\in\boldsymbol{F}(t)$。

引理 5.3 如果 $\boldsymbol{F}_1$，$\boldsymbol{F}_2$，… 是被同一个可积的点值函数约束的集值函数的序列，则 $\int\lim\sup\boldsymbol{F}_k\supset\lim\sup\int\boldsymbol{F}_k$ 。

引理 5.4 如果 $\boldsymbol{F}_p(t)$ 对每个固定的 t 关于 p 连续，且对 P 中每个固定的 p 关于 t 博雷尔可测，并且如果所有 $\boldsymbol{F}_p$ 都被同一个可积的点值函数约束，则 $\int\boldsymbol{F}_p$ 关于 p 连续。

我们现在想要证明函数 h 的存在性、唯一性、连续性和非负性。大体上，前三个性质可分别由 $\int\boldsymbol{C}_p$ 的非空闭、凸性以及关于 p 的连续性得到；非负性可由弱合意性得到。然而在证明的过程当中，$\boldsymbol{C}_p(t)$ 的无界性很难处理。为了规避这个难点，需要找到 $\boldsymbol{C}_p$ 的一个有界替代。

设 $\boldsymbol{v}$ 为一个商品-理性饱和的分配［即满足假设（13.7）的分配］，回忆符号 $\mathbf{V}(t)=\{x: x\leqq\boldsymbol{v}(t)\}$。考虑集合 $\mathbf{V}(t)\cap\boldsymbol{C}_p(t)$，用 $\boldsymbol{D}_p(t)$ 表示，对 $\boldsymbol{C}_p$ 本身的考虑将在本节末尾提到。注意 $\boldsymbol{D}_p(t)$ 关于 p 在积分上是受函数 $\boldsymbol{v}$ 约束的。

引理 5.5 对每个 t，$\boldsymbol{D}_p(t)$ 关于 p 连续。

证明：一个类似的引理由麦肯齐证得（见参考文献 9，引理 4，pp. 57，68），我们重复这一证明过程以使本节完整。设 p_1，p_2，$\cdots\in P$ 有极限 p。首先假设 $x_k\in\boldsymbol{D}_{p_k}(t)$ 满足 $\lim x_k=x$。显然 $x\in\mathbf{V}(t)$，所以如果 $x\notin\boldsymbol{D}_p(t)$，则存在 $y\in\boldsymbol{B}_p(t)$，使得 $y\succ_t x$。这样，$p\cdot y\leqq p\cdot\boldsymbol{i}(t)$，又由假设（13.5）可知 $\boldsymbol{i}(t)>0$，从而 $p\cdot\boldsymbol{i}(t)>0$。这样我们可以找到一个距离 y 充分近的 z 使得仍然有 $z\succ_t x$［由连续性假设（13.3）可知］，但 $p\cdot z<p\cdot\boldsymbol{i}(t)$。那么对充分大的 k，仍然有 $p_k\cdot z<p_k\cdot\boldsymbol{i}(t)$。再次利用连续性假设，可以由 $z\succ_t x$ 推出对充分大的 k 有 $z\succ_t x_k$，但这与 $x_k\in\boldsymbol{D}_{p_k}(t)$ 矛盾。因此 $x\in\boldsymbol{D}_p(t)$，且上半连续得证。

接着，设 $x\in\boldsymbol{D}_p(t)$。如果 x 饱和，则 x 属于所有 $\boldsymbol{D}_{p_k}(t)$，这样我们在下半连续的定义中令 $x_k=x$ 即可。因此假设 x 不饱和。令 x_k 为 $\boldsymbol{D}_{p_k}(t)$ 上距离 x 最近的一点；x_k 的存在可由 $\boldsymbol{D}_{p_k}(t)$ 为闭集得到，而 $\boldsymbol{D}_{p_k}(t)$ 为闭集可由上半连续性得到。令 $\delta>0$，设 $y_\delta=v_t(x+(\delta,\cdots,\delta))$，则由假设（13.6）可知，$y_\delta\sim_t x+(\delta,\cdots,\delta)\succ_t x$。或者对所有 δ 和所有充分大的 k 有 $y_\delta\in\boldsymbol{D}_{p_k}(t)$；或者对某些 δ，有无穷多个 k 使得 $y_\delta\notin\boldsymbol{D}_{p_k}(t)$。对于第一种情况，对所有 δ，由 x_k 的定义，我们有 $\|x_k-x\|\leqq\|y_\delta-x\|\leqq\delta\sqrt{n}$，其中 $\|\ \|$ 表示欧氏空间的模（即与原点的距离）。由于 δ 可以取任意小，得到 $x_k\to x$，且下半连续得证。对于第二种情况，不失一般性，可以假设对所有 k 有 $y_\delta\notin\boldsymbol{D}_{p_k}(t)$。则对每个 k 存在 $z_k\in\boldsymbol{B}_{p_k}(t)\cap\boldsymbol{V}(t)$，使得 $z_k\succ_t y_\delta$。由于 z_k 都在 $\boldsymbol{V}(t)$ 中，有极限点 z；又不失一般性，可令它为极限。由于 $p_k\to p$ 及 $p_k\cdot z_k\leqq p_k\cdot\boldsymbol{i}(t)$，可得 $p\cdot z\leqq p\cdot i(t)$，即 $z\in\boldsymbol{B}_p(t)$。另外，由连续性假设（13.3）可得 $z\succsim_t y$；又由 $y_\delta\succ_t x$，可得 $z\succ_t x$。但这与 $x\in\boldsymbol{D}_p(t)\subset\boldsymbol{C}_p(t)$ 矛盾，从而引理得证。

对此引理中上半连续的证明是唯一一处应用 $\boldsymbol{i}(t)>0$，而非远弱于此的 $\int\boldsymbol{i}>0$ 的地方。

引理 5.6　对每个固定的 p，$\boldsymbol{C}_p$ 和 $\boldsymbol{D}_p$ 都是博雷尔可测的。

证明：由于任意可测函数至多在空集上与博雷尔可测函数不同，我们可以假设 v 和 i 是博雷尔可测的。从而陈述“$x\in\boldsymbol{D}_p(t)$”等价于“$x\leqq v(t)$ 且 $x\in\boldsymbol{C}_p(t)$”。陈述“$x\in\boldsymbol{C}_p(t)$”等价于“对一切 $y\in\boldsymbol{B}_p(t)$，有 $x\succsim_t y$”；由连续性假设（13.3）可知，这与“对任意有理点[9] $r\in\boldsymbol{B}_p(t)$，有 $x\succsim_t r$”等价。对固定的 r，“$x\succsim_t r$”等价于“没有 $r\succ_t x$”。由连续性假设可知，“$r\succ_t x$”等价于“存在 Ω 上的有理点 s，使得 $s\geqq x$ 且 $r\succ_t s$”。因此 $\{(x,t):x\succsim_t r\}$ 即等于

$$\Omega\times T\setminus\bigcup_{\text{有理点}s\in\Omega}[\{x:s\geqq x\}\times\{t:r\succ_t s\}]$$

是博雷尔集。因此 $\{(x, t): x\in \boldsymbol{C}_p(t)\}$ 即等于

$$\bigcap_{\text{有理点} r\in\Omega}\left[(\Omega\times\{t: p\cdot r > p\cdot \boldsymbol{i}(t)\})\cup\{(x,t): x \succsim_t r\}\right]$$

是博雷尔集，从而 $\boldsymbol{C}_p$ 博雷尔可测得证。从而 $\{(x, t): x\in \boldsymbol{D}_p(t)\}$ 即等于

$$\{(x,t): x \leqq \boldsymbol{v}(t)\}\cap\{(x,t): x\in \boldsymbol{C}_p(t)\}$$

是博雷尔集，引理证毕。

推论 5.1 $\int \boldsymbol{D}_p$ 关于 p 是非空闭、凸且连续的。

证明：$\int \boldsymbol{v}\in\int \boldsymbol{D}_p$，从而非空得证。凸性可由引理 5.1 得到。由于 $\boldsymbol{D}_p$ 被 $\boldsymbol{v}$ 积分约束，连续性可由引理 5.4、引理 5.5 和引理 5.6 得到，又由于连续的集值函数的值总是闭的，从而推论得证。

对任意 $p\in P$，设 $d(p)$ 为 $\int \boldsymbol{D}_p$ 上距离 $\int \boldsymbol{i}$ 最近的一点。存在这样一点是因为 $\int \boldsymbol{D}_p$ 非空闭；这一点是唯一的因为 $\int \boldsymbol{D}_p$ 是凸的。

引理 5.7 $d(p)$ 是 p 的连续（点值）函数。

证明：一个类似的引理由麦肯齐证得（见参考文献 9，引理 10，pp. 62），我们重复这一证明过程以使本节完整。设 $p_k\to p$，并设 x 为 $d(p_k)$ 的一个极限点。由 $\int \boldsymbol{D}_p$ 上半连续可得 $x\in\int \boldsymbol{D}_p$。假设存在一点 $y\in\int \boldsymbol{D}_p$ 使得 $\left|y-\int \boldsymbol{i}\right|<\left|x-\int \boldsymbol{i}\right|$。由 $\int \boldsymbol{D}_p$ 下半连续可知，存在一个点列 $y_k\in\int \boldsymbol{D}_{p_k}$ 收敛于 y。令 $\{d(p_{k_j})\}$ 为一个收敛于 x 的 $\{d(p_k)\}$ 子列。由于模是连续的，从而对充分大的 j，有：

$$\left\| y_{k_j}-\int \boldsymbol{i}\right\| < \left\| d(p_{k_j})-\int \boldsymbol{i}\right\|$$

这与 $d(p_{k_j})$ 的定义矛盾，因此 $x=d(p)$。所以 $\{d(p_k)\}$ 的唯一极限

是 $d(p)$，引理得证。

引理 5.8　对任意 $p \in P$，$d(p) \geqq \int \boldsymbol{i}$。

证明：假如上述引理不成立，那么 $d(p)$ 有一个分量——设为第一个分量——满足 $d^1(p) < \int \boldsymbol{i}^1$。现在对所有 t 满足 $\boldsymbol{x}(t) \in \boldsymbol{D}_p(t)$，有 $d(p) = \int \boldsymbol{x}$。令 $\boldsymbol{y}(t) = (\boldsymbol{v}^1(t), \boldsymbol{x}^2(t), \cdots, \boldsymbol{x}^n(t))$。则有 $\boldsymbol{y}(t) \geqq \boldsymbol{x}(t)$，且 $\boldsymbol{y}(t) \leqq \boldsymbol{v}(t)$。因此对所有 t 有 $\boldsymbol{y}(t) \in \boldsymbol{D}_p(t)$。从而

$$\left(\int \boldsymbol{v}^1, d^2(p), \cdots, d^n(p)\right) = \int \boldsymbol{y} \in \int \boldsymbol{D}_p$$

现在 $d^1(p) < \int \boldsymbol{i}^1$，并且由饱和性约束（13.8）可知，$\int \boldsymbol{i}^1 < \int \boldsymbol{v}^1$；因此存在一个 α 满足 $0 < \alpha < 1$，使得 $\alpha \int \boldsymbol{v}^1 + (1-\alpha) d^1(p) = \int \boldsymbol{i}^1$。令 $z = \alpha \boldsymbol{y} + (1-\alpha)\boldsymbol{x}$ 及 $z = \int z$，可得 $z \in \int \boldsymbol{D}_p$（由 $\int \boldsymbol{D}_p$ 的凸性），且 $z = \left(\int \boldsymbol{i}^1, d^2(p), \cdots, d^n(p)\right)$。这样由 $d^1(p) < \int \boldsymbol{i}^1$，可以推出

$$\begin{aligned}\left\| z - \int \boldsymbol{i} \right\|^2 &= \sum_{i=2}^{n} \left(d^i(p) - \int \boldsymbol{i}^i\right)^2 \\ &< \sum_{i=1}^{n} \left(d^i(p) - \int \boldsymbol{i}^i\right)^2 = \left\| d(p) - \int \boldsymbol{i} \right\|^2\end{aligned}$$

这样，z 距离 $\int \boldsymbol{i}$ 比 $d(p)$ 近，矛盾。从而引理得证。

令 $g(p) = d(p) - \int \boldsymbol{i}$。我们已经对 $g(p)$ 证明了其所有性质，即与此处证明的 $h(p)$ 一样的性质：存在性、唯一性、连续性和非空性（非空性由引理 5.8 可证）。因此下面的引理就是我们证明的目标：

引理 5.9　$g(p) = h(p)$。

证明：固定 p，记 $g = g(p)$，$h = h(p)$，$c = c(p)$，$d = d(p)$，若

$g=0$，则引理已证。否则，根据 g 的定义，通过 d 与 g 垂直的超平面支撑 $\int \boldsymbol{D}_p$（见注释［8］）。即

$$x \cdot g \geqq \| g \|^2，对一切\ x \in \int \boldsymbol{D}_p - \int \boldsymbol{i} \qquad (13.12)$$

假定 $\int \boldsymbol{C}_p$ 上存在一点距离 $\int \boldsymbol{i}$ 比 d 近。这就是说 $\int \boldsymbol{C}_p - \int \boldsymbol{i}$ 上存在一点 y 距离 0 比 g 近。则有

$$\| y \|^2 < \| g \|^2 \qquad (13.13)$$

此外，$\| y \|^2 - 2y \cdot g + \| g \|^2 = \| y - g \|^2 > 0$。因此，$\| y \|^2 > y \cdot g + [y \cdot g - \| g \|^2]$。若 $y \cdot g - \| g \|^2 \geqq 0$，则有 $\| y \|^2 > y \cdot g \geqq \| g \|^2$，这与式（13.13）矛盾。因此

$$y \cdot g < \| g \|^2 \qquad (13.14)$$

不等式（13.14）表述了几何上显而易见的事实，即任何距离 $\int \boldsymbol{i}$ 比 d 近的点一定在通过 d 的与 g 垂直的超平面的近侧。

现在 $y = \int \boldsymbol{x} - \int \boldsymbol{i}$，其中 $\boldsymbol{x}(t) \in \boldsymbol{C}_p(t)$ 对所有 t 成立。又由理性饱和性可知，对所有 t，$v_t(\boldsymbol{x}(t)) \in \boldsymbol{D}_p(t)$。此外，$v_t(\boldsymbol{x}(t)) \leqq \boldsymbol{x}(t)$，且 $v_t(\boldsymbol{x}(t)) \leqq \boldsymbol{v}(t)$。令 $\boldsymbol{z}(t) = v_t(\boldsymbol{x}(t))$，我们得到 $\int \boldsymbol{z} \in \int \boldsymbol{D}_p$ 以及 $\int \boldsymbol{z} - \int \boldsymbol{i} \leqq y$。由 $g \geqq 0$（引理 5.8）可知，$\left(\int \boldsymbol{z} - \int \boldsymbol{i}\right) \cdot g \leqq y \cdot g$。从而由式（13.14）得到 $\left(\int \boldsymbol{z} - \int \boldsymbol{i}\right) \cdot g < \| g \|^2$，但是由于 $\int \boldsymbol{z} - \int \boldsymbol{i} \in \int \boldsymbol{D}_p - \int \boldsymbol{i}$，由式（13.12）可知 $\left(\int \boldsymbol{z} - \int \boldsymbol{i}\right) \cdot g \geqq \| g \|^2$，矛盾。从而引理得证。

另外还需要考虑所选可测的 $\boldsymbol{x}$ 的积分不符合式（13.11）的情形。第 13.4 节已充分说明了存在可测的 $\boldsymbol{x}$，使得对所有 t，$\boldsymbol{x}(t)$ 在预算集 $\boldsymbol{B}_q(t)$ 上关于 t 的偏好序最优。设 $\boldsymbol{X}(t)$ 为 $\boldsymbol{B}_q(t)$ 上所有最优点的集

合。由对引理 5.6 的证明，可以假设 $\boldsymbol{i}$ 是博雷尔可测的。则

$$\{(x,t):x\in \boldsymbol{B}_q(t)\}=\{(x,t):q\cdot x\leqq q\cdot \boldsymbol{i}(t)\}$$
$$=\Omega\times T\backslash U_\theta[\{x:q\cdot x>\theta\}\times\{t:\theta>q\cdot \boldsymbol{i}(t)\}]$$

其中 θ 为任意有理数。因此等式左侧是一个博雷尔集。应用引理 5.6 可以推出 $\{(x,t):x\in \boldsymbol{X}(t)\}$，即

$$\{(x,t):x\in \boldsymbol{B}_q(t)\}\cap\{(x,t):x\in \boldsymbol{C}_q(t)\}$$

是一个博雷尔集。因此 $\boldsymbol{X}$ 是博雷尔可测的。

接着要证明对任意 t，$\boldsymbol{X}(t)$ 是非空的。由 $\mathbf{V}(t)\cap \boldsymbol{B}_q(t)$ 的紧性及偏好的连续性假设（13.3），可知 $\mathbf{V}(t)\cap \boldsymbol{B}_q(t)$ 有一个最优的元素 y。则根据商品-理性饱和性，y 也是 $\boldsymbol{B}_q(t)$ 的最优点。事实上，假设存在 $z\in \boldsymbol{B}_q(t)$，使得 $z\succ_t y$，其中 $z\in \boldsymbol{B}_q(t)$ 即 $q\cdot z\leqq q\cdot \boldsymbol{i}(t)$；从而 $q\cdot v_t(z)\leqq q\cdot z\leqq q\cdot \boldsymbol{i}(t)$，从而有 $v_t(z)\in \boldsymbol{B}_q(t)$。但由定义可知，$v_t(z)\in \mathbf{V}(t)\cap \boldsymbol{B}_q(t)$。最终，$v_t(z)\sim_t z\succ_t y$。这样 $v_t(z)$ 就与 z 在 $\mathbf{V}(t)\cap \boldsymbol{B}_q(t)$ 上的最优性相矛盾，从而 $\boldsymbol{B}_q(t)$ 上最优元素的存在性得证。

由引理 5.2，我们现在可以推导出存在一个适当的 $\boldsymbol{x}$。从而辅助定理证毕。

13.6　主要定理的证明

证明的总体思想是用一组满足辅助定理的市场序列 $\boldsymbol{\mu}_k$ 来模拟一个特定的满足主要定理条件的市场 $\boldsymbol{\mu}$。然后根据辅助定理，$\boldsymbol{\mu}_k$ 有竞争均衡（q_k，y_k）；由这些竞争均衡，我们将会构造一对（q，$\boldsymbol{y}$），使之为原市场 $\boldsymbol{\mu}$ 的一个竞争均衡。

为了定义市场序列 $\boldsymbol{\mu}_k$，我们必须规定它们的初始禀赋 $\boldsymbol{i}_k$ 和偏好

序$\precsim_t^k$；所有 $\boldsymbol{\mu}_k$ 的商品种类数都取为 n。设 δ_k 为一个趋于 0 的单调序列，定义

$$\boldsymbol{i}_k(t)=\boldsymbol{i}(t)+(\delta_k,\cdots,\delta_k)$$

为了定义偏好序，设 γ_k 为一个趋于∞的单调序列，满足 $\gamma_1>\delta_1$，令

$$\boldsymbol{v}_k(t)=\boldsymbol{i}(t)+(\gamma_k,\cdots,\gamma_k)$$

并定义如第 13.3 节中的超矩形 $\boldsymbol{V}_k(t)$ 和从 Ω 到 $\boldsymbol{V}_k(t)$ 的函数 $v_{k,t}$，其中以 $\boldsymbol{v}_k$ 代替 $\boldsymbol{v}$。现在定义偏好序为

$$x\succsim_t^k y \text{ 当且仅当 } v_{k,t}(x)\succsim_t v_{k,t}(y)\text{时成立}$$

可以证明 $\boldsymbol{\mu}_k$ 满足辅助定理的条件，其中 $\boldsymbol{v}_k$ 为商品-理性饱和分配。此外，注意 $\boldsymbol{\mu}_k$ 中的偏好序与 $\boldsymbol{\mu}$ 中的一致，即对所有 x 和 y 满足 x，$y\leqq \boldsymbol{i}(t)+(\gamma_k，\cdots，\gamma_k)$。

设（q_k，$\boldsymbol{y}_k$）为 $\boldsymbol{\mu}_k$ 的一个竞争均衡。由 P 的紧性可知，序列 $\{q_k\}$ 有收敛子列，不失一般性地假设这个收敛子列就是序列 $\{q_k\}$。设 $q=\lim_k q_k$。下面是本节中非常重要的引理：

引理 6.1 $q>0$。

证明：采用反证法。假设 q 的某个分量为 0，如 $q^1=0$。首先我们确定

$$\text{若 } q\cdot\boldsymbol{i}(t)>0\text{，则当 } k\to\infty\text{ 时，}\{\boldsymbol{y}_k(t)\}\text{没有极限点} \qquad (13.15)$$

事实上，假设 y 为这样一个极限点；不失一般性，假设它就是 $\boldsymbol{y}_k(t)$ 的极限。现在由于（q_k，$\boldsymbol{y}_k$）是 $\boldsymbol{\mu}_k$ 的一个竞争均衡，我们有 $q_k\cdot\boldsymbol{y}_k(t)\leqq q_k\cdot\boldsymbol{i}_k(t)$。再由 $\boldsymbol{\mu}_k$ 的饱和性约束假设（13.8），可以推出 $\boldsymbol{y}_k(t)$ 不饱和。从而若 $q_k\cdot\boldsymbol{y}_k(t)<q_k\cdot\boldsymbol{i}_k(t)$，则由 $\boldsymbol{\mu}_k$ 的弱合意性假设（13.6），有可能找到 $\boldsymbol{B}_{q_k}(t)$ 上优于 $\boldsymbol{y}_k(t)$ 的点，这与竞争均衡的定义矛盾。从而 $q_k\cdot\boldsymbol{y}_k(t)=q_k\cdot\boldsymbol{i}(t)$，又由假设（13.15）可得

$$q \cdot y = \lim_k q_k \cdot \boldsymbol{y}_k(t) = \lim_k q_k \cdot \boldsymbol{i}_k(t) = q \cdot \boldsymbol{i}(t) > 0 \tag{13.16}$$

从而存在一个分量 j，使得 $y^j > 0$ 且 $q^j > 0$；不失一般性，设 $j=2$。由合意性假设（13.2）可知，$y + \{1, 0, \cdots, 0\} \succ_t y$。如果对充分小的 $\delta > 0$，定义 $z = y + \{1, -\delta, 0, \cdots, 0\}$，则 $z \in \Omega$，又由连续性可得 $z \succ_t y$。再利用连续性，可得对充分大的 k，有 $z \succ_t \boldsymbol{y}_k(t)$。由于（$q_k$，$\boldsymbol{y}_k$）是 $\boldsymbol{\mu}_k$ 的一个竞争均衡，有 $q_k \cdot z > q_k \cdot \boldsymbol{i}_k(t)$，令 $k \to \infty$，由式（13.16）可得

$$q \cdot z = \lim_k q_k \cdot z \geqq \lim q_k \cdot \boldsymbol{i}_k(t) = q \cdot y \tag{13.17}$$

但是由 $q^1 = 0$ 和 $q^2 > 0$，有

$$q \cdot z = q \cdot y + q^1 - \delta q^2 = q \cdot y - \delta q^2 < q \cdot y$$

与式（13.17）矛盾，从而假设（13.15）得证。

由 $q \in P$ 和 $\int \boldsymbol{i} > 0$，可得 $\int q \cdot \boldsymbol{i} = q \cdot \int \boldsymbol{i} > 0$。令 $S = \{t: q \cdot \boldsymbol{i}(t) > 0\}$，则 S 非空，用 $\mu(S)$ 表示它的测度。定义

$$A = \left\{ x \in \Omega: \sum_{i=1}^{n} x^i \leqq 2 \int \sum_{j=1}^{n} \boldsymbol{i}^j \Big/ \mu(S) \right\}$$

对 $t \in S$，由假设（13.15）及 A 的致密性可得，对至多有限多个 k，有 $\boldsymbol{y}_k(t) \in A$；即对任意 $t \in S$，存在一个整数 $\boldsymbol{k}(t)$，使得当 $k \geqq \boldsymbol{k}(t)$ 时，$\sum_i \boldsymbol{y}_k^i(t) > 2 \int \sum_j \boldsymbol{i}^j \Big/ \mu(S)$。从而对 $t \in S$，

$$\liminf_k \sum_i \boldsymbol{y}_k^i(t) \geqq 2 \int \sum_j \boldsymbol{i}^j \Big/ \mu(S) \tag{13.18}$$

$\boldsymbol{y}_k$ 是 $\boldsymbol{\mu}_k$ 的一个配置，于是有

$$\lim_k \int \sum_i \boldsymbol{y}_k^i = \lim_k \int \sum_i \boldsymbol{i}_k^i = \lim_k \left[\int \sum_i \boldsymbol{i}^i + n\,\delta_k \right] = \int \sum_i \boldsymbol{i}^i \tag{13.19}$$

但是由法托（Fatou）引理[10]和式（13.18）可得，

$$\lim_k \int \sum_i \boldsymbol{y}_k^i \geqq \int \lim\ \inf_k \sum_i \boldsymbol{y}_k^i \geqq \int_S \lim\ \inf_k \sum_i \boldsymbol{y}_k^i$$

$$\geqq \int_S \left[2\int \sum_j \boldsymbol{i}^j \Big/ \mu(S)\right] = \left[2\int \sum_j \boldsymbol{i}^j\right] \int_S 1\Big/\mu(S)$$

$$= 2\int \sum_j \boldsymbol{i}^j > \int \sum_j \boldsymbol{i}^j$$

其中最后一个不等式由 $\int \boldsymbol{i} > 0$ 得到。这与式（13.19）矛盾，从而引理 6.1 得证。

因为 $q_k \rightarrow q > 0$，存在一个 $\delta > 0$，使得对充分大的 k 和所有 i，有 $q_k^i \geqq \delta$。不失一般性，可设对所有 k 和 i，有 $q_k^i \geqq \delta$，且对所有 i，k 和 t，有 $\boldsymbol{i}_k^i(t) \leqq \boldsymbol{i}^i(t) + \delta$。因此对所有 i，k 和 t，有

$$\delta \boldsymbol{y}_k^i(t) \leqq q_k \cdot \boldsymbol{y}_k(t) \leqq q_k \cdot \boldsymbol{i}_k(t) \leqq q_k \cdot \boldsymbol{i}(t) + \delta$$

$$\leqq \sum_{j=1}^n \boldsymbol{i}^j(t) + \delta$$

这样我们得到

$$\boldsymbol{y}_k^i(t) \leqq 1 + \sum_{j=1}^n \frac{\boldsymbol{i}^j(t)}{\delta} \tag{13.20}$$

对每个 t，设 $\boldsymbol{Y}(t)$ 为 $k \rightarrow \infty$ 时 $\boldsymbol{y}_k(t)$ 的极限点的集合。设 $\boldsymbol{Y}_k(t)$ 为点 $\boldsymbol{y}_k(t)$ 组成的集合，则 $\boldsymbol{Y}(t) = \lim\ \sup \boldsymbol{Y}_k(t)$。由式（13.20）可知，所有 $\boldsymbol{Y}_k$ 都被相同的积分函数限制。从而由引理 5.3 得，

$$\int \boldsymbol{i} = \lim \int \boldsymbol{i}_k = \lim \int \boldsymbol{y}_k \in \lim\ \sup \int \boldsymbol{Y}_k \subset \int \lim\ \sup \boldsymbol{Y}_k = \int \boldsymbol{Y}$$

设 $\boldsymbol{y}$ 满足对所有 t，$\boldsymbol{y}(t) \in \boldsymbol{Y}(t)$，且

$$\int \boldsymbol{y} = \int \boldsymbol{i} \tag{13.21}$$

需要证明（q，$\boldsymbol{y}$）是 μ 的一个竞争均衡。

首先我们必须说明 $\boldsymbol{y}$ 是一个配置，对所有 t 有 $\boldsymbol{y}(t) \in \boldsymbol{B}_q(t)$ 且 $\boldsymbol{y}(t)$ 在 $\boldsymbol{B}_q(t)$ 上最优，即 $\boldsymbol{B}_q(t)$ 上不存在优于 $\boldsymbol{y}(t)$ 的点。我们已经说明了 $\boldsymbol{y}$ 是一个配置（13.21）。由于 $\boldsymbol{y}(t) \in \boldsymbol{Y}(t)$，所以 $\boldsymbol{Y}(t)$ 是 $\{\boldsymbol{y}_k(t)\}$ 的一个极限点，即 $\boldsymbol{y}(t)=\lim\limits_{m\to\infty}\boldsymbol{y}_{k_m}(t)$。由于

$$q_{k_m} \cdot \boldsymbol{y}_{k_m}(t) \leqq q_{k_m} \cdot \boldsymbol{i}_{k_m}(t)$$

令 $m\to\infty$，可以推出 $q \cdot \boldsymbol{y}(t) \leqq q \cdot \boldsymbol{i}(t)$，因此对一切 t，

$$\boldsymbol{y}(t) \in \boldsymbol{B}_q(t) \tag{13.22}$$

最后，假设对一个正测度集合中的 t，存在 $z \in \boldsymbol{B}_q(t)$ 使得 $z \succ_t \boldsymbol{y}(t)$。显然 $z \neq 0$；不失一般性，假设 $z^1 > 0$。如果对充分小的 $\delta > 0$，定义 $z_\delta = z-(\delta, 0, \cdots, 0)$，则仍然有

$$z_\delta \succ \boldsymbol{y}(t) \tag{13.23}$$

又由于

$$\lim_k q_k \cdot z_\delta = q \cdot z - q^1\delta < q \cdot z \leqq q \cdot \boldsymbol{i}(t) = \lim q_k \cdot \boldsymbol{i}_k(t)$$

因此对所有充分大的 k，如 $k > k_0$，有

$$q_k \cdot z_\delta < q_k \cdot \boldsymbol{i}_k(t)$$

由 $\boldsymbol{y}(t)$ 是 $\{\boldsymbol{y}_k(t)\}$ 的一个极限点可知，存在收敛于 $\boldsymbol{y}(t)$ 的子列 $\{\boldsymbol{y}_{k_m}(t)\}$，从而对充分大的 m，由式（13.23）可得

$$z_\delta \succ_t \boldsymbol{y}_{k_m}(t)$$

如果我们取相当大的 m 使得 $k_m \geqq k_0$，则 z_δ 与 $\boldsymbol{y}_{k_m}(t)$ 在预算集 $\{x: q_{k_m} \cdot x \leqq q_{k_m} \cdot \boldsymbol{i}_{k_m}(t)\}$ 中。从而假设 $z \succ_t \boldsymbol{y}(t)$ 推导出了矛盾，因此得到结论：对所有 t，$\boldsymbol{y}(t)$ 在 $\boldsymbol{B}_q(t)$ 上最优。又由式（13.21）和式（13.22）得到 $(q, \boldsymbol{y})$ 是一个竞争均衡，主要定理证毕。

13.7 与麦肯齐证明的比较

本章证明与麦肯齐证明的不同在于最初的假设条件不同：我们没有做凸性假设，并且我们有一个连续交易者而非有限数目的交易者。

麦肯齐只在一处用到了凸性假设，即证明总最优集（在他的证明中为个体偏好集的总和）为凸。这需要定义唯一的 $h(p)$，再由个体偏好集的凸性得到。在有限的模型里，不需要做其他直观的假设，个体偏好集的凸性就可以推导出总偏好集的凸性。

然而，由于引理 5.1 在连续的模型里，凸性假设是不必要的，即任何无原子测度空间（在这里指单位区间）上的集值函数的积分总是凸的，即使个体函数值是非凸的。特别地，总偏好集——（可能非凸）个体偏好集的积分——是凸的。

由于连续交易者的存在，分配空间不再是一个有限维欧氏空间的子集，而是一个无限维函数空间的子集。这就要求本章用全新的方法由个体交易者已证得的性质来证明交易者整体相应的性质。例如，考虑总偏好集作为价格向量的函数的连续性。在有限的情况下，这可以很容易地由个体偏好集的连续性得到。然而在本章中，就需要用到相对深入的引理 5.4。事实上，为了证明本章的定理而提出的引理 5.1～引理 5.4 体现了主要的数学上的难点。这几个引理的证明用到了关于向量测度范围的李雅普诺夫（Lyapunov）定理（见参考文献 8）、函数分析（巴拿赫空间）和拓扑学的方法。

另一个本章证明与麦肯齐证明的显著不同在于有界性。在辅助定理的证明中，商品束集必须在某种程度上有界以保证个体偏好集的连续性和存在性。而麦肯齐是通过说明个体交易者不可能拥有比整个市场更多的商品来保证有界性的。这在本章中是行不通的，因为无论个体交易者的商品束多大，同整个市场相比都是无穷小的。因此我们用到了商品-理性饱和的概念来进行限制。本章从辅助定理到主要定理的证明没有用到商品-理性饱和，但是需要用到有界性以使辅助市场 $\boldsymbol{\mu}_k$ 的竞争均衡序列能够收敛。这里我们第一次由合意性假设（13.2）推出所有价格必须是非零的，并将考虑的商品束限制到简化的有限情形中。

13.8 核

与竞争均衡的概念密切相关的概念是核。核是具有如下性质的配置集合，即没有任何交易者的联盟能够不依靠联盟外部的交易者，而只通过联盟内部的交换行为保证其中每个成员都得到更好的商品束。在形式上（在我们的模型中），如果不存在可测的非空交易者集合 S，其中有配置 $\boldsymbol{y}$ 使得对一切 $t\in S$，有 $\boldsymbol{y}(t)\succ_t\boldsymbol{x}(t)$ 且 $\int_S\boldsymbol{y}=\int_S\boldsymbol{i}$，则一个配置 $\boldsymbol{x}$ 在核中。在有限的市场中，可以用和代替积分。

在偏好为凸的有限市场中，核总是非空的，但是当偏好非凸的时候，核有可能是空集。在竞争均衡的情况下，可以推测当交易者的数目增加时，这种反常的“病态”将会“趋于消失”。沙普利和舒比克对这种可能性进行了研究（见参考文献 10），表明尽管对任意（有限的）厂商数目，核本身都为空集，但是可以定义一种核的近似，称为 ε-核。对任意 $\varepsilon>0$，如果允许交易者的数目 n 以特定的方式增长，对充分大的 n，ε-核将变得非空。他们推断对充分大的 n，真正的核就存在于“表面之下”。他们的理论基于较强的假设：他们假定效用函数有传递性，所有的交易者都有相同的效用函数，以及不同交易者类型的数目是固定有限的（其中如果两个交易者有相同的初始禀赋，则他们属于相同类型）。

我们现在将要描述核与竞争均衡的概念之间的关系。定义一个均衡配置为与一个适当的价格向量一起构成竞争均衡的配置。对有限市场，核总是包含均衡配置集，但是这两个集合通常并不是一致的。然而一个长期存在的推断认为，当市场中的交易者数量增加时，市场的核在某种程度上“趋于”均衡配置集。近来这一推断被形式化并以许多不同的方法得到证明。[11]参考文献 2 指出在连续交易者市场中，核实际上等同于均衡配置集，在甚至比本章更弱的假设条件下成立。[12]其中一个没有解决的问题就是竞争均衡的存在性，或者等价于核的非空性；尽管已经证明了这两个集合一致，但它们都不存在的可能性问题没有解决。现在由本章的定理，可以推出核也是非空的。这与沙普利-舒比克的结论相符（尽管他们的结论是在强得多的假设下得到的）：由于对相当大的 n，ε-核非空，可以预期，对无穷大的 n，真正的核非空。

参考文献

1. Arrow, K. J., and G. Debreu. "Existence of an equilibrium for a competitive economy," *Econometrica*, Vol. 22, 1954, pp. 265 - 290.

2. Aumann, R. J. "Markets with a continuum of traders," *Econometrica*, Vol. 32, 1964, pp. 39 - 50.

3. ——. "Integrals of set-valued functions," *Journal of Mathematical Analysis and Applications*, Vol. 12, 1965, pp. 1 - 12.

4. Debreu, G. *Theory of Value*, John Wiley and Sons, Inc., New York, 1959.

5. Dunford, N., and J. T. Schwartz. *Linear Operators, Part* Ⅰ, Interscience Publishers, Inc., New York, 1958.

6. Eggleston, H. G. *Convexity*, Cambridge University Press, 1958.

7. Gale, D. "The Law of supply and demand," *Mathematics Scandinavica*, Vol. 3, 1955 pp. 155 - 169.

8. Lyapunov, A. "Sur les fonctions-vecteurs complètements addi-

tives," *Bull Acad. Sci. URSS sér. Math*, Vol. 4, 1940, pp. 465 – 478.

9. McKenzie, L. W. "On the existence of general equilibrium for a competitive market," *Econometrica*, Vol. 27, 1959, pp. 54 – 71.

10. Shapley, L. S., and M. Shubik. *The Core of an Economy with Non-convex Preferences*. The RAND Corporation, RM-3518-PR, February, 1963.

11. Wald, A. "Uber einige Gleichungssysteme der mathematischen Ökonomie," *Zeitschrift für Nationalökonomie*, Vol. 7, 1936, pp. 637 – 670. Translated as "On some systems of equations of mathematical economics," *Econometrica*, Vol. 19, 1951, pp. 368 – 403.

【注释】

[1] 研究部分受到海军研究办公室逻辑和数理统计分会 No. N62558-63568 项目的资助。与本节相关的前期研究受到纽约卡内基公司通过普林斯顿大学的经济研究项目和美国空军兰德项目的资助。

[2] 例如参考文献 1，7，9。

[3] 即，商品束集合上的偏好或无差异关系是凸的。

[4] 见巴特（Bator）、法雷尔（Farell）、库泊曼（Koopmans）和罗森博格（Rothenberg）在《政治经济学杂志》中的文章（Vol. 67，1959，377 – 391；Vol. 68，1960，435 – 468；Vol. 69，1961，478 – 493）。

[5] 关系 $\mathscr{R}$ 满足传递性，如果 $x\mathscr{R}y$ 和 $y\mathscr{R}z$，有 $x\mathscr{R}z$；自反性，如果对所有 x，有 $x\mathscr{R}x$；完备性，如果对所有 x 和 y，或者 $x\mathscr{R}y$，或者 $y\mathscr{R}x$。

[6] 本节中（不是参考文献 2 中），可测性假设与假设 $\{t \mid x \succ_t y\}$ 是可测的，对所有 Ω 中的 x 和 y 是等价的。

[7] 布劳威尔不动点定理叙述，每个从 P 到它本身的连续单值函数 f 具有不动点，即点 p 满足 $f(p)=p$。证明，见参考文献 5，Sec，V. 12，468。

[8] 这是构造支撑超平面的标准方法。明确的证明由麦肯齐给出［见参考文献 9，引理 7（1），p. 61］。

[9] 即，点具有有理数坐标。

[10] 法托引理叙述了，如果 φ_k 是非负可测实函数，则 $\lim\inf\int\varphi_k \geqslant \int\lim\inf_k\varphi_k$

（见参考文献 5，III.6.19，152）。

[11] 参考文献 2 对这些发展进行了综述。

[12] 参考文献 2 中的模型与本章的模型不同，我们直接从偏好关系 $\succ_t$ 开始，而不是从至少一样好的关系 $\succsim_t$ 开始；进一步地，我们没有假设偏好关系的全序或偏序（例如，没有假设传递性）。否则，两个模型一致。

第 14 章
n 人博弈的核

赫伯特·E.斯卡夫[1]

本章给出了一般 n 人博弈具有非空核的充分条件。如果这个博弈产生于纯交换经济，则对应条件是一系列的凸偏好。这里充分性证明基于一个有限的算法，而没有使用不动点定理。

14.1 引　言

经济系统中的分配问题既可以用竞争模型中的行为假设分析，也可以用更灵活的 n 人博弈理论分析。在竞争模型中，假设在预算约束下，消费者对价格的反应是最大化他们的效用，生产者的反应则是最大化他们的利润。一致的生产决策和商品的分配可以由一组使得所有市场都处于均衡状态的价格向量得到。

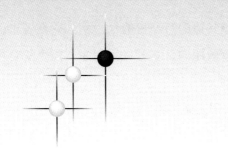

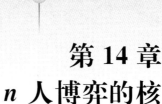

使用 n 人博弈理论分析这些问题，需要规定生产和分配行为，使得它们对经济代理人的任何联盟都是有效的。利用联盟得到的可行效用向

量集合，基本可以得到联盟具体的策略可能性。例如，在一个纯交换经济中，每个联盟可以和所有效用向量集合联系起来，这个集合可由联盟内资源的任意重新分配得到。

n 人博弈的核是埃奇沃思契约曲线的一般化。给出一个对于所有参与人可行的效用向量，针对任意联盟，检验它是否能为所有成员提供更高的效用水平。如果能，则这个效用向量被称为联盟阻碍。n 人博弈的核由这些向量组成，它们对参与人的所有集合都是可行的，且不能被任何联盟阻碍。

正如我们在过去几年里所看到的，这两种分析方法有着紧密的联系。如果使用竞争模型的传统假设，诸如偏好的凸性、生产集的凸性和规模收益不变，则存在一个使所有市场都均衡的价格系统，以及消费者商品束的分配。与这个竞争均衡相关的效用向量在核中。进一步地，如果消费者数量以适当的方式趋于无穷，则核中的可行效用向量集合变小，且在极限处收敛于竞争均衡对应的效用向量。

当然，如果竞争模型的经典假设不满足，我们就得不到一个竞争均衡。另外，使用 n 人博弈理论对分配问题的表述是充分灵活的，可适应经典模型的任意变形。由联盟得到的可行效用向量集合可用于存在生产规模收益递增、某些物品为公共所有，以及包括社会商品而不只是私人物品的情况，这些情况下的模型只对经典模型做了一点修改。这就使得我们只需确保核中效用向量存在的充分条件，它直接描述了 n 人博弈结构，而不是间接说明竞争均衡的存在。

为了弄清楚这些条件的形式，我们先讨论三人博弈问题。在这种情况下，存在 7 个可能的联盟：3 个一人联盟，3 个二人联盟和 1 个三人联盟。每个这样的联盟会得到一个效用向量集合，这个集合取决于联盟成员的策略。我们用 V_S 表示由联盟 S 得到的向量集。$V_{(123)}$ 表示三维空间的一组向量，$V_{(12)}$ 则在由坐标轴 1，2 所决定的平面上。一般地，V_S 在三维空间的子空间中，其坐标轴对应于 S 中的成员。假设集合 V_S 有几个技术性质，如闭集，以及包括所有坐标小于或等于 V_S 中点的坐标的点。

为了使这个博弈有非空核，$V_{(123)}$ 必须充分大，使其包括不能被任何联盟所阻碍的向量。“充分大”的一个含义可以通过假设联盟可由不相交的集合组成来得到。例如：若 $u_1 \in V_{(1)}$ 且（u_2，u_3）$\in V_{(23)}$，则我们可以假设（u_1，u_2，u_3）$\in V_{(123)}$，同样可以对三人博弈集合的所有其他分割做这样的假设。在这种意义上，对博弈具有超可加性的假设，对大多数经济模型都是很自然的。然而，这不能充分保证核中一定存在一个向量，因此还需要其他条件。

我们暂时假设博弈来源于市场模型，三个参与人交换他们的初始禀赋。第 i 个参与人的偏好由效用函数 $u_i(x^i)$ 表示，其中 x^i 是这个参与人得到的商品束。第 i 个参与人的初始商品束用 ω^i 表示。有了这些描述，我们将 $V_{(123)}$ 表示为：

$$V_{(123)} = \{(u_1, u_2, u_3) \mid u_j \leqslant u_j(x^j)，\text{对某些}(x^1, x^2, x^3)\text{有}\\ x^1 + x^2 + x^3 = \omega^1 + \omega^2 + \omega^3\}$$

集合 $V_{(12)}$ 表示为：

$$V_{(12)} = \{(u_1, u_2) \mid u_j \leqslant u_j(x^j)，\text{对某些}(x^1, x^2)\text{有}\\ x^1 + x^2 = \omega^1 + \omega^2\}$$

每个集合 V_S 都有类似的表示方法。

在上述条件下，即使没有凸偏好的假设，这个博弈也显然是超可加的。然而，我们知道一个没有凸偏好的市场博弈不一定有核存在（见参考文献 3），因此我们需要找到一个方法，将凸偏好转化成集合 V_S 的某种联系，从而找到需要的条件。假设有一个任意向量（u_1，u_2，u_3），它满足下面的三个条件：

$$(u_1, u_2) \in V_{(12)}$$

$$(u_2, u_3) \in V_{(23)}$$

$$(u_1, u_3) \in V_{(13)}$$

在市场经济中，这意味着存在商品束（x^1，x^2），（y^2，y^3），（z^1，z^3），使得

$$\begin{aligned} x^1 + x^2 \qquad &= \omega^1 + \omega^2 \\ y^2 + y^3 &= \qquad \omega^2 + \omega^3 \\ z^1 \qquad + z^3 &= \omega^1 \qquad + \omega^3 \end{aligned}$$

且

$$u_1(x^1) \geqslant u_1, \quad u_1(z^1) \geqslant u_1$$

$$u_2(x^2) \geqslant u_2, \quad u_2(y^2) \geqslant u_2$$

$$u_3(y^3) \geqslant u_3, \quad u_3(z^3) \geqslant u_3$$

但是

$$\frac{x^1 + z^1}{2}, \quad \frac{x^2 + y^2}{2}, \quad \frac{y^3 + z^3}{2}$$

代表所有三人的可行交易，因为这些向量的和为 $\omega^1 + \omega^2 + \omega^3$。如果这三个消费者的偏好是凸的，那么这个交易的效用水平很容易描述，因为凸性意味着

$$u_1\left(\frac{x^1 + z^1}{2}\right) \geqslant \min[u_1(x^1), u_1(z^1)] \geqslant u_1$$

$$u_2\left(\frac{x^2 + y^2}{2}\right) \geqslant \min[u_2(x^2), u_2(y^2)] \geqslant u_2$$

$$u_3\left(\frac{y^3 + z^3}{2}\right) \geqslant \min[u_3(y^3), u_3(z^3)] \geqslant u_3$$

也就是说，向量（u_1，u_2，u_3）可以由三人联盟得到，即在 $V_{(123)}$ 中。

这个有点难以理解的将凸性转变为 3 个二人联盟与所有参与人联盟之间联系的方法，是和超可加性的假设相结合的，这足以保证在三人博弈的核中存在一个向量。为了讨论这些条件更一般的形式，我们使用一

个 n 人博弈更正式的定义，这个定义是由奥曼和皮莱格（见参考文献 1）给出的。

n 个参与人的集合用 N 表示，任意的联盟用 S 表示。对每个集合 S，E^S 表示维数和 S 中参与人个数相同的欧氏空间，它的坐标和 S 中的参与人的下标一致。如果 u 是 E^N 中的一个向量，则 u^S 是它在 E^S 上的投影。

我们将每个联盟 S 同集合 V_S 联系起来，V_S 在 E^S 中，它代表了这个联盟的可行效用向量集合。S 中的成员必须进行某种活动从而得到 V_S 中一个特殊的向量，这种活动依赖于 n 人博弈的特点。然而，为了我们的目的，需要对每个联盟得到的效用向量进行总结。

对集合 V_S 进行以下假设是很有用的。

(1) 对每个 S，V_S 是闭集；

(2) 如果 $u \in V_S$，$y \in E^S$ 且 $y \leqslant u$，则 $y \in V_S$；

(3) V_S 中的向量集合是一个非空闭集，其中 S 中的每个参与人都能得到不少于他自己获得的最大效用。

这些条件是非常自然的，因此不用特别说明。这与奥曼和皮莱格假设的条件有一些细微的差别，特别地，集合 V_S 不需要是凸的。

我们已经看到三人交换模型是如何产生这种形式的博弈的。在一个有 n 个消费者的交换经济中，第 i 个参与人的效用函数用 $u_i(x^i)$ 表示，他的初始禀赋用 ω^i 表示，向量 $u \in E^S$ 在 V_S 中，如果我们能找到商品束 x^i，使得 $\sum\limits_{i \in S} x^i = \sum\limits_{i \in S} \omega^i$，且对所有的 $i \in S$ 有 $u_i(x^i) \geqslant u_i$。假设每个联盟都可以根据某些生产集转换商品，就可以将生产引入模型，虽然这并不是将生产引入 n 人博弈理论模型的唯一方法。

在另一个例子中，考虑一个经典的具有可转移效用的 n 人博弈，每个联盟的效用用数 f_S 表示。这就是说，一个向量 $u \in E^S$ 可以由联盟 S 得到，如果 $\sum\limits_{i \in S} u^i \leqslant f_S$，这样集合 V_S 就由法向量只包含 0 或 1 的超平面所定义的半空间组成。

设 u 是 V_N 中的点，u^S 是它在 E^S 上的投影。向量 u 被集合 S 阻碍，如果我们能够找到一个点 $y\in V_S$ 且 $y>u^S$，或者说如果联盟 S 可以达到一个效用水平，使其中每个成员的效用水平都比向量 u 提供的高。

为了决定三人博弈情形中我们附加条件的适当一般化，我们需要使用沙普利（参考文献 8）、皮莱格（参考文献 7）和邦达尔瓦（Bondareva，见参考文献 2）在关于具有可转移效用博弈的文章中提到的联盟的平衡集（balanced collection）的概念。

定义 1 令 $T=\{S\}$ 是一个 n 人博弈的联盟的集合。如果可以找到非负权数 δ_S，使得对 T 中的每一个联盟都有

$$\sum_{\substack{S\in T\\ S\supset\{i\}}}\delta_S=1 \qquad (\text{对每个 } i)$$

则 T 称为平衡集，也就是说，权数 δ_S 具有这样的性质：如果任意一个参与人被选中，则那些 T 中包含这个参与人的联盟的相应权数的和为 1。这个定义的另一个解释是，所有参与人集合的特征函数是一个平衡集中联盟的特征函数的非负线性组合。

联盟的平衡集确实是三人博弈中所有二人联盟集合的一般化，因为 $\delta_{(12)}=\delta_{(13)}=\delta_{(23)}=\dfrac{1}{2}$ 是一个适当的权数。不幸的是，由于在核的研究中平衡集非常重要，我们无法凭直觉说明何时给定的集合是平衡的。

这个概念允许我们将三人博弈情况下的附加条件推广到 n 人博弈中。

定义 2 如果对每个平衡集 T，对所有的 $S\in T$，有 $u^S\in V_S$，则向量 u 一定在 V_N 中，那么一个 n 人博弈是平衡的。

现在叙述本章的主要理论。

定理 1 一个平衡的 n 人博弈总有一个非空核。

需要注意的是，前面引入的所有概念在性质上都是纯序数的。如果对任何一个参与人的效用进行单调连续的变换，它们的性质是不变的。实际上，这个讨论可以在一个概括的水平上进行，其中每个参与人的结果都由任意规则的集合表示。

14.2　平衡博弈的一些例子

一个平衡博弈的条件是非常模糊的，因此检验一些例子是非常有帮助的。一个具有凸偏好的市场博弈总是平衡的，令 T 是任意平衡集，向量 u 使得对每个 T 中的 S 都有 $u^S \in V_S$。这就是说，对每个这样的联盟都有一个再分配其资产的方法，使其得到向量 u^S。如果这个再分配给参与人 i（假设他是 S 中的成员）的商品束为 x_S^i，则：

$$\sum_{i \in S} x_S^i = \sum_{i \in S} \omega^i \quad 且 \quad u_i(x_S^i) \geqslant u_i$$

为了证明博弈是平衡的，我们需要构造一种分配 x^1，…，x^n，使得 $\sum_1^n x^i = \sum_1^n \omega^i$ 且 $u_i(x^i) \geqslant u_i$，对所有 i 成立。这个分配可以由平衡集定义中的权数 δ_S 来构造。

对每一个参与人 i，我们定义 x^i 为 $\sum_{S \in T,\ S \supset \{i\}} \delta_S x_S^i$。由 δ_S 的定义，每个 x^i 都是 x_S^i 的一个凸组合，其中 S 是 T 中包含参与人 i 的集合。如果假设偏好是凸的，那么 $u_i(x^i)$ 大于等于数 $u_i(x_S^i)$ 中的最小值，因此大于等于 u_i。用这个方法我们可以构造一个商品束的分配，使得每个参与人的效用水平都不小于 u 中相应的值。为了说明 $u \in V_N$，我们只需证明 $\sum_1^n x^i = \sum_1^n \omega^i$。但是

$$\sum_1^n x^i = \sum_1^n \sum_{\substack{S \supset \{i\} \\ S \in T}} \delta_S x_S^i$$

$$
\begin{aligned}
&= \sum_{S \in T} \delta_S \sum_{i \in S} x_S^i \\
&= \sum_{S \in T} \delta_S \sum_{i \in S} \omega^i \\
&= \sum_{1}^{n} \omega^i \sum_{\substack{S \in T \\ S \supset \{i\}}} \delta_S \\
&= \sum_{1}^{n} \omega^i
\end{aligned}
$$

这个讨论说明具有凸偏好的纯交换经济总能得到一个平衡的 n 人博弈，并且如果假设本章的主要结论是正确的，那么这个博弈总有一个非空核。有趣的是这不需要其他的假设，诸如偏好的严格单调性、初始禀赋的严格正。（当然，在交换模型中，为了达到极限，得到竞争均衡，一些附加的假设条件是需要的。）

在第二个例子中，n 人博弈具有可转移效用，这很容易证明一个平衡博弈具有非空核，而不需要后面将要使用的精细方法。实际上，一个具有可转移效用的博弈有一个非空核当且仅当它是平衡的。

如果集合 V_S 由 E^S 中的向量组成，且满足 $\sum_{i \in S} u_i \leqslant f_s$，则向量（$u_i$，…，$u_n$）在核中，如果

$$
\sum_{i=1}^{n} u_i \leqslant f_N \text{ 且} \sum_{i \in S} u_i \geqslant f_s \quad \text{（对所有子集 } S\text{）}
$$

第一个不等式意味着 $u \in V_N$，第二个不等式说明 u 不能被任何联盟 S 所阻碍。也就是说，这个博弈有一个核，如果下面的线性规划问题有一个解

$$
\begin{aligned}
&\min \sum_{i=1}^{n} u_i \\
&\sum_{i \in S} u_i \geqslant f_s \quad \text{（对所有 } S\text{）}
\end{aligned}
$$

其中目标函数等于 f_N。这个问题的对偶变量用 δ_S 表示，则对偶问题为

$$\max\sum_{S}\delta_S f_S$$

$$\sum_{S\supset\{j\}}\delta_S=1 \quad 且 \quad \delta_S\geqslant 0$$

（我们在这里使用等式是因为原问题中的变量没有约束。）设 $\{\hat{\delta}_S\}$ 是对偶问题的解，$\{\hat{u}_i\}$ 是原问题的解。那么由定义可知，那些联盟的集合 T（其中 $\hat{\delta}_S>0$）是一个平衡集，而且原问题的解给我们提供了一个向量 $\hat{u}$，满足 $\sum_{i\in S}\hat{u}=f_S$ 对所有 $S\in T$ 成立，因为对偶变量为正要求原始约束为等号。但是对所有 $S\in T$ 都有 $\hat{u}_S\in V_S$，如果博弈是平衡的，这就意味着 $\hat{u}\in V_N$ 或 $\sum_1^n\hat{u}_i\leqslant f_N$。这说明在具有可转移效用的情形下一个平衡博弈有非空核。正如我们所看到的，一般的 n 人博弈在没有可转移效用的假设下，需要比线性规划更精细的技巧。

14.3　暗含定理 1 的组合问题

定理 1 的证明可以分为两个部分。我们首先从集合 V_S（S 是 N 的一个子集）中选择有限个向量 $u^{1,S}$，$u^{2,S}$，…，$u^{k_S,S}$，使得 S 中每个参与人都能得到不小于他自己所能得到的效用。如果这个博弈是平衡的，这个算法就可以计算出 V_N 中的一个向量，V_N 不能被任何可能的联盟所阻碍，即便是这个有限集中的向量。本节中的极限情况包括在每个 V_S 中选择无穷稠密向量序列，将在后面讨论。

我们用一组有限的角点（corner）来近似每个集合 V_S，如图 14－1 所示。由于这个近似没有改变平衡博弈的性质，我们现在可以将注意力集中在这些博弈上，其中对每个可行的子集 S，集合 V_S 实际上有有限个角点。

使用具有 n 行 $\sum_S k_S$ 列的矩阵 C 来总结一个有限博弈的数据是

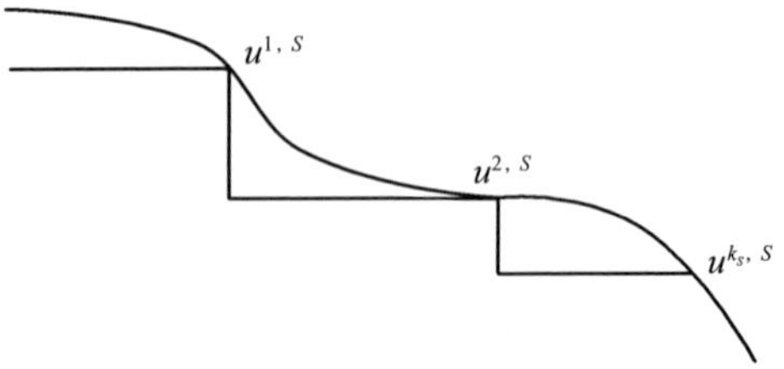

图 14-1

很有用的，其中 n 行表示博弈参与人的数量，每一列向量用来定义这个博弈。C 的行标用 i 表示，列标用一对下标（j，S）表示，因此 C 中的一个元素由 c_{ijS} 表示。如果参与人 i 包含在联盟 S 中，则 c_{ijS} 定义为向量 $u^{j,S}$ 的第 i 个元素。如果第 i 个参与人不是 S 的一个成员，则定义 c_{ijS} 为一个相对大的数 M 是很有用的。M 的选择与实际的计算无关，它只需要大于向量 $u^{j,S}$ 中的任何一个元素即可。

同时我们定义一个 n 行 $\sum_S k_S$ 列的矩阵 A，如果参与人 i 在联盟 S 中，则 $a_{ijS}=1$，否则为 0。A 是参与人相对于集合的关联矩阵（incident matrix），其中列表示 S 在 V_S 中出现的次数即角点。

为了说明这个问题，我们从三人博弈的例子入手。在这个例子中，集合 V_S 表示一个典型的二人联盟，并假设它有两个角点。给定矩阵 C 为

$$\begin{array}{ccccccccc} (1) & (2) & (3) & (1,12) & (2,12) & (1,13) & (2,13) & (1,23) & (2,23) \\ \end{array}$$
$$\begin{bmatrix} 0 & M & M & 6 & 2 & 12 & 3 & M & M \\ M & 0 & M & 6 & 8 & M & M & 7 & 2 \\ M & M & 0 & M & M & 2 & 8 & 5 & 9 \end{bmatrix}$$

在这个例子中，每个参与人只能得到最大为零的效用。一般而言，V_N 的信息不必包含在矩阵 C 中。

用几何的观点来研究这个问题是很有用的。我在图 14-2 中画出了这

个集合，称为 V，其中的点在非负象限中。如果博弈是平衡的，则它必须在集合 $V_{(123)}$ 中。由于一个二人联盟和与它互补的一人联盟形成一个平衡集，所以 V 包括坐标平面上那些由二人联盟得到的点。V 也包含那些满足 $(u_1, u_2)\in V_{(12)}$，$(u_1, u_3)\in V_{(13)}$，$(u_2, u_3)\in V_{(23)}$ 的向量 (u_1, u_2, u_3)。从博弈是平衡的假设我们知道 $V_{(123)}$ 包含 V，它可能相当大。

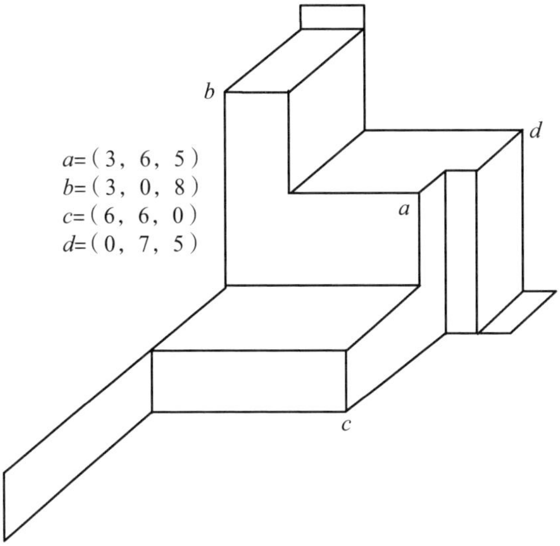

图 14－2

非负象限的任何点都不能被一人联盟所阻碍。V 中是否有一点可以被二人联盟所阻碍呢？也就是说，V 中是否有一点在二人联盟上的三个映射都在效用可能集的边界上。读者可以证明这样的点只有一个，即 $u=(3, 6, 5)$。当然这个向量如果不是帕累托最优的，则不一定在核中，但是 $V_{(123)}$ 中任何一个大于等于 u 的帕累托最优点都在核中。

向量 $(3, 6, 5)$ 是由点 $(6, 6, 0)$，点 $(3, 0, 8)$，点 $(0, 7, 5)$ 得到的，如果我们根据这些点构造子阵 C，

$$\begin{bmatrix} 6 & 3 & M \\ 6 & M & 7 \\ M & 8 & 5 \end{bmatrix}$$

并且定义 u_1 是子阵第 i 行的最小值，则（u_1，u_2，u_3）=（3，6，5）。从矩阵 C 可以清楚地看到 u 不能被阻碍，如果 u 是被 S 所阻碍的。那么存在一列 j，S 使得对所有 i，有 $c_{ijS}>u_i$，读者可以证明没有这样的列存在。

从分析上看，如果博弈是平衡的，则 u 在 $V_{(123)}$ 中的结论依赖于下面的观察：

$$(3,6,5)^{(12)}=(3,6)\leqslant(6,6)\in V(12)$$

$$(3,6,5)^{(13)}=(3,5)\leqslant(3,8)\in V(13)$$

$$(3,6,5)^{(23)}=(6,5)\leqslant(7,5)\in V(23)$$

因此三个两元素的集合组成了一个平衡集。

一般情况下，我们也可以考虑子阵 C，定义 u_i 是子阵第 i 行元素的最小值。要从向量 u 得到核中的一个点需要两个条件。首先，我们希望 u 不被任何联盟所阻碍，这意味着对矩阵 C 中的每一列至少有一个元素必须小于等于向量 u 中相应的元素。当然并不是 C 的每一个子阵都会产生满足这个性质的向量 u，这个算法的一部分将考虑如何决定这样的子阵。

为了得到向量 u 在 V_N 中的结论，必须给子阵 C 的列定义加上第二个条件。

设 T 是那些至少有一列包含在子阵中的联盟 S 的集合。对每一个 T 中的 S 向量，u^S 一定在 V_S 中，因为它小于等于 V_S 中的一个角点。集合 T 是平衡的条件足以得到 $u\in V_N$ 的结论，换言之，存在非负数 δ_S，当 S 不在 T 中时为 0，满足

$$\sum_{S\supset\{i\}}\delta_S=1\qquad(i=1,\cdots,n)$$

不过这等价于方程 $Ax=e$（e 是所有元素都为 1 的向量）有非负解，其中 $x_{jS}=0$ 对任意不在子阵 C 中出现的列 j，S 成立，因此我们有

$\delta_S = \sum_j x_{jS}$。

也就是说在线性规划的意义下，我们寻找方程 $Ax=e$ 的一组可行基。由这个可行基的 n 列得到 C 的子阵，并且定义 u_i 是这个子阵第 i 行的最小元素。选择这个可行基使得矩阵 C 中每一列至少有一个元素是小于等于 u 中相应元素的。

为了一般化这个问题，可以考虑任意的 n 行 m 列矩阵 A，而不是一个重复的关联矩阵，矩阵 C 和矩阵 A 有相同的维数。再考虑任意向量 b。在这个更一般的情形中，矩阵 A 和矩阵 C 的列可由 j 表示，而不用重复的关联矩阵中烦琐的下标（j，S）表示。我们寻找方程 $Ax=b$ 的一组可行基，对每个这样的基我们定义 $u_i=\min\{c_{ij}\mid$ 对所有可行基中出现的 $j\}$，是否存在这样的基，使得对每一列 k 至少有一个 i 满足 $u_i \geqslant c_{ik}$？

为了保证这个更一般的问题有一个肯定的回答，假设矩阵 A 和矩阵 C 有下面定义的性质。

定义 3　设 A 和 C 是两个 $n\times m$ 矩阵，形如：

$$A=\begin{bmatrix} 1 & \cdots & 0 & a_{1,n+1} & \cdots & a_{1,m} \\ \vdots & & & \vdots & & \\ 0 & \cdots & 1 & a_{n,n+1} & \cdots & a_{n,m} \end{bmatrix}$$

$$C=\begin{bmatrix} c_{1,1} & \cdots & c_{1,n} & c_{1,n+1} & \cdots & c_{1,m} \\ \vdots & & & \vdots & & \\ c_{n,1} & \cdots & c_{n,n} & c_{n,n+1} & \cdots & c_{n,m} \end{bmatrix}$$

我们说 A 和 C 具有标准形式，如果

1. 对每一行 i，c_{ij} 是这一行的最小元素；

2. 对每个由前 n 列组成的 C 的子阵的非对角元素 c_{ij} 和每个 $k>n$，我们都有 $c_{ij}>c_{ik}$。

读者可以很容易地证明，如果向量 $u^{j,S}$ 代表角点，给 S 中的每个参

与人不小于他自己可以得到的最大效用，而且选择常数 M 使得它大于这些向量中的任何一个元素，则基于有限博弈的 A 和 C 都具有标准形式。

定理 2 设 A 和 C 是两个具有标准形式的 $n\times m$ 矩阵。设 b 是一个非负向量使得集合 $\{x\mid x\geqslant 0,\ Ax=b\}$ 是有限的。那么等式 $Ax=b$ 有一个可行基，如果我们对这个基中的所有列 j 定义 $u_i=\min c_{ij}$，则对每一列 k 存在一个行标 i 使得 $u_i\geqslant c_{ik}$。

从前面的讨论可以清楚地看出定理 2 意味着如果每个 V_S 都有有限的角点，则一个平衡博弈有一个非空核。

14.4 定理 2 问题的一个算法

虽然定理 2 中的问题只涉及线性不等式，但是它并不仅是一个线性规划问题。任何试图把这个问题局限于线性规划形式的做法都会遇到所有相关的不等式不能同时满足的困难。任何试图使用整数规划的方法都不能得到这个定理的存在性，也不能利用这个问题的特殊结构。本节的算法基于莱姆基（Lemke）和豪森（Howson）（见参考文献 4，5）发现的为解二人非零和博弈所设计的巧妙方法。由于这个算法在有限步内终止，这就保证了至少有一个解存在。

定理 2 可以由二人非零和博弈直接解释，其中第一个参与人有一个支付矩阵 A，每一列是他的纯策略。第二个参与人的策略由行表示，他有支付矩阵 $B=(b_{ij})$，其中 $b_{ij}=-1/c_{ij}^{\eta}$（不失一般性，我们可以假设 $c_{ij}>0$，因为如果 c 中的每个元素都增加相同的量，定理不会改变）。如果让幂指数 η 趋于无穷，并考虑这些博弈的一个收敛的均衡点列，则可以得到定理 2。这个证明非常简单，但是由于涉及选取一个收敛序列，它基本上不是结构性的，尽管莱姆基-豪森的讨论是对每个 η 值计算均衡点。本节后面的内容将介绍直接用于极限情况的改进算法。

下面定义介绍的术语对极限算法的讨论很有用。

定义 4　矩阵 C 的一个序数基（ordinal basis）由 n 列 j_1，j_2，…，j_n 构成，如果 $u_i=\min(c_{ij_1}, c_{ij_2}, \cdots, c_{ij_n})$，则对每个列 k，至少有一个 i，使得 $u_i \geqslant c_ik$。

正如我们下面可以看到的一些性质，这个定义中使用的术语“序数基”暗示着它和线性规划类似。但是首先需要注意的是，如果我们找到的 A 的一个可行基同时也是 C 的一个序数基，那么我们的定理就可以解释了。

决定这些列向量的算法就是在线性方程的枢轴步（pivot step）之间变换，并且相应地对 C 做变换。我们这里做标准非退化假设，即所有与方程 $Ax=b$ 的可行基的 n 个列相关的变量都是严格正的。对 C 的非退化假设使得它有很好的形式，即同一行中的任意两个元素都不相等。这些假设都可以由对相应矩阵的扰动得到。

在转到对枢轴步的讨论之前，需要注意对 C 的非退化假设意味着一个序数基的每一列都只有一个行最小值，从而构成了向量 u。如果列 k 在序数基定义中，则它一定是序数基中的一列。

引理 1　设 j_1，j_2，…，j_n 是方程 $Ax=b$ 的一个可行基的列，j^* 是不在这个集合中的任意一列。如果这个问题是非退化的且凸集 $\{x \mid x \geqslant 0,\ Ax=b\}$ 是有限的，则存在唯一的一个可行基包含列 j^* 和另外 $n-1$ 个原可行基中的列。

这当然是线性规划中的一个标准结果，也就是说如果约束集是有限的且问题是非退化的，则基以外的任意一列都可以引入，作为枢轴步结果，必定有一列会被剔除。在矩阵 C 的序数基中也将进行类似的枢轴步变换。一个例外的情况是，序数基中的一个特殊列被剔除，并从外部引入唯一的一列，使得新的列仍然组成一个序数基。

引理 2　设 j_1，j_2，…，j_n 是 C 的序数基，j_1 是这些列中的任意

一列。设 j_2，…，j_n 不都是从 C 的前 n 列中选出的。如果 C 的同一行中没有两个元素是相等的且 C 是标准形式的，则存在唯一的一个列 $j^* \neq j_1$，使得 j^*，j_2，…，j_n 是一个序数基。

从序数基中剔除一个特殊列而用序数基以外的另一列代替它的步骤称为序数枢轴步。我们首先定义序数枢轴步，然后说明新的列组成的一个序数基，最后说明引入任何其他列都不能得到一个序数基。

定义 5 考虑 C 的一个序数基且一个特殊列需要被剔除。在剩下的 $n\times(n-1)$ 矩阵中，一定有一列包含两个行最小值，其中一个是新的，另一个是原序数基中的行最小值。设前述原序数基的行标为 i^*。对不等于 i^* 的所有行 i 检验 C 中所有满足 $c_{ik}>\min\{c_{ij} \mid j$ 是保留在序数基中的列$\}$的列。在这些列中找出使 c_{i^*k} 最大化的一列，则一个序数枢轴步将这一列引入新序数基。

如果 C 中有一列满足 $c_{ik}>\min\{c_{ij} \mid j$ 是保留在序数基中的列$\}$ 对所有$i\neq i^*$成立，则可以进行一个序数枢轴步。但是由于矩阵 C 是标准形式，所以列

$$\begin{bmatrix} c_{1i^*} \\ \vdots \\ c_{ni^*} \end{bmatrix}$$

肯定会满足这个条件，除非序数基中剩下的 $n-1$ 列都出自矩阵 C 的前 n 列。

如果 j^* 是引入序数基的列，则新的 u 向量由 $u'_i=\min\{c_{ij} \mid j$ 是保留在序数基中的列$\}$（$i\neq i^*$）且 $u'_{i^*}=c_{i^*j^*}$ 给出。选择 j^* 的方法说明 C 中没有哪一列的所有元素都严格大于 u' 中相应的元素，因此新的列集构成了一个序数基。

为了考察没有其他不同于 j^* 的列可以引入从而得到一个序数基，我们考虑从初始的序数基中得到的子阵：

$$\begin{bmatrix} c_{1j_1} & c_{1j_2} & \cdots & c_{1j_n} \\ c_{2j_1} & c_{2j_2} & \cdots & c_{2j_n} \\ \vdots & & & \\ c_{nj_1} & c_{nj_2} & \cdots & c_{nj_n} \end{bmatrix}$$

具体地说，我们假设行最小值只在对角线上产生，如果 j_1 列被从序数基中剔除，第一行中第二小的元素为 c_{1j_2}，这就说明 $i^*=2$。

当引入新的一列来代替第一列时，c_{3j_3} 一定还是第三行的行最小值，因为如果不是，则第三列中将没有行最小值，对 c_{4j_4}，…，c_{nj_n} 也是如此。因此我们知道如果引入第 j^* 列，则 $c_{3j^*}>c_{3j_3}$，$c_{4j^*}>c_{4j_4}$，…，$c_{nj^*}>c_{nj_n}$。

对前两行的行最小值有两种情况，或者 $c_{1j^*}>c_{1j_2}$ 且 $c_{2j^*}<c_{2j_2}$，或者反之。第一种情况就回到了最初的序数基。我们注意到如果第一种情况发生，则新的 u 向量为：

$$\begin{bmatrix} c_{1j^*} \\ c_{2j_2} \\ \vdots \\ c_{nj_n} \end{bmatrix}$$

如果新的列集是一个序数基，则对任何列 k 都至少有一个 i，使得 $u_i \geqslant c_{ik}$。但是如果 k 是第 j_1 列，则说明 $c_{ij^*} \geqslant c_{1j_1}$。如果原来的列集为序数基，则对任意 k 和某些 i 有 $c_{ij_i} \geqslant c_{ik}$。然而此处我们令 $k=j^*$，而且我们知道 $c_{1j_1} \geqslant c_{1j^*}$，因此 $c_{1j_1}=c_{1j^*}$。由非退化假设可知，同一行中没有两个元素是相等的，因此 $j^*=j_1$，我们又回到了最初的列集。

正是在第二种情况下，前两行的最小元素颠倒了，使我们转到一个新的序数基中。在这种情况下，我们寻找列 j^*，使得 $c_{1j^*}>c_{1j_2}$，$c_{3j^*}>c_{3j_3}$，…，$c_{nj^*}>c_{nj_n}$，或者 $c_{ij^*}>\min\{c_{ij} \mid j$ 是保留在序数基中的列$\}$（对所有 $i \neq 2$）。为了使新的序数基是可行的，我们必须从这些列中选择使 c_{2j^*} 最大化的列。这就是序数枢轴步定义中的列，因此引理 2 得证。

需要注意的是序数枢轴步是可逆的；如果将 j_1 从序数基中剔除，引入 j^*，那么可以从新序数基中剔除 j^* 而得到最初的序数基。序数枢轴步是非常容易实施的。它们只涉及同一行元素的序数比较，因此矩阵 C 中的元素可以从任意序数基中得到，每行一个元素，而不需要是实数。例如，一行中的元素可以是由一个偏好序决定的商品束。

我们现在准备讨论决定这一列集的算法，使得这些列既是方程 $Ax=b$ 的可行基也是矩阵 C 的序数基。很容易找到一对这样的基，一个是矩阵 A 的可行基，另一个是矩阵 C 的序数基，它们虽然不完全相同但很相近。我们可以用这一对基开始我们的算法。列（1，2，…，n）是 A 的一个可行基，如果 j 是从所有 $k>n$ 的列中选出的最大化 c_{1k} 的列，列

$$\begin{bmatrix} c_{1j} & c_{12} & \cdots & c_{1n} \\ c_{2j} & c_{22} & \cdots & c_{2n} \\ \vdots & \vdots & & \vdots \\ c_{nj} & c_{n2} & \cdots & c_{nn} \end{bmatrix}$$

构成一个矩阵 C 的序数基。C 的序数基中的列由（j，2，…，n）给出。这两组基之间的关系可以描述为 A 的可行基包含第一列和剩下的 $n-1$ 列，剩下的 $n-1$ 列和异于第一列的另一列也包含在 C 中。莱姆基和豪森介绍的巧妙方法强调这个关系在这两组基间保持不变。

换言之，我们总是可以处于这样的状态下：A 的可行基由列（1，j_2，j_3，…，j_n）组成，C 的序数基由列（j_1，j_2，j_3，…，j_n）组成，其中 $j_1\neq 1$。什么样的步骤可以保持这个状态呢？只有两个可能的步骤，一个是矩阵 A 的枢轴步，一个是矩阵 C 的序数枢轴步。

如果将第 j_1 列引入 A 的基，则矩阵 A 的一个枢轴步不会改变这个状态。当然，可能在引入第 j_1 列时，第一列被从 A 的基中剔除；如果是这样的话，问题就解决了，因为两个矩阵得到了相同的基（j_1，j_2，

j_3，…，j_n）。如果第一列没有在枢轴步被剔除，则另一列即 j_i 被引入。由于 j_i 是 C 中的基而不是 A 中的基，所以这两个基之间保持原来的关系。

另一个可能的状态是在 C 上进行一个序数枢轴步，剔除其中一列。仅当 j_1 列被从 C 的基中剔除时，A 和 C 之间的相互关系不会改变。如果 j_1 列被剔除而第一列被引入 C 的基（1，j_2，j_3，…，j_n），同时为两个矩阵的基，这个问题就解决了。否则如果当 j_1 被剔除时，$j^* \neq 1$ 列被引入 C 的基，则这两个基又满足原来的关系，因为 j^* 是 C 的基中的一列而不是 A 的基中的一列。

正如我们所看到的，矩阵 C 上的序数枢轴步总是可以实现的；除非 C 的序数基中除了 j_1 列的其他列都选自矩阵 C 的前 n 列。这种情况发生的条件是 A 的基为（1，2，…，n），C 的基为（j，2，…，n），这样就是初始状态。在初始状态下只有一个枢轴步可以执行，也就是将第 j 列引入 A 的基。在其他所有 A 和 C 的基有正确关系的状态下，两个可行的枢轴步是可以找到的。

这些考虑说明了如下算法。从上面所述的基开始，进行一个可行的枢轴步。在其他任何点，将使用这两个可行的枢轴步之一来达到上述状态，因此唯一的办法就是使用另一个枢轴步。每一步都有唯一的继续方法，这个过程只有当我们得到问题的解时结束。由于只有有限个可能的状态，如果我们回不到相同的状态，这个过程就必然在某一个列集下终止，这个列集同时是 $Ax=b$ 的可行基和矩阵 C 的序数基。

循环是不可能的，因为如果第一个重复的状态是初始状态，就说明初始状态有两个可行的枢轴步，我们知道这是错误的。而如果第一个重复的状态不是初始状态而是中间的某一状态，则在该状态下有三个可行的枢轴步，这也是不可能的。因此这个算法一定会在有限步内终止，得到这个问题的一个解。

这个结论证明了定理2，从而在对每个可能的子集 S，集合 V_S 有有限个角点的情形下，得到定理 1。

14.5 算法的一个例子

我们考虑一个用于三人博弈的算法的例子。我们假设每个参与人自己只能得到零效用。进一步假设每个二人博弈的 V_S 有三个角点，由于博弈是平衡的，不必特别考虑 $V_{(123)}$。那么矩阵 C 包括 12 列，每个二人联盟有 3 列，每个一人联盟有 1 列。每一列中使用一个任意大的数表示那些不在联盟中的行，为了避免退化，不同列中的这些数都不相等。

$$C=\begin{bmatrix} 0 & M_2 & M_3 & 12 & 3 & 2 & 9 & 5 & 4 & M_{10} & M_{11} & M_{12} \\ M_1 & 0 & M_3 & 6 & 7 & 9 & M_7 & M_8 & M_9 & 5 & 2 & 8 \\ M_1 & M_2 & 0 & M_4 & M_5 & M_6 & 3 & 8 & 10 & 6 & 9 & 4 \end{bmatrix}$$

这些 M 都是任意的，且满足不等式 $M_1>M_2>\cdots>M_{12}>12$。矩阵 A 是参与人的关联矩阵，相应的集合适当地重复。

为了避免矩阵 A 退化，最后一列加入了微小的扰动项 ε，且满足 $0<\varepsilon_1<\varepsilon_2<\varepsilon_3$。

步骤 1：我们开始让矩阵 A 的基由列（1，2，3）组成，矩阵 C 的基由列（10，2，3）组成，因此对应于 C 的向量 u 为 $u=(M_{10},0,0)$。第一步就是将第 1 列引入 A 的基。

$$A=\left[\begin{array}{cccccccccccc|c} 1 & 0 & 0 & 1 & 1 & 1 & 1 & 1 & 1 & 0 & 0 & 0 & 1+\varepsilon_1 \\ 0 & 1 & 0 & 1 & 1 & 1 & 0 & 0 & 0 & 1 & 1 & 1 & 1+\varepsilon_2 \\ 0 & 0 & 1 & 0 & 0 & 0 & 1 & 1 & 1 & 1 & 1 & 1 & 1+\varepsilon_3 \end{array}\right]$$

第 2 列被从 A 的基中移出，因此也必须从 C 的基中移出。在 C 剩下的两列中，第 10 列有两个行最小值，其中第 2 行的最小值是新的。因此我们检验所有的 k，使得 $c_{2k}>5$，$c_{3k}>0$，然后选出使得 c_{1k} 最大的列。

这一列就是第 12 列。

步骤 2：矩阵 A 在第一次枢轴变换后的形式为

$$\left[\begin{array}{cccccccccccc|c} 1 & 0 & 0 & 1 & 1 & 1 & 1 & 1 & 1 & 0 & 0 & 0 & 1+\varepsilon_1 \\ 0 & 1 & 0 & 1 & 1 & 1 & 0 & 0 & 0 & 1 & 1 & 1 & 1+\varepsilon_2 \\ 0 & -1 & 1 & -1 & -1 & -1 & 1 & 1 & 1 & 0 & 0 & 0 & \varepsilon_3-\varepsilon_2 \end{array}\right]$$

A 的基为（1，3，10），C 的基为（12，3，10），u 向量为 $u=(M_{12}, 5, 0)$。我们继续将第 12 列引入 A 的基。由于第 10 列和第 12 列相同，不需要计算就可以将第 10 列移出。因此第 10 列也将从 C 的基中移出。如果我们考虑列（12，3，10）形成的子阵

$$\begin{bmatrix} M_{12} & M_3 & M_{10} \\ 8 & M_3 & 5 \\ 4 & 0 & 6 \end{bmatrix}$$

可以看到当第 10 列被移出后，第 12 列有两个行最小值，其中新的最小值出现在第 2 行。因此我们在 $c_{2k}>8$，$c_{3k}>0$ 的条件下最大化 c_{1k}，得到第 7 列。

这个算法继续使用以下枢轴变换。

步骤 3：A 的基为（1，3，12），C 的基为（7，3，12），$u=(9, 8, 0)$。将第 7 列引入 A 的基，移出第 3 列。将第 3 列从 C 的基中移出，将第 8 列引入。

步骤 4：A 的基为（1，7，12），C 的基为（8，7，12），$u=(5, 8, 3)$。将第 8 列引入 A 的基，移出第 7 列。将第 7 列从 C 的基中移出，将第 4 列引入。

步骤 5：A 的基为（1，8，12），C 的基为（4，8，12），$u=(5, 6, 4)$。将第 4 列引入 A 的基，移出第 1 列，这样就得到了解。列（4，8，12）形成 A 的一个可行基，也是 C 的序数基。效用向量 $u=(5, 6, 4)$ 不能被任何二人和一人联盟所阻碍，如果这个博弈是均衡

的，则该向量必定在 $V_{(123)}$ 中。任何 $V_{(123)}$ 中大于等于（5，6，4）的帕累托最优点都一定在核中。

这个算法的初始条件在很多方面可以是任意的：比如 M 的顺序、矩阵 A 中使用的词典序、一组至多有一列不同的基的决定。当这些初始条件改变时，哪些点会在核中的问题非常有趣，但是我在这里就不赘述了。

14.6 综　述

我们在每个 V_S 有有限个角点的情形下完成了定理 1 的证明。更一般情形的研究是从每个集合 V_S 中选择一组有限的向量，使用这个算法得到 V_N 中的一个向量，该向量不能被这一组向量中的任何一个所阻碍。如果每个 V_S 中向量的个数系统地增加，极限处处稠密，我们就可以得到 V_N 中的一列向量，这一列向量的任何极限点都不能被任何联盟所阻碍，从而定理 1 得证。

第 14.2 节中，在交换经济中，凸性偏好意味着博弈是平衡的，因此有一个非空核。如果参与人的数量在适当的条件下趋于无穷，并且附加一些假设，核就会逼近竞争均衡集。因此竞争均衡的存在可以由基于算法的讨论得到，而不是由不动点定理得到。罗尔夫·曼特尔（Rolf Mantel）发现的另一个过程是将定理 2 直接用于均衡价格的存在，而不涉及 n 人博弈理论。曼特尔的工作在他的论文（见参考文献 6）中提到。

我想提出两个试图避免先前给出的均衡存在性的抽象证明的动机。第一，现代人对竞争模型的讨论主要集中在存在性的问题上，而不是在计算的问题上，而后者是很值得考察的。当然，在实际的经济中，计算均衡价格需要大量信息，即使将来计算机的计算能力以极快的速度增长，这些信息也是必需的。第二，我认为在小的经济模型中，实验性的计算是非常有用的，现在可以在涉及消费者的经济模型中使用这样的计算。

不动点定理在如下条件下提供了计算均衡价格的方法。令 $f_j(\pi)$ 是第 j 个商品在价格 π 的条件下的超额需求。假设这些函数都是连续的，满足瓦尔拉斯定律 $\{\pi \cdot f(\pi)=0\}$，而且是零次齐次的。在均衡系统的价格条件下，每个超额需求都小于或等于 0，而且齐次性允许我们将注意力集中在单纯型 $\pi_j \geqslant 0$，$\sum \pi_j =1$ 的价格上。将价格单纯型分为子单纯型，每个子单纯型的顶点用一些商品来标注，这些商品的超额需求在该系统的价格下是小于或等于 0 的。那么斯潘纳尔（Sperner）引理，即不动点定理证明中的核心问题，告诉我们至少有一个小的单纯型的所有顶点都有不同的标注（见图 14 - 3）。

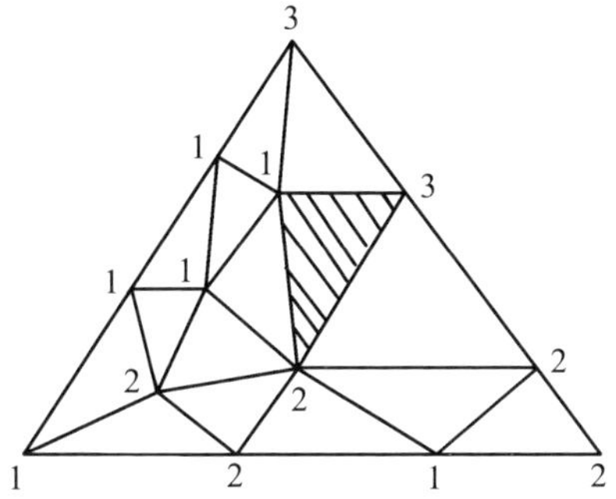

图 14 - 3

如果子单纯型足够好，那么在这个著名的单纯型中心的价格系统将有小于或等于 0 的超额需求，如果超额需求为正，则超额需求非常小。在泛函的意义下，用这种方法得到的价格将接近于均衡价格，而且不必满足欧氏距离条件。这个使每个市场都接近均衡的泛函距离就是一个恰当的距离。如果知道消费者偏好和生产集，就可以计算出对有限个价格向量的超额需求。因此，我们有一个基于不动点定理的计算方法，可在一定的精度下计算出均衡的价格。

当集合 V_S 可以由包含有限个角点的集合来近似时，我们可以在相似的泛函意义下计算出一个任意接近于核的点。我认为这个算法优于基于斯潘纳尔引理的方法之处，就是后者本质上是一个穷举的寻找，而不是一个系统的算法。这确实是一个模糊的区别，只能在实际计算中阐明，但是读者可以将这种情况和线性规划中的情况做比较。作为计算方法，使用穷举法寻找凸多面体的所有顶点来计算线性方程最大值的效率，比按照单纯型方法规定的步骤依次计算的效率低。

本章中这种方法的另一个优点就是其经济学解释的可行性。由于传统的瓦尔拉斯价格调节并不总是收敛到均衡，我们目前没有对涉及经济消费者，同时在经济意义上一致有效的问题的计算方法。基于斯潘纳尔引理的穷举法对使用可行的调节机制达到均衡状态没有经济学解释。另外，本章的理论可以对如下问题进行解释。它对每一步迭代都提出了一个不能被任何参与人集合所阻碍的效用向量。如果这个效用向量对所有参与人集合也适用，这个问题就完成了。如果没有得到一个和原来的向量不同的效用向量，且只有两个参与人，那么这两个参与人一个会得到更多的效用，另一个会得到更少的效用。读者可以自行判断在调节机制下这个算法是否有经济学解释，我认为有经济学解释的可能性明显比使用穷举法大。

如果将矩阵 A 作为定理 2 中单位阵的重复，则使用布劳威尔不动点定理可以非常简单地证明。因此，如果将组合的基用于不动点定理，我们的算法也可以代替斯潘纳尔引理。然而，现在没有充分证据说明这个算法是否可以在向连续映射的不动点逼近时避免穷举的问题。

参考文献

1. Aumann, R. J., and B. Peleg. "Von Neumann-Morgenstern solutions to cooperative games without side payments," *Bulletin of the American*

Mathematical Society, 66, (1960) pp. 173－179.

2. Bondareva, O. "The core of an n-person game," *Vestnik Leningrad University*, 17, (1962) No. 13, pp. 141－142.

3. Debreu, G., and H. Scarf. "A limit theorem on the core of an economy," *International Economic Review*, Vol. 4, No. 3, Sept., 1963.

4. Lemke, C. E. "Bimatrix equilibrium points and mathematical programming," *Management Science*, Vol. 11, No. 7, May, 1965.

5. Lemke, C. E., and J. T. Howson, "Equilibrium points of bi-matrix games," *SLAM Journal*, Vol. 12, July, 1964.

6. Mantel, Rolf, "Toward a constructive proof of the existence of equilibrium in a competitive economy," submitted as a thesis to the Department of Economics, Yale University, 1965.

7. Peleg, B. *An Inductive Method for Constructing Minimal Balanced Collection of Finite Sets*, Research Program in Game Theory and Mathematical Economics, Memorandum No. 3, February, 1964, Department of Mathematics, Hebrew University, Jerusalem.

8. Shapley, L. S. *On Balanced Sets and Cores*, RAND Corp. Memorandum, RM-4601-PR, June, 1965.

【注释】

[1] 本章的研究受到国家自然科学基金项目的支持。我非常感谢罗伯特·奥曼、库泊曼、L.沙普利和《计量经济学》杂志提出的大量建议。

第 15 章 由“贝叶斯”参与人进行的不完全信息博弈

约翰·C.海萨尼

本章提出了一种发展不完全信息博弈分析的新理论，其中参与人对博弈状态下的一些重要参数是不确定的，如支付函数、不同参与人采用的策略、其他参与人关于博弈的信息等等。但是，每个参与人对各种可能性有一个主观概率分布。

大多数文章假设不同参与人决定的这些概率分布是相互一致的，在这种意义下，它们可以被视为由不同参与人未知参数上的某个基本概率分布衍生而来的条件概率分布。但是后来，理论也推广到不同参与人的主观概率分布不满足一致性假设的情形。

如果一致性假设成立，原始博弈可以被以下博弈代替，即首先根据基本概率分布得到一张彩票，这张彩票的结果将决定哪个具体的子博弈被执行，也就是说，博弈中相关参数的实际值是多少。然而，每个参与人只获得彩票结果和这些参数值的部分信息。但是，每个参与人知道彩票的基本概率分布。因此，从技术上讲，最终的博弈将是完全信息博弈。它被称为原始博弈的贝叶斯等价（Bayesequivalent）。本章的第 15.1 节描述了基本模型并讨论了其各种直观解释。第 15.2 节证明了贝叶斯等价博弈的纳什均衡点可以得到原始博弈的贝叶斯均衡点（Bayesian equilibrium point）。最后，第 15.3 节考察了基本概率分布的主要性质。

内容目录

第 15.1 节　基本模型

第 1 节　序贯期望模型及其缺陷。

第 2 节　博弈状态中出现不完全信息的不同途径。

第 3 节　不完全信息博弈的标准形式。

第 4～5 节　贝叶斯博弈。

第 6 节　贝叶斯博弈中的随机向量模型、先验概率模型和后验概率模型。

第 7 节　贝叶斯博弈的标准型和半标准型。

第 15.2 节　贝叶斯均衡点

第 8 节　贝叶斯均衡点的定义和一些基本性质。定理 1 和定理 2。

第 9 节　贝叶斯均衡点的两个数值例子。

第 10 节　怎样利用对手的错误信念（一个数值例子）。

第 11 节　为什么通常的贝叶斯博弈分析不能依据它们的标准型（一个数值例子）。

第 15.3 节　博弈的基本概率分布

第 12 节　不完全信息博弈的分解。关于基本概率分布的主要定理（定理 3）。

第 13 节　定理 3 的证明。

第 14 节 不同参与人主观概率分布的相互一致性假设。

第 15 节 具有不一致的主观概率分布的博弈。

第 16 节 不同参与人主观概率分布假设不一致的可能性。

第 17 节 对具有相互一致性概率分布的常规定义的改进。

数学符号专用表

I 型博弈——不完全信息博弈。

C 型博弈——完全信息博弈。

G——最初给定的 I 型博弈。

G^*——与 G 等价的贝叶斯博弈。(G^* 是 C 型博弈。)

G^{**}——与 G 和 G^* 等价的泽尔腾博弈。(G^{**} 同样是 C 型博弈。)

$\mathcal{N}(G)$，$\mathcal{N}(G^*)$，$\mathcal{N}(G^{**})$——分别是 G，G^*，G^{**} 的标准型。

$\mathcal{S}(G)$，$\mathcal{S}(G^*)$——分别是 G，G^* 的半标准型。

s_i——参与人 i 的策略（纯策略或混合策略），$i=1$，…，n。

$S_i=\{s_i\}$——参与人 i 的策略空间。

c_i——参与人 i 的特征向量（或者信息向量）。

$C_i=\{c_i\}$——向量 c_i 的域空间。

$c=(c_1, \cdots, c_n)$——由 n 个向量 c_1，…，c_n 联合组成的向量。

$C=\{c\}$——向量 c 的域空间。

$c^i=(c_1, \cdots, c_{i-1}, c_{i+1}, \cdots, c_n)$——向量 c 去掉子向量 c_i 得到的向量。

$C^i=\{c^i\}$——向量 c^i 的域空间。

x_i——参与人 i 的支付（用效用单元表示）。

$x_i=U_i(s_1, \cdots, s_n)=V_i(s_1, \cdots, s_n; c_1, \cdots, c_n)$——参与人 i 的支付函数。

$P_i(c_1,\cdots,c_{i-1},c_{i+1},\cdots,c_n)=P_i(c^i)=R_i(c^i|c_i)$——参与人 i 的主观概率分布。

$R^*=R^*(c_1,\cdots,c_n)=R^*(c)$——博弈的基本概率分布。

$R_i^*=R^*(c_1,\cdots,c_{i-1},c_{i+1},\cdots,c_n|c_i)=R^*(c^i|c_i)$——给定向量 c_i 的值的条件下 R^* 的条件概率分布。

k_i——参与人 i 的特征向量 c_i 在博弈中取不同值的数目（这里考虑此数目有限的情况）。

$K=\sum_{i=1}^{n}k_i$——泽尔腾博弈 G^{**} 中参与人的数目（当这数目有限时）。

s_i^*——参与人 i 的标准化策略。（它是从参与人 i 的特征向量 c_i 的域空间 C_i 到他的策略空间 S_i 的函数。）

$S_i^*=\{s_i^*\}$——参与人 i 所有有效标准化策略 s_i^* 的集合。

$\mathscr{E}$——期望值运算。

$\mathscr{E}(x_i)=W_i(s_1^*,\cdots,s_n^*)$——参与人 i 的标准化支付函数，表示他的无条件支付期望。

$\mathscr{E}(x_i|c_i)=Z_i(s_1^*,\cdots,s_n^*|c_i)$——参与人 i 的半标准化支付函数，表示在给定特征向量 c_i 值时的条件支付期望。

D——一个圆柱集（柱体），由条件 $D=D_1\times\cdots\times D_n$ 定义，这里 $D_1\subseteq C_1,\cdots,D_n\subseteq C_n$。

$G(D)$——对于给定可分解博弈 G 或 G^*，$G(D)$ 代表所有情况下的组成博弈，向量 c 在柱体 D 中。D 称作组合博弈 $G(D)$ 上的定义柱体。

某些节中的特殊符号

第 3 节（第 15.1 节）：

a_{0i} 表示由参与人 i 的支付函数 U_i 的某些参数组成的向量，这些参数（在参与人 j 看来）对所有 n 个参与人都是未知的。

a_{ki} 表示由函数 U_i 的某些参数组成的向量，这些参数（在参与人 j 看来）对某些参与人是未知的，但对参与人 k 是已知的。

$a_0=(a_{01}, \cdots, a_{0n})$ 是一个向量，它概括了（在参与人 j 看来）所有参与人都不知道的关于函数 U_1，…，U_n 的所有信息。

$a_k=(a_{k1}, \cdots, a_{kn})$ 是一个向量，它概括了（在参与人 j 看来）除 n 个参与人都知道的关于函数 U_1，…，U_n 的信息之外，参与人 k 知道的关于这些函数的信息。

b_i 是一个向量，它是由参与人 i 的主观概率分布 P_i 的所有参数组成的向量，（在参与人 j 看来）这些参数对某些或所有 $k \neq i$ 的参与人是未知的。

根据这些符号，参与人 i 的信息向量（或特征向量）c_i 可以定义为 $c_i=(a_i, b_i)$。

V_i^* 表示在结合向量 a_0 以前参与人 i 的支付函数。在剔除向量 a_0 以后，记号 V_i 表示参与人 i 的支付函数。

第 9～10 节（第 15.2 节）：

a^1 和 a^2 表示参与人 1 的特征向量 c_1 的两个可能取值。

b^1 和 b^2 表示参与人 2 的特征向量 c_2 的两个可能取值。

$r_{km}=R^*(c_1=a^k, c_2=b^m)$ 表示对应于基本概率分布 R^* 的概率密度函数。

$p_{km}=r_{km}/(r_{k1}+r_{k2})$ 和 $q_{km}=r_{km}/(r_{1m}+r_{2m})$ 表示相应的条件概率密度函数。

y^1 和 y^2 表示参与人 1 的两个纯策略。

z^1 和 z^2 表示参与人 2 的两个纯策略。

$y^{nt}=(y^n, y^t)$ 表示参与人 1 的标准化纯策略，满足 $c_1=a^1$ 时用策略 y^n，$c_1=a^2$ 时用策略 y^t。

$z^{uv}=(z^u, z^v)$ 表示参与人 2 的标准化纯策略，满足如果 $c_2=b^1$ 用策

略 z^u，如果 $c_2=b^2$ 用策略 z^v。

第 11 节（第 15.2 节）：

a^1 和 a^2 表示每个参与人特征向量 c_i 可以取的两个可能值。

$r_{km}=R^*(c_1=a^k$ 和 $c_2=a^m)$。

p_{km}和q_{km}与在第 9～10 节中的定义相同。

y_i^* 表示参与人 i 的支付需求。

y_i 表示参与人 i 的总支付。

x_i 表示参与人 i 的净支付。

x_i^* 表示参与人 i 在情形（$c_1=a^1$，$c_2=a^2$）下的净支付。

x_i^{**} 表示参与人 i 在情形（$c_1=a^2$，$c_2=a^1$）下的净支付。

第 13 节（第 15.3 节）：

α，β，γ，δ 表示向量 c 的具体值。

$\alpha_i,\beta_i,\gamma_i,\delta_i$ 表示向量 c_i 的具体值。

$\alpha^i,\beta^i,\gamma^i,\delta^i$ 表示向量 c^i 的具体值。

$r_i(\gamma^i|\gamma_i)=R_i(c^i=\gamma^i|c_i=\gamma_i)$ 表示对应于参与人 i 的主观概率分布 R_i（当 R_i 是离散分布时）的概率密度函数。

$r^*(\gamma)=R^*(c=\gamma)$ 表示对应于基本概率分布 R^*（当 R^* 是离散分布时）的概率密度函数。

$\mathscr{R}=\{r^*\}$ 表示所有可行概率密度函数 r^* 的集合。

E 表示一个相似类，即彼此相似的非零点 $c=\alpha$，$c=\beta$，… 的集合（在第 13 节定义的意义上）。

第 16 节（第 15.3 节）：

$R^{(i)}$表示由参与人 i（$i=1$，…，n）估计的基本概率分布 R^*。

$R^{*\prime}$表示给定参与人（参与人 j）对基本概率分布 R^* 的修正估计。

$c_i'(c_i,\ d_i)$ 表示参与人 j 对参与人 i 的特征向量 c_i 的修正定义（它一般要比参与人 j 最初假设的向量 c_i 大）。

R_i' 表示参与人 j 对参与人 i 的主观概率分布 R_i 的修正估计。

15.1 基本模型[1]

1.

同冯·诺依曼和摩根斯坦（见参考文献 7，p. 30）一样，我们把博弈分为完全信息博弈，简称 C 型博弈，和不完全信息博弈，简称 I 型博弈。后者与前者的区别在于，部分或全部的参与人对博弈规则或对博弈的标准型（或扩展型）缺乏完全信息。例如，他们可能对其他参与人甚至他们自己的支付函数、物资设备、可采用的策略，以及其他参与人对博弈状态的不同方面拥有的信息，等等，缺乏足够的了解。

以我们的观点来看，目前博弈理论的一个主要分析缺陷是，它几乎完全局限于 C 型博弈，尽管事实上在许多现实的经济、政治、军事及其他社会情形中，参与人对他们正在进行的博弈的某些重要方面经常缺乏足够的信息。[2]

在我看来，不完全信息博弈理论至今发展如此缓慢的原因在于：这些博弈会导致部分参与人的相互期望值（reciprocal expectation）的无穷回归（见参考文献 3，pp. 30 - 32）。例如，让我们考虑任意二人博弈，其中每个参与人都不知道对方的支付函数。（为了简化我们的讨论，假设每个参与人都知道他自己的支付函数。如果进行相反的假设，那么我们将不得不引入更复杂的相互期望序列。）

在这样的博弈中，参与人 1 的策略选择将依赖于他对参与人 2 的支付函数 U_2 的期望（或信念），因为后者的性质是参与人 2 在博弈中的行为的重要决定因素。这个对 U_2 的期望可以称为参与人 1 的一阶期望（first-order expectation）。但是他的策略选择也依赖于他认为参与人 2 关于他自己（参与人 1）的支付函数 U_1 的一阶期望是多少。这种期望可称为参与人 1 的二阶期望，它是关于一阶期望的期望。当然，参与人 1 的策略选择还将依赖于他认为参与人 2 的二阶期望的期望是多少——也就是依赖于参与人 1 对参与人 2 的支付函数 U_2 的期望的期望的期望。这可称为参与人 1 的三阶期望，如此无限循环。同样，参与人 2 的策略选择将依赖于他关于支付函数 U_1 和 U_2 的一阶、二阶、三阶……期望组成的无限期望序列。我们称这类模型为不完全信息博弈的序贯期望模型。

如果我们沿用贝叶斯方法，用主观概率分布表示参与人的期望或信念，那么参与人 1 的一阶期望将拥有主观概率分布 $P_1^1(U_2)$ 的性质，它是参与人 2 可能拥有的所有支付函数 U_2 上的主观概率分布。同样，参与人 2 的一阶期望将是参与人 1 可能拥有的所有支付函数 U_1 上的主观概率分布 $P_2^1(U_1)$。另外，参与人 1 的二阶期望将是参与人 2 可能选择的一阶主观概率分布 P_2^1 上的主观概率分布 $P_1^2(P_2^1)$，如此等等。更一般地，任意参与人 i 的 k 阶期望（$k>1$）将是另一个参与人 j 可选择的第（$k-1$）阶主观概率分布 P_j^{k-1} 上的主观概率分布 $P_i^k(P_j^{k-1})$。[3]

当然，n 人 I 型博弈的情况更为复杂。即使我们考虑参与人至少知道他们自己的支付函数这种较为简单的情形，每个参与人通常也不得不建立关于其他（$n-1$）个参与人支付函数的期望，这意味着要建立（$n-1$）个不同的一阶期望。他还必须建立关于其他（$n-1$）个参与人所具有的（$n-1$）个一阶期望的期望，这意味着要建立（$n-1)^2$ 个二阶期望，等等。

本章的目的是提出分析不完全信息博弈的另一种方法。这种方法对任意给定的 I 型博弈 G，构造博弈理论上等价于 G 的 C 型博弈 G^*（或者几个不同的 C 型博弈 G^*）。通过这种方法，我们把分析 I 型博弈简化为分析某些 C 型博弈 G^*，从而越来越高阶的相互期望序列问题将不会轻易出现。

正如我们已经说明的，如果我们用贝叶斯方法，那么对于给定的 I 型博弈 G 的序贯期望模型将不得不从越来越高阶的主观概率分布无穷序列的角度分析，即主观概率分布上的主观概率分布。相反，在我们的模型下，对任意给定的 I 型博弈 G，从唯一概率分布 R^*（和从 R^* 得到的确定条件概率分布一样）的角度分析是可行的。

例如，考虑一个二人非零和博弈 G，它阐述了双寡头竞争者之间的价格竞争，其中任何一个参与人都没有关于其对手的成本函数和财富状况的精确信息。当然，这意味着其中任何一个参与人 i 将不知道另一个参与人 j 的真实支付函数 U_j，因为它不能预测另一个参与人在给定两个参与人策略（即价格和产出政策）s_1 和 s_2 下的利润（或损失）是多少。

为了使这个例子更现实化，我们可以假定每个参与人拥有关于另一个参与人成本函数和财富状况的某些信息（这可以通过相关变量的主观概率分布表示）；但是每个参与人 i 对于另一个参与人 j 实际知道的参与人 i 的成本函数及财富状况究竟如何缺乏精确的信息。

在这些假设下，博弈 G 显然是一个 I 型博弈，并且如果我们试图用序贯期望方法来分析这个博弈，我们将不得不考虑一些复杂的相互期望序列（或主观概率分布）。

相反，本章中我们描述的新方法可使我们把 I 型博弈 G 简化为一个等价的 C 型博弈 G^*，G^* 包括四个随机事件（即机会行动）e_1，e_2，f_1 和 f_2，并假定它们在两个参与人选择策略 s_1 和 s_2 之前发生。一方面，随机事件 $e_i(i=1, 2)$ 将决定参与人 i 的成本函数和财富状况，从而完全决定他在博弈中的支付函数 U_i。另一方面，随机事件 f_i 决定参与人 i 获得的关于另一个参与人 j（$j=1, 2$ 且 $j\neq i$）的成本函数和财富状况的信息量，从而决定参与人 i 获得的关于参与人 j 的支付函数 U_j 的实际信息量。[4]

假设两个参与人知道这四个随机事件发生的联合概率分布 $R^*(e_1$，

e_2，f_1，f_2）。[5]但是参与人 1 只有在 e_1 和 f_1 发生的情况下才知道这些随机事件的实际结果，而参与人 2 只有在 e_2 和 f_2 发生的情况下才知道随机事件的实际结果。（在我们的模型中，该假设表述了这样一个事实：每个参与人只知道他自己的成本函数和财富状况，而不知道对手的成本函数和财富状况；当然，他知道自己掌握了多少关于对手的信息，但不知道对手掌握了多少关于他的确切信息。）

在这个新博弈 G^* 中，假设参与人知道联合概率分布 R^*（e_1，e_2，f_1，f_2），这个博弈 G^* 是 C 型博弈。当然，参与人 1 不知道随机事件 e_2 和 f_2 的结果，同样参与人 2 也对随机行动 e_1 和 f_1 的结果一无所知。但这些事实并不会使 G^* 成为不完全信息博弈，仅会使其成为不完美信息博弈（见注释［2］）。因此，我们的方法基本上等同于用一个完全但不完美信息的新博弈 G^* 来代替一个不完全信息博弈 G，我们将讨论的是从博弈理论的观点出发，G^* 与 G 本质上是等价的（见第 5 节）。

正如我们将要证明的，这个我们用于分析 I 型博弈 G 的 C 型博弈 G^*，也有其他直观解释。与其假设参与人的某些重要特征由博弈开始时的假定随机事件决定，我们不如假设参与人自身是从包含着各种不同类型个体的某一假想群体中随机选取的，这些类型可用不同的特征向量（如用相关特征的不同组合）来表示。例如，在我们的双寡头例子中，我们假设每个参与人 $i(i=1, 2)$ 是从包含不同类型个体的某一假定群体 $\prod_i$ 中抽取的，参与人 i 的每个可能类型由不同的特征向量 c_i 表示，如由成本函数、财富状况和信息状态的不同组合来描述。每个参与人 i 知道他自己的类型或特征向量 c_i，但通常不知道他对手的类型或特征向量。另外，假设两个参与人知道联合概率分布 $R^*(c_1, c_2)$，$R^*(c_1, c_2)$ 决定从两个假定群体 $\prod_1$ 和 $\prod_2$ 中选取具有不同类型 c_1 和 c_2 的参与人 1 和参与人 2。

然而，应该注意的是，在分析一个给定的 I 型博弈 G 时，构造一个等价的 C 型博弈 G^* 仅是我们分析问题的部分答案，因为我们仍要为 C 型博弈 G^* 本身定义一个恰当的解的概念，这可能比较困难。因为我们用这种方法得到的 C 型博弈 G^* 在多数情况下是特殊形式的 C 型博弈，对此在博弈理论文献中并没有给出解的定义。[6]但是，既然 G^* 是一个完全信息博弈，那么它的分析和为它定义一个恰当的解的概念，将至少经得起现代博弈理论标准方法的检验。我们将在一些例子中给出怎样为 C 型博弈 G^* 定义一个恰当的解的概念。

2.

我们分析 I 型博弈时将基于如下假设：每个参与人 i 用贝叶斯方法处理不完全信息。也就是说，他对所有未知变量赋予一个主观概率分布 P_i，或至少对所有未知的独立变量，即所有不依赖于参与人策略选择的变量，赋予一个主观概率分布。完成后，他将根据这个概率分布 P_i 最大化他的支付 x_i 的数学期望。[7]这个假设被称为贝叶斯假设（Bayesian hypothesis）。

如果不完全信息被理解为参与人对博弈的标准形式缺乏足够的信息，那么不完全信息的产生有三种情形：

(1) 参与人可能不知道博弈的物质产出函数（physical outcome function）Y，这个函数具体描述了参与人的每个 n 元策略组合 $s=(s_1, \cdots, s_n)$ 所产生的物质结果 $y=Y(s_1, \cdots, s_n)$。

(2) 参与人可能不知道他们自己或其他参与人的效用函数 X_i，这个效用函数具体描述了给定参与人从每个可能的物质产出 y 中得到的效用支付 $x_i=X_i(y)$。[8]

(3) 参与人可能不知道他们自己或其他参与人的策略空间 S_i，即对不同参与人 i 可行的所有策略 s_i（包括纯策略和混合策略）的集合。

所有不完全信息的其他情形都可以简化为这三种基本情形——实际

上，这种简化可通过两种或多种不同（但本质上等价）的方式完成。例如，不完全信息可能是由于某些参与人不知道其他参与人或他们自己可利用的物质资源（设备、原材料等）的数量或质量而产生的。这种情况可等价地解释为对博弈的物质产出函数不知情（情形 1），或者对不同参与人的可选择策略一无所知（情形 3）。在这两种解释中我们选择哪一个，取决于我们如何定义问题中参与人的“策略”。例如，在军事对抗中，我方不知道给定质量前提下对方可选择的武器数量。这种情况可以解释为由于对方可以选择不同的策略，我方无法预测不同策略的物质产出结果（如破坏数量），这里任意给定的策略可定义为武器的使用百分比（情形 1）。但是这种情况也可以解释为我方无法决定哪些策略对于对手是可行的，其中对手的任何给定策略定义为武器的具体数量（情形 3）。

不完全信息也可以采用如下形式：给定的参与人 i 不知道另一个参与人 j 是否拥有某一具体事件 e 发生与否的信息。这种情形往往出现在情形 3 中。从博弈理论的角度看，这种情形出现的原因是：参与人 i 无法判断参与人 j 能否在事件 e 发生的情况下采用包含一组行动的策略 s_j^0，而在事件 e 不发生的情况下采用包含另一组行动的策略。也就是说，这种情形本质上等价于参与人 i 不知道某些策略 s_j^0 对参与人 j 的可选性。

回到上面所列举的三种主要情形，情形 1 和情形 2 都是参与人不知道他们自己或某些其他参与人的支付函数 $U_i = X_i(Y)$ 的特殊情形，该支付函数具体描述了如果 n 个参与人选用不同的 n 元策略组合 $s = (s_1, \cdots, s_n)$，参与人 i 会获得怎样的效用支付 $x_i = U_i(s_1, \cdots, s_n)$。

事实上，情形 3 也可以被简化为这种一般情形。从博弈理论的角度来看，其原因是，一个给定策略 $s_i = s_i^0$ 对于参与人 i 来说不可行的假设等价于参与人 i 从来不实际采用策略 s_i^0（即使该策略在物质上是可行的）。这是因为，无论其他参与人 $1, \cdots, i-1, i+1, \cdots, n$ 采用什么样的

策略 $s_1,\cdots,s_{i-1},s_{i+1},\cdots,s_n$，如果参与人 i 采用 s_i^0，他将始终获得极低（即大的负值）的支付 $U_i(s_1,\cdots,s_i^0,\cdots,s_n)$。

相应地，设 $S_i^{(j)}$（$j=1$ 或 $j\neq 1$）表示在参与人 j 看来可预测到的包含在参与人 i 策略空间 S_i 中的策略的最大集合。设 $S_i^{(0)}$ 表示参与人 i 的真实策略空间。然后，为了便于分析，我们将定义参与人 i 的策略空间 S_i 为

$$S_i=\bigcup_{k=0}^{n} S_i^{(k)} \tag{15.1}$$

不失一般性，我们假设所有参与人都知道由式（15.1）定义的集合 S_i，因为在这部分中某个参与人 j 对集合 S_i 缺乏信息，可以在我们的模型中表述为对参与人 i 的某个具体策略 s_i 的支付函数 $x_i=U_i(s_1,\cdots,s_i,\cdots,s_n)$ 的数值缺乏信息，特别地，也可表述为参与人 j 对这些值是否小到使得参与人 i 完全放弃这些策略 s_i 缺乏信息。[9]

相应地，我们定义一个 I 型博弈 G，满足每个参与人 j 都知道所有参与人 $i=1,\cdots,j,\cdots,n$ 的策略空间，但通常不知道参与人 $i=1,\cdots,j,\cdots,n$ 的支付函数 U_i。

3.

根据这个定义，让我们从一个具体参与人 j 的角度考虑给定的 I 型博弈 G。他能够用如下更清楚的形式来描述每个参与人 i 的支付函数 U_i（当 $i=j$ 时，包括他自己的支付函数 U_j）：

$$\begin{aligned} x_i&=U_i(s_1,\cdots,s_n)\\ &=V_i^*(s_1,\cdots,s_n;a_{0i},a_{1i},\cdots,a_{ii},\cdots,a_{ni}), \end{aligned} \tag{15.2}$$

其中 V_i^* 不同于 U_i，它是一个所有 n 个参与人（在参与人 j 看来）都知道其数学形式的函数；a_{0i} 是由函数 U_i 的参数组成的向量，这些参数（在参与人 j 看来）是为所有参与人所不知道的；每个 a_{ki}（$k=1,\cdots,n$）是一个函数 U_i 的参数组成的向量，这些参数（在参与人 j 看来）

只有参与人 k 知道，其他参与人均不知道。如果参与人 k 和参与人 m 都知道一个给定的参数 α（其他参与人均不知道），那么这种情形可以通过引入两个变量 α_{ki} 和 α_{mi} 来描述，使得 $\alpha_{ki}=\alpha_{mi}=\alpha$，并且使 α_{ki} 和 α_{mi} 分别为向量 a_{ki} 和 a_{mi} 的一个分量。

对于每个向量 $a_{ki}(k=0, 1, \cdots, n)$，我们假设它的域空间 $A_{ki}=\{a_{ki}\}$，即向量 a_{ki} 所有可能取值的集合是满足维数要求的整个欧氏空间。那么 V_i^* 是一个从笛卡尔乘积 $S_1\times\cdots\times S_n\times A_{0i}\times\cdots\times A_{ni}$ 到参与人 i 的效用线 Ξ_i 的函数，其中效用线是实轴 R 的一个复制。

我们定义 a_k 为所有 n 个向量 a_{k1}，…，a_{kn} 的分量组成的向量。它可以写成：

$$a_k=(a_{k1},\cdots,a_{kn}) \tag{15.3}$$

对 $k=0$，1，…，i，…，n 成立。显然，向量 a_0 概括了（在参与人 j 看来）所有参与人都不知道的关于 n 个函数 U_1，…，U_n 的信息。向量 $a_k(k=1, \cdots, n)$ 概括了（在参与人 j 看来）参与人 k 所拥有的除了 n 个参与人共同拥有的信息之外的关于这些函数的信息。对每一个向量 a_k，它的域空间是集合 $A_k=\{a_k\}=A_{k1}\times\cdots\times A_{kn}$。

在式（15.2）中可以随意用更大的向量 $a_k=(a_{k1},\cdots,a_{ki},\cdots,a_{kn})$ 来代替每个向量 $a_{ki}(k=0, 1, \cdots, n)$，即使这样会导致在每一种情况下，$(n-1)$ 个子向量 $a_{k1},\cdots,a_{k(i-1)},a_{k(i+1)},\cdots,a_{kn}$ 在新方程中无效。因此，我们可以将其写成：

$$x_i=V_i^*(s_1,\cdots,s_n;a_0,a_1,\cdots,a_i,\cdots,a_n) \tag{15.4}$$

对于任意给定的参与人 i，n 个向量 a_0，a_1，…，a_{i-1}，a_{i+1}，…，a_n 通常表示未知变量。在这种定义下，$n-1$ 个向量 b_1，…，b_{i-1}，b_{i+1}，…，b_n 同样表示未知变量。因此，在贝叶斯假设下，参与人 i 将对所有未知向量指定一个主观概率分布：

$$P_i=P_i(a_0,a_1,\cdots,a_{i-1},a_{i+1},\cdots,a_n;$$

$$b_1,\cdots,b_{i-1},b_{i+1},\cdots,b_n) \tag{15.5}$$

为简便起见，我们引入更简短的记号 $a=(a_1,\ \cdots,\ a_n)$ 和 $b=(b_1,\ \cdots,\ b_n)$。a^i 和 b^i 分别表示从向量 a 和 b 中去掉子向量 a_i 和 b_i 后得到的向量。它们相应的域空间可以写成 $A=A_1\times\cdots\times A_n$；$B=B_1\times\cdots\times B_n$；$A^i=A_1\times\cdots\times A_{i-1}\times A_{i+1}\times\cdots\times A_n$；$B^i=B_1\times\cdots\times B_{i-1}\times B_{i+1}\times\cdots\times B_n$。

现在我们可将式（15.4）和式（15.5）写成

$$x_i=V_i^*(s_1,\cdots,s_n;a_0,a) \tag{15.6}$$

$$P_i=P_i(a_0,a^i;b^i) \tag{15.7}$$

其中 P_i 是向量空间 $A_0\times A^i\times B^i$ 上的概率分布。

其他（$n-1$）个参与人通常不知道参与人 i 的主观概率分布 P_i。但是参与人 j（我们从他的角度分析博弈）能用以下形式为每个参与人 $i(i=j$ 和 $i\neq j)$ 写出 P_i：

$$P_i(a_0,a^i;b^i)=R_i(a_0,a^i;b^i\mid b_i) \tag{15.8}$$

（在参与人 j 看来）R_i 不同于 P_i 之处在于，R_i 是一个数学形式为所有 n 个参与人所知的函数；而 b_i 是一个由函数 P_i 的参数组成的向量，其中 P_i（在参与人 j 看来）对某些或者所有 $k\neq i$ 的参与人来说是未知的。当然，参与人 j 认为参与人 i 知道向量 b_i，因为 b_i 是由参与人 i 的主观概率分布 P_i 的参数组成的向量。

在式（15.5）中出现的向量 b_1，…，b_{i-1}，b_{i+1}，…，b_n 还未给出定义，它们是参与人 i 不知道的主观概率分布 P_1，…，P_{i-1}，P_{i+1}，…，P_n 的参数向量。在式（15.7）和式（15.8）中出现的向量 b^i 是所有这些向量 b_1，…，b_{i-1}，b_{i+1}，…，b_n 的一个组合，并且它概括了（在参与人 j 看来）参与人 i 所不知道的关于其他（$n-1$）个参与人主观概率分布 P_1，…，P_{i-1}，P_{i+1}，…，P_n 的信息。

显然，函数 R_i 是一个在给定向量 b_i 的每个具体值的条件下，向量

空间 $A^i \times B^i$ 上的一个概率分布函数。

现在，我们把所有参与人都不知道的向量 a_0 从式（15.6）和式（15.8）中剔除。在式（15.6）的情形中，这一点可以通过参与人 i 的主观概率分布 $P_i(a_0, a^i; b^i) = R_i(a_0, a^i; b^i | b_i)$ 对向量 a_0 取期望值的方法得到。我们定义

$$V_i(s_1, \cdots, s_n; a \mid b_i) = V_i(s_1, \cdots, s_n; a, b_i) = \int_{A_0} V_i^*(s_1, \cdots, s_n; a_0, a) \, \mathrm{d}_{(a_0)} R_i(a_0, a^i; b^i \mid b_i) \tag{15.9}$$

然后，我们写出

$$x_i = V_i(s_1, \cdots, s_n; a, b_i) \tag{15.10}$$

其中 x_i 表示根据参与人 i 的主观概率分布所得支付的期望值。

在式（15.8）的情形中，我们可通过取适当的边缘概率分布来剔除 a_0。我们定义

$$P_i(a^i, b^i) = \int_{A_0} \mathrm{d}_{(a_0)} P_i(a_0, a^i; b^i) \tag{15.11}$$

$$R_i(a^i, b^i \mid b_i) = \int_{A_0} \mathrm{d}_{(a_0)} R_i(a_0, a^i; b^i \mid b_i) \tag{15.12}$$

于是我们得到

$$P_i(a^i, b^i) = R_i(a^i, b^i \mid b_i) \tag{15.13}$$

现在，我们将式（15.10）重新写成

$$x_i = V_i(s_1, \cdots, s_n; a, b_i, b^i) = V_i(s_1, \cdots, s_n; a, b) \tag{15.14}$$

这里向量 b^i 仅以空元素出现。同样，我们把式（15.13）重写为

$$P_i(a^i, b^i) = R_i(a^i, b^i \mid a_i, b_i) \tag{15.15}$$

其中，等式右边向量 a_i 仅以空元素出现。

最后，我们引入定义 $c_i=(a_i,b_i)$，$c=(a,b)$和 $c^i=(a^i,b^i)$，并且 $C_i=A_i\times B_i$，$C=A\times B$ 和$C^i=A^i\times B^i$。显然，向量 c_i 表示在博弈中参与人 i 可获得的所有信息（如果我们忽略对所有 n 个参与人均可获得的信息）。那么，我们可把向量 c_i 称为参与人 i 的信息向量（information vector）。

从另一个角度来看，我们可以用向量 c_i 来描述参与人 i 自身的某些物质、社会和心理属性，因为该向量概括了参与人 i 的支付函数 U_i 的某些重要参数以及他关于社会和物质环境看法的主要参数。（参与人 i 的支付函数 U_i 的相关参数还部分表示了他的主观效用函数 X_i 的参数和他所处环境的参数，例如，它可利用的各种物质和人力资源的数量等等。）从这个角度来看，向量 c_i 可以称为参与人 i 的特征向量（attribute vector）。

因此，在这个模型下，参与人关于博弈的真实情况的不完全信息可以通过这样的假设来描述：通常，任意给定的参与人 i 的特征向量（或信息向量）c_i 的真实值仅有参与人 i 自己知道，而其他（$n-1$）个参与人对此一无所知。也就是说，对其他参与人而言，c_i 可以取任意其他值，甚至可能有无穷多个不同取值（这些值一起组成了向量 c_i 的域空间 $C_i=\{c_i\}$）。我们也可以将这个假设表述为：在一个 I 型博弈 G 中，一般地，博弈的规则是对应于参与人特征向量 c_i 的不同取值，任意参与人 i 分别属于一系列可能类型中的某一类型（并且不同类型代表参与人在博弈中的不同支付函数 U_i 和不同主观概率分布 P_i），每个参与人都被认为知道他自己的真实类型，但通常不知道其他参与人的真实类型。

式（15.14）和式（15.15）现在可以写成

$$x_i=V_i(s_1,\cdots,s_n;c)=V_i(s_1,\cdots,s_n;c_1,\cdots,c_n) \tag{15.16}$$

$$P_i(c^i)=R_i(c^i\mid c_i) \tag{15.17}$$

或者

$$P_i(c_1,\cdots,c_{i-1},c_{i+1},\cdots,c_n)=R_i(c_1,\cdots,c_{i-1},c_{i+1},\cdots,c_n \mid c_i) \tag{15.18}$$

从某个特定参与人 j 的角度来看，式（15.16）和式（15.18）[或式（15.17）]可以看作一个 I 型博弈 G 的方程的标准形式。

对某个特定参与人 j，我们将一个给定的 I 型博弈 G 的标准形式正式地定义为一个有序集 G，并且

$$G=\{S_1,\cdots,S_n;C_1,\cdots,C_n;V_1,\cdots,V_n;R_1,\cdots,R_n\} \tag{15.19}$$

其中 $i=1$，…，n，$S_i=\{s_i\}$，$C_i=\{c_i\}$；而且，V_i 是一个从集合 $S_1\times\cdots\times S_n\times C_1\times\cdots\times C_n$ 到参与人 i 的效用线 Ξ_i（它本身是实轴 R 的复制）的函数；对向量 c_i 的具体值，函数 $R_i=R_i(c^i \mid c_i)$ 是集合 $C^i=C_1\times\cdots\times C_{i-1}\times C_{i+1}\times\cdots\times C_n$ 上的概率分布。

4.

在 C 型博弈中，与 I 型博弈 G 相似的博弈是具有与之相同的支付函数 V_i 和相同策略空间 S_i 的 C 型博弈 G^*。然而，在 G^* 中向量 c_i 必须重新解释为具有客观联合概率分布 R^* 的随机向量（机会行动）：

$$R^*=R^*(c_1,\cdots,c_n)=R^*(c) \tag{15.20}$$

并且 R^* 为所有 n 个参与人所共知。[10]（如果有某些参与人不知道 R^*，那么 G^* 将不是 C 型博弈。）为了使 G^* 与 G 尽可能地相似，我们假设任意博弈中的每个向量 c_i 都是从相同域空间 C_i 中取值的。并且，我们还假设在博弈 G^* 中，正如在博弈 G 中那样，当参与人 i 选择他的策略 s_i 时，他将仅知道他自己的随机向量 c_i 的值，而不知道其他（$n-1$）个参与人的随机向量 c_1，…，c_{i-1}，c_{i+1}，…，c_n 的取值。相应地，我们可以称 c_i 为参与人 i 的信息向量。

另外，我们还可以将这个随机向量 c_i 解释为代表了参与人 i 自身

的某些物质、社会和心理属性的向量（但是，当然在此我们必须假设对于所有 n 个参与人，这些特征由 R^* 支配的随机过程决定）。在这个解释下，我们还可以称 c_i 为参与人 i 的特征向量。

我们称给定的 C 型博弈 G^* 是标准形式的，如果满足：

（1）G^* 的支付函数 V_i^* 有式（15.16）表述的形式；

（2）在式（15.16）中出现的向量 c_1，…，c_n 是具有联合概率分布 R^* 的随机向量，且 R^* 是所有参与人都知道的；

（3）假定每个参与人 i 在选择他的策略 s_i 时仅知道他自己的向量 c_i 而不知道其他参与人的向量 c_1，…，c_{i-1}，c_{i+1}，…，c_n。

有时，我们还可以将这些假设再次表述如下：博弈的规则允许每个参与人 i 属于一系列不同类型中的某一个类型（随机向量 c_i 可取得相应不同的具体值），并且每个参与人知道他自己的真实类型，但是通常不知道其他参与人的类型。

我们正式地定义一个 C 型博弈 G^* 的标准形式为一个有序集 G^*，并且

$$G^*=\{S_1,\cdots,S_n;C_1,\cdots,C_n;V_1,\cdots,V_n;R^*\} \tag{15.21}$$

这样，有序集 G^* 与有序集 G［由式（15.19）定义］的区别仅在于，在 G 中出现的 n 元向量 R_1，…，R_n 在 G^* 中由单个向量 R^* 来代替。

如果我们把博弈的策略型视为标准型的特殊极限形式（换言之，在此情形中随机向量 c_1，…，c_n 是无元素的空向量），那么，每个 C 型博弈都有一个标准形式。但是，只有包含随机变量（随机行动）的 C 型博弈 G^* 才能有一个在内容上与其策略型不同的标准型。

实际上，如果 G^* 包含不止一个随机变量，那么它将有几个不同的标准型。这是因为我们总能得到一个新的标准型 G^{**}——它是原标准型 G^* 和标准型 G^{***} 的中间产物——如果我们抑制部分而不是全部在 G^* 中出现的随机变量（正如我们为得到标准型 G^{***} 要做的那样）。这种过

程被称为部分标准化以区别于得到标准型 G^{***} 的完全标准化。[11]

5.

假设 G 是一个 I 型博弈（在参与人 j 看来），而 G^* 是一个 C 型博弈，并且两个博弈都以标准型给出。为了得到这两个博弈的完全相似性，两个博弈仅有相同的策略空间 S_1，…，S_n，域空间 C_1，…，C_n 和支付函数 V_1，…，V_n 是不够的。它还需要每个参与人 i 在任何一个博弈中为任意给定的具体事件 E 指定相同数值的概率 P。虽然在博弈 G 中参与人 i 将根据他的主观概率分布 $R_i(c^i \mid c_i)$ 来判断所有的概率，但是在博弈 G^* 中，参与人 i 将根据由博弈 G^* 的基本概率分布 $R^*(c)$ 得到的客观条件概率分布 $R^*(c^i \mid c_i)$ 来判断所有的概率，因为他知道向量 c_i。因此，如果两个博弈是等价的，那么分布 $R_i(c^i \mid c_i)$ 和 $R^*(c^i \mid c_i)$ 在数值上必须完全相等。

这将导出如下定义。设 G 是一个 I 型博弈（在参与人 j 看来），G^* 是一个 C 型博弈，并且两个博弈都以标准型给出。如果满足下列条件，我们就称 G 和 G^* 对参与人 j 来说是贝叶斯等价的：

（1）两个博弈必须有相同的策略空间 S_1，…，S_n 和域空间 C_1，…，C_n。

（2）两个博弈必须有相同的支付函数 V_1，…，V_n。

（3）在博弈 G 中每个参与人 i 的主观概率分布 R_i 必须满足关系

$$R_i(c^i \mid c_i) = R^*(c^i \mid c_i) \tag{15.22}$$

其中 $R^*(c) = R^*(c_i, c^i)$ 是博弈 G^* 的基本概率分布，并且

$$R^*(c^i \mid c_i) = \frac{R^*(c_i, c^i)}{\int_{C_i} \mathrm{d}_{(c^i)} R^*(c_i, c^i)} \tag{15.23}$$

由式（15.22）和式（15.23）我们可以得到

$$R^*(c) = R^*(c_i, c^i)$$

$$=R_i(c^i \mid c_i)\cdot\int_{C_i}\mathrm{d}_{(c^i)}R^*(c_i,c^i) \qquad (15.24)$$

与式（15.23）相比，当式（15.23）右边的分母变为零时，方程就没有明确的数学含义，但式（15.24）始终有明确的数学含义。

我们提出如下假定：

假定 1 贝叶斯等价。假设某个 I 型博弈 G 和 C 型博弈 G^* 在参与人 j 看来是贝叶斯等价的。那么从博弈论的角度来看这两个博弈对参与人 j 来说是完全等价的。并且，参与人 j 的策略选择在任意博弈中将受同样的决策规则（相同的解的概念）支配。

这个假定是由贝叶斯假设得到的，它表示每个参与人将以完全相同的方式使用主观概率分布与已知的客观概率分布，并且两者在数值上相等。博弈 G（由参与人 j 评价的）和博弈 G^* 在所有定义特征上是一致的，包括参与人所采用的概率分布数值。两者的唯一不同之处在于，在博弈 G 中参与人使用的是主观概率分布，而在博弈 G^* 中使用的是客观（条件）概率分布。但是根据贝叶斯假设，这个区别是无关紧要的。

当然，在这样的假设下，我们所描述的是，对参与人 j 来讲两个博弈在博弈论意义上是完全等价的。在假设信息基础上我们不能得出这两个博弈对其他参与人 $k\neq j$ 来说同样是等价的。为了得到后一个结论，我们必须知道两个博弈 G 和 G^* 会保持它们的贝叶斯等价，即使在其他参与人 k 假设的函数 V_1，…，V_n 和 R_1，…，R_n 的条件下，而不是在参与人 j 自己假设的函数 V_1，…，V_n 和 R_1，…，R_n 的条件下来分析博弈 G。但是只要我们仅关心参与人 j 在博弈 G 中遵守的决策规则，我们知道参与人采用的函数 V_1，…，V_n 和 R_1，…，R_n 就可以了。

假定 1 自然地引出了下列问题：对任意给定的一个 I 型博弈 G，是否总能构造一个与 G 贝叶斯等价的 C 型博弈 G^*？而且，如果可以构造出来，那么这样的 C 型博弈 G^* 是否是唯一的？这些问题相当于：对任

意给定的 n 元主观概率分布 $R_1(c^1 \mid c_1)$，…，$R_n(c^n \mid c_n)$，是否总存在满足式（15.24）的概率分布 $R^*(c_1, \cdots, c_n)$？如果存在满足条件的 R^*，那么它是否唯一？这些问题需要广泛的讨论，我们将在第 15.3 节给予解答（见定理 3 和接下来的探索式讨论）。我们知道对于给定的 I 型博弈 G，仅当 G 自身满足某些一致性要求时，它有一个相似的 C 型博弈 G^*。另外，如果和 G 相似的 C 型博弈 G^* 存在，那么 G^* 在本质上是唯一的（意思是，如果两个不同的 C 型博弈 G_1^* 和 G_2^* 都是给定的 I 型博弈 G 的贝叶斯等价，那么我们无论用 G_1^* 还是用 G_2^* 来分析 G 都是无差异的）。在本节的余下部分中，我们把对 I 型博弈 G 的分析局限于与 G 贝叶斯等价的相似 C 型博弈 G^* 总是存在的情形中。

在下文充分利用以标准型给出的某个 I 型博弈 G 和 C 型博弈 G^* 之间的贝叶斯等价关系时，为了简便起见，我们给后者指定一个简短的名称。因此，我们将引入贝叶斯博弈来作为以标准型给出的 C 型博弈 G^* 的简称。根据我们在特殊情形中处理 I 型博弈 G 的性质，我们也可以得到贝叶斯二人零和博弈、贝叶斯讨价还价博弈等术语。

6.

鉴于贝叶斯博弈在我们的分析中所起的重要作用，我们现在考虑这种博弈的两个不同模型（它们在本质上是等价的），它们从某种意义上来讲是我们在第 4 节和第 5 节定义的模型的有用补充。

我们已把贝叶斯博弈 G^* 定义为这样的博弈：每个参与人的支付函数 $x_i = V_i(s_1, \cdots, s_n; c_1, \cdots, c_n)$ 不仅依赖于 n 个参与人所选择的策略 s_1，…，s_n，而且依赖于随机向量（信息向量或特征向量）c_1，…，c_n。我们还假设这些参与人都知道这些随机向量的联合概率分布 $R^*(c_1, \cdots, c_n)$。但是，任意给定向量 c_i 的真实值只有参与人 i 自己知道，并由他的信息向量（或特征向量）表示。这个模型被称为贝叶斯博弈的随机向量模型。

贝叶斯博弈的另一个不同的模型可以被描述如下：在博弈 G^* 中的 1，…，n 个参与人在任何情况下都是从某些潜在的参与人总体 $\prod_1$，…，$\prod_n$ 中随机抽取出来的。每个抽取参与人 i 的总体 $\prod_i$ 包含了具有不同特征的个体，因此特征的每个可能组合（即参与人 i 的每个可能类型）都将表示在这个总体 $\prod_i$ 中，并且特征的每个可能组合在博弈中都将与特征向量 c_i 的具体取值 $c_i = c_i^0$ 相对应。如果在总体 $\prod_i$ 中一个给定个体的特征向量 c_i 有具体值 c_i^0，那么我们就说他属于特征类 c_i^0。这样，每个总体 $\prod_i$ 都将被划分成与参与人 i 的特征向量 c_i 在博弈中所取的值有相同数量的特征类。

对于从 n 个总体 $\prod_1$，…，$\prod_n$ 中选择 n 个参与人的随机过程，我们假设参与人 1，…，n 从任意 n 个具体特征类 c_1^0，…，c_n^0 中抽取的概率是由联合概率分布 $R^*(c_1, \cdots, c_n)$ 决定的。[12]我们还假设这个联合概率分布 R^* 为所有 n 个参与人所共知，并且每个参与人 i 知道他自己的特征类 $c_i = c_i^0$，但是通常不知道其他参与人的特征类 $c_1 = c_1^0$，…，$c_{i-1} = c_{i-1}^0$，$c_{i+1} = c_{i+1}^0$，…，$c_n = c_n^0$。因为在模型中，选择参与人的随机行动发生在博弈的其他行动之前，所以该模型称为贝叶斯博弈的先验概率模型（prior-lottery model）。

设 G 表示参与人有不完全信息的现实博弈环境，G^* 表示与 G 贝叶斯等价的贝叶斯博弈（在给定的参与人 j 看来）。那么这个贝叶斯博弈 G^*，根据先验概率模型的解释，可以看作形成这个博弈环境 G 的现实随机社会过程的一个可能表述（当然是高度概括性的表述）。更具体地，这个先验概率模型把这个社会过程描述为对博弈环境某一方面的信息有了解而对另一个方面的信息不了解的外部观察者的所见所闻。它没有足够的信息来预测由社会过程选择的在博弈环境 G 中作为参与人的 n 个个体的特征向量 $c_1 = c_1^0$，…，$c_n = c_n^0$。但是它必须有充足的信息来预测

n 个个体的特征向量 c_1，…，c_n 的联合概率分布 R^*，并且当然也能够预测支付函数 V_1，…，V_n 的数学形式。（但是它没有足够的信息来预测支付函数 U_1，…，U_n，因为这需要 n 个参与人的特征向量。）

换言之，这个假想的观察者一定拥有这 n 个参与人所共有的信息，但是不能知道任意一个参与人的额外的私人信息（或者有关部分参与人的集体私人信息，当然他也不必知道 n 个参与人都不能获得的信息）。我们把这样的观察者称为适当信息观察者。因此，贝叶斯博弈的先验概率模型可被看作有适当信息的外部观察者所看到的相关现实社会过程的概括性表述。

让我们再次考虑不完全信息的价格竞争博弈 G 和在第 1 节中讨论的相应的贝叶斯博弈 G^*。在这里每一个参与人的特征向量 c_i 由定义他的成本函数、财富状况以及他搜集其他参与人信息的能力的变量所组成。[13]因此，G^* 的先验概率模型是这样的模型：每个参与人都是从有着不同的成本函数、财富状况和信息搜集能力的可能的参与人所组成的总体中随机选择的。我们已经讨论了，这样的模型可以看作现实社会过程的概括性表述，而这个现实社会过程的确营造了假设的竞争环境，也确实决定了两个参与人的成本函数、财富状况和信息搜集能力。

泽尔腾博士给贝叶斯博弈提出了第三个模型[14]，我们称之为泽尔腾模型或者后验概率模型（posterior-lottery model）。它与先验概率模型最基本的不同在于：后验概率模型假设只有当潜在的参与人为参加行动选择了在博弈中采用的策略之后，选择博弈行动参与人的博彩才会发生。

更具体地，假设参与人 $i(i=1,\ \cdots,\ n)$ 的特征向量 c_i 在博弈中可以取 k_i 个不同的值（我们假设所有的 k_i 都是有限的，但是这个模型可以被推广到其他无限的情形中）。那么，我们可以假设同时有 k_i 个不同的参与人来扮演参与人 i 的角色，而不是在博弈中仅随机地选择一个参与人 i，k_i 个不同的参与人中每一个代表特征向量 c_i 的一个不同值。所有在博弈中扮演参与人 i 角色的 k_i 个个人的集合被称作角色类 i。同一个角色类 i 中不同个体用下标区分成参与人 i_1，i_2，…。在这些假设之下，显然博弈的参与人总数将不再是 n，而是一个更大的数（通常是一个很大的数）：

$$K=\sum_{i=1}^{n} k_i \tag{15.25}$$

假设每个来自给定角色类 i 的参与人 i_m 将从参与人 i 的策略空间 S_i 中选择某个策略 s_i。同一个角色类 i 中的不同成员可以（但不是必须）从策略空间 S_i 中选择不同的策略 s_i。

在所有 K 个参与人都选择完他们的策略之后，从每一个角色类 i 中随机抽取参与人 i_m 作为实际的参与人。假设这样选出的 n 个实际参与人的特征向量是 $c_1=c_1^0$，…，$c_n=c_n^0$，并且这些参与人在选择特征向量之前已经选择了他们的策略 $s_1=s_1^0$，…，$s_n=s_n^0$。从角色类 i 中选出的每一个实际参与人 i_m 得到支付：

$$x_i=V_i(s_1^0,\cdots,s_n^0;c_1^0,\cdots,c_n^0) \tag{15.26}$$

所有其他（$K-n$）个没有被选为实际参与人的参与人将得到零支付。

可以假设，当 n 个实际参与人被从 n 个角色类中随机选出时，具有特征向量 $c_1=c_1^0$，…，$c_n=c_n^0$ 的任意具体组合的个体的概率将由联合概率分布 R^*（c_1，…，c_n）决定。[15]

容易看出，在我们所讨论的三个模型——随机向量模型、先验概率模型和后验概率模型中，参与人的支付函数、它们可获取的信息以及博弈中任意具体事件的概率，在本质上是相同的。[16]因此，这三个模型本质上可以看成是等价的。当然，在形式上它们表示不同的博弈论模型，比如随机向量模型对应于 n 人完全信息博弈 G^*，后验概率模型对应于 K 人完全信息博弈 G^{**}。在下文中，除非有不同表示，对于贝叶斯博弈，我们将始终指对应于随机向量模型的 n 人完全信息博弈 G^*，而对应于后验概率模型的 K 人完全信息博弈 G^{**} 则称为泽尔腾博弈。

与上述两个模型相比，先验概率模型在形式上不能表示一个真正的博弈，因为它假设博弈的第一个行动是随机选取 n 个参与人，然而在正规的博弈理论定义中，在博弈一开始，即在博弈的所有随机行动或个人行动发生之前参与人的身份必须确定。

因此，我们可以把博弈环境特征表述如下：我们所考虑的 I 型博弈 G 中的现实社会过程可以用先验概率模型很好地表示出来。但是从博弈理论角度来看，先验概率模型不能对应于一个真实的博弈。其他两个模型是把先验概率模型转化为真实博弈的两种途径。在这两种情形中，这种转化都会以引入一些不实际的假设为代价。在对应于泽尔腾博弈 G^{**} 的后验概率模型中，除了 n 个真实的参与人以外，博弈中还要额外引入（$K-n$）个虚拟参与人。[17]

在对应于贝叶斯博弈 G^* 的随机向量模型中，没有虚拟的参与人，但是我们必须以做出一个不现实的假设为代价，即每个参与人 i 的特征向量 c_i 由博弈开始后的随机行动来决定——这好像是说参与人 i 将在某段时间内（即使很短）不知道他的特征向量 c_i 的具体取值 $c_i=c_i^0$。只要我们考虑对应于随机向量模型的贝叶斯博弈 G^* 的标准型，这样不现实的假设就不会产生任何差异。但是，正如我们将看到的，当我们把 G^* 转化为它的标准型时，这个暗含在模型中的不现实的假设确实会产生某些技术上的困难。因为它似乎迫使我们假定每个参与人在知道他自己的特征向量 c_i 之前就能够选择他的标准策略（即博弈 G^* 标准型中的策略）。泽尔腾博弈 G^{**} 的一个很重要的好处在于它不需要这个特殊的不现实的假设，我们可以自由地认为每个参与人 i_m 在博弈开始时就知道他自己的特征向量 c_i，并且总是根据这些信息来选择他的策略。[18]

因此，作为给定的 I 型博弈 G 的分析工具，贝叶斯博弈 G^* 和泽尔腾博弈 G^{**} 都有他们各自的优点和不足。[19]

7.

令 G 是以标准型给出的 I 型博弈，G^* 是与 G 贝叶斯等价的贝叶斯博弈。那么我们可以定义这个 I 型博弈 G 的标准型 $\mathcal{N}(G)$ 和贝叶斯博弈 G^* 的标准型 $\mathcal{N}(G^*)$。

为了得到这个标准型，首先我们必须对每个参与人 i 用标准化策略 s_i^* 代替策略 s_i。标准化策略 s_i^* 被认为是条件叙述，它规定参与人 i 采用的策略 $s_i=s_i^*(c_i)$，如果他的信息向量（或特征向量）c_i 取任意给定值。从数学上讲，标准化策略 s_i^* 是从向量 c_i 的域空间 $C_i=\{c_i\}$ 到参与人 i 的策略空间 $S_i=\{s_i\}$ 的函数。所有这些可行函数 s_i^* 的集合称为参与人 i 的标准化策略空间$S_i^*=\{s_i^*\}$。与这些标准化策略 s_i^* 相比，标准型博弈中参与人 i 使用的策略 s_i 称为他的普通策略。

如果给定博弈，参与人 i 的信息向量 c_i 只取 k 个不同值（k 是有限的），从而我们有

$$c_i=c_i^1,\cdots,c_i^k \tag{15.27}$$

那么这个参与人的任意标准化策略 s_i^* 可以简单定义为普通策略的 k 元组合

$$s_i^*=(s_i^1,\cdots,s_i^k) \tag{15.28}$$

其中 $s_i^m=s_i^*(c_i^m)$，$m=1$，…，k 表示参与人 i 的信息向量 c_i 取值 $c_i=c_i^m$ 时，他在标准化博弈中采用的策略。在这种情况下，参与人 i 的标准化策略空间 $S_i^*=\{s_i^*\}$ 是所有这样的 k 元组合 s_i^* 的集合，也就是说，它是参与人 i 的普通策略空间 S_i 的 k 次笛卡尔乘积，记作 $S_i^*=S_i^1\times\cdots\times S_i^k$，$S_i^1=\cdots=S_i^k=S_i$。

在这两种定义下，标准化策略 s_i^* 都不具有混合策略的性质，而具有行为策略的性质。尽管如此，这些定义是合理的，因为任意标准型的 G^* 是完美回忆博弈，所以假设参与人使用行为策略或混合策略是无差异的（见参考文献 4）。

现在式（15.6）可以写作

$$x_i = V_i(s_1^*(c_1), \cdots, s_n^*(c_n);\quad c_1, \cdots, c_n)$$
$$= V_i(s_1^*, \cdots, s_n^*; c) \tag{15.29}$$

为了得到标准型 $\mathcal{N}(G)=\mathcal{N}(G^*)$，我们必须基于博弈的基本概率分布 $R^*(c)$，求式（15.29）关于全部随机变量 C 的期望值。定义

$$\mathscr{E}(x_i) = W_i(s_1^*, \cdots, s_n^*)$$
$$= \int_C V_i(s_1^*, \cdots, s_n^*; c)\,\mathrm{d}_c R^*(c) \tag{15.30}$$

因为每个参与人将他的期望支付看作从博弈中得到的有效支付，我们可以将 $\mathscr{E}(x_i)$ 简记为

$$x_i = W_i(s_1^*, \cdots, s_n^*) \tag{15.31}$$

现在我们定义博弈 G 和 G^* 的标准型为有序集

$$\mathcal{N}(G) = \mathcal{N}(G^*) = \{S_1^*, \cdots, S_n^*; W_1, \cdots, W_n\} \tag{15.32}$$

与这两个博弈的标准型定义式（15.19）和式（15.21）相比，式（15.32）用标准化策略空间 S_i^* 代替普通策略空间 S_i，用标准化支付函数 W_i 代替普通支付函数 V_i。另外，域空间 C_i 与概率分布 R_i 或 R^* 一样不出现，因为博弈 G 和 G^* 的标准型 $\mathcal{N}(G)=\mathcal{N}(G^*)$ 不包含随机向量 c_1，…，c_n。

但是，这个标准型也有缺陷，即关于参与人无条件的支付期望 $\mathscr{E}(x_i)=W_i(s_1^*, \cdots, s_n^*)$ 的定义，尽管实际上每个参与人的策略选择由他的条件支付期望 $\mathscr{E}(x_i \mid c_i)$ 决定，因为他在知道自己的信息向量 c_i 的同时进行策略选择。这个条件期望定义为

$$\mathscr{E}(x_i \mid c_i) = Z_i(s_1^*, \cdots, s_n^* \mid c_i)$$
$$= \int_{C^i} V_i(s_1^*, \cdots, s_n^*; c_i, c^i)\,\mathrm{d}_{(c^i)} R^*(c^i \mid c_i) \tag{15.33}$$

要相信，可以证明（见第 8 节的定理 1），如果任意参与人 i 最大化

他的无条件支付期望 W_i，那么他也最大化对 c_i 的每个特定值的条件支付期望 $Z_i(\cdot \mid c_i)$，排除了 c_i 只取 0 值的小集合的可能性。在这方面，我们的分析证实了冯·诺依曼和摩根斯坦的标准化原理（见参考文献 7，pp. 79－84），据此，参与人在进行策略选择时，可以只关注博弈的策略型。

但是，由于贝叶斯博弈有特别的性质，标准化原理只规定了它们的有效性，并且它们的标准型 $\mathcal{N}(G^*)$ 必须谨慎使用，因为基于标准型的一般使用可能得到相反的结果（见第 11 节）。从这个事实出发，我们引入半标准型。博弈 G 和 G^* 的半标准型 $\mathcal{C}(G)=\mathcal{C}(G^*)$ 被定义成一个博弈，其中参与人的策略是上面定义的标准化策略 s_i^*，而支付函数是式（15.33）定义的条件支付期望 $Z_i(\cdot \mid c_i)$。正式地，我们定义博弈 G 和 G^* 的半标准型为有序集

$$\begin{aligned}\mathcal{C}(G)&=\mathcal{C}(G^*)\\&=\{S_1^*,\cdots,S_n^*;C_1,\cdots,C_n;Z_1,\cdots,Z_n;R^*\}\end{aligned} \tag{15.34}$$

半标准型与标准型不同，包含随机向量 c_1，…，c_n，而域空间 C_1，…，C_n 和概率分布 R^* 在式（15.32）中不出现，但在式（15.34）中出现。

取代冯·诺依曼和摩根斯坦的标准化原理，我们只利用较弱的半标准化原理（下面的假定 2），它可由标准化原理得到，但反之不成立。

假定 2 半标准型的充分性。任何贝叶斯博弈 G^* 和它的贝叶斯等价 I 型博弈 G 的解，可以定义成半标准型 $\mathcal{C}(G^*)=\mathcal{C}(G)$ 的解，不必利用 G^* 或 G 的标准型。

参考文献

1. Robert J. Aumann. "On choosing a function at random,"in Fred B. Wright (editor), *Symposium on Ergodic Theory*, New Orleans: Aca-

demic Press, 1963, pp. 1 - 20.

2. ——. “Mixed and behavior strategies in infinite extensive games,” in M. Dresher, L. S. Shapley, and A. W. Tucker (editors), *Advances in Game Theory*, Princeton: Princeton University Press, 1964, pp. 627 - 650.

3. John C. Harsanyi. “Bargaining in ignorance of the opponent's utility function,” *Journal of Conflict Resolution*, 6(1962), pp. 29 - 38.

4. H. W. Kuhn. “Extensive games and the problem of information,” in H. W. Kuhn and A. W. Tucker (editors), *Contributions to the Theory Games*, Vol. Ⅱ. Princeton: Princeton University Press, 1953, pp. 193 - 216.

5. J. C. C. McKinsey. *Introduction to the Theory of Games*, New York: McGraw Hill, 1952.

6. Leonard J. Savage. *The Foundation of Statistics*, New York: John Wiley and Sons, 1954.

7. John von Neumann and Oskar Morgenstern. *Theory of Games and Economic Behavior*, Princeton: Princeton University Press, 1953.

【注释】

[1] 本章的初稿在1965年4月的第五届博弈论普林斯顿大会上进行了宣读。目前的修订稿得益于与以下几个人的私下讨论：来自耶路撒冷希伯来大学的迈克尔·马施勒教授和罗伯特·奥曼教授，法兰克福歌德大学的泽尔腾博士，以及参加1965年10—11月在耶路撒冷希伯来大学举行的国际博弈理论研讨会的其他与会人员。同时也得益于马施勒博士对我手稿的细致有益的评论。

本项研究得到了国家自然基金会第GS—722号基金和福特基金会给予加利福尼亚大学商业研究院的基金的资助。这两项资助都是由加利福尼亚大学伯克利分析管理科学研究中心来管理的。更多的资助来自斯坦福行为科学高研中心。

[2] 完全信息博弈与不完全信息博弈（C型博弈与I型博弈）之间的区别一定不能与完美信息博弈和不完美信息博弈的区别混淆。根据习惯术语，通常第一个区别是指参与人关于博弈规则所拥有的信息量，而第二个区别是他们关于其他参与人以及他

们自身的以前行动（和以前的机会行动）所拥有的信息量。与不完全信息博弈不同，不完美信息博弈在文献中得到了广泛的讨论。

[3] 支付函数某些空间上的概率分布或概率分布上的概率分布，以及更一般的函数空间上的概率分布，它们都有某些数学技巧上的困难（见参考文献 5，pp. 355 - 357）。然而，正如奥曼在参考文献 1 和参考文献 2 中所表明的，这些困难可以克服。但是即使在数学上成功定义了相应的高阶概率分布，得到的结果模型——像所有基于序贯期望方法的模型——仍将极端复杂和麻烦。本章的主要目的是描述分析不完全信息博弈的另一种方法，它完全避免了越来越高阶的相互期望带来的困难。

[4] 根据我们后面引入的专有名词，由随机事件 e_i 和 f_i 决定的变量将组成随机向量 c_i（$i=1$，2），c_i 称为参与人 i 的信息向量或特征向量，并假设它决定了参与人 i 在博弈中的类型（参见正文后面的阐述）。

[5] 对假设的合理性的证明，参见第 4、5 节及第 15.3 节。

[6] 更特殊地，博弈 G^* 将具有延迟承诺博弈的性质（见第 11 节）。

[7] 给定参与人 i 的主观概率分布 P_i 是根据他自己的选择行为来定义的（见参考文献 6）。相反，客观概率分布 P^* 是根据相关事件的长期频率来定义的（可能是由一个独立的观察者，如博弈的裁决者建立的）。通常习惯上认为给定参与人 i 的主观概率是他对相应的客观概率或未知频率的个人估计。

[8] 如果物质产出 y 仅仅是给予 n 个参与人的货币支付向量 y_1，…，y_n，那么我们通常可以假设任意参与人 i 的效用支付 $x_i=X_i(y_i)$ 是关于他的货币支付 y_i 的（严格递增）函数，并且所有参与人都将知道这一点。然而，其他参与人 j 可能不知道参与人 i 货币效用函数 X_i 的具体数学形式。换言之，即使他们可能知道参与人 i 的序数效用函数，他们也可能不知道他的基数效用函数。也就是说，他们可能不知道参与人 i 为了增加他的给定数量的货币支付 y_i 所愿意承担的风险是多少。

[9] 同样，我们总能假设参与人 j 给形如 $E=\{$当 $s_i=s_i^0$ 时，$U_i(s_1$，…，s_i，…，$s_n)<x_i^0\}$ 的事件指定一个主观概率，而不是假设给形如 $E=\{s_i^0\notin S_i\}$ 的事件指定主观概率，等等。

[10] 假设所需数学形式的基本概率分布 R^* 存在（见第 5 节和第 15.3 节）。

[11] 部分标准化与完全标准化在过程上是本质相同的（见第 7 节）。完全标准化包括对将被剔除的随机变量取支付函数 V_i 的期望值，并且在必要时重新定义参与人的策略。然而在部分标准化的情形中，我们必须用一个不包含被剔除的随机变量的边缘

概率分布来代替原始标准型 G^* 中的概率分布 R^*。（在完全标准化情形中不需计算这样的边缘分布，这是因为标准型 G^{***} 根本不包含随机变量。）

[12] 在我们的一般假设下，从期望总体 $\prod_1$，…，$\prod_n$ 中选取参与人 1，…，n 不是统计上独立的事件，因为概率分布 $R^*(c_1, \cdots, c_n)$ 一般不能写成 n 个独立的概率分布 $R_1^*(c_1)$，…，$R_n^*(c_n)$。因此，严格地说，我们的假设类似于从所有可能参与人的 n 元组合总体 $\prod$ 中进行随机选择，其中 $\prod$ 是笛卡尔乘积 $\prod = \prod_1 \times \cdots \times \prod_n$。

[13] 见注释 [4]。

[14] 在私下交流中（见注释 [1]）。

[15] 事实上，我们也可以假设每个参与人只在随机事件发生之后并且知道这个随机事件是否将他选为实际参与人之后选择他的策略。（当然，如果我们做出这样的假设，那么没有被选为实际参与人的参与人仅仅忘记了去选择一个策略。）从博弈论的角度来看，只要每个实际参与人必须在不被告知其他实际参与人的姓名以及其他实际参与人所属的特征类的情况下就选择他的策略，这个假设就不会产生什么实际的差异。

这样，第二个模型和第三个模型之间根本性的理论差异不在于假设的随机事件的实际顺序，也不在于在一个模型中随机事件发生在参与人的策略选择之前，而在另一个模型中发生在策略选择之后。这个根本性的理论差异在于，第二个模型（像第一个模型一样）含有一个 n 人博弈，其中只有 n 个实际参与人是形式上的博弈参与人；而第三个模型含有一个 K 人博弈，其中实际参与人和非实际参与人在形式上都被称为博弈参与人。然而，为了避免这两个模型相混淆，我们假设存在随机事件在时间顺序上的差别。

[16] 从技术上来讲，参与人在后验概率模型下的有效支付函数与在其他两个模型下的支付函数是不同的，但是这个差别对我们的研究目的而言不是主要的。在后验概率模型下，设 $r=r_i(c_i^0)$ 为具有特征向量 $c_i=c_i^0$ 的参与人 i_m 从角色类 i 被选为实际参与人的概率（边缘概率）。那么参与人 i_m 具有一个获得对应于支付函数 V_i 的支付的概率 r 和获得一个零支付的概率 $(1-r)$，而在其他两个模型下，每个参与人 i 总能获得对应于支付函数 V_i 的支付。

因此，在后验概率模型下，参与人 i_m 的支付期望将只是 $r(0<r<1)$ 乘以他在其他两个模型下所期望的支付 。然而，在大多数博弈论解的概念下（具体地说，在所有我们分析博弈环境所选择的解的概念下），如果参与人的支付函数被一个正常数 r 相乘

（即使不同的参与人采用不同的 r），那么博弈的解将是不变的。

在任意情况下，如果我们假设实际上每个参与人 i_m 将获得一个对应于支付函数 $V_i/r_i(c_i^0)$ 的支付，而不是得到一个对应于支付函数 V_i 的支付函数［如式（15.26）所描述的］，那么后验概率模型与其他两个模型是完全等价的。

［17］即使我们改变在泽尔腾模型（见注释［15］）中所假设的随机事件的时间次序，这也是正确的。

［18］而且，正如泽尔腾所指出的，他的模型的优点是可以拓展到一个给定 I 型博弈 G 的主观概率分布 R_1，…，R_n 不满足一致性条件的情形，此时不存在满足式（15.24）的概率分布 R^*，而且不能构造与 G 贝叶斯等价的贝叶斯博弈 G^*。换言之，对任意的 I 型博弈 G，我们总能定义一个等价的泽尔腾博弈 G^{**}，即使在我们不能定义一个等价的贝叶斯博弈 G^* 的情形下（见第 15 节）。

［19］我们对于为什么一个贝叶斯博弈 G^* 和相对应的泽尔腾博弈 G^{**} 在本质上等价给出了直观的解释。对于一个更详细更严密的博弈理论的证明，读者可以参考即将①发表的泽尔腾的文章。

15.2 贝叶斯均衡点[1]

第 15.1 节阐述了分析不完全信息博弈的新理论。它已经证明，如果不同参与人的主观概率分布满足某种相互一致性要求，那么任意给定的不完全信息博弈将等价于某个完全信息博弈，称其为原博弈的贝叶斯等价博弈，或简称为贝叶斯博弈。

本节将证明由这个贝叶斯博弈的任意纳什均衡点能得到原博弈的贝叶斯均衡点，反之亦然。这个结论将用一个表示不完全信息的二人零和博弈的数值实例来说明。我们还将证明我们的模型能够处理利用对手错误信念的问题。

然而，除了贝叶斯博弈标准型确定贝叶斯均衡点的不容置疑的

① 以本书的编写时间为基准。——译者注

作用以外，我们将以一个数值例子（一个二人博弈的贝叶斯等价）来证明贝叶斯博弈标准型在许多情况下对博弈环境的表述是非常令人不满意的，并且必须有其他表述来代替（如半标准型）。我们认为这个意想不到的结果产生于这样的事实：贝叶斯博弈必须被解释为具有延迟承诺的博弈，而标准型总是把博弈看成当机承诺的。

8.

设 G 为一个 I 型博弈（由参与人 j 评价），G^* 为以函数 $R^*(c_1, \cdots, c_n)$ 为其基本概率分布的与 G 贝叶斯等价的一个贝叶斯博弈。设 s_i^* 为博弈 G 中参与人 i 的标准化策略。假设，对于参与人 i 的特征向量 c_i 的某个具体值 $c_i=c_i^0$，如果其他 $(n-1)$ 个参与人的标准化策略 s_i^*，…，s_{i-1}^*，s_{i+1}^*，…，s_n^* 保持不变，由标准化策略 s_i^* 选出的（普通）策略 $s_i=s_i^*(c_i)$ 将最大化参与人 i 的条件支付期望

$$\mathscr{E}(x_i \mid c_i^0)=Z_i(s_1^*,\cdots,s_i^*,\cdots,s_n^* \mid c_i^0) \tag{15.35}$$

那么我们可以说参与人 i 的这个标准化策略 s_i^* 是对其他参与人的标准化策略 s_1^*，…，s_{i-1}^*，s_{i+1}^*，…，s_n^* 在点 $c_i=c_i^0$ 处的最优反应（best reply）。

现在假设，除了可能的总概率密度为零的 c_i 的一个小集合 C_i^* 以外，在特征向量 c_i 的所有可能取值下，s_i^* 的确具有最优反应的性质。也就是说，我们假定，事件 $E=\{c_i\in C_i^*\}$ 被边缘概率分布

$$R^*(c_i)=\int_{C^i} \mathrm{d}_{(c^i)} R^*(c_i,c^i) \tag{15.36}$$

指定了一个零概率，这个边缘概率分布是从基本概率分布 $R^*(c_1, \cdots, c_i, \cdots, c_n)=R^*(c_i, c^i)$ 中得到的。那么我们可以说 s_i^* 是对 s_1^*，…，s_{i-1}^*，s_{i+1}^*，…，s_n^* 的几乎一致的最优反应。

最后，我们假定在一个给定的 n 元标准化策略 $s^*=(s_1^*, \cdots, s_n^*)$ 中，每个元素 s_i^* $(i=1, \cdots, n)$ 都是对其他 $(n-1)$ 个元素 s_1^*，…，s_{i-1}^*，s_{i+1}^*，…，s_n^* 的几乎一致的最优反应。那么，我们称 s^* 是博弈 G

的贝叶斯均衡点。

我们能得到下述定理：

定理 1 设 G 是一个 I 型博弈，G^* 是与 G 贝叶斯等价的贝叶斯博弈（由参与人 j 评价）。那么任意给定的 n 元标准化策略 $s^*=(s_1^*, \cdots, s_n^*)$ 是博弈 G 中的贝叶斯均衡点的充分必要条件是，这个 n 元向量 s^* 在博弈 G^* 的标准型 $\mathcal{N}(G^*)$ 中是一个纳什意义下的均衡点（见参考文献 3，5）。

证明：根据式（15.24），式（15.30）和式（15.33），我们可以得到

$$W_i(s_1^*,\cdots,s_i^*,\cdots,s_n^*)$$
$$=\int_{C_i} Z_i(s_1^*,\cdots,s_i^*,\cdots,s_n^* \mid c_i)\,\mathrm{d}_{(c_i)}R^*(c_i) \tag{15.37}$$

其中 $R^*(c_i)$ 是由式（15.36）再次定义的边缘概率分布。

为了证明定理的充分性，我们假设 s^* 不是博弈 G 中的贝叶斯均衡点。这意味着 s^* 至少有一个分量，比如 s_i^*，不是 s^* 中其他元素的几乎一致的最优反应。因此，一定存在由 c_i 的可能取值组成的集合 C_i^*，如果我们能用某个不同的普通策略 $s'_i=s_i^{**}(c_i)$ 来代替标准化博弈所选择的普通策略 $s_i=s_i^*(c_i)$，那么 $Z_i(\cdot \mid c_i)$ 的值在这个集合 C_i^* 上是可以增加的。即对于所有的 $c_i\in C_i^*$，我们一定有：

$$Z_i[s_i^{**}(c_i),(s^*)^i] > Z_i[s_i^*(c_i),(s^*)^i] \tag{15.38}$$

其中 $(s^*)^i$ 表示 $(n-1)$ 元组

$$(s^*)^i=(s_1^*,\cdots,s_{i-1}^*,s_{i+1}^*,\cdots,s_n^*) \tag{15.39}$$

而且，概率分布 $R^*(c_i)$ 在集合 C_i^* 上有非零的总概率密度。

现在设 s_i^{***} 表示参与人 i 的标准化策略，当所有 c_i 属于集合 C_i^* 时，参与人 i 选择策略 $s_i^{**}(c_i)$，否则当 c_i 不属于集合 C_i^* 时，s_i^{***} 与 s_i^* 相同。即：

$$s_i^{***}(c_i)=s_i^{**}(c_i) \quad （当所有的\ c_i\in C_i^*\ 时）$$

$$s_i^{***}(c_i)=s_i^*(c_i) \quad (\text{当所有的 } c_i \notin C_i^* \text{ 时}) \tag{15.40}$$

那么根据式（15.37）和式（15.38），我们一定有

$$W_i[s_i^{***},(s^*)^i] > W_i[s_i^*,(s^*)^i] \tag{15.41}$$

因此，在博弈 $\mathcal{N}(G^*)$ 中，n 元向量 s^* 不是纳什意义下的均衡点。如果 s^* 不是 G 中的贝叶斯均衡点，那么它也不可能是 $\mathcal{N}(G^*)$ 中的纳什均衡点，与我们的假设相反。

为了证明定理的必要性，假设 s^* 不是博弈 $\mathcal{N}(G^*)$ 的纳什均衡点。这意味着 s^* 中至少有一个分量，比如 s_i^*，能够由某个不同的标准化策略 s_i^{***} 来代替，以使得函数 W_i 的值增加。即一定存在某个标准化策略 s_i^{***} 满足式（15.38）。但是根据式（15.37），在 c_i 可能取值的某个集合 C_i^* 上，我们一定有：

$$Z_i[s_i^{***}(c_i),(s^*)^i] > Z_i[s_i^*(c_i),(s^*)^i] \tag{15.42}$$

而且，这个集合 C_i^* 在概率分布 $R^*(c_i)$ 下一定有非零的概率密度。因此，s^* 不是博弈 G 的贝叶斯均衡点。这样，如果 s^* 不是 $\mathcal{N}(G^*)$ 的纳什均衡点，那么它也不可能是博弈 G 中的贝叶斯均衡点，与我们的假设相反。这个命题得证。

根据纳什均衡点定理（见参考文献 3，5）和它的各种推论，满足某些不严格正则条件的 I 型博弈至少有一个贝叶斯均衡点。特别地：

定理 2　设 G 是一个具有标准型的 I 型博弈（由参与人 j 评价），并且与之贝叶斯等价的贝叶斯博弈 G^* 存在。假设 G 是一个有限博弈，其中每个参与人 i 只有有限个（普通）策略 s_i。那么 G 将至少有一个贝叶斯均衡点。

证明：即使在博弈 G 的标准型中，每个参与人 i 仅有有限个纯策略 s^i，如果他的信息向量 c_i 能够取无限个不同的值，则在博弈的标准型 $\mathcal{N}(G)$ 中，他将有无限个标准化纯策略 s_i^*。但是很容易看出，$\mathcal{N}(G)$ 的标准化行为策略将仍然满足德布鲁一般均衡点定理的连续性和收敛的要

求（见参考文献1）。所以，$\mathcal{N}(G)$ 中总存在一个纳什均衡点 s^*，它是原来以标准形式给出的博弈 G 的贝叶斯均衡点。

9.

现在我们讨论两个数值例子，一方面说明在上一节定义的贝叶斯均衡点的概念，另一方面通过最简单的 I 型博弈即不完全信息的二人零和博弈来说明用我们的方法所得到的解的概念的性质。

假设在一个给定的二人零和博弈 G 中，参与人 1 属于两种类型 $c_1=a^1$ 和 $c_1=a^2$，如果参与人 1 属于类型 a^1，就可以直观地认为他处于弱地位（例如，他可利用的军事设备、人力、经济资源等等）；如果他属于类型 a^2，就可以直观地认为他处于强地位。同样地，参与人 2 也属于两种类型 $c_2=b^1$ 和 $c_2=b^2$，类型 b^1 表明他处于弱地位，而类型 b^2 表明他处于强地位。这样，我们共有四种可能的情况，这两个参与人可以属于类型（a^1，b^1），（a^1，b^2），（a^2，b^1）或（a^2，b^2）。

在任意一种情况下，每个参与人都有两个纯策略，称 $s_1=y^1$ 和 $s_1=y^2$ 为参与人 1 的纯策略，称 $s_2=z^1$ 和 $s_2=z^2$ 为参与人 2 的纯策略。（根据直观解释，y^1 和 z^1 表示更激进的策略而 y^2 和 z^2 表示不那么激进的策略。）这些策略使得参与人 1 得到下列四种可能情况下的支付（参与人 2 的支付总是参与人 1 支付的相反数），见表 15－1～表 15－4。

表 15－1

情形(a^2,b^1)：鞍点在(y^1,z^1)

	z^1	z^2
y^1	2	5
y^2	−1	20

表 15－2

情形(a^1,b^2)：鞍点在(y^2,z^1)

	z^1	z^2
y^1	−24	−36
y^2	0	24

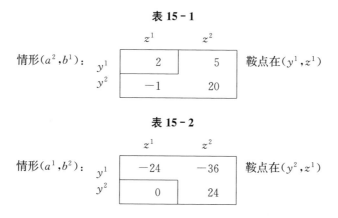

表 15 - 3

情形(a^2, b^1)：

	z^1	z^2
y^1	28	15
y^2	40	4

鞍点在(y^1, z^2)

表 15 - 4

情形(a^2, b^2)：

	z^1	z^2
y^1	12	20
y^2	2	13

鞍点在(y^1, z^1)

（为了简便起见，在所有四种情形中我们选择的都是具有纯策略鞍点的矩阵。）

既然两个参与人的特征向量 c_1 和 c_2 都只能取有限个不同值（两个），博弈的所有概率分布就都可以由相应的概率密度函数来表示。特别地，基本概率分布 $R^*(c_1, c_2)$ 可以由联合概率分布 $r_{km}=\text{Prob}(c_1=a^k, c_2=b^m)$（其中 k，$m=1$，2）的矩阵来表示。我们可以假设这个矩阵 $\{r_{km}\}$ 形如（见表 15 - 5 和表 15 - 6）：

表 15 - 5

	$c_2=b^1$	$c_2=b^2$
$c_1=a^1$	$r_{11}=0.40$	$r_{12}=0.10$
$c_1=a^2$	$r_{21}=0.20$	$r_{22}=0.30$

表 15 - 6

	$c_2=b^1$	$c_2=b^2$
$\text{Prob}(c_2=b^m \mid c_1=a^1)$	$p_{11}=0.8$	$p_{12}=0.2$
$\text{Prob}(c_2=b^m \mid c_1=a^2)$	$p_{21}=0.4$	$p_{22}=0.6$

这里 $p_{km}=r_{km}/(r_{k1}+r_{k2})$。矩阵的第一行表示当参与人 1 的特征类是 $c_1=a^1$ 时，他对参与人 2 的特征类的两种不同假设（即 $c_2=b^1$ 和 $c_2=b^2$）指定的条件概率（主观概率）。第二行表示当参与人 1 的特征类是 $c_1=a^2$ 时，他对这两种假设指定的条件概率。

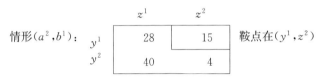

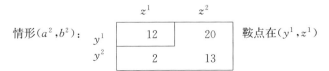

与此相对照，对应于矩阵 $\{r_{km}\}$ 两列的条件概率是（见表15－7）：

表 15－7

	$\text{Prob}(c_1=a^k \mid c_2=b^1)$	$\text{Prob}(c_1=a^k \mid c_2=b^2)$
$c_1=a^1$	$q_{11}=0.67$	$q_{12}=0.25$
$c_1=a^2$	$q_{21}=0.33$	$q_{22}=0.75$

这里 $q_{km}=r_{km}/(r_{1m}+r_{2m})$，矩阵的第一列表示当参与人 2 的特征类是 $c_2=b^1$ 时，他对参与人 1 的特征类的两种不同假设（即 $c_1=a^1$ 和 $c_1=a^2$）指定的条件概率（主观概率）。第二列表示当参与人 2 的特征类是 $c_2=b^2$ 时，他对这两种假设指定的条件概率。

表 15－5～表 15－7 中的三个概率矩阵表明在我们的例子中，两个参与人假设它们的特征类之间存在正相关性。在这个意义下，对于一个给定的参与人，他自身处于强（或弱）地位则对手也处于强（或弱）地位的假设会提高其概率。（如果两个参与人的力量状况在很大程度上取决于相同的环境影响；或者，如果每个参与人都不断努力将自己的军事、产业或其他类型的实力与另一个参与人保持在大体持平的状态下，这种情况就可能会出现。当然，在其他情况下，可能存在负相关性或根本就没有任何关系。）

在这个博弈中，参与人 1 的标准化纯策略具有的形式为 $s_1^*=y^{nt}(y^n, y^t)$，其中 $s_1=y^n(n=1, 2)$ 是当 $c_1=a^1$ 时参与人 1 采取的普通策略，而 $y^t(t=1, 2)$ 是当 $c_1=a^2$ 时他采取的普通策略。同样，参与人 2 的标准化纯策略具有形式 $s_2^*=z^{uv}=(z^u, z^v)$，其中 $s_2=z^u(u=1, 2)$ 是当 $c_2=b^1$ 时参与人 2 采用的普通纯策略，而 $s_2=z^v$ 是当 $c_2=b^2$ 时他采用的普通纯策略。

容易证明，标准形式 $\mathcal{N}(G)$ 的支付矩阵 W 为如下形式（见表 15－8）：

表 15-8

	z^{11}	z^{12}	z^{21}	z^{22}
y^{11}	7.6	8.8	6.2	7.4
y^{12}	7.0	9.1	1.0	3.1
y^{21}	8.8	13.6	14.6	19.4
y^{22}	8.2	13.9	9.4	15.1

矩阵中的数据是参与人 1 对应于不同标准化策略对（y^{rt}，z^{uv}）的总支付期望（即无条件支付期望）。例如，对应于策略对（y^{12}，z^{11}）的数据是：

$$0.4\times2+0.1\times(-24)+0.2\times40+0.3\times2=7.0\text{，依此类推}$$

矩阵 W 在纯策略下唯一的鞍点是（y^{21}，z^{11}）。(这里没有混合策略。)这意味着在这个博弈中参与人 1 的最优策略是当他的特征向量取值为 $c_1=a^1$ 时采用策略 y^2，而当他的特征向量取值为 $c_1=a^2$ 时采用策略 y^1。而不管参与人 2 的特征向量 c_2 取何值，他的最优策略始终为 z^1。

容易看出，通常这些最优策略不同于表 15-1～表 15-4 中与四个矩阵状态相联系的最优策略。例如，如果单独考虑状态（a^1，b^1）下的支付矩阵（见表 15-1），那么参与人 1 的最优策略是 y^1，但是如果将博弈作为一个整体来考虑，那么参与人 1 的最优策略 y^{21} 实际上要求只要他的特征向量取值 $c_1=a^1$，他就要采取策略 y^2。同样，如果单独考虑状态（a^2，b^1）下的支付矩阵（见表 15-3），那么参与人 2 的最优策略是 z^2，但是从整体上考虑博弈，他的最优标准化策略 z^{11} 总是要求他采取策略 z^1。当然，这些事实并不奇怪，它们仅表明参与人相互不知道对方的特征向量与知道对方的特征向量时所采取的策略是不同的。例如，在情形（a^1，b^1）下，参与人 1 只有当他知道对手的特征向量是 $c_2=b^1$ 时，他的最优策略才是 y^1。但是如果所有的关于参与人 2 的特征向量 c_2 的信息是从参与人 1 的特征向量 $c_1=a^1$ 和表 15-5～表 15-7 的概率矩阵推断出来的，那么参与人 1 的最优策略将是他的最优标准化策略 y^{21} 所规定的 y^2。

策略（y^{21}，z^{11}）是一个鞍点，同时也是博弈的标准形式 $\mathcal{N}(G)$ 的纳什均衡点。这样，只要参与人 2 采用策略 z^{11}，参与人 1 就会通过选择策略 y^{21} 来最大化他的总支付期望 W_1。反过来，只要参与人 1 采用策略 y^{21}，参与人 2 就会通过选择策略 z^{11} 来最大化他的总支付期望 W_2。

更重要的是，根据上一节的定理 1，策略组合（y^{21}，z^{11}）也将是博弈 G 的标准型的贝叶斯均衡点（实际上，它是唯一的均衡点，因为标准型博弈的鞍点只有一个）。因此，只要参与人 2 采用策略 z^{11}，参与人 1 不仅将最大化总支付期望 W_1，而且在给定他自己的特征向量 c_1 的条件下还将最大化他的条件支付期望 $Z_1(\cdot \mid c_1)$。为了证明这一点，我们首先列举当参与人 1 的特征向量取值为 $c_1 = a^1$ 时他的条件支付期望，见表 15－9。

表 15－9

	z^{11}	z^{12}	z^{21}	z^{22}
y^1	−3.2	−5.6	−0.8	−3.2
y^2	−0.8	4.0	16.0	20.8

我们可以称这个矩阵为 $Z_i(\cdot \mid a^1)$。我们发现 z^{11} 列中的最大数在 y^2 行中，对应于标准化策略 $y^{21} = (y^2, y^1)$ 的第一个分量。

接下来我们列举当参与人 1 的特征向量取值为 $c_1 = a^2$ 时他的条件支付期望，见表 15－10。

表 15－10

	z^{11}	z^{12}	z^{21}	z^{22}
y^1	18.4	23.2	13.2	18.0
y^2	17.2	23.8	2.8	9.4

我们称这个矩阵为 $Z_1(\cdot \mid a^2)$。我们发现 z^{11} 列中的最大数在 y^1 行中，正如所期望的那样，它对应于标准化策略 $y^{21} = (y^2, y^1)$ 的第二个分量。这样，在两个例子中，与定理 1 一致，相对于参与人 2 的标准化策

略 z^{11}，表示标准化策略 y^{21} 的相应分量的普通策略最大化参与人 1 的条件支付期望。

我们把下述问题留给读者来证明，即通过相似的计算来证明，正如定理 1 所要求的，相对于参与人 1 的标准化策略 y^{21}，在参与人 2 的特征向量取值 $c_2=b^1$ 和 $c_2=b^2$ 的情况下，普通策略 z^1［它恰好是标准化策略 $z^{11}=(z^1, z^1)$ 的第一个和第二个分量］的确最大化了参与人 2 的条件支付期望。

在这个具体的例子中，每一个参与人不仅最大化了他的以总支付期望 W_i（由定义可知它是正确的）表示的安全水平，而且最大化了他以条件支付期望 $Z_i(\cdot \mid c_i)$ 表示的安全水平。例如，在表 15－9 中，策略 y^2（此处在 $c_1=a^1$ 情况下，是由他的最优标准化策略 y^{21} 规定的普通策略）不仅是参与人 1 关于对手的标准化策略 z^{11} 的最优反应，而且是他的最大最小化策略。同样，在表 15－10 中，策略 y^1 不仅是参与人 1 关于对手的标准化策略 z^{11} 的最优反应，而且也是他的最大最小化策略。

然而，现在我们希望用一个反例来说明，对一个不完全信息的二人零和博弈，这个关系并非普遍成立的。考虑一个博弈 G^0，其中每一个参与人的特征向量也可以取两个值，即 $c_1=a^1$，a^2 和 $c_2=b^1$，b^2。假设四种可能情形下的支付矩阵如下表 15－11～表 15－14 所示。

表 15－11

情形(a^1,b^1)：鞍点在(y^2,z^2)

	z^1	z^2
y^1	8	-8
y^2	0	-4

表 15－12

情形(a^1,b^2)：鞍点在(y^2,z^1)

	z^1	z^2
y^1	-4	8
y^2	0	12

表 15－13

情形(a^2,b^1)：鞍点在(y^1,z^1)

	z^1	z^2
y^1	-8	12
y^2	-12	16

表 15－14

情形(a^2,b^2)：鞍点在(y^1,z^2)

	z^1	z^2
y^1	4	-4
y^2	0	-8

假设博弈 G^0 的基本概率矩阵如下表 15－15 所示。

表 15－15

	$c_2=b^1$	$c_2=b^2$
$c_1=a^1$	$r_{11}=0.25$	$r_{12}=0.25$
$c_1=a^2$	$r_{21}=0.25$	$r_{22}=0.25$

博弈 G^0 的标准型 $\mathcal{N}(G^0)$ 的支付矩阵 W 列举了参与人 1 的总支付期望，见表 15－16。

表 15－16

	z^{11}	z^{12}	z^{21}	z^{22}
y^{11}	0	1	1	2
y^{12}	-2	-1	1	2
y^{21}	-1	0	3	4
y^{22}	-3	-2	3	4

这个矩阵的鞍点只有（y^{11}，z^{11}）。因此，参与人 1 的最优标准化策略是$y^{11}=$（y^1，y^1），而参与人 2 的最优标准化策略是 $z^{11}=$（z^1，z^1）。在 $c_1=a^1$ 的情形下，参与人 1 的条件支付期望 $Z_1(\cdot \mid c_1)$ 如表 15－17 所示。

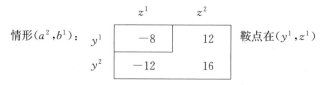

表 15－17

	z^{11}	z^{12}	z^{21}	z^{22}
y^1	2	8	−6	0
y^2	0	6	−2	4

根据定理 1，如表 15－17 所示，参与人 1 对应于对手的最优标准化策略 z^{11} 的最优反应是策略 y^1，即对应于他的最优标准化策略 y^{11} 的普通策略。但是参与人 1 的安全水平是由 y^2 而不是 y^1 最大化的。

这个结果有如下含义。设 G 是一个不完全信息的二人零和博弈。那么我们可以用博弈标准型 $\mathcal{N}(G)$ 的冯·诺依曼-摩根斯坦解作为原来以标准型定义的博弈 G 的解。但是，通常情况下，只有当每对最优标准化策略 s_1^* 和 s_2^* 是博弈 G 的贝叶斯均衡点时，这样做才是合理的。然而，我们不能用 s_1^* 和 s_2^* 的最大最小和最小最大性质来证明这个方法的正确性，因为就参与人的条件支付期望 $Z_i(\cdot \mid c_i)$ 而言，这些策略一般不具有这样的性质。参与人真正感兴趣的是条件支付期望的数值，并将它作为从博弈中得到的真实期望支付。

10.

现在我们打算用第三个数值例子来说明我们的模型能够处理利用对手错误信念的问题。再次设 G 为一个二人零和博弈，其中每个参与人分别属于两个不同的特征类，即属于类型 $c_1=a^1$ 或 $c_1=a^2$ 和属于类型 $c_2=b^1$ 或 $c_2=b^2$。我们假设在特征类的四个可能的组合中，参与人 1 的支付与表 15－1～表 15－4 中描述的相同。但是，博弈的基本概率矩阵 $\{r_{km}\}$ 被假设为（见表 15－18）：

表 15－18

	$c_2=b^1$	$c_2=b^2$
$c_1=a^1$	$r_{11}=0.01$	$r_{12}=0.00$
$c_1=a^2$	$r_{21}=0.09$	$r_{22}=0.90$

一方面，参与人 1 将使用如下条件概率（主观概率），见表 15－19。

表 15－19

	$c_2=b^1$	$c_2=b^2$
$\text{Prob}(c_2=b^m \mid c_1=a^1)$	$p_{11}=1.00$	$p_{12}=0.00$
$\text{Prob}(c_2=b^m \mid c_1=a^2)$	$p_{21}=0.09$	$p_{22}=0.91$

另一方面，参与人 2 将使用如下条件概率（主观概率），见表 15－20。

表 15－20

	$\text{Prob}(c_1=a^k \mid c_2=b^1)$	$\text{Prob}(c_1=a^k \mid c_2=b^2)$
$c_1=a^1$	$q_{11}=0.10$	$q_{12}=0.00$
$c_1=a^2$	$q_{21}=0.90$	$q_{22}=1.00$

该博弈标准型的支付矩阵 W 表示了参与人 1 的总支付期望，见表 15－21。

表 15－21

	z^{11}	z^{12}	z^{21}	z^{22}
y^{11}	13.34	20.54	11.20	19.40
y^{12}	5.42	15.32	2.21	12.11
y^{21}	13.31	20.51	12.35	19.55
y^{22}	5.39	15.29	2.36	12.26

这个博弈的唯一鞍点在（y^{21}，z^{21}）。这样参与人 1 的最优策略是 $y^{21}=(y^2, y^1)$，而参与人 2 的最优策略是 $z^{21}=(z^2, z^1)$。

现在假设参与人 1 实际属于特征类 $c_1=a^1$。那么我们关于参与人的最优策略的结果可以解释如下：当 $c_1=a^1$ 时，由表 15－19 可知参与人 1 能够推断出参与人 2 一定属于特征类 $c_2=b^1$。因此，由表 15－20 可知参与人 1 一定能得到参与人 2 对参与人 1 属于特征类 $c_1=a^2$ 的错误假定赋予一个几乎为 1 的概率（即 $q_{21}=0.90$）的结论。这意味着情形（a^2，b^1）将是适用的（因为参与人 2 的特征类是 $c_2=b^1$）。所以，参与人 1 会期望参与人 2 选择策略 z^2，这是后者根据表 15－3 要选择的策略，如果他认为（a^2，b^1）代表真实情况。

如果情形（a^2，b^1）的确代表实际情况，那么根据表 15-3，参与人 1 对策略 z^2 的最优反应是策略 y^1。但是在我们的假设下，参与人 1 将知道实际情况是（a^1，b^1）而不是（a^2，b^1）。这样，根据表 15-1，参与人 1 对于 z^2 的最优反应是 y^2 而不是 y^1。因此，我们可以说，通过选择策略 y^2，参与人 1 将能够利用参与人 2 以为参与人 1 可能属于类型 $c_1=a^2$ 的错误信息。

正如表 15-1 所示，如果参与人 2 知道真实情况和相应的行动，那么参与人 1 将只能得到支付 $x_1=2$。如果参与人 2 确实错误地认为参与人 1 的特征向量是 $c_1=a^2$，但是参与人 1 没有利用这个错误信息（即如果参与人 1 用同样的策略 y^1 来对付信息充分的对手），那么它的支付将是 $x_1=5$。如果参与人 1 利用了参与人 2 的错误信息并且采用策略 y^2 对付后者的策略 z^2，那么他将得到支付 $x_1=20$。

11.

我们举最后一个数值例子的目的在于证明：标准形式 $\mathcal{N}(G)=\mathcal{N}(G^*)$ 常常是对应于 I 型博弈 G（如原来的标准形式定义的）的不令人满意的表示，甚至也不是相应的贝叶斯博弈 G^* 的满意表示。更特殊地，我们将讨论，标准形式博弈 $\mathcal{N}(G)=\mathcal{N}(G^*)$ 的解往往与 G 和 G^* 的直观结果相反。

设 G 是纳什意义下二人讨价还价博弈（见参考文献 4），在博弈中两个参与人分割 100 美元。如果他们对分割不能达成共识，那么他们都将得到零支付。假设两个参与人都有关于货币的线性效用函数，因此他们的货币支付等同于他们的效用支付。

根据纳什讨价还价模型，我们假设博弈按如下规则进行：每个参与人 $i(i=1, 2)$ 必须提出自己的支付需求 y_i^*，但是不知道另一个参与人的支付需求 y_i^* 是什么。如果 $y_1^*+y_2^*\leq 100$，那么每个参与人都将得

到他要求的支付 $y_i=y_i^*$。如果 $y_1^*+y_2^*>100$，那么两个参与人都将得到零支付 $y_1=y_2=0$。

为了在博弈中引入不完全信息，我们假设任何一个参与人 i 或者必须将他总支付 y_i 的一半上交给某个秘密组织，或者不用上交；参与人总是提前知道到底要不要将支付上交给秘密组织，但是并不知道对手是否需要上交。我们可以说，如果参与人 i 必须上交，那么他的特征向量取值为 $c_i=a^1$，如果他不必上交，那么他的特征向量是 $c_i=a^2$。

这样，我们可以将每个参与人 i 的净支付 x_i 定义为：

$$x_i=\frac{1}{2}y_i \quad （如果 c_i=a^1）$$

$$x_i=y_i \quad （如果 c_i=a^2，i=1，2） \tag{15.43}$$

设 X 为博弈的支付空间，即参与人在博弈中所有可能的净支付向量 $x=(x_1, x_2)$ 的集合。

如果参与人的特征向量是 (a^1, a^1)，那么 $X=X^{11}$ 将是满足下列不等式的三角形区域：

$$x_i \geqq 0 \qquad i=1,2 \tag{15.44}$$

$$x_1+x_2\leqq 50 \tag{15.45}$$

如果这些向量是 (a^1, a^2)，那么 $X=X^{12}$ 将是满足式（15.44）和下列不等式的三角形区域：

$$2x_1+x_2\leqq 100 \tag{15.46}$$

如果这些向量是 (a^2, a^1)，那么 $X=X^{21}$ 将是满足式（15.44）和下列不等式的三角形区域：

$$x_1+2x_2\leqq 100 \tag{15.47}$$

最后，如果这些向量是 (a^2, a^2)，那么 $X=X^{22}$ 将是满足式（15.44）和下列不等式的三角形区域：

$$x_1 + x_2 \leqq 100 \tag{15.48}$$

（见图 15－1～图 15－4。）

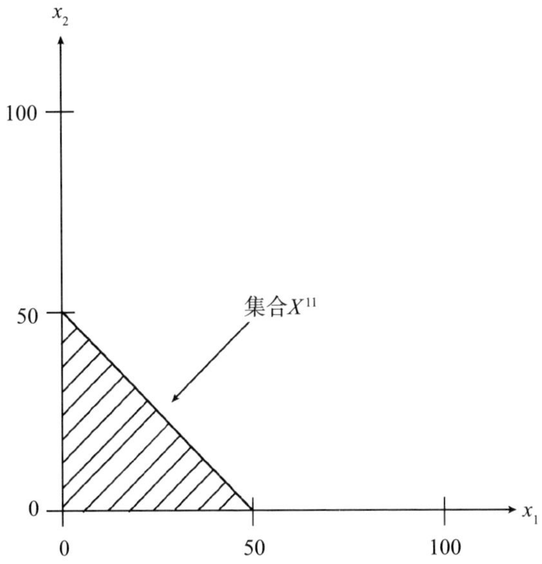

图 15－1

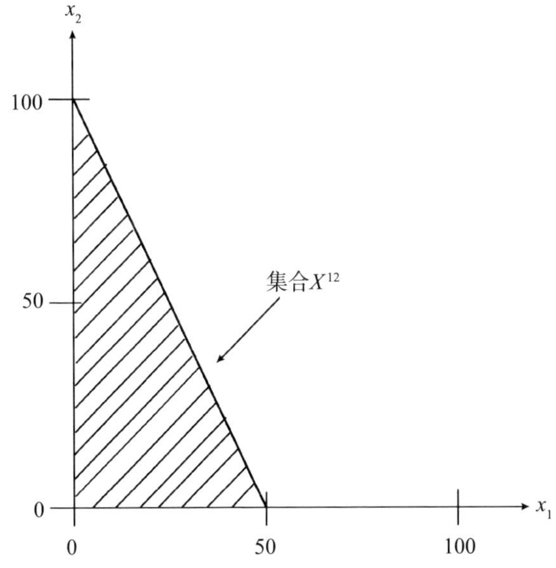

图 15－2

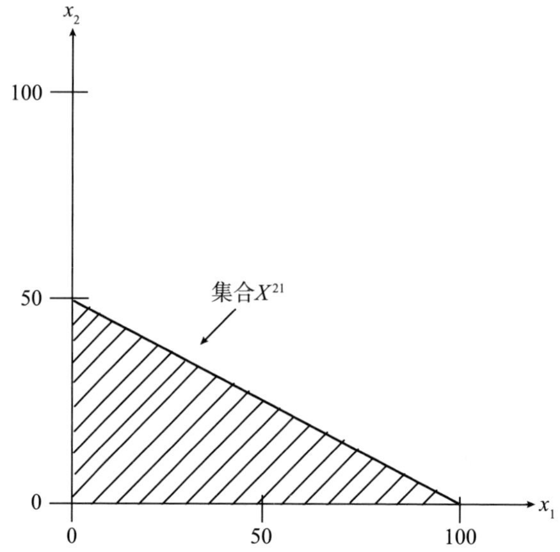

图 15 - 3

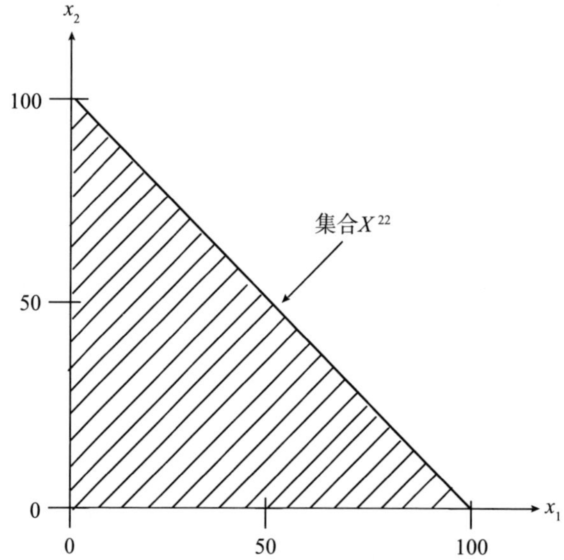

图 15 - 4

现假设博弈的基本概率矩阵 $\{r_{km}\}$ 如表 15 - 22 所示：

表 15－22

	$c_2=a^1$	$c_2=a^2$
$c_1=a^1$	$r_{11}=\frac{1}{2}\varepsilon$	$r_{12}=\frac{1}{2}-\frac{1}{2}\varepsilon$
$c_1=a^2$	$r_{21}=\frac{1}{2}-\frac{1}{2}\varepsilon$	$r_{22}=\frac{1}{2}\varepsilon$

其中 $r_{km}=\text{Prob}(c_1=a^k$ 和 $c_2=a^m)$，而 ε 是一个极小的正数，并且为了实际需要可以取零。

相应地，每个参与人 i 使用如下条件概率（主观概率），见表 15－23。

表 15－23

	$c_j=a^1$	$c_j=a^2$
$\text{Prob}(c_j=a^m\mid c_i=a^1)$	$p_{11}=q_{11}=\varepsilon$	$p_{12}=q_{21}=1-\varepsilon$
$\text{Prob}(c_j=a^m\mid c_i=a^2)$	$p_{21}=q_{12}=1-\varepsilon$	$p_{22}=q_{22}=\varepsilon$

也就是说，假设每个参与人与另一个参与人的特征向量之间实际上存在着完全负相关的关系：当他自己有附加支付义务时，他认为另一个参与人没有这种义务；当他自己没有附加支付义务时，他认为另一个参与人将承担此义务。

在构造这个博弈的标准型时，我们取 $\varepsilon=0$。因此，每个参与人将以 1/2 的概率从集合 X^{12} 中选择支付向量 $x=x^*$，以 1/2 的概率从集合 X^{21} 中选择向量 $x=x^{**}$。这样，从这个标准型中得到的他们的总支付向量为：

$$x=\frac{1}{2}x^*+\frac{1}{2}x^{**}\quad(x^*\in X^{12},\ x^{**}\in X^{21})\tag{15.49}$$

所有这种向量 x 的集合 $X^0=\{x\}$ 是满足条件（15.44）和下列两个不等式的区域（见图 15－5）：

$$2x_1+x_2\leqq 75\tag{15.50}$$

$$x_1+2x_2\leqq 75\tag{15.51}$$

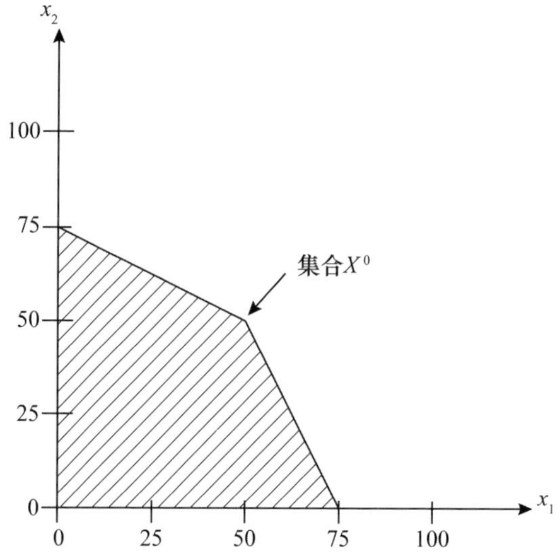

图 15－5

这样，博弈的标准型 $\mathcal{N}(G)$ 将是一个二人讨价还价博弈，其中参与人可以在集合 X^0 中选取任意支付向量 $x=(x_1, x_2)$，如果他们不能就某个具体向量 x 达成一致意见，那么他们将得到 $x_1=0$，$x_2=0$ 的支付。

任何满足一般意义上的效率和对称假定的解的概念都能得到解 $x_1=x_2=50$。这意味着，如果情形（a^1，a^2）发生，那么参与人将得到支付 $x_1^*=0$，$x_2^*=100$；如果情形（a^2，a^1）发生，那么参与人将得到支付 $x_1^{**}=100$，$x_2^{**}=0$。这是因为，根据条件（15.49），我们能获得向量 $x=(50, 50)$ 的唯一途径是选择 $x^*=(0, 100)$ 和 $x^{**}=(100, 0)$。

如果我们以一般的方式来解释博弈的标准型，并假设在参与人知道情形（a^1，a^2）或情形（a^2，a^1）是否发生之前，他们就选择了策略并对博弈结果达成了共识，那么这个结果作为博弈标准型的解是非常合理的。它表明，根据效率假定，参与人试图最小化他们必须支付给局外人的货币量的期望值。因此，对于有义务将自己的一半支付上交给一个秘密组织的参与人来说，他同意指定一个零支付。

然而，如果我们坚持博弈的原始定义，在这种情况下，每个参与人只有在观察到他自己的特征向量 c_i 以后，才能选择策略并且达成共识，那么这样得到的结果与直观结果是相悖的。这是因为在这个博弈中，参与人的特征向量之间几乎是完全负相关的。因此每个参与人不知道他自己特征向量的值，但是能准确地推断出另一个参与人的特征向量的值。这样，虽然博弈在形式上是一个不完全信息博弈，但是在本质上它总是一个完全信息的二人讨价还价博弈。

更特别地，如果情形（a^1，a^2）发生，那么博弈 G 在本质上将等价于每个参与人都知道支付空间为集合 $X=X^{12}$ 的纳什讨价还价博弈 G^{12}。同样，如果情形（a^2，a^1）发生，那么博弈 G 在本质上将等价于每个参与人都知道支付空间为集合 $X=X^{21}$ 的纳什讨价还价博弈 G^{21}。然而，如果假设在博弈 G^{21} 中，参与人 1 将同意得到零支付 $x_1^*=0$；在博弈 G^{12} 中，参与人 2 将同意得到零支付 $x_2^{**}=0$，那么这将与直观理解相悖。

根据相应的贝叶斯博弈 G^*，我们可将理由阐述如下：如果在一个随机行动决定情形（a^1，a^2）是否发生之前，参与人就能达成一项协议，那么每个参与人都将十分愿意遵守这项协议，即如果两种情形发生的概率均为 1/2，那么参与人将在一种情形下得到 100 美元，在另一种情形下得到 0 美元。但是，如果参与人仅在他们两人都知道随机行动的结果之后才达成协议，那么没有一个参与人会愿意得到 0 美元支付而让另一个参与人得到全部的 100 美元——即使这样的协议能最小化两个参与人对秘密组织的总支付。

为了明确起见，我们假设在博弈 G^{12} 和 G^{21} 中，参与人实际上将采用纳什解。那么在 G^{12} 中他们的支付将是 $x_1^*=25$ 和 $x_2^*=50$，而在 G^{21} 中他们的支付为 $x_1^{**}=50$ 和 $x_2^{**}=25$。这样，根据式（15.49），参与人从整个博弈 G^* 中得到的期望支付 $x_1=\frac{1}{2}x_1^*+\frac{1}{2}x_1^{**}=37.5$，$x_2=\frac{1}{2}x_2^*+\frac{1}{2}x_2^{**}=37.5$。[2]

当然，对于整个博弈 G^*，向量 $x=(37.5, 37.5)$ 不是一个有效的支付向量。这是因为它是一个严格劣策略，例如，相对于前面所考虑的支付向量 $x=(50,50)$。然而，在博弈 G^* 的情形中，使用一个无效解的理由在于博弈 G^* 不是一个完全意义上的合作博弈，更确切地说，是因为参与人在博弈的初期，即在任何随机行动或个人行动之前不能达成一致性协议——而是只有在决定情形（a^1，a^2）和（a^2，a^1）的随机行动完成以后，参与人才能达成协议。这样，采用无效的支付向量 $x=(37.5,37.5)$ 作为博弈 G^* 的解，我们并没有违反每个完全合作博弈必须有一个有效解的原理。[3][4]

我们也可以将结论阐述如下：在博弈论文献中讨论的大多数博弈都是当机承诺的博弈，在这种意义下，每个参与人在任何随机行动或个人行动之前都可以自由地承诺某个特定的策略。（在合作博弈的特殊情况下，参与人也可以自由地参与一项具有完全约束和可执行性的协议。）

相反，我们用来分析不完全信息博弈的贝叶斯博弈 G^*，必须被解释为一个具有延迟承诺的博弈[5]，其中参与人只有在博弈中某些行为发生之后，即决定参与人特征向量的随机行动发生之后，才能承诺某些具体的策略（并且如果是合作博弈，他们能够参与约束性协议）。[6]

根据博弈标准形式的确切定义，冯·诺依曼和摩根斯坦的标准化原理（见参考文献 6）仅适用于当机承诺的博弈。因此，通常我们不能期望贝叶斯博弈 G^* 的标准型 $\mathcal{N}(G^*)=\mathcal{N}(G)$ 是一个博弈 G^*——或者是与 G^* 贝叶斯等价的不完全信息博弈 G 的完全满意的表述。这就是在分析这些博弈时，必须用我们的弱标准化原理来代替冯·诺依曼和摩根斯坦原理（假定 2）的缘故。

参考文献

1. Gerard Debreu. "A social equilibrium existence theorem," *Pro-*

ceedings of the National Academy of Sciences, 38(1952), 886－893.

2. Jonh C. Harsanyi and Reinhard Selten. “A generalized Nash solution for two-person bargaining games with incomplete information,” 1967(unpublished).

3. John F. Nash. “Equilibrium points in *n*-person games,” *Proceedings of the National Academy of Sciences*, 36(1950), 48－49.

4. ——. “The bargaining problem,” *Econometrica*, 18(1950), 155－162.

5. ——. “Non-cooperative games,” *Annals of Mathematics*, 54(1951), 286－295.

6. John von Neumann and Oskar Morgenstern. *Theory of Games and Economic Behavior*, Princeton: Princeton University Press, 1953.

【注释】

[1] 作者希望再次表达对第 15.1 节注释 [1] 中所列人员和机构的感激之情。

[2] 根据在第 15.3 节中引入的术语，所讨论的讨价还价博弈 G 能分解成两个博弈 G^{12} 和 G^{21}。因此，根据假定 3，无论我们希望采用什么样的解的概念，博弈 G 的解都等价于采用博弈 G^{12} 或博弈 G^{21} 的解，究竟是哪一个解取决于这两个博弈究竟哪一个代表了两个参与人真正进行的博弈。

[3] 当然，博弈 G 自身是一个完全合作博弈，但它是一个不完全信息的博弈。我们的观点是，当我们用一个贝叶斯等价的 C 型博弈 G^* 来代替 I 型博弈 G 时，博弈的完全合作性质消失了，因为参与人的特征向量 c_i 被重新解释为他们策略选择前的随机行动。

[4] 我们目前的讨论局限于一个十分特殊的不完全信息二人讨价还价博弈的情形，即局限于两个参与人的特征向量 c_1 和 c_2 之间几乎完全相关的情形。在一般情形中定义的一个适当解的概念的问题将在参考文献 2 中讨论。

[5] 与贝叶斯博弈关联甚微，具有延迟承诺的博弈的一般类型有许多其他的应用，并且值得深入研究。

[6] 注意相应的泽尔腾博弈 G^{**} 不会产生这个问题：它们总能解释为具有当机承诺的博弈，并且能由其标准型 $\mathcal{N}(G^{**})$ 充分表示。

15.3 博弈的基本概率分布[1]

本章的前两节已经描述了分析不完全信息博弈的新理论。两种博弈情形得到了区分：其一是一致性博弈，即博弈中存在某个基本概率分布，并且参与人的主观概率分布能够作为条件概率分布从这个基本概率分布中得到；其二是非一致性博弈，即博弈中不存在这样的基本概率分布。本节将证明在非一致性博弈中，基本概率分布在实质上是唯一存在的。

本节还将讨论，如果没有相反的特殊原因，我们将尽量根据一致性博弈模型来分析任意给定的不完全信息博弈。然而，本节将证明，在的确需要使用非一致性博弈模型的情况下，我们的理论能够拓展到非一致性博弈模型。

12.

现在我们回到第 5 节提到的问题。给定任意选定的 I 型博弈 G，是否总能构造与之贝叶斯等价的贝叶斯博弈 G^*？如果能，这个博弈 G^* 是否总是唯一的？如我们在第 5 节中所看到的，这些问题等价于：对于任意给定的 n 元主观概率分布 $R_1(c^1 \mid c_1)$，…，$R_n(c^n \mid c_n)$，是否总存在某个概率分布 $R^*(c_1, \cdots, c_n)$ 满足式（15.24）？并且如果存在，这个概率分布是否唯一？这两个问题的答案由下面的定理 3 给出。在给出定理之前，我们需要引入一些定义。

在第 3 节中，我们正式将每个特征向量 c_i（i=1，…，n）的域空间 $C_i=\{c_i\}$ 定义为给定维数的整个欧氏空间 E^r。为了方便起见，我们将放宽这个定义，并且允许将域空间 C_i 局限于空间 E^r 的任意真子集 C_i^*

上。（显然，对任意一个给定的博弈 G，无论向量 c_i 定义在欧氏空间 E^r 的某个子集 C_i^* 上，还是定义在整个欧氏空间 E^r 上并且在集合 C_i^* 以外向量 c_i 处处有零概率密度，这两种定义几乎没有差别。）

复合向量 $c=(c_1,\cdots,c_n)$ 的域空间 $C=\{c\}$ 的一个给定子集 D 称为一个柱体，如果它是形如 $D=D_1\times\cdots\times D_n$ 的一个笛卡尔积，其中 $D_1,\cdots,D_n$ 是向量 $c_1,\cdots,c_n$ 的域空间 $C_1=\{c_1\},\cdots,C_n=\{c_n\}$ 的子集。这些集合 $D_1,\cdots,D_n$ 被称为柱体 D 的因子集。如果它们相应的所有因子集 D_i 和 $D'_i(i=1,\cdots,n)$ 都是不相交的，则称两个柱体 D 和 D' 是分离的。

假设在一个给定的 I 型博弈 G（由参与人 j 评价）中，每个域空间 C_i $(i=1,\cdots,n)$ 能够分解为两个或两个以上的非空子集 $D_i^1,D_i^2,\cdots$，使得每个参与人 i 总能以概率 1 推断出当他的信息向量 c_i 从集合 D_i^m 中取值为 $c_i=\gamma_i$ 时，其他任何一个参与人的信息向量 c_k 从集合 $D_k^m(m=1,2,\cdots)$ 中取值为 $c_k=\gamma_k$。用符号表示为

$$R_i(c_k\in D_k^m\mid c_i)=1\quad（对所有的 c_i\in D_i^m）\tag{15.52}$$

对所有的参与人 i 和 k 成立。在这种情形下，我们说博弈 G 能够分解成博弈 $G^1,G^2,\cdots$，其中 $G^m(m=1,2,\cdots)$ 被定义为从博弈 G 中得到的把每个信息向量 $c_i(i=1,\cdots,n)$ 的域空间限定于 $C_i^m=D_i^m$ 的博弈。相应地，在每一个分博弈 G^m 中，复合向量 $c=(c_1,\cdots,c_n)$ 的域空间 C 将限定于柱体 $C^m=D^m=D_1^m\times\cdots\times D_n^m$。我们将 D^m 称为博弈 G^m 的定义柱体，记为 $G^m=G(D^m)$。

如果 G 能够分解成两个或更多个分博弈 $G^1,G^2,\cdots$，那么称它为可分解的，否则称它为不可分解的。

这个术语源于这样的事实：每当进行一个可分解博弈 G 时，参与人实际上总是参与某一个分博弈 $G^1,G^2,\cdots$。而且，在博弈中做出任何行动和选择他们的策略 S^i 之前，参与人总是知道在具体情况下将进

行哪个分博弈，因为每个参与人都能观察到他的信息向量 c_i 在集合 D_i^1 还是 D_i^2 中，依此类推。

我们也可以将同样的术语用于给定的 C 型博弈 G^* 的标准型中，除了条件（15.52）必须用它的相似条件来代替：

$$R^*(c_k \in D_k^m \mid c_i)=1 \quad (\text{对所有的 } c_i \in D_i^m) \tag{15.53}$$

分解的概念蕴涵着如下假定：

假定 3 博弈的分解。假设给定的 I 型博弈 G（由参与人 j 评价）——或者给定的 C 型博弈 G^*——能分解为两个或更多个分博弈 $G^1=G(D^1)$，$G^2=G(D^2)$，…，设 σ^1，σ^2，…分别是 G^1，G^2，…的解（根据任何具体的解的概念），如果这些博弈被认为是独立的。那么每当参与人的信息向量 c_i 从集合 D_i^1 中取值时，复合博弈 G（或 G^*）的解将等价于分博弈的解 σ^1，而每当这些向量 c_i 取值于集合 D_i^2 时，复合博弈 G(或 G^*）的解将等价于分博弈的解 σ^2，依此类推。

换言之，进行博弈 G(或 G^*）实际上意味着进行其中的某一个分博弈 G^m。因此，在每种情形下，参与人将采用对特定分博弈 G^m 适用的策略，而且他们的策略选择不会因为他们的信息向量 c_i 的取值不同，从而必须进行另一个分博弈 $G^{m'}\neq G^m$ 而受到影响。（重复我们的假定，这个假定完全依赖于这样一个事实：根据博弈 G 和 G^* 的定义，在做出策略选择时，总是假设参与人知道他们实际参与的分博弈 G^m。如果参与人在知道他们的特征向量 c_i 的取值之前，在他们知道究竟将要参与哪个分博弈 G^m 之前就能选择他们的策略，那么假定 3 就不是合理的。）

设 $R_1=R_1(c^1 \mid c_1)$，…，$R_n=R_n(c^n \mid c_n)$ 是参与人 j 在分析I 型博弈G 时采用的主观概率分布。我们称这些分布 R_1，…，R_n 是相互一致的，如果存在（不必唯一）某个概率分布 $R^*=R^*(c)$ 对于R_1，…，R_n 满足式（15.24）。在这种情形下，我们说博弈 G（由参与人 j 评价）是自身一致的。而且，每一个满足式（15.24）的概率分布 R^* 被称为相容的。

在这些定义的基础上，我们将定理叙述如下：

定理 3　设 G 是一个 I 型博弈（由参与人 j 评价），其中参与人的主观概率分布或者是离散的，或者是绝对连续的，或者是混合型的（但是没有奇异分量），那么以下三种情形是可能的：

（1）博弈 G 是不一致的，在这种情形下，没有相容的概率分布 R^*。

（2）博弈 G 是一致的，但是不可分，在这种情况下，只存在一个相容的概率分布 R^*。

（3）博弈 G 是一致的且可分的，在这种情况下，下列命题成立：

（a）博弈 G 能够分解为有限个或无限个本身不可分的分博弈 $G^1=G(D^1)$，$G^2=G(D^2)$，…。

（b）存在一个包含不同的相容概率分布 R^* 的无限集合。

（c）但是对每一个不可分的分博弈 $G^m=G(D^m)$，每个相容概率分布 R^* 将生成相同的唯一决定的条件概率分布：

$$R^m=R^m(c)=R^*(c\mid c\in D^m) \tag{15.54}$$

只要这一相容概率分布 R^* 生成的条件概率分布 R^m 有意义。

（d）每个相容概率分布 R^* 将是条件概率分布 R^1，R^2…的一个凸组合，并且不同的相容概率分布 R^* 的区别仅在于对每一个分博弈 R^m 指定的概率权重 $R^*(D^m)=R^*(c\in D^m)$ 不同。反之，每个分布 R^1，R^2…的一个凸组合将是相容概率分布 R^*。

13.

我们仅对分布 R_1，…，R_n 是离散的情形下的定理加以证明（因此，如果存在离散型分布，那么所有相容概率分布 R^* 都是离散型的）。[2] 对于具有绝对连续型概率分布的博弈的证明与前者在本质上是相同的，只是在证明中必须用概率密度函数来替代概率质量函数。一旦这个定理对于离散型和连续型都得到了证明，那么对于混合型的证明就是非常直接的。在证明定理之前，我们先证明一些引理。

设 G 是一个 I 型博弈（由参与人 j 评价的），其中所有 n 个参与人 i 有离散的主观概率分布 $R_i=R_i(c^i \mid c_i)$。对于每个概率分布 R_i，我们能够定义相应的概率密度函数 r_i 为：

$$\begin{aligned} r_i &= r_i(\gamma^i \mid \gamma_i) \\ &= R_i(c^i=\gamma^i \mid c_i=\gamma_i) \quad i=1,\cdots,n \end{aligned} \tag{15.55}$$

其中 $\gamma^i=(\gamma_1, \cdots, \gamma_{i-1}, \gamma_{i+1}, \cdots, \gamma_n)$，$\gamma_i$ 分别表示向量 c^i 和 c_i 的具体值。同样，对于每一个相容概率分布 R^*（如果存在），我们可以定义相应的概率密度函数 r^* 为：

$$r^* = r^*(\gamma) = R^*(c=\gamma) \tag{15.56}$$

其中 $\gamma=(\gamma_1, \cdots, \gamma_n)$ 表示 c 的具体值。如果 R^* 是相容的，那么相应的概率密度函数 r^* 也称为相容的。所有相容函数（admissible function）r^* 的集合称为 $\mathscr{R}$。

式（15.24）现在可以写成下面的形式

$$r^*(\gamma) = r_i(\gamma^i \mid \gamma_i) \cdot r^*(\gamma_i) \quad (r^* \in \mathscr{R}) \tag{15.57}$$

对所有的值 $c=\gamma$，$c^i=\gamma^i$，$c_i=\gamma_i$ 成立。其中 $r^*(\gamma_i)$ 表示边缘概率

$$r^*(\gamma_i) = \sum_{(\gamma^i \in c^i)} r^*(\gamma_i, \gamma^i) \tag{15.58}$$

如果表达式 $r_1(\gamma^1 \mid \gamma_1)$，…，$r_n(\gamma^n \mid \gamma_n)$ 中有一个或更多个为零，我们就称域空间 C 上的任意一点 $c=\gamma=(\gamma_i, \gamma^i)$ 为一个空点（null point）。如果所有的表达式都为正，就称点 $c=\gamma$ 为非空点。

在一个一致性博弈 G 中，如果每个相容概率分布函数 r^* 指定给值 $c_i=\gamma_i$ 的边缘分布 $r^*(\gamma_i)=0$，则给定向量 C_i 的值 $c_i=\gamma_i$ 被称为一个不可能值。我们规定在任意一致性博弈 G 中，每个域空间 $C_i=\{c_i\}$

($i=1$，…，n）定义为从 C_i 中剔除了向量 c_i 的所有不可能值 $c_i=\gamma_i$ 的集合。所以，我们假设：

$$\gamma_i \in C_i\text{，隐含 } r^*(\gamma_i)>0\text{，对于某个 } r^* \in \mathscr{R} \tag{15.59}$$

因此，在一个空点 $c=\gamma$ 上，所有 n 个表达式 $r_1(\gamma^1 \mid \gamma_1)$，…，$r_n(\gamma^n \mid \gamma_n)$ 都是零，因为根据式（15.57）和式（15.59），$r_i(\gamma^i \mid \gamma_i)=0$ 意味着对所有的 $k=1$，…，n，$r_k(\gamma^k \mid \gamma_k)=0$。

引理 1　假设在一致性博弈 G 中，所有相容向量 r^* 在一个给定的点 $c=\gamma$ 处取相同的值，

$$r^*(\gamma)=0 \tag{15.60}$$

当且仅当 $c=\gamma$ 为一个空点时成立。

此引理也可以从式（15.57）和式（15.59）中得到。

设 $c=\alpha=(\alpha_1, \cdots, \alpha_n)$，$c=\beta=(\beta_1, \cdots, \beta_n)$，$c=\gamma=(\gamma_1, \cdots, \gamma_n)$ 和 $c=\delta=(\delta_1, \cdots, \delta_n)$ 是四个空点，使得 $\alpha_i=\beta_i$ 和 $\gamma_i=\delta_i$，而 $\alpha_k=\gamma_k$ 和 $\beta_k=\delta_k$。设 r^* 是一个在 $c=\alpha$ 点处取正值的相容函数。那么根据式（15.57），数值 $r^*(\alpha_i)=r^*(\beta_i)$ 和 $r^*(\alpha_k)=r^*(\gamma_k)$ 也是正的，同样地，数值 $r^*(\beta)$ 和 $r^*(\gamma)$ 也是正的。这表明 $r^*(\beta_k)=r^*(\delta_k)$ 和 $r^*(\gamma_i)=r^*(\delta_i)$ 与 $r^*(\delta)$ 一样，也是正的。因此，根据式（15.57）我们有：

$$\begin{aligned}\frac{r^*(\alpha)}{r^*(\delta)}&=\frac{r^*(\alpha)}{r^*(\beta)}\cdot\frac{r^*(\beta)}{r^*(\delta)}\\&=\frac{r_i(\alpha^i \mid \alpha_i)}{r_i(\beta^i \mid \beta_i)}\cdot\frac{r_k(\beta^k \mid \beta_k)}{r_k(\delta^k \mid \delta_k)}\end{aligned} \tag{15.61}$$

而且

$$\begin{aligned}\frac{r^*(\alpha)}{r^*(\delta)}&=\frac{r^*(\gamma)}{r^*(\delta)}\cdot\frac{r^*(\alpha)}{r^*(\gamma)}\\&=\frac{r_i(\gamma^i \mid \gamma_i)}{r_i(\delta^i \mid \delta_i)}\cdot\frac{r_k(\alpha^k \mid \alpha_k)}{r_k(\gamma^k \mid \gamma_k)}\end{aligned} \tag{15.62}$$

如果概率密度函数 r_i 和 r_k——或者等价地，概率分布 R_i 和 R_k——是任意选取的，那么式（15.61）和式（15.62）可能是不一致的，因此不存在在非空点 $c=\gamma$ 处取正值 $r^*(\gamma)>0$ 的相容概率密度函数 r^*。而且，根据引理 1，这个博弈是非一致的。我们可以叙述为：

引理 2　如果一个给定博弈 G 的主观概率分布 R_1，…，R_n 是任意选取的，那么它们可能表示出相互不一致性，因此不存在相容概率分布 R^*。

现在再次假设 G 是一个具有离散概率分布的一致性博弈。任意一对非空点 $c=\gamma$ 和 $c=\delta$ 称为是相似的，如果相容概率密度函数 r^* 能得出相同且唯一的比率 $r^*(\gamma)/r^*(\delta)$，只要这个比率有定义［即对所有的相容概率密度函数 r^* 在这两点上都不取零值 $r^*(\gamma)=r^*(\delta)=0$］。显然，相似性关系把所有非空点集合 C^* 分为若干等价类，我们可以将其称为相似类。所有属于相同的相似类 E 的点 $c=\gamma$ 是相似的，所有属于不同相似类 E 和 E' 的点 $c=\gamma$ 和 $c=\delta$ 都是不相似的。

引理 3　设 $c=\gamma$ 和 $c=\delta$ 是一致性博弈 G 的两个非空点，且它们的第 i 个分量相等，$c_i=\gamma_i=\delta_i$。那么，γ 和 δ 将属于同一个相似类 E。

证明：由引理 1，我们能够找到某个相容概率密度函数 $r^*=r^0$，使得

$$r^0(\gamma)>0 \tag{15.63}$$

根据式（15.57），这意味着

$$r^0(\gamma_i)=r^0(\delta_i)>0 \tag{15.64}$$

因为 γ 和 δ 是非空点，我们也可以得到

$$r_i(\gamma^i \mid \gamma_i)>0 \qquad r_i(\delta^i \mid \delta_i)>0 \tag{15.65}$$

现在设 $r^*=r^{00}$ 是任意一个不同的相容概率密度函数，且比率 $r^{00}(\delta)/r^{00}(\gamma)$ 是有定义的。根据式（15.57）和式（15.64），我们记

$$\frac{\gamma^0(\delta)}{\gamma^0(\gamma)}=\frac{r_i(\delta^i \mid \delta_i)}{r_i(\gamma^i \mid \gamma_i)}=\frac{r^{00}(\delta)}{r^{00}(\gamma)} \tag{15.66}$$

由式（15.63）和式（15.65）可知，式（15.66）中的前两个比率也是有定义的，因为它对于任意具有最后一个比率定义的相容概率密度函数 $r^*=r^{00}$ 都是成立的。我们能够得出点 δ 和点 γ 正如所希望的那样属于同一个相似类 E。

对一个给定的集合 $E\subseteq C$，设 D_i 是由集合 E 中某个（或某些）向量 $c=\gamma=(\gamma_1, \cdots, \gamma_i, \cdots, \gamma_n)$ 的第 i 个分量 $c_i=\gamma_i$ 的全体组成的集合。那么 D_i 被称为集合 E 在向量空间 C_i 上的投影。而且，如果 D_1，…，D_n 是集合 E 在向量空间 C_1，…，C_n 上的投影，那么柱体 $D=D_1\times\cdots\times D_n$ 被称为由集合 E 张成（span）的柱体。显然，$E\subseteq D$。

引理 4　设 D^1，D^2，… 是由给定的一致性博弈 G 的相似类 E^1，E^2，… 张成的柱体，那么这些柱体 D^1，D^2，… 是相互分离的。

证明：我们所要证明的是，对于任意给定的 i 的值，两个不同的相似类 E^m 和 $E^{m'}$ 的投影 D_i^m 和 $D_i^{m'}$ 总是不相交的。现在假设情形并非如此，即 D_i^m 和 $D_i^{m'}$ 将有某个共同点 $c_i=\gamma_i$。这表明 γ_i 是集合 E^m 中的某个点，即 $c=\gamma=(\gamma_i, \gamma^i)$ 的第 i 个分量，也是集合 $E^{m'}$ 中某个点 $c=\delta=(\delta_i, \delta^i)=(\gamma_i, \delta^i)$ 的第 i 个分量。但是，根据引理 3，γ 和 δ 属于同一个相似类，而不可能属于两个不同的相似类 E^m 和 $E^{m'}$，这与假设不一致。因此，D_i^m 和 $D_i^{m'}$ 没有共同点 $c_i=\gamma_i$。

引理 5　如果一个给定的一致性博弈 G 的所有非空点都能够划分为两个或更多个相似类 E^1，E^2，…，那么博弈 G 自身能够分解成相应的分博弈 $G^1=G(D^1)$，$G^2=G(D^2)$，…，其中分博弈 $G^m=G(D^m)$ 的定义柱体 $D^m(m=1, 2, \cdots)$ 是由相似类 E^m 张成的柱体。

证明：设 $c_i=\alpha_i$ 和 $c_k=\beta_k$ 是 c_i 和 c_k 的具体取值，使得 $\alpha_i\in D_i^m$ 但 $\beta_k\notin D_k^m$。设 $c=\gamma=(\gamma_1, \cdots, \alpha_i, \cdots, \beta_k, \cdots, \gamma_n)$ 是以 $\gamma_i=\alpha_i$ 为第 i 个分量、以 $\gamma_k=\beta_k$ 为第 k 个分量的任意一点。那么，根据引理 4，γ 将

是一个空点，因此

$$r_i(\gamma^i \mid \alpha_i)=r_i(\beta_k,\gamma^{ik} \mid \alpha_i)=0 \tag{15.67}$$

其中 γ^{ik} 是从向量 $\gamma=(\gamma_1, \cdots, \gamma_n)$ 中剔除第 i 个和第 k 个分量后所得的向量，所以当 $\alpha_i \in D_i^m$ 但 $\beta_k \notin D_k^m$ 时，

$$r_i(\beta_k \mid \alpha_i)=R_i(c_k=\beta_k \mid c_i=\alpha_i)=0 \tag{15.68}$$

因此，

$$R_i(c_k \notin D_k^m \mid c_i)=0 \quad (\text{如果 } c_i \in D_i^m) \tag{15.69}$$

$$R_i(c_k \in D_k^m \mid c_i)=1 \quad (\text{如果 } c_i \in D_i^m) \tag{15.70}$$

所以对于每一个柱体 $D^m(m=1, 2, \cdots)$，因子集 D_i^m 和 $D_k^m(i, k=1, \cdots, n)$ 满足条件（15.52)，那么博弈 G 将能够分解成两个分博弈 $G^m=G(D^m)$，$m=1, 2, \cdots$。

引理 6 一个给定的一致性博弈 G 是可分解的当且仅当它有多于一个相容概率分布 R^*。

引理充分性部分的证明：如果博弈 G 的所有非空点都属于同一个相似类 E，那么，对于所有的非空点 γ 和 δ，比率 $r^*(\gamma)/r^*(\delta)$ 是唯一决定的。因此，博弈只有一个相容概率密度函数 r^* 和相容概率分布 R^*。

这样，如果 G 有多于一个相容概率分布 R^*，那么它一定包含两个或更多个相似类 E^1，E^2，…；并且，由引理 5 可知它是可以分解的。

引理必要性部分的证明：我们必须证明如果 G 是一个可分解的博弈，那么它有多于一个相容概率分布 R^*（或多于一个相容概率密度函数 r^*）。

假设情况相反，一个给定的博弈 G 能够分解成分博弈 $G^1=G(D^1)$，$G^2=G(D^2)$，…，但是它只有一个相容概率密度函数 $r^*=r^0$。那么，由引理 1 可知，这个函数 r^0 在博弈 G 的每个非空点 $c=\gamma$ 上一定取一个

正值 $r^0(\gamma)>0$。设 $r^m(m=1, 2, \cdots)$ 是条件概率密度函数：

$$
\begin{aligned}
r^m(\gamma) &= r^0(\gamma \mid \gamma \in D^m) \\
&= \frac{r^0(\gamma)}{\sum\limits_{(c \in D^m)} r^0(c)} \quad (\text{对所有 } \gamma \in D^m) \qquad (15.71) \\
r^m(\gamma) &= 0 \quad (\text{对所有 } \gamma \in D^m)
\end{aligned}
$$

因为在所有非空点 c 上 $r^0(c)>0$，所以函数 r^m 将处处有定义。根据式（15.57）和式（15.61）我们可以得到

$$
r^m(\gamma) = r_i(\gamma^i \mid \gamma_i) \cdot r^m(\gamma_i) \qquad (15.72)
$$

这意味着函数 $r^* = r^m(m=1, 2, \cdots)$ 满足条件（15.57）。因此函数 r^1，r^2，… 恰与 r^0 自身一样是相容概率密度函数，这与假设 $r^* = r^0$ 是博弈的唯一相容概率密度函数相矛盾。这就完成了引理 6 的证明。

引理 7　一个一致性博弈 G 是不可分解的当且仅当它所有的非空点属于同一个相似类 E。

引理充分性部分的证明：如果所有非空点是相似的，那么比率 $r^*(\gamma)/r^*(\delta)$ 对于非空点 γ 和 δ 是唯一决定的。因此，博弈只有唯一相容概率密度函数 r^*，并由引理 6 可知它是不可分解的。

引理必要性部分的证明：如果博弈 G 是不可分解的，那么，根据引理 6，它将仅有一个相容概率密度函数 r^*。因此，对于所有的非空点 γ 和 δ，比率 $r^*(\gamma)/r^*(\delta)$ 是唯一决定的，所以所有这些点都是相似的。

引理 8　设 G 是一个可分解的一致性博弈，$G^1 = G(D^1)$，$G^2 = G(D^2)$，…是由引理 5 定义的 G 的分博弈。那么有如下结论：

（1）每个分博弈 G^m 本身将是一个不可分的博弈。

（2）如果 $r^* = r^0$ 和 $r^* = r^{00}$ 是 G 的两个相容概率密度函数，那么对于每个分博弈 $G^m(m=1, 2, \cdots)$，$r^* = r^0$ 和 $r^* = r^{00}$ 将生成相同的条件概率密度函数

$$r^m(\gamma)=r^0(\gamma \mid \gamma\in D^m)=r^{00}(\gamma \mid \gamma\in D^m) \tag{15.73}$$

每当这些条件概率密度函数是由良好定义的 r^0 和 r^{00} 生成的，即，每当两个函数 r^0 和 r^{00} 对事件 $E=\{\gamma\in D^m\}$ 指定一个正的概率密度时，上述等式成立。

（3）博弈的每个相容概率密度函数 r^* 是对应于分博弈 G^1，G^2，… 的函数，是函数 r^1，r^2，… 的凸组合；并且这些函数 r^1，r^2，… 的任意凸组合将是一个相容概率密度函数 r^*。

证明：结论 1 和结论 2 由引理 7，即根据在任意给定的柱体 D^m 中的所有非空点 γ 属于同一个相似类而得到。结论 3 由式（15.71）和式（15.57）得到。

对于具有离散型概率分布的博弈，引理 2 和引理 5～引理 8 一起蕴涵了定理 1。至此，我们已经说明了（在本节的第一段中）如何将这种情形拓展到一般情形。

14.

根据定理 3，如果对某个 I 型博弈 G 中的给定参与人 j，没有刻意将其对博弈的分析基于相互一致的主观概率分布 R_1，…，R_j，…，R_n，那么，通常不存在相容基本概率分布 R^*，并且也没有与 G 贝叶斯等价的贝叶斯博弈 G^*。根据这样的事实，我们有下面的假定：

假定 4 相互一致性。除非他有特殊的理由相信 n 个参与人的主观概率分布 R_1，…，R_j，…，R_n 事实上是相互不一致的，否则 I 型博弈 G 中的每个参与人 j 将始终根据一组相互一致的主观概率分布 R_1，…，R_j，…，R_n 来分析博弈。

假定 4 基于如下考虑：

（1）参与人 i 能够通过使用 n 个相互一致的主观概率分布 R_1，…，R_n 来大大简化他对博弈情形的分析，因为这样可以使他对 I 型博弈 G 的分析问题转化为较容易的等价的 C 型博弈 G^* 的分析。因此，假设参

与人 j 采用 n 个相互一致的主观概率分布 R_1，…，R_n，除非他认为他拥有的关于博弈环境的信息与这个假设不相容。

（2）诚然，如果参与人 j 没有将他的选择限定于相互一致的主观概率分布 R_i，那么他可以随意假设不同参与人的主观概率分布 R_i 之间的差异，并且也可以随意地对不同参与人 i 在对博弈情形的信念和期望方面存在的他所希望的差异给出数值表示。然而，即使他把选择限定于相互一致的主观概率分布 R_i 上，这也不能阻止参与人在其博弈的数学模型中为这样的内部参与人之间的差异找到恰当的表示。因为这样的差异总能通过假设相关参与人的特征向量 c_i 的相应差异，以及选择一个基本概率分布 $R^*=R^*(c_1，…，c_n)$（它是一个不同参与人的特征向量 c_i 的充分非对称函数）来给出完全恰当的表示。因此，对于不同的参与人 i，条件概率分布 $R_i=R^*(c^i \mid c_i)$将有恰当的不同数学形式。只有当参与人 j 得出确切的结论认为内部的差异不能由一个相互一致的主观概率分布 R_i 来表示时，我们才不得不使用相互一致的主观概率分布 R_i。

（3）根据先验概率模型（见第 6 节），每个 I 型博弈 G 可以被看作一个随机社会过程的结果。这个社会过程从某些可能参与人的假设总体 $\prod_1$，…，$\prod_n$ 中选择 n 个实际的参与人，其中选择 n 个具有给定具体特征向量 c_1^0，…，c_n^0 的参与人的随机社会过程的概率是由某个（主观）概率分布 $R^*=R^*(c_1，…，c_n)$ 决定的。然而，这个决定随机社会过程的真实概率分布 R^* 通常是不为参与人所知的。

设 $R_i^*=R^*(c^i \mid c_i)$，$i=1$，…，n 是由这个未知概率分布 R^* 生成的条件概率分布。显然，n 个概率分布 R_1^*，…，R_n^* 始终是相互一致的，因为由定义可知它们是由同一个基本概率分布 R^* 生成的条件概率分布。那么 n 个参与人的主观概率分布 R_1，…，R_n 可以被视为对这些相互一致但未知的条件概率分布 R_1^*，…，R_n^* 的估计。

相应地，我们很自然地认为（至少在参与人 j 没有特殊理由采用不一致分布 R_i 的情形中）参与人 j 试图直接估计决定随机社会过程的客

观概率分布 R^*，而不是试图分别估计每个参与人的主观概率分布 R_i。随后，他将通过 $R_i=R^*(c^i \mid c_i)$ 来选择在博弈情形中将要用到的 n 个分布 R_i，其中 R^* 指他对实际概率分布 R^* 的估计。显然，如果参与人 j 使用这个估计过程，他将总能得到 n 个相互一致的概率分布 R_1，…，R_n。

我们在第 6 节中已经知道，先验概率模型由一个理智且具有完全信息的外部观察者描述了博弈情形。[3] 因此，当参与人 j 试图估计概率分布 R^* 时，他不得不问自己这样一个问题：一个随机选取的理智且具有完全信息的外部观察者将选择什么样的概率分布 R^* 作为他决定在博弈 G 情形下的随机社会过程的真实概率分布的估计？（如果参与人 j 认为他对这一问题无法给出唯一的答案，因为不同的理智且具有完全信息的外部观察者可能选择不同的概率分布 R^*，那么他可以通过他认为的不同观察者可能选择的不同概率分布 R^* 上的平均过程来构造他自己的概率分布 R^*。）

从不同角度来考虑，若参与人 j 试图估计概率分布 R^*，他应该只使用 n 个参与人的共同信息。当然，在他分析的某些方面，他也可以利用所掌握的关于博弈情形的全部信息，包括他可利用而其他参与人不会利用的任何特殊信息。但是在我们的模型下，所有这些特殊信息都将通过参与人 j 自身的信息向量 c_j 来表示。相比较而言，基本概率分布 R^* 意味着仅对 n 个参与人的共同信息进行描述。（同样地，对 n 个主观概率分布 R_1，…，R_n 和 n 个支付函数 V_1，…，V_n，由定义可知它们只包含对参与人 j 来说的 n 个参与人的共同信息，见第 3 节。）

当然，如果参与人 j 遵循上述过程，这只能保证他自己的主观概率分布 R_j 和他指定的（$n-1$）个参与人的主观概率分布 R_1，…，R_{j-1}，R_{j+1}，…，R_n 满足式（15.24）。换言之，所建议的估计过程可以保证参与人 j 在博弈分析中所用的 n 个主观概率分布 R_1，…，R_n 之间的内在一致性，但是不会也不能保证不同参与人所用的概率分布之间的外在一致性。实际上，只要每个参与人独立于其他参与人来选择自己的主观概率分布（概率估计），任何想得到的估计过程就都不能够保证不同参与人之间主观概率分布的一致性。

更具体地，我们不能保证不同参与人将选择相同的主观概率分布作为他们对博弈情形下的概率分布 R^* 的估计。因为，根据主观概率分布的性质，即使两个个体有着相同的信息，并且处于同一智力水平，他们对于相同事件也可能指定不同的主观概率。

同时，虽然建议的估计过程无法保证不同参与人的概率估计得到外在一致性，但是我们认为这个估计过程的确促进了外在一致性。让每个参与人站在外部观察者的角度来估计客观概率分布 R^*，使得他能够尽可能接近地估计其他理性参与人可能期望的选择，并且尽可能地将估计独立于他自己的偏见和特征。

15.

目前我们的分析局限于参与人 j 没有特殊信息的情形，这些特殊信息是指参与人主观概率分布 R_1，…，R_j，…，R_n 之间的相互不一致性。如果参与人有这样的特殊信息，情形将会怎样？例如，如果在国际冲突中，国家 j 从其外交代表、情报机构、新闻记者等处了解到十分确切的消息，而国家 i 则用与国家 j 不同的政治和社会理念以及不同的模式来分析国际形势。那么结果是否是国家 i 所采用的主观概率分布 R_i 与国家 j 所采用的主观概率分布 R_j 显然不一致呢？

在这样的情形下，一种显然的可能是取信息的表面值（face value），并且认为参与人的主观概率分布事实上是不一致的。这意味着，参与人 j 不得不根据 n 个相互不一致的主观概率分布 R_1，…，R_j，…，R_n 来分析博弈情形。

正如泽尔腾所指出的[4]，他的后验概率模型（见第 6 节）能够拓展到具有相互不一致的主观概率分布的情形。我们所要做的是，假设在所

有 K 个参与人选择他们的策略时，每个参与人 i_m 都有一个分离彩票 $L(i_m)$，而不是全体 K 个参与人仅有一个整体彩票 L^*。对于角色类 i 中的每个参与人 i_m，他的彩票 $L(i_m)$ 将选择（$n-1$）个参与人［从（$n-1$）个角色类 1，…，$i-1$，$i+1$，…，n 中分别选取一个参与人］作为他的博弈伙伴。如果参与人 i_m 自身有特征向量 $c_i=c_i^0$，那么其他（$n-1$）个参与人的特征向量 $c_1=c_1^0$，…，$c_{i-1}=c_{i-1}^0$，$c_{i+1}=c_{i+1}^0$，…，$c_n=c_n^0$ 的任意具体组合的概率将由参与人 i 的主观概率分布 $R_i=R_i$（$c^i \mid c_i=c_i^0$）决定。参与人 i_m 将得到支付

$$x_i=V_i(s_1^0,\cdots,s_i^0,\cdots,s_n^0;c_1^0,\cdots,c_i^0,\cdots,c_n^0) \qquad (15.74)$$

其中 s_1^0，…，s_n^0 是由参与人 i_m 和他的伙伴所采取的策略，而 c_1^0，…，c_n^0 是这 n 个参与人的特征向量。

注意，在这个模型中，伙伴关系不一定是对称关系。参与人 i_m 的彩票 $L(i_m)$ 选择一个给定参与人 k_r 作为参与人 i_m 的伙伴，这并不能得出参与人 k_r 的彩票 $L(k_r)$ 同样也选择参与人 i_m 作为参与人 k_r 的伙伴的结论。[5]由于伙伴关系通常不是一种对称关系，并且与不同参与人相关的彩票是完全独立的，因此这个模型没有预先假设在假定 4 意义下的 n 个主观概率分布 $R_1=R_1(c^1 \mid c_1)$，…，$R_n=R_n(c^n \mid c_n)$ 的相互一致性。这 n 个主观概率分布决定着参与人在 n 个角色类 1，…，n 中选取的彩票。

这样，一个非一致且不存在贝叶斯博弈 G^* 的 I 型博弈 G 将存在一个泽尔腾博弈 G^{**}。

16.

然而，始终存在一种疑问，即对于任意给定的表示不同参与人的主观概率分布 R_1，…，R_n 非一致性的信息是否真能取其表面值。

首先，关于其他参与人对概率的评估（实际上通常是他们的内在信息及态度）的信息总是趋于不可信赖的，因为参与人经常通过误导其他参与人的真实想法而获利。但是，即使他们对其他参与人的概率判断在

实证上是十分正确的，他们也将提出不同的直观解释。

更为具体地，不同参与人的主观概率分布 R_i 之间的任何非一致性通常是不同参与人 i 使用的基本概率分布 $R^*=R^{(i)}$ 之间的差异性的结果（见下面的定理 4）。另外，概率分布 $R^{(i)}$ 之间的这些差异性本身常常被认为可由不同参与人 i 可利用的信息的差异解释——在这种情形下，正如我们看到的，博弈能够被重新解释为一个包含着 n 个参与人的相互一致的主观概率分布 R_1，…，R_n 的博弈。

现在我们表述下列简单定理：

定理 4　设

$$R^*(c_1,\cdots,c_i,\cdots,c_n)=R^{(i)}(c_1,\cdots,c_i,\cdots,c_n) \tag{15.75}$$

为参与人 i 的基本概率分布（$i=1$，…，n），这个分布定义为参与人 i 对决定着产生博弈情形的随机社会过程的概率分布的估计。假设

$$R^{(1)}=\cdots=R^{(n)}=R^0 \tag{15.76}$$

那么 n 个参与人的主观概率分布 R_1，…，R_n 将是相互一致的。

证明：假设参与人 i 认为所讨论的随机社会过程是由基本概率分布 $R^*=R^{(i)}$ 决定的，并且知道他将自己的特征向量取值为 $c_i=c_i^0$。那么他必须使用由这个分布 $R^*=R^{(i)}$ 生成的条件概率分布 $R^*(c^i\mid c_i)=R^{(i)}(c^i\mid c_i)$ 来估计其他（$n-1$）个参与人的特征向量 $c_1=c_1^0$，…，$c_{i-1}=c_{i-1}^0$，$c_{i+1}=c_{i+1}^0$，…，$c_n=c_n^0$ 的任意具体组合的概率。因此，参与人 i 的主观概率分布 R_i 将由以下条件概率分布来定义[6]：

$$R_i=R_i(c^i\mid c_i)=R^*(c^i\mid c_i)=R^{(i)}(c^i\mid c_i) \tag{15.77}$$

对于 $i=1$，…，n 成立。所以，根据式（15.76）可得

$$R_i=R^0(c^i\mid c_i)\qquad i=1,\cdots,n \tag{15.78}$$

因此，所有 n 个函数 R_1，…，R_n 将具有由同一个基本概率分布 R^0 生

成的条件概率分布的性质，这意味着它们是相互一致的。

根据定理 4，如果函数 R_1，…，R_n 实际上是相互不一致的，那么 n 个参与人所采用的基本概率分布 $R^{(1)}$，…，$R^{(n)}$ 不可能是相同的；并且存在于这些基本概率分布 $R^{(1)}$，…，$R^{(n)}$ 之间的差异性将说明主观概率分布 R_1，…，R_n 之间的不一致性。现在我们认为存在于不同参与人的基本概率分布 $R^{(i)}$ 之间的差异性通常被理解为不同参与人拥有的关于当前博弈情形下的社会过程的性质的信息。

例如，在前文例子中，如果国家 i 和国家 j 采用的主观概率分布 R_i 和 R_j 是相互不一致的，这就表明它们根据两个完全不同的基本概率分布 $R^{(i)}$ 和 $R^{(j)}$ 来估计概率。更具体地，例如，对于世界不同地区的社会暴力革命的成功率，国家 i 可能会比国家 j 指定一个更大的概率。一个很自然的假设是两个国家对于概率的不同估计通常是由于它们从不同的历史经历中获得了不同的关于世界的信息——更进一步地，一方面是由于它们对于社会暴力革命前景的经历不同，另一方面是由于它们对于通过和平的非革命方式来完成社会改革的机会的经历不同。

当然，如果参与人 j 假设不同参与人 i 所用的基本概率分布 $R^{(i)}$ 之间的差异是由于可利用的信息不同，这表明在我们所有的术语下，这些基本概率分布 $R^{(i)}$ 不是参与人的实际概率分布，因为在这种情形中，显然，这些基本概率分布 $R^{(i)}$ 不能再被假设为表示 n 个参与人所拥有的信息。相反，每个基本概率分布 $R^{(i)}$ 必须被解释为一个条件概率分布，这个条件是指参与人 i 可利用但对于所有 n 个参与人来说不可利用的某些特殊信息。

此外，如果参与人 j 愿意假设不同参与人 i 的基本概率分布 $R^{(i)}$ 之间的差异是由他们可利用的信息不同引起的，那么他能够把所有这些基本概率分布 $R^{(i)}$ 当作由同一个无条件概率分布 $R^{*\prime}$ 得到的条件概率分布，这意味着这个无条件概率分布 $R^{*\prime}$ 将是博弈的真实基本概率分布。

设符号 d_i 表示一个概括了相关变量所有特殊信息的向量，这些相关变量使得任意给定的参与人 i 采用概率分布 $R^{(i)}=R^{(i)}(c_1, \cdots, c_i, \cdots, c_n)$，而不采用其他参与人 k 所用的某个概率分布 $R^{(k)}=R^{(k)}(c_1, \cdots, c_i, \cdots, c_n)$。那么，参与人 i 的真实信息向量（或特征向量）将不是向量 c_i，而是一个更大的向量 $c'_i=(c_i, d_i)$，它概括了向量 c_i 和 d_i 中包含的信息。

所以，博弈的真实基本概率分布 $R^{*\prime}$ 将是这些较大向量 c'_i 的联合概率分布，并且有如下形式

$$\begin{aligned} R^{*\prime} &= R^{*\prime}(c'_1, \cdots, c'_n) \\ &= R^{*\prime}(c_1, d_1; \cdots; c_n, d_n) \end{aligned} \tag{15.79}$$

相反，每个基本概率分布 $R^*=R^{(i)}$ 将具有一个条件概率分布的性质（更确切地说，是具有条件边缘概率分布的性质），这个条件概率分布的形式为

$$\begin{aligned} R^{(i)} &= R^{(i)}(c_1, \cdots, c_i, \cdots, c_n) \\ &= R^{*\prime}(c_1, \cdots, c_i, \cdots, c_n \mid d_i) \end{aligned} \tag{15.80}$$

换言之，只要参与人 i 把参与人的特征向量重新定义为较大的向量 $c'_i=(c_i, d_i)$，那么他会发现他所拥有的其他参与人主观概率分布的信息将与所有 n 个参与人使用相同基本概率分布 $R^{*\prime}=R^{*\prime}(c'_1, \cdots, c'_j, \cdots, c'_n)$ 的假设相容。因此，根据定理 4，这些信息也将与 n 个参与人使用的相互一致的主观概率分布 $R'_1, \cdots, R'_j, \cdots, R'_n$ 的假设相容。这个相互一致的主观概率分布的形式为：

$$\begin{aligned} R'_i &= R'_i((c^i)' \mid c'_i) \\ &= R^{*\prime}((c^i)' \mid c'_i) \quad i=1, \cdots, j, \cdots, n \end{aligned} \tag{15.81}$$

其中

$$(c^i)' = (c'_1, \cdots, c'_{i-1}, c'_{i+1}, \cdots, c'_n)$$

总之，如果参与人 j 拥有的关于其他参与人主观概率分布的信息表明 n 个参与人使用相互一致的主观概率分布 R_1，…，R_j，…，R_n，那么对于博弈情形的更细致的分析将可能使他得到这样的结论：事实上，参与人的主观概率分布可以由另一组相互一致的概率分布 R'_1，…，R'_j，…，R'_n 更好地表示。

注意，通过这种方式再次分析博弈情形时，参与人 j 不仅要利用他独立获取的关于博弈的信息，而且也要利用他可以知道的关于其他参与人对于概率估计的任何信息。例如，假设参与人 j 自身对一个给定的事件 e 倾向于指定概率 $p_j(e)$，后来又得到另一个参与人 i 对于同一事件指定一个非常不同的概率 $p_i(e) \neq p_j(e)$ 的信息。参与人 j 必须决定：他对于这个概率的估计是否基于比参与人 i 的估计更加准确和完备的信息。他还必须决定：参与人 i 对于概率的不同估计是否有十分充分的理由使得他自己也将对概率的估计从 $p_j(e)$ 转变到某个非常接近 $p_i(e)$ 的数值。

当然，仅当参与人 j 认为，他所知道的关于参与人概率估计的事实与不同参与人的概率估计之间的差异能够合理地用他们所拥有的信息不同来解释这一假设是相适应的，或至少是相容的，这个根据同一基本概率分布 $R^{*\prime}$来协调不同参与人的概率估计的方法才是可行的。在我们看来，大多数情况下这个事实至少与这个假设是相容的。但是如果在一个任意给定的 I 型博弈 G 中参与人 j 得到相反的结论，那么他必须回到泽尔腾模型（见第 15 节），该模型允许参与人有相互不一致的主观概率分布。

17.

根据定理 3，即使参与人 j 在分析一个给定的 I 型博弈 G 时采用相互一致的主观概率分布 R_1，…，R_n，仍然有一个满足式（15.24）的相容概率分布 R^* 的无限集合存在。这意味着存在与这个 I 型博弈 G 贝叶斯等价的无穷多个贝叶斯博弈 G^*。

然而，根据假定3，这个事实并不会带来任何麻烦。因为如果参与人 j 采用这些博弈 G^* 的任何一个解 σ 作为博弈 G 的解，那么他始终得到相同的解 σ。这是因为，根据定理3，即使有许多与 G 贝叶斯等价的贝叶斯博弈 G^*，对于 G 的任何一个不可分解的分博弈 G^m 来说也总是存在唯一与之贝叶斯等价的贝叶斯博弈 $(G^m)^*$［因为 G^m 只有一个相容的概率分布 $R^*(G^m)=R^m$］。因此，如果他采用贝叶斯博弈 $(G^m)^*$ 的解 σ^m 作为这个博弈 G^m 的解，就不会有歧义。另外，根据假定3，这些分博弈的解 σ^m 将完全决定整个博弈的解 σ。

但是，即使与一个给定的 I 型博弈 G 贝叶斯等价的贝叶斯博弈 G^* 的多种可能没有产生实际问题，然而，出于某些目的，如果我们做出对每个 I 型博弈 G 总存在唯一的与之贝叶斯等价的贝叶斯博弈 G^* 的假设，它也更为简便。我们可以通过利用以下事实来达到这一目的：根据第14节的假设过程，每个参与人 j 将以选择一个基本概率分布 $R^*=R^*(c_1, \cdots, c_n)$ 来开始对一个给定的 I 型博弈 G 的分析，然后把 n 个概率分布 $R_1=R_1(c^1 \mid c_1)$，…，$R_n=R_n(c^n \mid c_n)$ 定义为从这个分布 R^* 得到的条件概率分布 $R_1=R^*(c^1 \mid c_1)$，…，$R_n=R^*(c^n \mid c_n)$。这就使得根据参与人 j 在分析开始时所选取的基本概率分布 R^* 来定义 I 型博弈 G 是很自然的，而不必根据由这个分布 R^* 衍生出来的 n 个分布 R_1，…，R_n 来定义它。

最后，这意味着不仅标准型 C 型博弈 G^*（即一个贝叶斯博弈 G^*），而且任意标准型一致性 I 型博弈 G 都可以定义为有序集

$$G=G^*=\{S_1,\cdots,S_n;C_1,\cdots,C_n;V_1,\cdots,V_n;R^*\} \tag{15.82}$$

而不是定义为有序集

$$G=\{S_1,\cdots,S_n;C_1,\cdots,C_n;V_1,\cdots,V_n;R_1,\cdots,R_n\} \tag{15.83}$$

根据式（15.19），式（15.83）是我们的最初假设。［当然，在不一致的

I 型博弈 G 的情形中，我们必须继续用式（15.83）作为博弈的标准定义。]

这样我们就完成了对不完全信息博弈 G 和它们的贝叶斯博弈 G^* 的讨论，其中 G^* 表示一个包含某些随机行动的完全但不完美信息的博弈。我们仅在一些简单的说明性例子中讨论了用我们的方法选择出来的博弈的解的概念（见第 9～11 节）。对范围更广的不完全信息博弈的解的概念的更系统讨论留在其他即将发表的文章中论述。

【注释】

[1] 作者想再次表达对本章第 15.1 节注释 [1] 中所列人员和机构的感激之情。

[2] 第 13 节只包含定理 3 的证明，忽略连续的情况。

[3] 我们定义一个完全信息的外部观察者为：拥有所有 n 个参与人共同拥有的信息，但没有参与人不能利用的额外信息，或者没有某个（些）具体参与人可利用而其他参与人不可利用的信息的人。

[4] 在私下交流中（见第 15.1 节注释 [1] ）。

[5] 这个事实并不会产生任何逻辑困难。它只意味着，由于彩票 $L(i_m)$ 的结果，参与人 i_m 的支付依赖于参与人 k_r 的策略 s_k^0 和特征向量 c_k^0。不过，由于彩票 $L(k_r)$ 的结果，参与人 k_r 的支付不依赖于参与人 i_m 的策略 s_i^0 和特征向量 c_i^0，而是依赖于角色类 i 中其他参与人 $i_t \neq i_m$ 的策略 s_i^{00} 和特征向量 c_i^{00}。（当然，当参与人选择他的策略时，他不知道谁是伙伴，也不知道这样的伙伴关系是否是相互的。）

[6] 在 $k \neq i$ 的情况下，关系式 $R_i = R^{(k)}(c^i \mid c_i)$ 一般只在如式（15.76）所要求的 $R^{(k)} = R^{(i)}$ 时成立。但是，在 $k = i$ 的情况下，根据主观概率分布 R_i 的定义和基本概率分布 $R^* = R^{(i)}$，关系式总是成立。

第 16 章 重大比赛[1]

戴维·布莱克维尔　托马斯·S.弗格森

16.1 引　言

吉勒特（Gillette，见参考文献 1）扩展了沙普利关于随机博弈的工作（见参考文献 2），研究了下述情形。给定三个非空有限集合 S，I，J，一个定义在三维数（s，i，j），$s\in S$，$i\in I$，$j\in J$ 上的实值函数 a 和 S 上的概率分布函数 p，每一个三维数（s，i，j）对应一个分布 $p(\cdot \mid s, i, j)$。这五个量 S，I，J，a，p 定义了一个二人零和博弈，博弈按如下规则进行。我们从某一初始状态 $s\in S$ 开始，两个参与人都知道初始状态的位置。参与人 1 在集合 I 中选择行动 i，同时参与人 2 在集合 J 中选择行动 j，参与人 1 得到的支付为 $a(s, i, j)$。博弈进行到 s' 的概率为 $p(\cdot \mid s, i, j)$。两个参与人都被告知新状态 s' 的位置，然后分别选择行动 i' 和 j'，参与人 1 得到的支付为 $a(s', i', j')$，博弈依据分布函数 $p(\cdot \mid s', i', j')$ 转移到下一个状态 s''，依此类推。在这个无限次选择博弈中，参与人 1 得到的支付为：

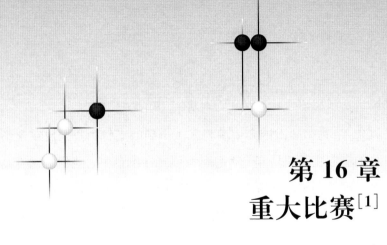

$$\limsup_{n\to\infty}\frac{(a_1+\cdots+a_n)}{n}$$

其中 a_n 是第 n 次博弈中参与人 1 得到的支付。我们现在还不清楚像这样的有限次随机博弈是否总是有值。在本章中，我们考虑吉勒特举的一个有趣的例子，即重大比赛，来证明该随机博弈确实存在一个值。

重大比赛按如下规则进行。每天参与人 2 选择数值 0 或 1，参与人 1 试图预测参与人 2 的选择，如果预测正确，参与人 1 就得到 1 分。只要参与人 1 预测的结果是 0，博弈就按照上述规则进行。一旦参与人 1 某一天预测的结果是 1，我们就要求两个参与人未来每一天的选择都和这一天的选择一样。如果那天参与人 1 预测正确，那么以后每一天他都会得到 1 分；如果那天参与人 1 预测错误，那么以后每一天他都会得到 0 分。参与人 1 得到的支付为：

$$\limsup_{n\to\infty}\frac{(a_1+\cdots+a_n)}{n}$$

其中 a_n 是他第 n 天得到的分数。重大比赛是一个有限随机博弈：

$$S=\{0,1,2\},\qquad I=J=\{0,1\},$$
$$a(2,i,j)=\delta_{ij},\quad a(s,i,j)=s\quad(s=0,1),$$
$$p(2,0,j)=\delta(2),\ p(2,1,j)=\delta(j),$$
$$p(s,i,j)=\delta(2)\quad(s=0,1,\text{初始状态为 } s=2)$$

16.2 重大比赛的解

定理 1 重大比赛的值是$\frac{1}{2}$。参与人 2 的最优策略是每天掷一枚均匀硬币。参与人 1 不存在最优策略，但是对于任意非负整数 N，参与人 1 通过采用策略 N 可以得到：

$$V(N)=\frac{N}{2(N+1)}$$

策略 N 定义如下：参与人 1 观察参与人 2 的前 n 个选择 x_1，…，x_n，$n\geqq 0$，计算 x_1，…，x_n 中 0 的个数与 1 的个数之差 k_n，并以概率 $p(k_n+N)$ 预测 1，其中 $p(m)=1/(m+1)^2$。

证明：很明显，如果参与人 2 每天掷一枚均匀硬币，无论参与人 1 选择什么样的策略，他得到的期望支付都是$\frac{1}{2}$：如果参与人 1 预测 1，他得到的支付为 0 或 1 的概率都为$\frac{1}{2}$；如果他永远预测 0，由强大数定律可知，他以概率 1 得到的支付为$\frac{1}{2}$。

注意，当差额为$-N$，也就是当 1 的个数比 0 的个数多 N 时，策略 N 将以概率 1 预测 1。假设对于每一个最终差额能达到$-N$ 的 0，1 序列，我们已经证明了策略 N 产生的支付至少是 $V(N)$。现在考虑任意序列 $\omega=(x_1, x_2, \cdots)$，该序列中 0 的个数与 1 的个数之间的差额从来不会小到$-N$。我们将要证明对于 ω，策略 N 产生的期望支付至少是 $V(N)$。用 t 表示参与人 1 第一次预测 1 时已经发生的观察数（如果参与人 1 永不预测 1，$t=\infty$）。定义：

$$\lambda(m)=P\{t<m \text{ 且 } x_{t+1}=0\},$$

$$\mu(m)=P\{t<m \text{ 且 } x_{t+1}=1\},$$

$$\lambda=\lim_{m\to\infty}\lambda(m),\quad \mu=\lim_{m\to\infty}\mu(m)$$

参与人 1 的期望收入至少是：

$$\mu+(1-\lambda-\mu)\left(\frac{1}{2}\right)$$

既然序列 ω 的差额从来没有小到$-N$，那么对于任意 n：

$$\frac{(x_1+x_2+\cdots+x_n)}{n}<\frac{1}{2}+\frac{N}{2n}$$

因此当 $t=\infty$ 时，参与人 1 的收入为：

$$\limsup_{n\to\infty}((1-x_1)+\cdots+(1-x_n))/n$$

该结果至少是 $\frac{1}{2}$（将上极限换成下极限该结论也同样成立）。

为了证明 $\mu+(1-\lambda-\mu)\left(\frac{1}{2}\right)\geqq V(N)$，考虑参与人 1 选择策略 N 时的收入，此时参与人 2 选择的策略为：先选择 x_1，…，x_m，然后投掷一枚均匀硬币。在概率为 1 时，该序列 0，1 个数的差额会达到 $-N$。因此根据原来的假设，参与人 1 的期望收入至少是 $V(N)$。但是参与人 1 确切的期望收入是：

$$\mu(m)+\frac{1}{2}(1-\lambda(m)-\mu(m))$$

因此该结果也至少为 $V(N)$。然后令 $m\to\infty$，完成证明。该证明对差额达到 $-N$ 的任意 ω 都是充分的。

参与人 2 采取策略 $\omega=(x_1, x_2, \cdots)$，参与人 1 采取策略 N。用 t 表示参与人 1 第一次预测 1 时已经发生的观察数。

定义：

$$E(m)=\{t\geqq m \text{ 或 } t<m \text{ 且 } x_{t+1}=1\}, m=1,2,\cdots$$

我们对 m 归纳证明：

$$P_N(E(m))\geqq V(N) \quad \text{（对于任意 } N \text{ 成立）} \tag{16.1}$$

（1）$m=1$。如果 $x_1=1$，$P_N(E(1))=1>V(N)=N/2(N+1)$。如果 $x_1=0$，$P_N(E(1))=P_N\{t\geqq1\}=1-p(N)=N(N+2)/(N+1)^2\geqq V(N)$。

（2）假设对于任意 N 有 $P_N(E(m))\leqq V(N)$。如果 $x_1=1$，$P_N(E(m+1))=p(N)+[1-p(N)]P_{N-1}(E(m))\geqq p(N)+[1-p(N)]V(N-1)=V(N)$。$P_N(N-1)(E(m))\geqq V(N-1)$ 由归纳得到，因为对于 $\omega=(1, x_2, x_3, \cdots)$，采用策略 N 等价于第一次以概率

$p(N)$ 预测 1，以概率 $1-p(N)$ 预测 0，之后对于 $\omega'=(x_2, x_3, \cdots)$ 采用策略 $N-1$。同样地，如果 $x_1=0$，

$$P_N(E(m+1))=[1-p(N)]P_{N+1}(E(m))$$
$$\geqq [1-p(N)]V(N+1)=V(N)$$

这就完成了对不等式（16.1）的证明。因为 $t<\infty$ 的概率为 1，对不等式（16.1）中的 m 取极限得到：

$$P_N\{x_{t+1}=1\}\geqq V(N)$$

所以对于任意序列，策略 N 的值至少是 $V(N)$，博弈的值是 1/2。

现在证明参与人 1 没有最优策略。考虑参与人 1 的任意策略 σ，如果 σ 从不以正的概率预测 1，则对于策略 $\omega^*=(1, 1, 1, \cdots)$，参与人 1 得到的支付是 0，所以 σ 不是最优策略。假设经过 m 个 1 后，σ 开始以正的概率 ε 预测 1。参与人 2 可以先选择 m 个 1，然后选择 0，之后通过投掷一枚均匀的硬币来决定选择。这时参与人 1 的期望收入是 $(1-\varepsilon)/2$。

上述参与人 1 没有最优策略的论证是由莱斯特·杜宾斯（Lester Dubins）给出的。我们感谢大卫·弗里德曼和沃尔克·斯特拉森（Volker Strassen），在他们工作的基础上我们完成了重大比赛这篇论文。

16.3　参与人 1 的其他渐进最优策略

令 $0<\varepsilon<1$，数列 $\{\alpha_n\}$，$n=0, 1, 2, \cdots$满足下列条件：

(1) $\alpha_n\geqq\alpha_{n+1}$，对于任意的 $n=0, 1, 2, \cdots$；

(2) $(1-\varepsilon)\alpha_n\leqq\alpha_{n+1}$，对于任意的 $n=0, 1, 2, \cdots$；

(3) $\sum_{0}^{\infty}\alpha_n=1$。

（对于任意 n 有 $\alpha_n>0$）。对于给定的 $0<\varepsilon<1$ 和满足条件（1）、（2）、（3）的数列 $\{\alpha_n\}$，我们通过定义参与人 1 第一次预测 1 的时间 t 的分布来定义他的策略。分布函数为：

$$\Psi_n(x_1,\cdots,x_n)=P\{t=n+1\mid x_1,\cdots,x_n\},\quad n=0,1,2\cdots$$

注意，Ψ_n 表示 $t=n+1$ 的无条件概率，而在定理 1 中我们指的是条件概率

$$P\{t=n+1\mid t>n,x_1,\cdots,x_n\}$$

函数 Ψ_n 是通过递归来定义的，令 $\Psi_0=\varepsilon\alpha_0$，

$$\Psi_n(x_1,\cdots,x_n)=\begin{cases}\varepsilon\,\alpha_{k_n}, & \text{如果} \sum_0^n \varepsilon\,\alpha_{k_j}\leqq 1\\ 1-\sum_0^{n-1}\Psi_j(x_1,\cdots,x_j), & \text{其他情况}\end{cases}$$

和前面一样，这里 k_n 表示 x_1，…，x_n 中 0 的个数与 1 的个数之间的差额$\left[k_n=\sum_1^n(1-2x_i)\right]$，当 $j<0$ 时，定义 $\alpha_j=\alpha_0$。对于满足性质（1）、（2）、（3）的数列 $\{\alpha_n\}$，我们用符号 $\mathscr{C}_\varepsilon$ 表示用这种方式形成的策略 Ψ 的集合。

集合 $\mathscr{C}_\varepsilon$ 的主要性质如下：

定理 2 若 $\Psi\in\mathscr{C}_\varepsilon$，则 $\sum_0^\infty(1-2x_{n+1})\Psi_n(x_1,\cdots,x_n)\leqq 3\varepsilon$。

证明：如果数列 x_1，…，x_n 满足 $\sum_0^\infty\varepsilon\alpha_{k_n}\leqq 1$（此时 $\Psi_n=\varepsilon\alpha_{k_n}$），则存在整数 M，使得 $\varepsilon\sum_0^{M-1}\alpha_{k_n}\geqq\varepsilon\sum_0^\infty\alpha_{k_n}-\varepsilon$。如果 $\sum_0^\infty\varepsilon\alpha_{k_n}>1$，令 M 表示满足 $\sum_0^M\varepsilon\alpha_{k_n}>1$ 的最小整数（当 $n<M$ 时，$\Psi_n=\varepsilon\alpha_{k_n}$）。在两种情况下，

$$\sum_0^{\infty}(1-2x_{n+1})\Psi_n(x_1,\cdots,x_n)\leqq\varepsilon\sum_0^{M-1}(1-2x_{n+1})\alpha_{k_n}+\varepsilon$$

令 $J=K_M$，我们假设 $J\geqq 0$（$J<0$ 时，结论同样成立）。令

$$I_1=\{n:k_{n+1}>\max_{0\leqq j\leqq m}k_j,\quad k_n<J,0\leqq n\leqq M-1\}$$
$$I_2=\{n:x_{n+1}=0,\quad n\notin I_1,0\leqq n\leqq M-1\}$$
$$I_3=\{n:x_{n+1}=1,\quad 0\leqq n\leqq M-1\}$$

集合 I_2 和 I_3 间存在一一映射：如果 $k_i\leqq J$，则集合 I_3 中的任意 i 在集合 I_2 中都存在一个最小的 j 与其对应，且 $j>i$，$k_j=k_i-1$。如果 $k_i>J$，则对于集合 I_3 中的任意 i，在集合 I_2 中都存在一个最大的 j 与其对应，且 $j<i$，$k_j=k_i-1$。在这个对应中，$\alpha_{k_i}\geqq(1-\varepsilon)\alpha_{k_j}$。因此，

$$\begin{aligned}\sum_0^{M-1}(1-2x_{n+1})\alpha_{k_n}&=\sum_{I_1}\alpha_{k_n}+\sum_{I_2}\alpha_{k_j}-\sum_{I_3}\alpha_{k_i}\\&\leqq 1+\varepsilon\sum_{I_2}\alpha_{k_j}\leqq 2\end{aligned}$$

证明完毕。

在这个重大比赛博弈中，给定 x_1，x_2，…，参与人 1 的期望支付用函数 $\{\Psi_n\}$ 表示是：

$$\sum_0^{\infty}x_{n+1}\Psi_n(x_1,\cdots,x_n)+\left(1-\sum_0^{\infty}\Psi_n(x_1,\cdots,x_n)\right)\limsup(1-\bar{x}_n)$$

其中 $\bar{x}_n$ 表示 $(x_1+x_2+\cdots+x_n)/n$。定理 2 意味着对于任意的 $\Psi\in\mathscr{C}_\varepsilon$，这个期望支付至少是：

$$\frac{1}{2}\sum_0^{\infty}\Psi_n(x_1,\cdots,x_n)-\frac{3}{2}\varepsilon+\left(1-\sum_0^{\infty}\Psi_n(x_1,\cdots,x_n)\right)\limsup(1-\bar{x}_n)$$

因此，如果 $\limsup(1-\bar{x}_n)\geqq\frac{1}{2}$，那么期望支付至少是 $\frac{1}{2}-\frac{3}{2}\varepsilon$。相反，如果 $\limsup(1-\bar{x}_n)<\frac{1}{2}$，那么 k_n 为负无穷，则对于任意的 $\Psi\in\mathscr{C}_\varepsilon$，

$\sum_{0}^{\infty}\Psi_n(x_1, \cdots, x_n)=1$。因此在这种情况下，期望支付至少也是$\frac{1}{2}-\frac{3}{2}\varepsilon$。也就是说，在重大博弈中，每一个 $\Psi\in\mathscr{C}_\varepsilon$ 与最优值的差距都在$\frac{3}{2}\varepsilon$ 以内。

最后我们提出一个相关的问题。在这个问题中，我们对博弈参与人的可行策略稍加限制。我们要求参与人 2 选择的策略 $\omega=(x_1, x_2, \cdots)$ 满足 $\lim\overline{x}_n=\frac{1}{2}$，对于参与人 2 的任何可行策略 ω，要求参与人 1 选择 t 的分布满足 $P\{t<\infty \mid x_1, x_2, \cdots\}=1$。从下面的论证中我们可以看到新博弈的值依然是$\frac{1}{2}$。在这个新博弈中，参与人 2 在重大比赛中的最优策略依然是可行的，所以博弈的上确界值至多是$\frac{1}{2}$。为了证明博弈的下确界值也是$\frac{1}{2}$，让参与人 1 选择以下策略：参与人 1 选择一个小的 $\delta>0$，构造一个满足 $P\{y_i=1\}=\delta$，$P\{y_i=0\}=1-\delta$ 的独立随机变量序列 y_1，y_2，…。定义 $z_n=\max(x_n, y_n)$，参与人 1 选择集合 $\mathscr{C}_\varepsilon$ 中的任何策略（或定理 1 中的策略），假设参与人 2 的策略是 z_1，z_2，…。因为 $\overline{x}_n\to\frac{1}{2}$，$\overline{z}_n\to(1+\delta)/2$，所以 $t<\infty$ 且概率为 1。那么，$P\{z_{t+1}=1\}>\frac{1}{2}-\frac{3}{2}\varepsilon$。但是 $P\{y_{t+1}=1\}=\delta$，我们得到 $P\{x_{t+1}=1\}>\frac{1}{2}-\frac{3}{2}\varepsilon-\delta$，可以看出下确界值至少是$\frac{1}{2}$。

参考文献

1. Gillette, Dean (1957). "Stochastic games with zero stop probabili-

ties,"*Contributions to the Theory of Games* 3.Princeton University Press.

2. Shapley, L. S. (1953). "Stochastic games," *Proc. Nat. Acad. Sci.* 39 1095－1100.

【注释】

[1] 本章研究受到海军研究办公室项目 Nonr-222（53）和自然科学基金 GP-5224 的资助。

第 17 章 市场博弈[1]

劳埃德·S.沙普利　马丁·舒比克

市场博弈（market games）起源于交换经济，在这个交换经济中，交易者具有连续且凹的货币效用函数。我们将要证明市场博弈等价于所有子博弈都存在核的完全平衡博弈（totally balanced games）。（博弈的核是没有联盟可以阻碍的配置集合。）这两类博弈一致性的建立需要借助于详尽的转换，即从一个市场中产生一个博弈，从一个博弈中构造出一个市场。我们还从冯·诺依曼-摩根斯坦的意义上进一步说明：任何一个存在核的博弈都与一个完全平衡博弈有同样的解。因此，对于任何存在核的博弈，我们都可以找到一个市场来复制该博弈解的行为。我们将特别描述卢卡斯最近的一个例子——一个有 10 个交易者和 10 件商品的市场，该市场不存在解。

17.1 引　言

古典理论中对 n 人博弈的近期发现指出，这些博弈有的不存在解

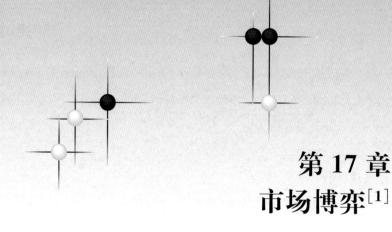

（见参考文献 8、9），有的存在异常的受限制的解集（见参考文献 6、7、10、18）。这一发现引起了这样的问题：这类博弈是否只是出于数学好奇心，或者在实际应用中是否能够产生这类博弈？因为迄今为止，有关 n 人博弈理论最著名的应用是在交换经济模型或者交换和生产模型中（见参考文献 3、13、15、16、19～23），可以用一种更具体的形式提出这一问题：是否存在一些市场，或者其他基本的经济体系，当它们被解释成 n 人博弈时会产生新的反例？如果是这样，它们能否依据一些经济的、启发性的或者正式的背景与普通的经济运行模型区分开来？也就是这些背景是否事先预示了他们特殊解的性质？

这些问题促成了目前的研究。研究的结果是个"坏消息"：是的，这类博弈可以从经济体系中产生；不，它们没有外在可区分的特征。然而，在得到这些结论的同时，我们也得到了一个积极的结果：一个令人吃惊的简单数学原则精确地告诉我们哪些博弈可以从交换（用货币）经济模型中产生。事实上，这个原则能识别出一类最基本的博弈——完全平衡博弈，对这类博弈的进一步研究似乎可以完全不考虑解的异常性。出于技术上的兴趣，我们对这些博弈的基本性质和解的推导应用了最近发展起来的平衡集（balanced set）（见参考文献 1、2、11、17）原理，以及吉里斯（Gillies）早期关于支配等价（domination-equivalence）的研究（见参考文献 4、5）。

现在，我们将注意力集中在存在附加支付（见参考文献 23）的古典理论上。这在经济解释上符合没有收入效应和交易成本的理想货币是可获得的假设。[2]我们进一步将注意力集中在交换经济上。在这个经济中，没有清晰的生产和消费过程，商品是在数量上有限的、完全可分且可转换的；交易者在数量上也是有限的，他们唯一关心的是他们最终各自持有的商品和货币的数量，他们的效用函数是连续的、凹的并且货币项是可加的。

对于我们的即时目的来说，这些困难并不重要，因为这种不规则的博弈在我们考虑的理想市场这种有限的环境中就可以得到。但是对于我们的长远目的来说，应开始系统地研究一下市场博弈，把它和普通的博弈区分开来，我们希望放松条件，尤其是关于货币项。在这个方向进行有意义的概括是很好的，我们打算在后面的研究中继续讨论这些问题。

本章的内容大纲如下：

先回忆一下博弈、核和平衡集的概念。如果一个博弈存在一个核，则该博弈被称为是平衡的。如果通过限制参与人的集合而得到的所有子博弈也都存在核，则该博弈被称为完全平衡的（第 17.2 节）。

“市场”是一个用货币进行交换的经济，在这个交换经济中，交易者具有连续的、凹的效用函数。我们会描述从一个市场过渡到它的市场博弈所采用的方法。有 n 个参与人的市场博弈在所有存在附加支付的 n 人博弈空间中形成一个闭凸锥。每一个市场博弈不但存在核，而且是完全平衡的（第 17.3 节）。

我们将介绍一种正规的市场形式——直接市场（direct market），在这个市场中交易的商品实际上就是交易者本身，而且是无限可分的，交易者具有同样的效用函数而且是一阶齐次的。我们会描述从一个博弈构造出它的直接市场的方法，效用函数建立在“可分的参与人”（fractional player）对各个联盟活动的最优分配上。博弈的壳（cover）是该博弈的直接市场对应的市场博弈；博弈的壳对每一个联盟来说至少和原博弈一样有利可图。每一个完全平衡博弈就是它本身的壳，因此市场博弈就是它本身的壳。这就说明了市场博弈和完全平衡博弈是等价的。此外，每一个市场和它的直接市场都是博弈理论等价的（第 17.4 节）。

我们回顾一下归咎、支配和解的概念。如果两个博弈在同样的归咎空间中有着同样的支配关系，则它们是支配等价的。支配等价的两个博弈因此有同样的解（或没有解），它们的核如果存在，也是一样的。我们会证明一个平衡博弈和一个完全平衡博弈是支配等价的。因此对于每一个存在核的博弈，都存在一个市场，它们有着完全一样的解集

(第 17.5 节)。

利用卢卡斯无解博弈（见参考文献 8、9）构造一个直接市场，在这个市场中有 10 个交易者和 10 件商品（包括货币），这个市场也没有解。我们介绍的另一个例子是采取生产经济的形式，最后还提到了几个有着特殊解性质的市场博弈，其中一个例子的解包含任意组成，效用函数是精心设计得出的（第 17.6 节）。

17.2　博弈与核

在本章中，博弈是一个有序数对（N；v），其中 N 是一个有限的集合［参与人］，v 是一个从 N 的子集［联盟］到实数上的映射，满足 $v(0)=0$，称为特征函数。博弈（N，v）的支付向量 α 是 $|N|$ 维向量空间 E^N 中的一个点，α 的坐标 α^i 用 N 中的元素来标记。如果 $\alpha \in E^N$ 且 $S \subseteq N$，我们将 $\sum_{i\in S}\alpha^i$ 简写成 $\alpha(s)$。

如果博弈（N；v）的核存在，则它是所有满足下面条件的支付向量 α 的集合：

$$\alpha(S) \geqq v(S) \qquad (\text{对于所有的 } S \subseteq N) \tag{17.1}$$

且

$$\alpha(N)=v(N) \tag{17.2}$$

如果满足上面两个条件的向量 α 不存在，我们就说博弈（N，v）不存在核（因此，在这种用法上，博弈的核可能不存在，但并不总是空集）。

1. 联盟的平衡集

平衡集 $\mathscr{B}$ 是 N 的子集 S 构成的集合，平衡集满足下面的性质：存在一组正数，γ_S，$S\in\mathscr{B}$，称作权数，使得对于每一个 $i\in N$ 都有：

$$\sum_{\substack{S\in\mathscr{B}\\ i\in S}}\gamma_S=1 \tag{17.3}$$

如果所有的 $\gamma_S=1$，我们就得到 N 的一个分割，因此平衡集可以看成一个一般的分割。

例如，如果 $N=\overline{1234}$，那么$\{\overline{12}, \overline{13}, \overline{14}, \overline{234}\}$是一个平衡集，采用的权数为 1/3，1/3，1/3，2/3。

博弈（N；v）被称为平衡的，如果：

$$\sum_{S\in\mathscr{B}}\gamma_S v(S)\leqq v(N) \tag{17.4}$$

对每一个权数为$\{\gamma_S\}$的平衡集都成立。[3]

定理 1 一个博弈存在核的充分必要条件是该博弈是平衡的。

参考文献 17 给出了这个定理的证明。斯卡夫对不存在可转移效用的博弈进行了推广：所有的平衡博弈都存在核，但是一些存在核的博弈却不是平衡的。如果我们目前的结论可以在这个方向上进行推广，我们猜想起主要作用的将不是核性质而是平衡性质。

2. 完全平衡博弈

当谈到博弈（N；v）的一个子博弈时，我们指博弈（R；v）满足 $0\subset R\subseteq N$。这里 v 是同一个函数，但是隐性地将定义域限制在 R 的子集上。一个博弈被称为完全平衡的，如果该博弈的所有子博弈都是平衡的。也就是说，一个完全平衡博弈的所有子博弈都存在核。

并不是所有的平衡博弈都是完全平衡的。例如，令 $N=\overline{1234}$，当 $|S|=0, 1, 3, 4$ 时，分别有 $v(s)=0, 0, 1, 2$；当 $|S|=2$ 时：

$$v(\overline{12})=v(\overline{13})=v(\overline{23})=1$$
$$v(\overline{14})=v(\overline{24})=v(\overline{34})=0$$

向量（1/2，1/2，1/2，1/2）是这个博弈的一个核。但这个博弈不是完全平衡的，因为它的子博弈（$\overline{123}$；v）不存在核。

17.3 市场和市场博弈

在本章中，市场是一个特殊的数学模型，用符号（T，G，A，U）来表示。这里 T 是一个有限的集合［参与人］；G 是有限维向量空间的非负象限［商品空间］；$A=\{a^i: i\in T\}$ 是商品空间 G 上的点的指标集［最初的禀赋］；$U=\{u^i: i\in T\}$ 是从 G 到实数上连续凹函数的指标集［效用函数］。当对于所有的 $i\in T$ 都有 $u^i\equiv u$ 时［相同偏好的特殊情形］，我们用一个比较特殊的符号（T，G，A，$\{u\}$）来表示市场。

如果 S 是 T 的一个任意子集，指标集 $X^S=\{x^i: i\in S\}\subset G$ 满足 $\sum_S x^i=\sum_S a^i$，则该指标集被称为市场（T，G，A，U）的一个可行 S-配置。

一个市场（T，G，A，U）可以用来“产生”一个博弈（N；v），方法是很自然的。我们令 $N=T$，定义 v 为：

$$v(S)=\max_{X^S}\sum_{i\in S}u^i(x^i)\quad（对于所有的 S\subseteq N）\tag{17.5}$$

这里是在所有的可行 S-配置上取最大值。任何可以从某一市场以这种方式产生的博弈被称为一个市场博弈。[4]

在相同效用函数 $u^i\equiv u$ 这一特例中，我们有：

$$v(S)=|S|\,u\Big(\sum_S a^i/|S|\Big)\quad（对于所有的 S\subseteq N）\tag{17.6}$$

这是凹函数的一个简单结论。在 u 是一阶齐次这一更特殊的情形中，我们有更简单的结论：

$$v(S)=u\Big(\sum_S a^i\Big)\quad（对于所有的 S\subseteq N）\tag{17.7}$$

1. 一些基本性质

下面的两个定理是比较常用的性质，它们说明了在策略等价的意义下，市场博弈的性质是不变的，N 上的所有市场博弈在 N 的所有博弈形成的（$2^{|N|}-1$）维空间中形成一个闭凸锥。

定理 2 假设（N；v）是一个市场博弈，如果 $\lambda \geqq 0$ 且 c 是 N 上一个可加的集函数，那么（N；$\lambda v+c$）也是一个市场博弈。

证明：我们只需将产生博弈（N；v）的任意市场中的每一个效用函数 $u^i(x)$ 换成 $\lambda u^i(x)+c(\{i\})$即可。

定理 3 如果（N；v'）和（N；v''）都是市场博弈，那么（N；$v'+v''$）也是一个市场博弈。

证明：假设（N，G'，A'，U'）和（N，G''，A''，U''）分别是产生博弈（N；v'）和博弈（N；v''）的市场。我们将这两个市场合并，保留两个商品集的区别。具体一点，令 G 是所有有序数对（x'，x''）形成的集合，x'和x''分别来自商品空间G'和G''；A 是数对（a'^i，a''^i）形成的集合，相应的指标元素分别来自 A'和 A''；U 是 U'和 U''相应的指标元素的和形成的集合：

$$u^i((x',x''))=u'^i(x')+u''^i(x'')$$

很容易证明 U 的元素在定义域 G（G 是新市场自身商品空间内的正象限）上是连续凹函数，所以（N，G，A，U）是一个市场。最后可以证明市场（N，G，A，U）产生博弈（N；$v'+v''$）。

2. 核定理

定理 4 每一个市场博弈都存在核。

这是一条很著名的定理，并且已经向我们现在考虑的有限市场类型之外进行了推广。然而我们还是要给出两个简短的证明，目的是洞悉其中的思想。在第一个证明中，我们实际上是确定了产生市场博弈的原市场的一个竞争均衡（存在可转移效用这一简单情形），然后证明竞争支付向量在核内。在第二个证明中，我们直接证明市场博弈是平衡的，然后应用定理 1 得到结论。

证明 1：令（N；v）是一个市场博弈，（N，G，A，U）是产生该博弈的一个市场。在式（17.5）中，当 $S=N$ 时，可行 N-配置 $B=\{b^i: i\in N\}$ 取到值 $v(N)$。式（17.5）的最大化确保了向量 p 的存在（竞争价格——但可能是负的），满足对每一个 $i\in N$，有：

$$u^i(x^i)-p(x^i-a^i) \quad (x^i\in G) \tag{17.8}$$

在 $x^i=b^i$ 处取到最大值。定义支付向量 β 为：

$$\beta^i=u^i(b^i)-p(b^i-a^i)$$

我们断言向量 β 位于核内。事实上，令 S 是 N 的任意一个非空子集，Y^S 是一个可行 S-配置且在式（17.5）中取到最大值，因此 $v(S)=\sum_S u^i(y^i)$。既然 b^i 最大化了式（17.8），我们有：

$$\beta^i\geqq u^i(y^i)-p(y^i-a^i)$$

对 $i\in S$ 求和，我们得到：

$$\beta(S)\geqq \sum_S u^i(y^i)-p\cdot 0=v(S)$$

满足式（17.1）的要求。此外，如果 $S=N$，我们可以取 $Y^S=B$，得到 $\beta(N)=v(N)$，因此式（17.2）也成立。

证明 2：令（N，G，A，U）是产生博弈（N；v）的一个市场，且对每一个 $S\subseteq N$，令 $Y^S=\{y_S^i: i\in S\}$ 是最大化式（17.5）的一个 S-配置。$\mathscr{B}$ 是一个平衡集，权数为 $\{\gamma_S^i: S\in\mathscr{B}\}$。那么我们有：

$$\sum_{S\in\mathscr{B}}\gamma_S v(S)=\sum_{S\in\mathscr{B}}\sum_{i\in S}\gamma_S u^i(y_S^i)=\sum_{i\in N}\sum_{\substack{S\in\mathscr{B}\\ i\in S}}\gamma_S u^i(y_S^i)$$

现在定义：

$$z^i = \sum_{\substack{S \in \mathscr{B} \\ i \in S}} \gamma_S y_S^i \in G \quad (\text{对所有的 } i \in N)$$

由式（17.3）注意到，z^i 是点 y_S 的重心。因此，由凹性得到：

$$\sum_{S \in \mathscr{B}} \gamma_S v(S) \leqq \sum_{i \in N} u^i(z^i) \tag{17.9}$$

但是 $Z=\{z^i: i\in N\}$ 是一个可行的 N-配置，因为：

$$\sum_{i \in N} z^i = \sum_{S \in \mathscr{B}} \sum_{i \in S} \gamma_S y_S^i = \sum_{S \in \mathscr{B}} \gamma_S \sum_{i \in S} a^i = \sum_{i \in N} a^i$$

因此式（17.9）的右端小于或等于 $v(N)$，从式（17.4）我们得知该博弈是平衡的，由定理 1 知道该博弈存在核。证毕

推论 每一个市场博弈都是完全平衡的。

证明：如果博弈（N；v）由市场（N，G，A，U）产生。当 $0\subset R\subseteq N$ 时，我们可以定义市场（R，G，A'，U'），其中 A' 和 U' 是由 A 和 U 忽略所有 $i\notin R$ 的 a^i 和 u^i 得到的。很显然，这个市场产生了博弈（R；v）。因此博弈（R；v）是平衡的。证毕

我们接下来的目的是证明这个推论的逆命题，即每一个完全平衡博弈都是一个市场博弈。

17.4 直接市场

直接市场是一种特殊类型的市场，它在定理的证明中起着非常重要的作用。直接市场的形式为：

$$(T, E_+^T, I^T, \{u\})$$

其中 u 是一阶齐次的连续凹函数。E_+^T 表示向量空间 E^T 中非负的象限，坐标由 T 中的成员来标记；I^T 表示 E^T 中单位向量的全体——实际上是 T 上的单位矩阵。

因此，在一个直接市场中，每个交易者在开始时都拥有一件私人商品（例如，他的时间、劳动、参与，“他自己”）。当该商品和其他私人商品汇集到一起时，我们可以想象某种合意的事件状态就产生了：所有的交易者有一个总的效用值且该值独立于他们之间的利益分配（因为相同的偏好和效用函数的一阶齐次性）。

令 e^S 表示 E^N 中的向量，依据 $i \in S$ 或 $i \notin S$，e^S 中的元素 e_i^S 取值为 1 或 0；从几何意义上说，这些向量表示 E_+^N 中单位立方体的顶点。那么一个直接市场产生的市场博弈的特征函数可以写成一个非常简单的形式：

$$v(S)=u(e^S) \quad (\text{对于所有的 } S \subseteq N) \tag{17.10}$$

[与式（17.7）比较一下。] 注意这个表达式只包含了有限的商品束。

1. 博弈产生的直接市场

迄今为止我们用市场来产生博弈。现在我们要走相反的路线，将任意一个博弈（不一定是一个市场博弈）与某个联盟市场联系起来。具体一点，我们说博弈（N；v）产生一个直接市场（N，E_+^N，I^N，$\{u\}$），其中 u 的定义如下：

$$u(x)=\max_{\{\gamma_S\}} \sum_{S \subseteq N} \gamma_S v(S) \quad (\text{对于所有的 } x \in E_+^N) \tag{17.11}$$

式（17.11）在所有满足以下约束条件的非负集 γ_S 上取最大值。约束条件为：

$$\sum_{S \ni i} \gamma_S = x_i \quad (\text{对于所有的 } i \in N) \tag{17.12}$$

为了解释这个市场[5]，我们可以想象每个联盟 S 有一个活动 ω_S，如果 S 中的所有成员完全参与，则该活动可以赚取 $v(S)$ 美元。在更一般的情形下，如果 S 中的每一个成员向活动 ω_S 贡献“他自己”的比例为 γ_S，则该活动赚取 $\gamma_S v(S)$ 美元。式（17.11）的最大化只不过是在满足条件式（17.12）的情况下，对各个活动 ω_S 的水平 γ_S 的一个最优配置。条件式（17.12）是每一个参与人 i 在他的各项活动中，准确地分配“他自己”的数量 x_i，当然也包括他自己单独的活动 ω_i。

式（17.11）定义的效用函数显然是一阶齐次的，满足直接市场的要求。但是在我们说明已经定义了一个市场（不单单是一个直接市场）之前，必须说明式（17.11）定义的函数是连续的凹函数。连续性的证明没有问题。为了证明凹性，由一阶齐次性我们只需证明：

$$u(x)+u(y)\leqq u(x+y)\quad（对于所有的\ x,y\in E_{+}^{N}）$$

证明并不困难。由定义可知，存在非负的系数集$\{\gamma_S\}$和$\{\delta_S\}$满足：

$$u(x)=\sum_{S\subseteq N}\gamma_S v(S),\quad u(y)=\sum_{S\subseteq N}\delta_S v(S)$$

并且有

$$\sum_{S\ni i}\gamma_S=x_i,\quad \sum_{S\ni i}\delta_S=y_i\quad（对于所有的\ i\in N）$$

因此，$\{\gamma_S+\delta_S\}$ 对于 $x+y$ 是可行的，由式（17.11）得到：

$$u(x+y)\geqq\sum(\gamma_S+\delta_S)v(S)=u(x)+u(y)$$

2. 博弈的壳

现在我们将利用博弈（N；v）产生的直接市场来依次生成一个新的博弈（N；$\overline{v}$），表示为：

任意博弈→直接市场→市场博弈

我们称（N；$\overline{v}$）为博弈（N；v）的壳。

将式（17.10）、式（17.11）和式（17.12）结合到一起，我们得到 v 和 $\overline{v}$ 之间有如下关系：

$$\overline{v}(R)=\max_{\{\gamma_S\}}\sum_{S\subseteq R}\gamma_S v(S)\quad（对于所有的\ R\subseteq N）\qquad(17.13)$$

$\overline{v}(R)$ 在所有 $\gamma_S \geqq 0$ 上取最大值，且 γ_S 满足

$$\sum_{\substack{S\subseteq R\\ i\in S}}\gamma_S=1 \quad （对于所有的 i\in R） \tag{17.14}$$

注意，我们可以绕过中间市场直接将式（17.13）和式（17.14）作为壳的定义。事实上，即使不考虑它目前在经济学上的应用，博弈的壳依然是一个非常有用的数学概念。

我们可以得到：

$$\overline{v}(R)\geqq v(R) \quad 对于所有的 R\subseteq N \tag{17.15}$$

因为在式（17.13）中，令 $\gamma_R=1$ 和其他 $\gamma_S=0$ 是一个可行的选择。此外式（17.15）中的等号并不总是成立的；事实上 $\overline{v}$ 来自一个市场而 v 却是任意的。因此映射 $v\rightarrow\overline{v}$ 采用的是一个任意的特征函数，可能通过增大某些值，使 $\overline{v}$ 成为一个市场博弈的特征函数。

引理 1　如果博弈（N；v）存在核，那么 $\overline{v}(N)=v(N)$，反之亦成立。

证明：假设 α 是博弈（N；v）核中的一个向量，那么

$$\begin{aligned}\overline{v}(N)&=\max_{\{\gamma_S\}}\sum_{S\subseteq N}\gamma_S v(S)\\&\leqq\max_{\{\gamma_S\}}\sum_{S\subseteq N}\gamma_S\alpha(S)=\max_{\{\gamma_S\}}\sum_{i\in N}\alpha^i\sum_{i\in S}\gamma_S\\&=\max_{\{\gamma_S\}}\sum_{i\in N}\alpha^i=\alpha(N)\\&=v(N)\end{aligned}$$

每一行依次可以由式（17.13）、式（17.1）、式（17.14）和式（17.2）得到。再对照式（17.15），我们得到 $\overline{v}(N)=v(N)$。

相反地，如果博弈（N；v）不存在核，那么式（17.4）对于某一权数为$\{\gamma_S\}$的平衡集 $\mathscr{B}$ 就是不成立的。对于不属于 $\mathscr{B}$ 的联盟 S，定义 $\gamma_S=0$，我们得到式（17.14）对于 $R=N$ 是成立的。式（17.13）成立，式（17.4）不成立就有：

$$\overline{v}(N) \geqq \sum_{S \subseteq N} \gamma_S v(S) = \sum_{S \in \mathscr{B}} \gamma_S v(S) > v(N)$$

因此 $\overline{v}(N) \neq v(N)$。

引理 2　一个完全平衡博弈和它的壳是等价的。

证明：假设（N；$\overline{v}$）是博弈（N；v）的壳，令 $O \subset R \subseteq N$。那么从定义中可以很明显看出（R；v）的壳就是（R；$\overline{v}$）。但是当（N；v）是完全平衡博弈时，（R；v）存在核，并由引理 1 可知 $\overline{v}(R) = v(R)$。因此 $\overline{v} = v$。

定理 5　一个博弈是市场博弈当且仅当该博弈完全平衡时成立。

证明：我们前面已经证明了市场博弈是完全平衡的（定理 4 的推论）。现在又刚刚证明了完全平衡博弈等价于它的壳，而博弈的壳是一个市场博弈。

3. 市场间的等价

在涉及关于解的理论之前，我们可以从目前的讨论中提取出一个更有启发意义的结果。这次我们按照如下路线进行：

任意市场→市场博弈→直接市场

如果两个市场产生同样的市场博弈，我们就称这两个市场是博弈理论等价的。那么在这种方式上，上面路线中的两个市场是等价的，因为市场博弈的壳恰好是直接市场的市场博弈，由引理 2 可知，这两个博弈是等价的。这就证明了：

定理 6　每一个市场都在博弈理论上等价于一个直接市场。

17.5 解

博弈（N；v）的归咎是一个支付向量 α，该向量满足：

$$\alpha(N) = v(N) \tag{17.16}$$

且

$$\alpha^i \geqq v(\{i\}) \quad (\text{对于所有的 } i \in N) \tag{17.17}$$

比较式（17.1）和式（17.2）得到：如果博弈存在核，则归咎集一定是非空的。[6]

经典的解理论（见参考文献 23）是建立在归咎间的支配关系上的。假设 α 和 β 都是博弈（N；v）的归咎，如果存在 N 的某一非空子集 S，使得

$$\alpha^i > \beta^i \quad (\text{对于所有的 } i \in S) \tag{17.18}$$

且

$$\alpha(S) \leqq v(S) \tag{17.19}$$

我们就称归咎 α 支配归咎 β（写作 $\alpha \in\!\dashv \beta$）。

博弈（N；v）的解是一个归咎集，该集中的元素彼此间不存在支配关系，但共同支配所有其他的归咎。对于这个定义，在技术上我们唯一关心的是该定义只依靠归咎和支配的概念，由特征函数传递的任何进一步的信息都被忽视掉了。

博弈的核同样紧密地依赖这些概念。事实上，当核存在时，核恰好就是不被支配的归咎集。它的逆命题一般不成立，因为有些博弈存在不被支配的归咎但没有核。[7]然而我们只需附加一点非常弱的条件，就可以排除这种情形。

$$v(S) + \sum_{N-S} v(\{i\}) \leqq v(N) \quad (\text{对于所有的 } S \subseteq N) \tag{17.20}$$

在实践中遇到的博弈几乎都满足这个条件。[8]

1. 支配等价

如果两个博弈有相同的支配集并且在支配集上有相同的支配关系，

我们就称这两个博弈是支配等价的。因此支配等价的博弈或者有完全一样的解，或者都没有解。同样，如果存在核，那么它们的核也是一样的。此外，在满足式（17.20）的博弈类中，平衡集的性质在支配等价的意义下保留下来，而完全平衡的性质却不一定保留下来，下面的引理就揭示了这个性质。

引理 3 每一个平衡博弈与它的壳都是支配等价的。

证明：令（N；v）是一个平衡博弈。由引理 1 和式（17.13）可知，$\overline{v}(N)=v(N)$，$\overline{v}(\{i\})=v(\{i\})$，因此这两个博弈有同样的归咎集。将它们各自的支配关系分别记作$\in\!\dashv$和$\in\!\dashv'$。由式（17.15）和式（17.19）我们得到，后一个支配关系要强于前一个支配关系，也就是说$\alpha \in\!\dashv \beta$意味着$\alpha \in\!\dashv' \beta$。接下来证明该结论的逆命题也是成立的。

相反地，我们假设归咎α和β满足$\alpha \in\!\dashv' \beta$，但不满足$\alpha \in\!\dashv \beta$。那么对于 N 的某一非空子集R 有：

$$\alpha^i>\beta^i \quad （对于所有的 i\in R）$$

且

$$\alpha(R)\leqq\overline{v}(R) \tag{17.21}$$

为了避免$\alpha \in\!\dashv \beta$，对于任意的$S(0\subset S\subseteq R)$必须有

$$\alpha(S)>v(S) \tag{17.22}$$

回忆$\overline{v}$的定义，我们知道存在一组非负的权数$\gamma_S(S\subseteq R)$，使得：

$$\overline{v}(R)=\sum_{S\subseteq R}\gamma_S v(S)$$

且

$$\sum_{\substack{S\subset R\\ i\in S}}\gamma_S=i \quad （对于所有的 i\in R）$$

因此，由式（17.22）得到

$$\overline{v}(R) < \sum_{S\subseteq R}\gamma_S\alpha(S) = \alpha(R)$$

严格的不等式在此处与式（17.21）产生了矛盾。

对于一个市场的“解”，我们实际上是指与该市场相联系的市场博弈的解。

定理 7　如果（N；v）是一个平衡博弈，那么存在一个市场与博弈（N；v）有完全一样的解。

证明：在引理 3 中，我们已经做完了主要的工作。事实上，令 $(N, E_+^T, I^T, \{u\})$ 是博弈（N；v）产生的直接市场。那么这个市场的解就是（N；$\overline{v}$）的解，由引理 3 知博弈（N；$\overline{v}$）与博弈（N；v）是支配等价的，因此它们有相同的解。

2. 技术注释

支配等价的概念本质上要归功于吉里斯（见参考文献 4，5），尽管他在定义支配等价时并没有采用式（17.16）的特征函数法而是采用了大量的归咎定义。吉里斯定义了一个“基本联盟”（vital coalition），该联盟可以达到其他联盟达不到的某种支配关系，并证明了当且仅当它们：(1) 有相同的归咎集，(2) 有相同的基本联盟，(3) 在基本联盟上有相同的 v 值时，两个联盟是支配等价的（在目前的意义上）。

一个联盟成为基本联盟的必要条件是（不是充分条件），该联盟不能分割成一些适当的子集使得这些子集的 v 值之和大于或等于该联盟的 v 值。充分性需要一般的分割，这些分割由平衡集提供。

给定一个博弈（N；v），我们可以定义它的最小超可加控制函数 (least superadditive majorant)（N；$\tilde{v}$）：

$$\tilde{v}(S) = \max\sum_h v(S_h) \tag{17.23}$$

式（17.23）在 S 的所有分割 $\{S_h\}$ 上取最大值［与式（17.13）、式（17.14）比较］。可以证明 $\tilde{v}(N) = v(N)$ 当且仅当博弈（N；v）存在

核（回忆前面的引理 1）时成立，在两种情况下两个博弈都是支配等价的。因此每一个存在核的博弈都与一个超可加博弈支配等价。

然而，就像吉里斯观察到的，支配等价在超可加博弈中也同样成立。也就是说，有可能使某些非基本联盟的 v 值高于超可加性要求的值，而这个联盟却不是基本联盟。[9] 现在我们正最大限度地利用这个结论，因为壳 $\overline{v}$ 可以看成 v 的最大支配等价控制函数。因此，$v \leqq \tilde{v} \leqq \overline{v}$，这三个值可以是不同的。

17.6 应用举例

卢卡斯 10 人博弈模型（见参考文献 8、9）不存在解，该博弈的参与人记作 $N=\overline{1234567890}$，特征函数如下：

$$\left.\begin{aligned}
&v(\overline{12})=v(\overline{34})=v(\overline{56})=v(\overline{78})=v(\overline{90})=1\\
&v(\overline{137})=v(\overline{139})=v(\overline{157})=v(\overline{159})=v(\overline{357})=v(\overline{359})=2\\
&v(\overline{1479})=v(\overline{2579})=v(\overline{3679})=2\\
&v(\overline{1379})=v(\overline{1579})=v(\overline{3579})=3\\
&v(\overline{13579})=4\\
&v(N)=5\\
&v(S)=0\quad(\text{其他 } S\subseteq N)
\end{aligned}\right\}\tag{17.24}$$

该博弈存在核，其中包含给每一个“奇数”参与人的归咎。[10] 它不是超可加的［例如，$v(\overline{12})+v(\overline{34})>v(\overline{1234})$］，但是该博弈与它的最小超可加控制函数（$N$；$\tilde{v}$）是支配等价的，（$N$；$\tilde{v}$）可以利用式（17.23）很容易计算出来。此外，还可以证明（N；$\tilde{v}$）是完全平衡的，也就是说在本例中 $\tilde{v}=\overline{v}$。因此式（17.24）与式（17.23）定义的博弈（N；$\tilde{v}$）是一个市场博弈但不存在解。

由定理 7 构造出的相应市场有 10 个参与人和 10 件商品（包括货币），但不存在解。参与人有相同的效用函数 $u(x)$，且效用函数是连续凹、一阶齐次的，由式（17.11）、式（17.12）和式（17.24）可以计算出效用函数。注意，只需要考虑 18 个基本联盟的正权数和 10 个单点集。[11] 当然这并不是唯一有意义的效用函数，因为我们实际上只用到了该博弈的有限值集。

1. 一个生产模型

卢卡斯博弈最简单的经济实现模式可能是在生产经济中（与第 17.4 节描述的活动进行比较）。该经济中有 18 种明确的生产过程（规模报酬不变），这些生产过程利用稀有材料（见表 17－1）的各种组合生产同一件商品。这些企业家在开始时都拥有一单位的与他们序号相对应的稀有材料。效用就是消费品：$u(x)\equiv x_{11}$；因此没有必要假定一种单独的货币。

表 17－1

投入										产出
x_1	x_2	x_3	x_4	x_5	x_6	x_7	x_8	x_9	x_{10}	x_{11}
1	1									1
		1	1							1
				1	1					1
						1	1			1
								1	1	1
1		1				1				2
1		1						1		2
1				1		1				2
1				1				1		2
		1		1		1				2
		1		1				1		2
1			1			1		1		2
	1			1		1		1		2
		1			1	1		1		2
1		1				1		1		3
1				1		1		1		3
		1		1		1		1		3
1		1		1		1		1		4

这是一种非常常规的构造方式：对于任何一个用特征函数表示的博弈，我们都可以用类似的方法建立一个生产模型，每个基本联盟要求有一种活动。由这样一个模型产生的市场博弈是原博弈的壳，如果假设原博弈是平衡的，那么它们有一样的核和解。

2. 其他例子

卢卡斯（见参考文献 6、7、10）列举了几个博弈，这几个博弈的解都是唯一的，但不在核内。在参考文献 10 中卢卡斯也描述了一个与上述 10 人博弈非常相似的对称的 8 人博弈，该博弈有无穷解，但没有一个解是对称的。沙普利（见参考文献 18）描述了一个同样类型的 20 人博弈，它的核是一条直线且它的每一个解都由核加上一个无限互不相交的闭集构成，该闭集与核的交集是第一类稠密点集。所有这些“病态”博弈都有一个共同的特征：它们都存在核。因此，由定理 7 可知，它们都分别与某一市场博弈等价且与该市场博弈有着同样的解。

我们用另外一个“病态”的例子来结束本章（见参考文献 14），因为其简洁的形式产生了一个我们可以写出详细效用函数的直接市场。博弈参与人 $N=\overline{123\cdots n}$，$n\geqq 4$，特征函数是：

$$\left\{\begin{array}{c} v(N-\{1\})=v(N-\{2\})=v(N-\{3\})=v(N)=1 \\ v(S)=0 \qquad \text{所有其他联盟 } S \end{array}\right\} \quad (17.25)$$

因此，为了得到收益，必须要求$\overline{123}$的大部分人和其他所有“反对”参与人 4，…，n 参加。博弈的核是所有满足 $\alpha_1=\alpha_2=\alpha_3=0$ 的归咎 α 的集合。很容易证明该博弈是完全平衡的：$v=\overline{v}$。该博弈有很多解，但是最显著的特点是它的某一子解集，如下：

令 B_e 表示满足$\alpha_1=0$，$\alpha_2=\alpha_3\geqq e>0$ 的归咎 α 的集合。因此 B_e 是归咎空间的一个（$n-3$）维闭凸子集。参考文献 14 证明了我们可以从 B_e 的任何一个闭子集开始，仅通过加上离 B_e 距离至少是 $e/2$ 的归咎[12]，就可以把它延拓成该博弈的一个解。这个任意的起始集依然是全部解集的一个不同的分离部分。例如当 $n=4$ 时（最简单的情形），可以采用某一直线上任意的一个闭点集。

为了确定该博弈对应的直接市场，我们对式（17.25）应用式（17.11）和式（17.12）得到效用函数为：

$$u(x)=\max_{(\gamma^i)}(\gamma^1+\gamma^2+\gamma^3)$$

最大化的约束条件为：

$$\left.\begin{array}{l}\gamma^1\geqq 0,\quad \gamma^2\geqq 0,\quad \gamma^3\geqq 0;\\ \gamma^2+\gamma^3\leqq x_1,\quad \gamma^1+\gamma^3\leqq x_2,\quad \gamma^1+\gamma^2\leqq x_3;\\ \gamma^1+\gamma^2+\gamma^3\leqq x_i,\quad i=4,\cdots,n;\end{array}\right\}$$

这里将 $\gamma_{N-\{i\}}$ 简写成 γ^i。效用函数简化成下面的形式：

$$u(x)=\min\left[x_1+x_2,x_1+x_3,x_2+x_3,\frac{x_1+x_2+x_3}{2},x_4,\cdots,x_n\right] \tag{17.26}$$

我们发现 u 是 $n+1$ 个简单线性函数的下包络。

因此，通过给第 i 个交易者一单位的第 i 件商品，并给所有交易者指派一个式（17.26）的效用函数，我们得到一个有 n 个交易者、n 件商品的市场，就如上文所描述的，该市场的解包含了任意的组成。

参考文献

1. Bondareva, O.N. “Nekotorye primeneniia mietodov linejnogo programmirovaniia k teorii kooperativnykh igr (Some applications of linear programming methods to the theory of cooperative games),” *Problemy*

Kibernetiki 10(1963),119 - 139.

2. Charnes, A. and Kortanek, K. O. "On balanced sets, cores, and linear programming,"*Cahiers du Centre d'Etudes de Recherche Opérationelle* 9(1967),32 - 43.

3. Debreu,G. and Scarf,H. "A limit theorem on the core of an economy,"*International Economic Review* 4(1963),235 - 246.

4. Gillies,D.B. "Some theorems on *n*-person games,"Ph.D.Thesis, Princeton University,June 1953.

5. Gillies, D. B. "Solutions to general non-zero-sun games," *Ann. Math.Study* 40(1959),47 - 85.

6. Lucas, W. F. "A counterexample in game theory,"*Management Science* 13(1967),766 - 767.

7. Lucas,W.F. *Games with Unique Solutions Which are Nonconvex*. The RAND Corporation,RM-5363-PR,May 1967.

8. Lucas,W. F. "A game with no solution,"*Bull.Am.Math. Soc.* 74 (1968).237 - 239;also The RAND Corporation,RM-5518-PR,November 1967.

9. Lucas,W.F. *The Proof that a Game May not Have a Solution*. The RAND Corporation,RM-5543-PR,January 1968(to appear in *Trans. Am.Math.Soc.*).

10. Lucas,W.F. *On Solutions for n-Person Games*.The RAND Corporation,RM-5567-PR,January 1968.

11. Scarf, H. "The core of an *n*-person game,"*Econometrica* 35 (1967),50 - 69.

12. Shapley,L.S. *Notes on the n-Person Game—Ⅲ:Some Variants of the von Neumann-Morgenstern Definition of Solution*. The RAND Corporation,RM-817,April 1952.

13. Shapley, L.S. *Markets as Cooperative Games*. The RAND Corporation, P-619, March 1955.

14. Shapley, L. S. "A solution containing an arbitrary closed component," *Ann. Math. Study* 40(1959), 87 - 93; also The RAND Corporation, RM-1005, December 1952, and P-888, July 1956.

15. Shapley, L. S. "The solutions of a symmetric market game," *Ann. Math. Study* 40(1959), 145 - 162; also The RAND Corporation, P-1392, June 1958.

16. Shapley, L.S. *Values of Large Games—Ⅶ: A General Exchange Economy with Money*. The RAND Corporation, RM-4248, December 1964.

17. Shapley, L.S. "On balanced sets and cores," *Naval Research Logistics Quarterly* 14(1967), 453 - 560; also The RAND Corporation, RM-4601-PR, June 1965.

18. Shapley, L.S. *Notes on n-Person Games—Ⅷ: A Game with Infinitely "Flaky" Solutions*. The RAND Corporation, RM-5481-PR(to appear).

19. Shapley, L. S. and Shubik, M. "Concepts and theories of pure competition," *Essays in Mathematical Economics: In Honor of Oskar Morgenstern*, Martin Shubik(ed.). Princeton University Press, Princeton, New Jersey, 1967, 63 - 79; also The RAND Corporation, RM-3553-PR, May 1963.

20. Shapley, L.S. and Shubik, M. "Quasi-cores in a monetary economy with nonconvex preferences," *Econometrica* 34(1966), 805 - 827; also The RAND Corporation, RM-3518-1, October 1965.

21. Shapley, L. S. and Shubik, M. *Pure Competition, Coalition Power, and Fair Division*. The RAND Corporation, RM-4917-1-PR,

March 1967(to appear in *International Economic Review*).

22. Shubik, M. "Edgeworth market games," *Ann. Math. Study* 40 (1959), 267 – 278.

23. von Neumann, J. and Morgenstern, O. *Theory of Games and Economic Behavior*. Princeton University Press, Princeton, New Jersey, 1944, 1947, 1953.

【注释】

［1］这项研究是由美国空军 F44620-67-C-0045 号兰德协议资助的，该协议由兰德公司董事会、人力资源代理主任和美国空军总部共同监督。本章表达的观点和结论不代表美国空军和兰德公司官方的看法和政策。

［2］对于该假设的讨论见参考文献 20，pp. 807 – 808。

［3］这些条件是非常冗长的；式（17.4）对于最小平衡集 ψ（此外它的权数还是唯一的）是一定成立的。对于一个超可加博弈，它只需要包含互不相交元素的最小平衡集。

［4］例如，见参考文献 13、15、16、20、21、22。然而参考文献 13 中给出的“市场博弈”的抽象定义与目前的定义并不等价。

［5］这个模型的本质是由坎托（D. Cantor）和马施勒提出的（私人通信，1962）。

［6］一些有关解理论的方法忽略了式（17.17），依靠解的概念本身来加强环境要求的“个人理性”。解定义的这种修改除了消除掉烦琐的条件式（17.20）外，对我们目前的讨论并没有影响。尤其，定理 7 和第 17.6 节的所有内容依然是正确的。

［7］对于这个结果我们要感谢科尔伯格（E. Kohlberg）。

［8］因此，超可加性和平衡性都暗示了式（17.20），但条件式（17.20）要弱于超可加性和平衡性；对于一个标准型博弈，即 $v(\{i\})=0$，它仅说明了没有联盟比 N 有价值。

［9］例如，在第 17.2 节末尾不需要使 123 成为基本联盟，就可以使 $v(\overline{123})$ 从 1 增加到 3/2。

［10］全部的核是一个五维多面体，顶点 e^S 为：

$$S=\overline{13579},\overline{23579},\overline{14579},\overline{13679},\overline{13589},\overline{13570}$$

［11］单独的权数被当作松弛变量，因为在式（17.12）中我们需要“＝”而不是“≦”。

［12］这里采用的距离是 $\rho(\alpha, \beta)=\max_i|\alpha_i-\beta_i|$。我们目前的要求和参考文献 14 中给出的构造有一点变化，参考文献 14 只要求解的其余部分远离 B_e 的任意子集而不是 B_e 本身。

第 18 章 扩展型博弈均衡点完美概念的再检验

莱因哈德·泽尔腾[1]

18.1 引　言

为了排除在不能到达的子博弈上规定一个非均衡行为的可能性，我们引入了完美均衡点的概念（Selten，1965，1973）。不幸的是，这个完美性的定义并没有消除所有在博弈不能到达的部分上可能出现的困难。必须重新审视这个问题，即为扩展型博弈定义一个令人满意的非合作均衡概念。因此在本章中，我将介绍一个新的完美均衡点概念。[2]

“完美”这个词语早期的用法是不成熟的。因此过去意义上的一个完美均衡点被称为子博弈完美。完美性的新定义具有这样的性质：一个完美均衡点总是子博弈完美的，但是一个子博弈完美均衡点可能不是完美的。

可以证明每一个具有完美回忆的有限扩展型博弈都至少存在一个完美均衡点。

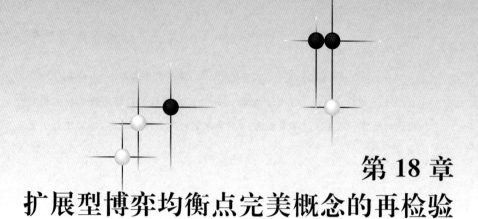

由于在博弈的标准型中不能判别子博弈完美性，为了研究完美性问

题，标准型是扩展型一个不充分的表述。为了简洁起见，我将引入“代理标准型”（agent normal form）作为完美回忆博弈的一个比较充分的表述。

18.2　具有完美回忆的扩展型博弈

在本章中，扩展型博弈指有限的扩展型博弈。这种类型的博弈可以用六个元素来描述：

$$\Gamma=(K,P,U,C,p,h) \tag{18.1}$$

Γ 的组成元素 K，P，U，C，p 和 h 的意义如下。[3]

（1）博弈树。

博弈树 K 是一个有限的树，具有可区分的顶点 o（K 的起始点）。连接顶点 o 与结点 x 的边和结点的序列称为到 x 的一条路径。如果 x 与 y 是两个不同的结点且到 y 的路径包含了到 x 的路径，我们就称 x 是 y 的前列点或者 y 是 x 的后续点。如果结点 z 没有后续点，就称 z 为终点（endpoint）。用符号 Z 来表示所有终点的集合。一条到终点的路径被称为一次博弈。边也叫作备选方案（选择）。结点 x 处的一个备选方案是连接 x 与其直接后续点的一条边。用 X 表示所有结点的集合（不包括终点）。

（2）参与人分割。

参与人分割 $P=(P_0, \cdots, P_n)$ 将 X 分割成参与人集合。P_i 是参与人 i 的参与人集合（参与人 0 是随机参与人，表示一个随机机制，用来解释博弈中的随机决定）。参与人集合可能是空集。参与人集合 $P_i(i=1, \cdots, n)$ 称为个人参与人集合（personal player sets）。

（3）信息分割。

u 是 $P_i(i=1, \cdots, n)$ 的一个非空子集，如果每一次博弈至多与 u

相交一次且对于每一个 $x \in u$，结点 x 处备选方案的数量都是相同的，我们就称 u 是符合条件的（作为信息集）。如果 P_0 的一个子集 u 只包含一个结点，就称 u 是符合条件的。信息分割 U 将参与人分割 P 精炼成参与人集合符合条件的子集 u。这些集合 u 称为信息集。满足 $u \subseteq P_i$ 的信息集 u 称为参与人 i 的信息集。U_i 表示参与人 i 所有信息集的集合。参与人 1，…，n 的信息集称为个人信息集。

（4）选择分割。

对于 $u \in U$，令 A_u 是结点 $x \in u$ 上所有备选方案的集合。如果 A_u 的一个子集 c 在 $x \in u$ 的每一个结点 x 上都恰好包含一个备选方案，我们就称 c 是符合条件的（作为选择）。选择分割 C 将博弈树 K 所有边的集合分割成 A_u（$u \in U$）符合条件的子集 c。这些集合 c 被称为选择。A_u 的子集 c 被称为信息集 u 上的选择。C_u 表示信息集 u 上所有选择的集合。个人信息集上的选择被称为个人选择。非个人参与人信息集上的选择被称为随机选择。如果 c 的一个备选方案位于到 x 的路径上，我们就称结点 x 位于选择 c 之后。在这种情况下，我们也称选择 c 位于到 x 的路径上。

（5）概率分布。

如果 C_u 上的概率分布 p_u 为每一个 $c \in C_u$ 都赋了一个正的概率 $p_u(c)$，我们就称 p_u 是完全混合的。概率分布 p 是一个函数，它在每一个 $u \in U_0$ 的 C_u 上赋了一个完全混合概率分布 p_u（p 规定了随机选择的概率分布）。

（6）支付函数。

支付函数 h 为 K 的每一个终点 z 赋了一个实向量 $h(z)=(h_1(z), \cdots, h_n(z))$。向量 $h(z)$ 是终点 z 上的支付向量，元素 $h_i(z)$ 是参与人 i 在 z 点的支付。

（7）完美回忆。

如果扩展型博弈 $\Gamma=(K, P, U, C, p, h)$ 对于每一个参与人

$i=1$，…，n 和参与人 i 的任意两个信息集 u，v 满足条件：如果结点 $y\in v$ 是信息集 u 上选择 c 的后续点，那么每一个结点 $x\in v$ 都是选择 c 的后续点[4]，我们就称该扩展型博弈是具有完美回忆的扩展型博弈。

（8）解释。

在一个具有完美回忆的博弈中，参与人 i 现在必须在他的其中一个信息集 v 上做出选择，他记得此前的博弈过程经过他的哪些其他信息集和在该信息集上他曾经做出的选择。显然如果参与人具有记住过去行为的能力，他一定总是拥有这样的信息。因为博弈论研究的是绝对理性的决策者的行为，决策者的推理和记忆能力都是无限的，若一个博弈的参与人都是个人而不是组织，那么它一定具有完美回忆的性质。

有必要考虑参与人是组织而不是个人的博弈吗？下面我们将试图论证：至少就严格的非合作博弈理论而言，考虑这个问题是没有必要的。原则上总是可以将任何一个特定的人与人之间相互作用的矛盾环境按如下方式建模：每一个相关的个体都是一个单独的参与人。几个个体为了一个同样的目的形成一个团队，可以把他们看成具有相同效用函数的不同参与人。可能有人会反对这个观点，认为仅通过偶然相同的效用函数不能形成团队。团队可能是一个预先建立的联盟，该联盟具有特殊的合作可能性，对该情境下任意的参与人集不开放。这种看法是不正确的，具有这种预先建立的联盟的博弈不在我们考虑的严格非合作博弈框架之内。在一个严格的非合作博弈中，参与人没有办法进行合作和协调，合作和协调不能被明确地建模成扩展型博弈的一部分。如果存在预先建立的联盟，那么成员必须作为单独的参与人出现，团队的特殊可能性必须成为扩展型博弈结构的一部分。

考虑到所写的内容，我们不讨论不具备完美回忆的严格的非合作扩展型博弈。在严格的非合作博弈理论框架内，可以认为这种类型的博弈错误地赋了一个参与人相互矛盾的情境的模型而被拒绝。

18.3 策略、期望支付与标准型

本节将介绍几个与扩展型博弈 $\Gamma=(K, P, U, C, p, h)$ 有关的定义。

（1）局部策略。

信息集 $u\in U_i$ 上的局部策略 b_{iu} 是 u 的选择 C_u 上的一个概率分布。b_{iu} 为 u 的每一个选择 c 赋了一个概率 $b_{iu}(c)$。如果局部策略 b_{iu} 指定 u 上的一个选择 c 的概率为 1，其他选择的概率是 0，我们就称 b_{iu} 为纯策略。任何情况下都可以这样做：在选择 c 和为 c 赋概率 1 的局部策略间不做区别，而不会导致混淆。

（2）行为策略。

个体参与人 i 的行为策略 b_i 是一个函数，该函数为每一个 $u\in U_i$ 赋了一个局部策略 b_{iu}。B_i 表示参与人 i 的所有行为策略形成的集合。

（3）纯策略。

参与人 i 的纯策略 π_i 是一个函数，它为每一个 $u\in U_i$ 指定了一个选择 c（纯局部策略）。显然，纯策略是一个特殊的行为策略。$\prod_i$ 表示参与人 i 的所有纯策略形成的集合。

（4）混合策略。

参与人 i 的混合策略 q_i 是 $\prod_i$ 上的一个概率分布：为每一个 $\pi_i\in\prod_i$ 赋一个概率 $q_i(\pi_i)$。Q_i 表示参与人 i 所有混合策略 q_i 形成的集合。任何情况下都可以这样做：在纯策略 π_i 和为 π_i 赋概率 1 的混合策略间不做区别，而不会导致混淆。纯策略可以被看成一种特殊类型的混合策略。

（5）混合行为策略。

参与人 i 的混合行为策略 s_i 是 B_i 上的一个概率分布，它为 B_i 中有限个数的元素赋一个正的概率 $s_i(b_i)$，为其他元素赋 0 概率。在行为策

略 b_i 和为 b_i 赋概率 1 的混合行为策略间不做区别。S_i 表示参与人 i 所有混合行为策略形成的集合。显然纯策略、混合策略、行为策略都可以被看成特殊的混合行为策略。

（6）策略组合。

混合行为策略组合 $s=(s_1, \cdots, s_n)$ 是一个 n 元组，元素 $s_i \in S_i$。可以用类似的方法定义纯策略组合 $\pi=(\pi_1, \cdots, \pi_n)$、混合策略组合和混合行为策略组合。

（7）实现概率。

参与人 i 采取混合行为策略 s_i，按如下规则进行：他首先采用一个随机机制，该机制选择行为策略 b_i 的概率为 $s_i(b_i)$。然后当博弈每次到达 $u \in U_i$ 时，他在信息集 u 上以概率 $b_{iu}(c)$ 选择 c。令 $s=(s_1, \cdots, s_n)$ 是混合行为策略组合。假设参与人 i 选择策略 s_i，我们可以计算出每一个结点 $x \in K$ 在 s 下的实现概率 $\rho(x, s)$。概率 $\rho(x, s)$ 是采用策略组合 s 时，博弈到达 x 的概率。因为这些解释已经很清楚了，所以关于 $\rho(x, s)$ 是如何定义的，在这里不再给出更精确的定义。

（8）期望支付。

有了实现概率就可以计算出期望支付向量 $H(s)=(H_1(s), \cdots, H_n(s))$：

$$H(s)=\sum_{z \in Z}\rho(z, s)h(z) \tag{18.2}$$

因为纯策略、混合策略、行为策略都是特殊的混合行为策略，所以期望支付的定义式（18.2）也同样适用。

（9）标准型。

标准型 $G=(\prod_1, \cdots, \prod_n; H)$ 是由 n 个有限非空、两两互不相交的纯策略集 $\prod_i$ 和定义在 $\prod=\prod_1 \times \cdots \times \prod_n$ 上的期望支付函数 H 构成的。期望支付函数 H 为每一个 $\pi \in \prod$ 指定了一个实值支付向量 $H(\pi)=(H_1(\pi), \cdots, H_n(\pi))$。对于每一个扩展型博弈 Γ，按上述方

式定义的纯策略集和期望支付函数形成了 Γ 的标准型。

要计算每一个混合策略组合的期望支付向量，知道 Γ 的标准型就足够了。但这个命题对行为策略组合是不正确的。我们将会看到，在从扩展型博弈向标准型博弈转化的过程中，丢掉了一些重要的信息。

18.4 库恩定理

库恩（1953，p.213）证明了一条关于完美回忆博弈的重要定理。在本节中，我们略微变化一下形式，重新叙述库恩定理。为此，必须先介绍几个定义。和前文一样，这些定义都是关于扩展型博弈 $\Gamma=(K, P, U, C, p, h)$ 的。

（1）符号约定。

令 $s=(s_1, \cdots, s_n)$ 表示混合行为策略组合，t_i 表示参与人 i 的混合行为策略。组合 $(s_1, \cdots, s_{i-1}, t_i, s_{i+1}, \cdots, s_n)$ 来源于 s：用 t_i 替换 s_i，s 中的其他元素保持不变。我们用 s/t_i 表示替换后的组合。同样的符号也适用于其他类型的策略组合。

（2）实现等价。

设 s'_i 与 s''_i 是参与人 i 的两个混合行为策略。如果对于每一个混合行为策略组合 s，都有：

$$\rho(x, s/s'_i)=\rho(x, s/s''_i) \quad （对于每一个 x\in K） \tag{18.3}$$

我们就称 s'_i 与 s''_i 是实现等价的。

（3）支付等价。

设 s'_i 与 s''_i 是参与人 i 的两个混合行为策略。如果对于每一个混合行为策略组合 s，都有：

$$H(s/s'_i)=H(s/s''_i) \tag{18.4}$$

我们就称 s'_i 与 s''_i 是支付等价的。

显然，如果 s'_i 与 s''_i 是实现等价的，那么它们一定是支付等价的，因为式（18.3）对每一个终点 z 都是成立的。

定理 1（库恩定理）　在每一个具有完美回忆的扩展型博弈中，个体参与人 i 的每一个混合行为策略 s_i 都可以找到一个与其实现等价的行为策略 b_i。

为了证明这条定理，我们先介绍几个定义。

（1）条件选择概率。

$s=(s_1, \cdots, s_n)$ 表示混合行为策略组合，x 是个体参与人 i 信息集 u 上的一个结点，且 $\rho(x, s)>0$。为 u 上的每一个选择 c 定义一个条件选择概率 $\mu(c, x, s)$。选择 c 包含 x 上的一条边 e，边 e 连接结点 x 和另一个结点 y。条件选择概率 $\mu(c, x, s)$ 用如下公式计算：

$$\mu(c,x,s)=\frac{\rho(y,s)}{\rho(x,s)} \tag{18.5}$$

概率 $\mu(c, x, s)$ 是当策略组合为 s 且博弈到达 x 时，参与人选择行动 c 的条件概率。

引理 1　在每一个扩展型博弈 Γ 中（无论是否为完美回忆），条件选择概率 $\mu(c, x, s)$ 定义在三元组（c，x，s）上，条件选择概率 $\mu(c, x, s)$，$x\in u\in U_i$，与 s 中的元素 s_j（$i\neq j$）无关。

证明：令 b_i^1，…，b_i^k 是行为策略，s_i 以正的概率 $s_i(b_i^j)$ 选择 b_i^j。对于 $\rho(x, s)>0$，一名局外人，他知道博弈到达了 c，但是在博弈开始之前他并不知道 i 选择了哪个策略 b_i^j，他可以利用这些信息根据先验概率 $s_i(b_i^j)$ 计算出后验概率 $t_i(b_i^j)$。在到达 x 的路径上，b_i^j 为参与人 i 的选择所赋予的所有概率之积再乘以 $s_i(b'_i)$ 与后验概率 $t_i(b_i^j)$ 成比例。显然 $t_i(b_i^j)$ 依赖于 s_i，但是与 s 中的其他元素无关。条件选择概率 $\mu(c, x, s)$ 可以写成如下形式：

$$\mu(c,x,s)=\sum_{j=1}^{k}t_i(b_i^j)b_{iu}^j(c) \tag{18.6}$$

这就证明了 $\mu(c, x, s)$ 与 $s_j(i\neq j)$ 无关。

引理 2 在每一个具有完美回忆的扩展型博弈 Γ 中，条件选择概率 $\mu(c, x, s)$ 定义在三元组 (c, x, s) 上，我们有：

$$\mu(c,x,s)=\mu(c,y,s)\quad x\in u,\quad y\in u \tag{18.7}$$

证明：在完美回忆博弈中，对于 $x\in u$，$y\in u$ 且 $u\in U_i$，参与人 i 在到 x 的路径上的选择与在到 y 路径上的选择是一样的（对于非完美回忆博弈不正确）。因此在结点 x 和 y 上，参与人 i 的混合行为策略 s_i 中行为策略 b_i^j 的后验概率都是一样的。因此可以从式（18.6）得到式（18.7）。

库恩定理的证明：由于引理 1 和引理 2，个体参与人 i 在结点 $x(x\in P_i)$上的条件选择概率可以用函数 $\mu_i(c, u, s_i)$ 来描述，函数 $\mu_i(c, u, s_i)$ 取决于混合行为策略 s_i 和 x 所在的信息集 u。

库恩定理断言行为策略 b_i 是存在的，利用 $\mu_i(c, u, s_i)$ 我们可以构造出行为策略 b_i。如果至少存在一个 $s=(s_1, \cdots, s_n)$，对于某个 $x\in u$ 有 $\mu(x, s)>0$，则定义：

$$b_{iu}(c)=\mu_i(c,u,s_i) \tag{18.8}$$

通过给每一个 $u\in U_i$（在 U_i 中找不到这样的 s）随机指定一个局部策略 b_{iu}，就完成了行为策略 b_i 的构造。

显然行为策略 b_i 与混合行为策略 s_i 是实现等价的。

（2）库恩定理的意义。

库恩定理说明了对于完美回忆的扩展型博弈，我们可以只考虑行为策略。一个参与人通过混合策略或更一般的混合行为策略得到的支付，可以通过实现等价的行为策略得到，因此也可以通过支付等价的行为策略得到，库恩定理确保了支付等价行为策略的存在。

18.5 子博弈完美均衡点

在本节中，我们先介绍几个与完美回忆扩展型博弈 $\Gamma=(K, P, U, C, p, h)$ 有关的定义。由库恩定理可知，对于这类博弈可以只考虑行为策略。因此我们只对行为策略正式介绍最优反应与均衡点的概念。

（1）最优反应。

令 $b=(b_1, \cdots, b_n)$ 是博弈 Γ 的行为策略组合。参与人 i 的行为策略 $\tilde{b}_i$ 是 b 的一个最优反应，如果 $\tilde{b}_i$ 满足：

$$H_i(b/\tilde{b}_i)=\max_{b'_i \in B_i} H_i(b/b'_i) \tag{18.9}$$

如果对于 $i=1, \cdots, n$，行为策略 $\tilde{b}_i$ 都是 b 的一个最优反应，我们就称行为策略组合 $\tilde{b}=(\tilde{b}_1, \cdots, \tilde{b}_n)$ 为 b 的最优反应。

（2）均衡点。

如果行为策略组合 $b^*=(b_1^*, \cdots, b_n^*)$ 是其自身的一个最优反应，就称 b^* 为一个均衡点。

注 1 对于混合行为策略，我们可以用类似的方法定义最优反应和均衡点的概念。由库恩定理，对于完美回忆博弈，行为策略均衡点是混合行为策略均衡点的一个特殊情形。对于每一个具有完美回忆的扩展型博弈，行为策略均衡点的存在是库恩定理和纳什定理的直接推论。纳什在 1951 年证明了每一个有限博弈都存在混合策略均衡点。

（3）子博弈。

令 $\Gamma=(K, P, U, C, p, h)$ 是一个扩展型博弈，不一定有完美回忆。K 的子树 K' 由 K 的一个结点 x 和 x 的所有后续点以及所有连接 K' 结点的边构成。如果 Γ 中的每一个信息集都至少包含了 K' 的一个结点，不再包含 K' 之外的结点，则称 Γ 的子树 K' 是正规的（regular）。

对于每一个正规子树 K'，可以用下述方式定义子博弈 $\Gamma'=(K', P', U', C', p', h')$：$P'$，$U'$，$C'$，$p'$和$h'$是$P$，$U$，$C$以及函数$p$和$h$对$K'$的限制。

（4）导出策略。

令Γ'是Γ的一个子博弈，$b=(b_1, \cdots, b_n)$是Γ的一个行为策略组合。策略b_i在Γ'中参与人i的信息集上的限制是参与人i在Γ'上的策略b'_i。策略b'_i被称为b_i在Γ'上的导出策略，以这种方式定义的行为策略组合$b'=(b'_1, \cdots, b'_n)$被称为b在Γ'上的导出策略（induced strategy）。

（5）子博弈完美。

扩展型博弈Γ的子博弈完美均衡点$b^*=(b_1^*, \cdots, b_n^*)$是一个均衡点（行为策略），它在博弈$\Gamma$的每一个子博弈上都导出一个均衡点。

18.6 一个数值例子

扩展型博弈的子博弈完美均衡点排除了一些直觉上不合理的均衡点。在本节中我们举了一个数值例子，该例子说明子博弈完美的定义并没有排除所有直觉上不合理的均衡点。对这个问题的讨论可以显示出困难的本质。

该数值例子是如图 18－1 所示的博弈。显然这个博弈没有子博弈，每一个参与人只有一个信息集。该博弈是完美回忆的。

因为每个参与人有两个选择L和R，参与人i的行为策略可以由他选择R的概率来刻画。用符号p_i表示参与人i选择R的概率。三元组(p_1, p_2, p_3)表示行为策略组合。

读者很容易证明图 18－1 中的博弈有下面两种类型的均衡点：

类型 1：$p_1=1$，$p_2=1$，$0\leqslant p_3\leqslant\frac{1}{4}$

类型 2：$p_1=0$，$\frac{1}{3}\leqslant p_2\leqslant 1$，$p_3=1$

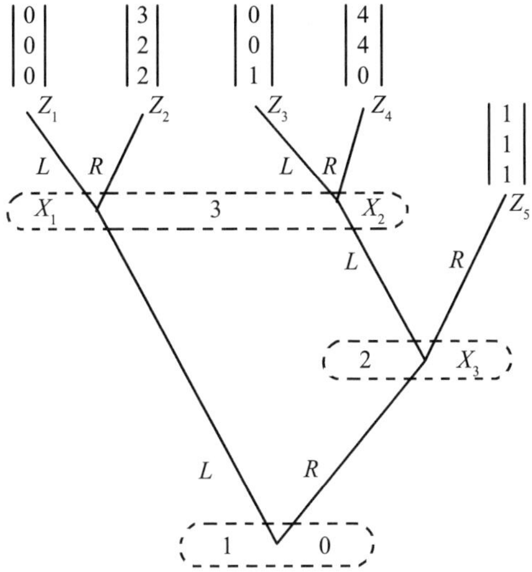

图 18 - 1

注：虚线表示信息集。字母 L 和 R（代表左和右）表示选择。相应终点上的列向量是支付向量。

考虑类型 2 的均衡点。如果均衡点属于类型 2，则博弈不经过参与人 2 的信息集。因此参与人 2 的期望支付与他的策略无关。这也是为什么参与人 2 的均衡策略是其他参与人的均衡策略的最优反应。

现在假设参与人相信类型 2 的一个明确均衡点（0，1，1）是博弈的一个理性结果。如果博弈到达参与人 2 的信息集，我们真的有理由相信他会选择 R 吗？如果他相信参与人 3 会像均衡点预测的那样选择 R，那么他选择 L 会更好，这样他可以得到 4 个支付而不是选择 R 能得到 1 个支付。类型 2 的其他均衡点也可以用同样的方式进行推理。

显然，类型 2 的均衡点是不合理的。参与人 2 的选择不是由他在整个博弈中的期望支付决定，而是由结点 x_3 上的条件期望支付决定。整个博弈中期望支付的计算建立在假设参与人 1 选择 L 上。我们已经说明了在结点 x_3 上，这条假设是不正确的。参与人 2 必须假设参与人 1

的选择是 R。

对于每一个策略组合（p_1，p_2，p_3），假设博弈进行到参与人 2 的信息集，我们可以计算出参与人 2 选择 L 或 R 的条件期望支付。对参与人 3 不能这样做，博弈有两条路径可以到达参与人 3 的信息集。考虑类型 1 的一个均衡点，例如均衡点（1，1，0）。假设参与人认为（1，1，0）是博弈的一个理性结果，并且与这个信念产生的预期相反，博弈到达了参与人 3 的信息集。在这种情况下，参与人 3 一定认为不是参与人 1 就是参与人 2 偏离了博弈进行的理性路径，但他并不知道究竟是哪一种情形。他没有明显的方法计算他信息集上结点的条件概率分布，如果他必须做出选择，条件概率就是他位于结点 x_1 和 x_2 的概率。

在下一节中我们将要介绍一个模型，这个模型的基本想法是参与人将以微小的概率犯错误。这些错误的概率并没有直接产生参与人 3 的信息集上结点的条件概率分布。在第 18.8 节中我们将会看到，微小错误的引入导致了一种策略情形，在这种情形下理性策略对错误加了一些小的主动偏离。

18.7 微小错误模型

如果参与人是完全理性的就不会存在任何错误。然而，对于扩展型博弈均衡点，一个令人满意的解释应该要求犯错误的可能性不被完全排除。完全理性可以通过一种方式达到：把完全理性看成不完全理性的一种极限情形。

假设完美回忆扩展型博弈 Γ 中的个体参与人服从如下类型的不完全理性。在每一个信息集 u 上，理性崩溃（breakdown of rationality）都有一个小的正概率 ε_u。只要理性崩溃，信息集 u 上的每一个选择 c 都会以某一正概率 q_c 被选择，q_c 可被认为是由某些不确定的心理因素决定的。假设概率 ε_u 和 q_c 与其他概率是独立的。

假设信息集 u 上的理性选择是一个局部策略，选择 c 的概率为 p_c。那么选择 c 的总概率是：

$$\hat{p}_c=(1-\varepsilon_u)p_c+\varepsilon_u q_c$$

ε_u 和 q_c 的引入把最初的博弈转换成一个新的博弈 $\hat{\Gamma}$，在新博弈中，参与人不能完全控制他们的选择。这种类型的博弈称为 Γ 的一个扰动博弈（perturbed game）。

显然，把 p_c 和 $\hat{p}_c$ 中哪一个作为扰动博弈的策略变量并不重要。下面我们将把后者作为策略变量。这就意味着在博弈 $\hat{\Gamma}$ 中，每一个参与人 i 选择一个行为策略，这个行为策略指定了参与人 i 信息集 u 上选择 c 的概率分布，为选择 $c(c\in u)$ 赋的概率 $\hat{p}_c$ 总是满足下面的条件：

$$\hat{p}_c\geqslant\varepsilon_u q_c \tag{18.10}$$

概率 $\hat{p}_c$ 也受上界 $1-\varepsilon_u(1-q_c)$ 的约束；没有必要详细介绍这个上界，因为同一个信息集上其他选择的概率下界决定了这个上界。使用符号：

$$\eta_c=\varepsilon_u q_c \tag{18.11}$$

条件（18.10）可以写成如下形式：

$$\hat{p}_c\geqslant\eta_c \quad \text{（对于每一个个人选择 } c\text{）} \tag{18.12}$$

考虑博弈 Γ 中个人选择 c 的一组正常数 η_c，η_c 满足：

$$\sum_{c\in u}\eta_c<1 \tag{18.13}$$

显然对于每一组满足条件（18.13）的正常数 η_c，我们都能确定正的概率 ε_u 和 q_c，使得 ε_u 和 q_c 产生的扰动博弈 $\hat{\Gamma}$ 的条件（18.10）与条件（18.12）一致。因此我们可以采用下面的方式来定义扰动博弈。

定义 扰动博弈 $\hat{\Gamma}$ 是一个数对（Γ，η），这里 Γ 是一个完美回忆

博弈，η 是一个函数，它为博弈 Γ 中的每一个个人选择 c 指定了一个正的概率 η_c，并且 η_c 满足条件（18.13）。

概率 η_c 被称为最小概率。对个人信息集 u 上的每一个选择 c 定义：

$$\mu_c = 1 + \eta_c - \sum_{c' \in u} \eta_{c'} \tag{18.14}$$

由条件（18.7）可知，显然 μ_c 是 $\hat{p}_c$ 的上界。概率 μ_c 被称为 c 的最大概率。

（1）策略。

扰动博弈 $\hat{\Gamma}=(\Gamma, \eta)$ 的局部策略是博弈 Γ 满足条件（18.12）的局部策略。参与人 i 在博弈 $\hat{\Gamma}$ 中的行为策略是参与人 i 在博弈 Γ 中满足下面条件的行为策略：为博弈 $\hat{\Gamma}$ 中参与人 i 的每一个信息集都指定一个局部策略。$\hat{B}_i$ 表示参与人 i 在博弈 $\hat{\Gamma}$ 中的所有行为策略形成的集合。博弈 $\hat{\Gamma}$ 的行为策略组合是 Γ 中的一个行为策略组合 $\hat{b}=(\hat{b}_1, \cdots, \hat{b}_n)$，$\hat{b}$ 的每一个元素都是博弈 $\hat{\Gamma}$ 的一个行为策略。$\hat{B}$ 表示博弈 $\hat{\Gamma}$ 中所有行为策略组合形成的集合。

（2）最优反应。

令 $b=(b_1, \cdots, b_n)$ 是 $\hat{\Gamma}$ 的一个行为策略组合 。博弈 $\hat{\Gamma}$ 中参与人 i 的行为策略 $\tilde{b}_i$ 是 b 的一个最优反应，如果 $\tilde{b}_i$ 满足：

$$H_i(b/\tilde{b}_i) = \max_{b_i' \in B_i} H_i(b/b_i') \tag{18.15}$$

如果博弈 $\hat{\Gamma}$ 中策略组合 $\tilde{b}$ 的每一个元素 $\tilde{b}_i$ 都是博弈 $\hat{\Gamma}$ 中策略组合 b 一个最优反应，我们就称博弈 $\hat{\Gamma}$ 中行为策略组合 $\tilde{b}=(\tilde{b}_1, \cdots, \tilde{b}_n)$ 为 b 的最优反应。

（3）均衡点。

如果博弈 $\hat{\Gamma}$ 的一个行为策略组合是其自身的一个最优反应，则称该行为策略组合为一个均衡点。

注 2　注意博弈 Γ 的最优反应与博弈 $\hat{\Gamma}$ 的最优反应之间有些微差

别。策略集 $\hat{B}_i$ 是策略集 B_i 的一个子集。博弈 $\hat{\Gamma}$ 中不存在纯策略。

18.8　完美均衡点

完美均衡点的定义没有解决的困难与不能到达的信息集有关。在扰动博弈中不存在不能到达的信息集。如果 b 是扰动博弈的一个行为策略组合，那么 K 中每一个结点 x 的到达概率 $\rho(x, b)$ 都是正数。这有利于将博弈 Γ 看成扰动博弈 $\hat{\Gamma}=(\Gamma, \eta)$ 的一个极限情形。在下文中我们将完美均衡点定义成扰动博弈均衡点的极限。

（1）扰动博弈序列。

Γ 是一个完美回忆扩展型博弈。序列 $\hat{\Gamma}^1$，$\hat{\Gamma}^2$，…，$\hat{\Gamma}^k$…，其中对 $k=1, 2, \cdots$，博弈 $\hat{\Gamma}^k=(\Gamma, \eta^k)$ 是 Γ 的一个扰动博弈，如果对 Γ 中个人参与人的每一个选择 c，当 $k\to\infty$ 时，η^k 为 c 赋的最小概率序列 η_c^k 都趋于 0，则称博弈 $\hat{\Gamma}^k$ 为博弈 Γ 的检验序列。

令 $\hat{\Gamma}^1$，$\hat{\Gamma}^2$，… 是博弈 Γ 的检验序列。如果对于任意的 $k=1, 2, \cdots$ 都可以找到 $\hat{\Gamma}^k$ 的均衡点 $\hat{b}^k$，使得当 $k\to\infty$ 时，序列 $\hat{b}^k$ 收敛于 b^*，则 Γ 的行为策略组合 b^* 被称为这个检验序列的极限均衡点。

引理 3　对于完美回忆扩展型博弈 Γ，检验序列 $\hat{\Gamma}^1$，$\hat{\Gamma}^2$，… 的一个极限均衡点 b^* 是 Γ 的一个均衡点。

证明：b^k 是 $\hat{\Gamma}^k$ 的均衡点可以用如下不等式表示：

$$H_i(\hat{b}_k)\geqslant H_i(\hat{b}^k/b_i)\quad (\text{对于每一个 } b_i\in\hat{B}_i^k,\ i=1,\cdots,n) \tag{18.16}$$

令 B_i^m 是所有 $\hat{B}_i^k$ $(k\geqslant m)$ 的交集。当 $k\geqslant m$ 时，我们有：

$$H_i(\hat{b}_k)\geqslant H_i(\hat{b}^k/b_i)\quad (\text{对于每一个 } b_i\in B_i^m) \tag{18.17}$$

因为期望支付连续依赖于行为策略组合，如果在不等式两端分别对

k 取极限，不等式依然是成立的。这就得到：

$$H_i(b^*) \geqslant H_i(b^*/b_i) \quad (\text{对于每一个 } b_i \in B_i^m) \tag{18.18}$$

不等式（18.18）对于每一个 m 都成立。B_i 是所有 B_i^m 并集的闭包，再由 H_i 的连续性得到：

$$H_i(b^*) \geqslant H_i(b^*/b_i) \quad (\text{对于每一个 } b_i \in B_i) \tag{18.19}$$

不等式（18.19）说明了 b^* 是 Γ 的一个均衡点。

（2）完美均衡点。

Γ 是一个完美回忆扩展型博弈。如果至少存在一个检验序列 $\hat{\Gamma}^1$，$\hat{\Gamma}^2$，… 使得 b^* 是 $\hat{\Gamma}^1$，$\hat{\Gamma}^2$，… 的一个极限均衡点，则 Γ 的行为策略组合 $b^*=(b_1^*, \cdots, b_n^*)$ 是一个完美均衡点。

（3）解释。

检验序列的极限均衡点 b^* 具有这样的性质：可以找到与 b^* 距离任意小的扰动博弈的均衡点。在直觉上，一个合理的均衡点应该在任意小的不完全理性方面有解释，完美均衡点的定义就是这个想法的一个精炼叙述。以 b^* 为极限均衡点的检验序列为不完全理性提供了一个解释。如果 b^* 不能成为至少一个检验序列的极限均衡点，那么可以认为 b^* 相对于完全理性的一个微小偏离是不稳定的。

到目前为止，我们还没有证明完美性意味着子博弈完美。为了证明这个性质，我们需要一条关于扰动博弈均衡点子博弈完美性的引理。

（4）扰动博弈的子博弈。

令 $\hat{\Gamma}=(\Gamma, \eta)$ 是 Γ 的一个扰动博弈。$\hat{\Gamma}$ 的子博弈 $\hat{\Gamma}'=(\hat{\Gamma}', \eta')$ 由 Γ 的子博弈 Γ' 和 η 在 Γ' 上个人选择的约束 η' 构成，因此我们说 $\hat{\Gamma}'$ 是由 Γ' 产生的。$\hat{\Gamma}$ 的均衡点 $\hat{b}$ 是子博弈完美的，如果 $\hat{b}$ 在 $\hat{\Gamma}$ 的每一个子博弈 $\hat{\Gamma}'$ 上都能导出一个均衡点 $\hat{b}'$。

引理 4 Γ 是一个完美回忆扩展型博弈，$\hat{\Gamma}=(\Gamma, \eta)$ 是 Γ 的一个扰动博弈。$\hat{\Gamma}$ 的每一个均衡点（行为策略）都是子博弈完美的。

证明：令 $\hat{b}'$是 $\hat{\Gamma}$ 的均衡点$\hat{b}$ 在 Γ 的子博弈 Γ'上导出的行为策略组合。显然 $\hat{b}'$是 Γ'产生的子博弈 $\hat{\Gamma}'=(\Gamma', \eta')$ 的行为策略组合。假设 $\hat{b}'$不是博弈 Γ'的均衡点，这就意味着在博弈 Γ'中，某一个人参与人 j 存在行为策略b_j'，使得在博弈 Γ'中，参与人 j 在策略 $\hat{b}'/b_j'$下的期望支付大于在策略 $\hat{b}'$下的期望支付。考虑博弈 $\hat{\Gamma}$ 中的行为策略b_j，b_j 在 Γ'上与 b_j'一致，在 $\hat{\Gamma}$ 的其他地方与参与人 j 的行为策略 $\hat{b}_j$（$\hat{b}_j \in \hat{b}$）一致。因为在博弈 $\hat{\Gamma}$ 中，实现概率总是正的，参与人 j 在策略 $\hat{b}/b_j$ 下的期望支付一定大于在策略 $\hat{b}$ 下的期望支付。因为具有这样性质的行为策略 b_j 是不存在的，因此 $\hat{b}'$是子博弈 $\hat{\Gamma}'$的一个均衡点。

定理 2　令 Γ 是一个完美回忆扩展型博弈，$\tilde{b}$ 是 Γ 的一个完美均衡点。对于 Γ 的每一个子博弈 Γ'，$\tilde{b}$ 都在 Γ'上导出了一个完美均衡点 $\tilde{b}'$。

推论　完美回忆扩展型博弈 Γ 的每一个完美均衡点都是 Γ 的一个子博弈完美均衡点。

证明：令 $\hat{\Gamma}^1$，$\hat{\Gamma}^2$，… 是博弈 Γ 的一个检验序列，该序列的极限均衡点为 $\hat{b}$ 。设 $\hat{b}^1$，$\hat{b}^2$，… 是 $\hat{\Gamma}^k$ 的均衡点 $\hat{b}^k$ 的一个序列。从 $\hat{b}^k$ 的子博弈完美性得到：由 Γ'产生的 $\hat{\Gamma}^k$ 的子博弈是 Γ'的一个检验序列，这个检验序列以 $\hat{b}'$为极限均衡点。因此 $\hat{b}'$是 Γ'的一个完美均衡点。

因为每一个完美均衡点都是均衡点（见引理 4），由此可以立即得到推论。

18.9　数值例子的回顾

本节中，为了计算图 18－1 中数值例子的极限均衡点，我们首先考虑它的一个特殊检验序列。极限均衡点的逼近方式展现了一个有趣的现象，这个现象对于解释完美均衡点是非常重要的。稍后我们将要证明类型 1 的每一个均衡点都是完美的。

令 ε_1，ε_2，… 是一列单调递减的正概率序列，$\varepsilon_1<\frac{1}{4}$，且当 $k\to\infty$ 时，$\varepsilon_k\to 0$。令 Γ 是如图 18－1 所示的博弈。考虑 Γ 的检验序列 $\hat{\Gamma}^1$，$\hat{\Gamma}^2$，…。当 $k=1$，2，… 时，扰动博弈 $\hat{\Gamma}^k=(\Gamma,\ \eta^k)$ 的定义方式如下：对于 Γ 中的每一个选择 c，令 $\eta_c^k=\varepsilon_k$。

和第 18.7 节一样，设 p_i 是参与人 i 选择 R 的概率。行为策略组合可以用一个三元组（p_1，p_2，p_3）表示。$\hat{\Gamma}^k$ 行为策略组合的约束条件为：

$$1-\varepsilon_k\geqslant p_i\geqslant\varepsilon_k \qquad (i=1,2,3) \tag{18.20}$$

正如我们看到的一样，扰动博弈 $\hat{\Gamma}^k$ 有唯一的均衡点 $p^k=(p_1^k$，p_2^k，$p_3^k)$，元素 p_i^k 为：

$$p_1^k=1-\varepsilon_k \tag{18.21}$$

$$p_2^k=1-\frac{2\varepsilon_k}{1-\varepsilon_k} \tag{18.22}$$

$$p_3^k=\frac{1}{4} \tag{18.23}$$

(1) p^k 的均衡性质。

现在证明 p^k 是 $\hat{\Gamma}^k$ 的一个均衡点。我们首先考虑参与人 3 的情形，对于任何 $p=(p_1$，p_2，$p_3)$，参与人 3 的信息集上的结点 x_1，x_2 的到达概率 $\rho(x_1$，$p)$，$\rho(x_2$，$p)$ 分别由式（18.24）和式（18.25）给出：

$$\rho(x_1,p)=1-p_1 \tag{18.24}$$

$$\rho(x_2,p)=p_1(1-p_2) \tag{18.25}$$

在博弈到达参与人 3 的信息集的条件下，如果参与人 3 选择 R，则他的期望支付为 $2\rho(x_1$，$p)$，如果选择 L，则他的期望支付为 $\rho(x_2$，$p)$。因此在博弈 $\hat{\Gamma}^k$ 中，p_3 是 p 的最优反应当且仅当满足下面的条件时成立：

$$p_3=\varepsilon_k \qquad 当\ 2(1-p_1)<p_1(1-p_2)时 \tag{18.26}$$

$$\varepsilon_k\leqslant p_3\leqslant 1-\varepsilon_k \qquad 当\ 2(1-p_1)=p_1(1-p_2)时 \tag{18.27}$$

$$p_3=1-\varepsilon_k \qquad 当\ 2(1-p_1)>p_1(1-p_2)时 \tag{18.28}$$

在 p^k 的情况下，我们有：

$$\rho(x_1,p^k)=\varepsilon_k \tag{18.29}$$

$$\rho(x_2,p^k)=2\varepsilon_k \tag{18.30}$$

因此由式（18.27）得到 p_3^k 是 p^k 的一个最优反应。现在我们考虑参与人 2 的情形。下面我们将会看到在博弈 $\hat{\Gamma}^k$ 中，p_2 是 p 的最优反应当且仅当满足下面的条件时成立：

$$p_2=\varepsilon_k \qquad 当\ p_3>\frac{1}{4}时 \tag{18.31}$$

$$\varepsilon_k\leqslant p_2\leqslant 1-\varepsilon_k \qquad 当\ p_3=\frac{1}{4}时 \tag{18.32}$$

$$p_2=1-\varepsilon_k \qquad 当\ p_3<\frac{1}{4}时 \tag{18.33}$$

由式（18.32）可知，p_2^k 是 p^k 的最优反应。

在博弈 $\hat{\Gamma}^k$ 中，p_1 是 p 的最优反应当且仅当满足下面的条件时成立：

$$p_1=\varepsilon_k \qquad 当\ 3p_3>4(1-p_2)p_3+p_2\ 时 \tag{18.34}$$

$$\varepsilon_k\leqslant p_1\leqslant 1-\varepsilon_k \qquad 当\ 3p_3=4(1-p_2)p_3+p_2\ 时 \tag{18.35}$$

$$p_1=1-\varepsilon_k \qquad 当\ 3p_3<4(1-p_2)p_3+p_2\ 时 \tag{18.36}$$

由式（18.36）可知，p_i^k 是 p^k 的一个最优反应。

（2）均衡点的唯一性。

现在证明 p^k 是博弈 $\hat{\Gamma}^k$ 唯一的均衡点。我们首先排除 $p_3\neq\frac{1}{4}$的可能。假设 p 是一个均衡点且 $p_3<\frac{1}{4}$，由条件（18.33）我们得到 $p_2=$

$1-\varepsilon_k$。因而 $3p_3$ 小于 p_2，由条件（18.36）可知 $p_1=1-\varepsilon_k$。因此 p_3 满足条件（18.28），我们得到 $p_3=1-\varepsilon_k$，这就与假设 $p_3<\frac{1}{4}$矛盾。

假设 p 是一个均衡点且 $p_3>\frac{1}{4}$。由条件（18.31）得到 $p_2=\varepsilon_k$。因为 $1-p_2>\frac{3}{4}$，p_1 满足条件（18.36）。因此 p_3 满足条件（18.26），这就与假设 $p_3>\frac{1}{4}$矛盾。

现在我们知道 $\hat{\Gamma}^k$ 的均衡点 p 一定有性质 $p_3=\frac{1}{4}$。显然均衡点 p 满足条件（18.36），我们一定有 $p_1=1-\varepsilon_k$。此外 p_3 既不满足条件（18.26）又不满足条件（18.28），因此考虑到条件（18.27），均衡点一定有下面的性质：

$$2(1-p_1)=p_1(1-p_2) \tag{18.37}$$

由式（18.37）与 $p_1=1-\varepsilon_k$ 得到：

$$p_2=\frac{2\varepsilon_k}{1-\varepsilon_k} \tag{18.38}$$

（3）对极限均衡点的主动偏离。

当 $k\to\infty$ 时，序列 p^k 收敛于 $p^*=(1, 1, 1/4)$。p^* 是检验序列 $\hat{\Gamma}^1$，$\hat{\Gamma}^2$，… 唯一的极限均衡点。

注意，p_1^k 可以与 $p_1^*=1$ 任意接近，因为 p_1^k 是最大概率 $1-\varepsilon_k$。与这一点不同的是 p_2^k 不能与 p_2^* 任意接近。概率 p^k 比 $1-\varepsilon_k$ 小 $\varepsilon_k(1+\varepsilon_k)/(1-\varepsilon_k)$。扰动博弈的规则要求参与人 2 选择 L 的概率至少是 ε_k，但是他在最小概率上加了“自愿”概率 $\varepsilon_k(1+\varepsilon_k)/(1-\varepsilon_k)$，在这种意义上我们指极限均衡点的一个主动偏离。

主动偏离影响实现概率 $\rho(x_1, p^k)$ 和 $\rho(x_2, p^k)$。如果 p^k 到达参与人 3 的信息集，则对于每一个 k，x_1 和 x_2 的条件概率分别为 1/3 和

2/3。很自然地，我们会认为这些条件概率也是极限均衡点 p^* 的条件概率。关于微小错误概率（体现在检验序列 $\hat{\Gamma}^1$，$\hat{\Gamma}^2$，… 中）的假设并没有直接决定这些条件概率，而是通过均衡点 p^k 间接地决定了这些条件概率。

（4）类型 1 的均衡点的完美性。

下面我们将要证明类型 1 的每一个均衡点都是完美的。设 $p^*=(1, 1, p_3^*)$ 是类型 1 中的一个均衡点。我们构造检验序列 $\hat{\Gamma}^1$，$\hat{\Gamma}^2$，…，使得 p^* 是检验序列 $\hat{\Gamma}^1$，$\hat{\Gamma}^2$，… 的极限均衡点。令 ε_1，ε_2，… 是一列单调递减的正序列，$\varepsilon_1<p_3^*/2$，且当 $k\to\infty$ 时，$\varepsilon_k\to 0$。扰动博弈 $\hat{\Gamma}^k=(\Gamma, \eta^k)$ 的最小概率 η_c^k 定义如下：

$$\eta_c^k=\begin{cases}\varepsilon_k, & \text{当 } c \text{ 是参与人 1 或参与人 3 的选择时}\\ \dfrac{2\varepsilon_k}{1-\varepsilon_k}, & \text{当 } c \text{ 是参与人 2 的选择时}\end{cases} \tag{18.39}$$

利用与在“p^k 的均衡性质”中用过的相似的论证方法，可以证明，对于 $k=1, 2, \cdots$，下面的行为策略组合 $\hat{p}^k=(\hat{p}_1^k, \hat{p}_2^k, \hat{p}_3^k)$ 是博弈 $\hat{\Gamma}^k$ 的均衡点：

$$\hat{p}_1=1-\varepsilon_k \tag{18.40}$$

$$\hat{p}_2=1-\frac{2\varepsilon_k}{1-\varepsilon_k} \tag{18.41}$$

$$\hat{p}_3=p_3^* \tag{18.42}$$

序列 $\hat{p}^1$，$\hat{p}^2$，… 收敛于 p^*，因此 p^* 是一个完美均衡点。

（5）类型 2 的均衡点的非完美性。

下面证明类型 2 的均衡点不是完美的。令 $p^*=(0, p_2^*, 1)$ 是类型 2 中的一个均衡点，$\hat{\Gamma}^1$，$\hat{\Gamma}^2$，… 是以 p^* 为极限均衡点的检验序列。设 p^1，p^2，… 是 $\hat{\Gamma}^k$ 的均衡点序列，且当 $k\to\infty$ 时，该序列收敛于 p^*。对于任意的 $\varepsilon>0$，我们都能找到一个正数 $m(\varepsilon)$ 使得当$k>m(\varepsilon)$

时，下面两个条件（a）与（b）成立：（a）$\hat{\Gamma}^k=(\Gamma,\eta^k)$ 的每一个最小概率 η_c^k 都小于 ε；（b）对于 $i=1, 2, 3$，我们有 $|p_i^*-p_i^k|<\varepsilon$。对于充分小的 ε，由（a）和（b）可知，$p_2^k$ 不是 p^k 的最优反应。对于参与人 2 相对于 p^k 的最优反应，我们一定有 $p_2<\varepsilon$ 且 p_2^k 低于 1/3 的数值不能超过 ε，这就说明了 p^* 不能成为一个检验序列的极限均衡点。

18.10 完美均衡点的一个分散性质

本节将要证明一个给定的行为策略组合是不是一个完美均衡点的问题可以在博弈的信息集上局部决定。我们先介绍局部均衡点的概念，局部均衡点是通过局部策略上的条件来定义的。我们将会看到，在一个扰动博弈中，这些局部条件与通常的全局均衡条件是等价的。在这个结果的基础上给出一个完美均衡点的分散性描述。

（1）符号说明。

令 Γ 是一个扩展型博弈，b_i 是个人参与人 i 在 Γ 中的一个行为策略。b'_{iu} 是参与人 i 的信息集 u 上的一个局部策略。符号 b_i/b'_{iu} 表示源于 b_i 的行为策略：将 b_i 在信息集 u 上指定的局部策略换成 b'_{iu}，在其他信息集上指定的局部策略保持不变。令 $b=(b_1, \cdots, b_n)$ 是一个行为策略组合。符号 b/b'_{iu} 表示行为策略组合 b/b'_i，其中 $b'_i=b_i/b'_{iu}$。B_{iu} 表示信息集 u 的所有局部策略形成的集合。

（2）局部最优反应。

令 $b=(b_1, \cdots, b_n)$ 是扩展型博弈 Γ 的一个行为策略组合，$\tilde{b}_{iu}$ 是个人参与人 i 的信息集 u 上的一个局部策略。在博弈 Γ 中，局部策略 $\tilde{b}_{iu}$ 被称为 b 的一个局部最优反应，如果我们有：

$$H_i(b/\tilde{b}_{iu})=\max_{b_{iu}\in B_{iu}} H_i(b/b'_{iu}) \qquad (18.43)$$

扰动博弈 $\hat{\Gamma}=(\Gamma,\eta)$ 的局部最优反应可以用类似的方法定义：在

博弈 $\hat{\Gamma}$ 中，$\tilde{b}_{iu}$ 是 b 的一个局部最优反应，如果我们有：

$$H_i(b/\tilde{b}_{iu})=\max_{b'_{iu}\in\hat{B}_{iu}} H_i(b/b'_{iu}) \tag{18.44}$$

其中 $\hat{B}_{iu}$ 是博弈 $\hat{\Gamma}$ 的信息集 u 上所有局部策略形成的集合。

(3) 条件实现概率。

令 $\hat{\Gamma}=(\Gamma,\ \eta)$ 是完美回忆扩展型博弈 Γ 的一个扰动博弈。对于个人参与人 i 的每一个信息集 u 和 $\hat{\Gamma}$ 的每一个行为策略组合 $b=(b_1,\ \cdots,\ b_n)$，我们定义条件实现概率 $\mu(x,\ b)$：

$$\mu(x,b)=\frac{\rho(x,b)}{\sum_{y\in u}\rho(y,b)} \tag{18.45}$$

显然，$\rho(x,\ b)$ 是在策略组合为 b 且博弈到达 u 的条件下，博弈经过结点 x 的条件概率。因为对于每一个结点 x，$\rho(x,\ b)$ 都是正数，因此条件实现概率 $\mu(x,\ b)$ 对于每一个结点 x 都有定义。设 x 是一个结点，z 是 x 后的一个终点。我们再定义另一种类型的条件实现概率 $\mu(x,\ z,\ b)$，$\mu(x,\ z,\ b)$ 是在策略组合为 b 且博弈到达 x 的条件下，博弈将到达终点 z 的概率。显然我们有：

$$\mu(x,z,b)=\frac{\rho(z,b)}{\rho(x,b)} \tag{18.46}$$

(4) 条件期望支付。

$\Gamma=(\hat{\Gamma},\ \eta)$ 是完美回忆扩展型博弈 Γ 的一个扰动博弈，对于个人参与人 i 在扰动博弈上的每一个信息集 u，我们定义参与人 i 在信息集 u 上的条件支付函数 H_{iu} 为：

$$H_{iu}(b)=\sum_{x\in u}\mu(x,b)\sum_{z}\mu(x,z,b)h(z)$$
$$(z\text{ 是 }x\text{ 的后续终点}) \tag{18.47}$$

$H_{iu}(b)$ 是在策略组合为 b 且博弈到达 u 的条件下，参与人 i 的条件期望支付。

引理 5 $\hat{\Gamma}=(\Gamma,\ \eta)$ 是完美回忆扩展型博弈 Γ 的一个扰动博弈，令 $b=(b_1,\ \cdots,\ b_n)$ 是扰动博弈 $\hat{\Gamma}$ 的一个行为策略组合。条件实现概率 $\mu(x,\ b)$ 与 b_i 无关。

证明：在一个完美回忆博弈中，个人参与人 i 的信息集 u 具有这样的性质：在每一条到结点 $x\in u$ 的路径上，参与人 i 的选择都是一样的。因此 $\mu(x,\ b)$ 不依赖于 b_i。

引理 6 $\hat{\Gamma}=(\Gamma,\ \eta)$ 是完美回忆扩展型博弈 Γ 的一个扰动博弈，令 $b=(b_1,\ \cdots,\ b_n)$ 是扰动博弈 $\hat{\Gamma}$ 的一个行为策略组合，并令 $\tilde{b}_{iu}$ 是博弈 $\hat{\Gamma}$ 在个人参与人 i 的信息集 u 上的一个局部策略。在博弈 $\hat{\Gamma}$ 中，局部策略 $\tilde{b}_{iu}$ 是 b 的一个最优反应当且仅当满足下式时成立：

$$H_{iu}(b/\tilde{b}_{iu})=\max_{b'_{iu}\in\hat{B}_{iu}}H_{iu}(b/b'_{iu}) \tag{18.48}$$

证明：引理 6 的成立源于事实：如果 z 不是信息集 u 上的结点的后续终点，则 u 上的局部策略并不影响 z 的实现概率。

引理 7 $\Gamma=(\Gamma,\ \eta)$ 是完美回忆扩展型博弈 Γ 的一个扰动博弈，令 $b=(b_1,\ \cdots,\ b_n)$ 是扰动博弈 Γ 的一个行为策略组合，并令 $\tilde{b}_i$ 是个人参与人在博弈 $\hat{\Gamma}$ 中的一个行为策略。在博弈 $\hat{\Gamma}$ 中，行为策略 $\tilde{b}_i$ 是策略组合 b 的一个最优反应当且仅当 $\tilde{b}_i$ 在信息集 $u\in U_i$ 上指定的每一个局部行为策略 $\tilde{b}_{iu}$ 都是 $b/\tilde{b}_i$ 的一个局部最优反应时成立。

证明：假设在博弈 $\hat{\Gamma}$ 中存在某一信息集 $u\in U_i$，使得 $\tilde{b}_{iu}$ 不是 $b/\tilde{b}_i$ 的一个局部最优反应。在博弈 $\hat{\Gamma}$ 中，设 b'_{iu} 是在信息集 u 上的策略 $b/\tilde{b}_i$ 的一个局部最优反应。根据局部最优反应的定义，如果其他参与人选择他们在 b 中的策略，则对于参与人 i，采用策略 $b'_i=\tilde{b}_i/b'_{iu}$ 会比采用策略 $\tilde{b}_i$ 得到更高的支付。因此在博弈 $\hat{\Gamma}$ 中，$\tilde{b}_i$ 不可能是 b 的一个最优反应。这就意味着在博弈 $\hat{\Gamma}$ 中，$\tilde{b}_{iu}$ 是 $b/\tilde{b}_i$ 的一个局部最优反应。

在博弈 $\hat{\Gamma}$ 中，假设每一个 $\tilde{b}_{iu}$ 都是 $b/\tilde{b}_i$ 的一个局部最优反应，但是

$\tilde{b}_i$ 不是 b 的一个最优反应。如果该假设推导出了矛盾，引理就是正确的。在博弈 $\hat{\Gamma}$ 中，令 b'_i 是 b 的最优反应，b'_{iu} 是 b'_i 在信息集 $u \in U_i$ 上指定的局部策略。V_i 是所有 b_{iu} 不同于 b'_{iu} 的信息集 $u \in U_i$ 形成的集合。显然 V_i 是非空的。

在完美回忆扩展型博弈中，信息集 $u \in U_i$ 或者是另一个信息集 $v \in U_i$ 的后续集（每一个结点 $x \in u$ 都是某一个结点 $y \in v$ 的后续结点），或者是 u 不包含 v 中结点的后续结点 x。因此 V_i 包含信息集 v，使得不存在信息集 $u \in V_i$ 含有 v 中结点的后续结点。令 v 是这种类型的一个信息集。

不失一般性，在博弈 $\hat{\Gamma}$ 中我们假设 $b''_i = b'_i/\tilde{b}_{iv}$ 不是 b 的一个最优反应。在博弈 $\hat{\Gamma}$ 中如果 b''_i 是 b 的一个最优反应，证明时我们就可以用 b''_i 代替 b'_i。如果同样的问题再次出现，必要时我们就可以重复这个程序直到最后在博弈 $\hat{\Gamma}$ 中找到符合我们目的的参与人 i 的一个最优反应。我们现在假设在博弈 $\hat{\Gamma}$ 中，b''_i 不是 b 的一个最优反应。用符号 $b/b'_i/\tilde{b}_{iv}$ 代替 b/b''_i，我们得到：

$$H_i(b/b'_i/\tilde{b}_{iv}) < H_i(b/b'_i) \tag{18.49}$$

下面我们将要证明在博弈 $\hat{\Gamma}$ 中 b_{iv} 是 b/b'_i 的一个局部最优反应，这与式（18.49）矛盾。

对于每一个 $x \in v$ 和参与人 i 在信息集 v 上的每一个局部策略 b_{iv}，由引理 5 我们得到：

$$\mu(x, b/b'_i/b_{iv}) = \mu(x, b/\tilde{b}_i/b_{iv}) \tag{18.50}$$

此外，信息集 v 是通过这种方式选取的：b'_i 和 $\tilde{b}_i$ 对 v 后面的信息集 u 的选择赋予了相同的概率。因此对于 v 上的每一个局部策略 b_{iv} 和每一个 $x \in v$，我们有：

$$\mu(x, z, b/b'_i/b_{iv}) = \mu(x, z, b/\tilde{b}_i/b_{iv}) \tag{18.51}$$

由式（18.47）、式（18.50）和式（18.51）得到：

$$H_{iv}(b/b'_i/b_{iv})=H_{iv}(b/\tilde{b}_i/b_{iv}) \tag{18.52}$$

因为 $\tilde{b}_{iv}$ 是 $b/\tilde{b}_i$ 的一个局部最优反应。由引理 6 和式（18.52）知 $\tilde{b}_{iv}$ 是 b/b'_i 的一个局部最优反应。这就与式（18.49）矛盾，从而完成了引理 7 的证明。

（5）局部均衡点。

如果每一个局部行为策略 b^*_{iu}（b^*_i 在信息集 u 上指定的局部行为策略）在 Γ 或 $\hat{\Gamma}$ 中都是 b^* 的一个局部最优反应，则扩展型博弈 Γ 的行为策略组合 $b^*=(b^*_1，\cdots，b^*_n)$ 被称为 Γ 或者 Γ 的扰动博弈 $\hat{\Gamma}$ 的一个局部均衡点。

引理 8 $\hat{\Gamma}=(\Gamma，\eta)$ 是完美回忆扩展型博弈 Γ 的一个扰动博弈，当且仅当 b^* 是 $\hat{\Gamma}$ 的一个局部均衡点时，行为策略组合 $b^*=(b^*_1，\cdots，b^*_n)$ 是 $\hat{\Gamma}$ 的一个均衡点。

证明：引理 8 是引理 7 的一个直接推论。

（6）局部极限均衡点。

令 $\hat{\Gamma}^1$，$\hat{\Gamma}^2$，$\cdots$ 是完美回忆扩展型博弈 Γ 的一个检验序列。Γ 的行为策略组合 $b^*=(b^*_1，\cdots，b^*_n)$ 被称为检验序列 $\hat{\Gamma}^1$，$\hat{\Gamma}^2$，$\cdots$ 的极限均衡点，如果对每一个 $\hat{\Gamma}^k$ 存在一个局部均衡点 b^k，使得当 $k\to\infty$ 时，序列 b^k 收敛于 b^*。

定理 3 完美回忆扩展型博弈 Γ 的一个行为策略组合 $b^*=(b^*_1，\cdots，b^*_n)$ 是 Γ 的一个完美均衡点的充要条件是：至少存在 Γ 的一个检验序列 $\hat{\Gamma}^1$，$\hat{\Gamma}^2$，$\cdots$ 使得行为策略组合 b^* 是检验序列 $\hat{\Gamma}^1$，$\hat{\Gamma}^2$，$\cdots$ 的一个局部极限均衡点。

证明：定理 3 是引理 8 和完美均衡点定义的一个直接结果。

18.11　代理标准型与完美均衡点的存在

本节将介绍代理标准型（agent normal form）的概念。库恩在对扩展型博弈的解释中将代理标准型中的参与人描述成信息集的代理人。代理人取得与他相对应的参与人的期望支付。代理标准型包含了所有计算扩展型博弈完美均衡点所必需的信息。利用代理标准型可以证明完美回忆扩展型博弈完美均衡点的存在性。

（1）代理标准型。

令 Γ 是一个扩展型博弈，设 u_1，…，u_N 是个人参与人在博弈 Γ 中的信息集。对于 $i=1$，…，N，令 ϕ_i 是信息集 u_i 上所有选择的集合 C_{ui}。接下来我们定义标准型 $G=(\phi_1, \cdots, \phi_N, E)$，这里将参与人 1，…，$N$ 看成与信息集 u_1，…，u_N 相联系的代理人。这个标准型称为 Γ 的代理标准型。

设 ϕ 是 G 中所有纯策略组合 $\varphi=(\varphi_1, \cdots, \varphi_n)$ 形成的集合。对于每一个 $\varphi\in\phi$，期望支付向量 $E(\varphi)=(E_1(\varphi),\cdots,E_n(\varphi))$的定义如下：设 $\pi=(\pi_1, \cdots, \pi_n)$ 是 Γ 中的纯策略组合，它的元素在每一个信息集 u_j 上指定了一个选择 $\varphi_j\in\phi_j$。对于策略 π，我们有

$$E_i(\varphi)=H_j(\pi) \qquad (u_i\in U_j) \tag{18.53}$$

期望支付函数 E 可以通过一般的方式推广到混合策略组合 $q=(q_1, \cdots, q_N)$ 上。

（2）导出策略组合。

令 $b=(b_1,\cdots,b_n)$是博弈 Γ 中的一个行为策略组合，$q=(q_1, \cdots, q_N)$ 是 Γ 的代理标准型 G 的一个混合策略组合。如果对于 $i=1$，…，N，混合策略 q_i 在R_i 上与b 中相应元素在u_i 上指定的局部行为策略有着相同的分布，我们就说 q 是b 在G 上的导出策略或b 是q 在 Γ 上的导出策略。显然，利用“导出”一词，我们在 Γ 的行为策略组合 b 和G

的混合策略组合 q 之间定义了一个一一映射。

(3) 扰动代理标准型。

令 G 是一个标准型，$G=(\phi_1, \cdots, \phi_N, E)$，$\eta$ 是一个函数，它给每一个 $c\in\phi_i(i=1, \cdots, N)$ 赋了一个最小正概率 η_c，且满足约束：

$$\sum_{c\in\phi_i}\eta_c<1 \tag{18.54}$$

二元组 $\hat{G}=(G, \eta)$ 被称为 G 的一个扰动标准型。如果 q_i 满足下面的条件，G 的混合策略 q_i 就是 $G=(G, \eta)$ 的一个混合策略：

$$q_i(c)\geqslant\eta_c \quad （对于每一个\ c\in\phi_i） \tag{18.55}$$

如果对于 $i=1, \cdots, N$，混合策略 q_i 都是 $\hat{G}$ 的一个混合策略，则混合策略组合 $q=(q_1, \cdots, q_N)$ 被称为 $\hat{G}=(G, \eta)$ 的一个混合策略组合。$\hat{Q}_i$ 表示参与人 i 在扰动博弈 $\hat{G}$ 中的所有混合策略 q_i 形成的集合。

设 Γ 是一个扩展型博弈，G 是 Γ 的代理标准型。显然扰动标准型 $\hat{G}=(G, \eta)$ 上的每一个混合策略组合在 Γ 上都导出一个扰动博弈 $\hat{\Gamma}=(\Gamma, \eta)$ 的行为策略组合，反之亦然。我们称 $\hat{G}$ 为 $\hat{\Gamma}$ 的扰动代理标准型。

(4) 均衡点。

参与人 i 在扰动标准型 $\hat{G}=(G, \eta)$ 上的一个混合策略 $\hat{q}_i$ 被称为 $\hat{G}$ 中混合策略组合 $q=(q_1, \cdots, q_N)$ 的一个最优反应，如果我们有：

$$E_i(q/\tilde{q}_i)=\max_{q'_i\in\hat{Q}_i}E_i(q/q'_i) \tag{18.56}$$

在扰动博弈 $\hat{G}$ 中，如果每一个 $\tilde{q}_i\in\tilde{q}$ 都是 q 的最优反应，我们就称混合策略 $\tilde{q}=(\tilde{q}_1, \cdots, \tilde{q}_N)$ 为 q 的一个最优反应。在扰动博弈 $\hat{G}$ 中，如果混合策略组合 q^* 是其自身的一个最优反应，我们就称 q^* 为 $\hat{G}$ 的一个均衡点。

引理 9　令 $\hat{\Gamma}=(\Gamma, \eta)$ 是完美回忆扩展型博弈 Γ 的一个扰动博弈，$\hat{G}=(G, \eta)$ 是扰动博弈 $\hat{\Gamma}=(\Gamma, \eta)$ 的一个扰动代理标准型。$\hat{G}$ 的每一个均衡点在 Γ 上导出 $\hat{\Gamma}$ 的一个均衡点，$\hat{\Gamma}$ 的每一个均衡点在 G 上导出 $\hat{G}$ 的一个均衡点。

证明：显然，$\hat{\Gamma}$ 的一个局部最优反应对应 $\hat{G}$ 的一个最优反应。因此由引理 8 可知命题成立。

（5）完美均衡点。

标准型 $G=(\phi_1, \cdots, \phi_N, E)$ 的一个检验序列 $\hat{G}^1$，$\hat{G}^2$，… 是 G 的一列扰动标准型 $\hat{G}^k=(G, \eta^k)$，使得当 $k\to\infty$时，对于集合 R_i 中的每一个选择 c，序列 η_c^k 都收敛到 0。检验序列 $\hat{G}^1$，$\hat{G}^2$，… 的极限均衡点 q^* 是 G 的一个混合策略组合，使得至少存在一组序列 q^1，q^2，…（q^k 是 $\hat{G}^k$ 的均衡点），当 $k\to\infty$时，该序列收敛到 q^*。如果 G 的混合策略 q^* 至少是 G 的一列检验序列 $\hat{G}^1$，$\hat{G}^2$，… 的极限均衡点，则称 q^* 为 G 的一个完美均衡点。

引理 10　标准型 G 的检验序列 $\hat{G}^1$，$\hat{G}^2$，… 的极限均衡点 q^* 是 G 的一个均衡点。

证明：因为该引理的证明与引理 3 的证明完全相似，所以在这里省略。

定理 4　令 Γ 是一个完美回忆扩展型博弈，G 是 Γ 的代理标准型。G 的每一个完美均衡点在 Γ 上都导出 Γ 的一个完美均衡点；Γ 的每一个完美均衡点在 G 上都导出 G 的一个完美均衡点。

证明：由引理 9 可知，在 Γ 的检验序列和 G 的检验序列之间可以建立一一对应关系，这里 Γ 的一个扰动博弈对应它的扰动代理标准型。因此一个序列的极限均衡点在另一个序列上导出一个极限均衡点。

（6）完美均衡点的存在性。

现在证明每一个完美回忆扩展型博弈 Γ 至少存在一个完美均衡点。我们利用定理 4 来证明这个结论。

定理 5　每一个标准型 G 至少存在一个完美均衡点。

证明：扰动标准型 $\hat{G}=(G, \eta)$ 满足混合策略均衡点存在的充分条件（见 Burger，1958，p. 35，Satz 2）。G 的检验序列 $\hat{G}^1$，$\hat{G}^2$，… 中的每一个扰动标准型 $\hat{G}^k$ 都存在一个均衡点 q^k。因为所有混合策略组合形成的集合是欧氏空间内的一个有界闭子集，所以序列 q^1，q^2，… 存在聚点 q^*。序列 q^1，q^2，… 存在一个子列收敛于 q^*。检验序列 $\hat{G}^1$，$\hat{G}^2$，… 的相应子列是以 q^* 为极限均衡点的检验序列。因此 q^* 是 G 的一个完美均衡点。

定理 6　每一个完美回忆扩展型博弈 Γ 至少存在一个完美均衡点。

证明：由定理 5 可知，Γ 的代理标准型存在一个完美均衡点。由定理 4 可知，Γ 存在一个完美均衡点。

18.12　完美均衡点作为替代序列最优反应的性质

在本节中我们将要证明完美均衡点作为检验序列极限均衡点的定义与另一个定义等价，这个定义从数学简洁的角度来看是更具优势的。由于定理 4，我们可以把注意力限制在标准型的完美均衡点上。如果想找出完美回忆扩展型博弈的完美均衡点，只需要分析代理标准型。但必须指出只分析普通的标准型是不够的。在 18.13 节中将给出一个反例来说明这一点。

（1）替代序列。

令 $G=(\prod_1, \cdots, \prod_n; H)$ 是一个标准型博弈。如果对于每一个 $\pi_i \in \prod_i$，q_i 为 π_i 赋的概率 $q_i(\pi_i)$ 都为正数，则称参与人 i 的混合策略 q_i 为完全混合策略。如果每一个 $q_i(i=1, \cdots, n)$ 都是完全混合的，则混合策略组合 $q=(q_1, \cdots, q_n)$ 是完全混合的。设 $\overline{q}=(\overline{q}_1, \cdots, \overline{q}_n)$ 是 G 的一个混合策略组合。如果当 $k\to\infty$ 时，q^k 收敛到 $\overline{q}$ 且每一个 q^k 都是

完全混合的，则一个无限的混合策略组合序列q^1，q^2，… 被称为$\bar{q}$的替代序列(substitute sequence)。如果q_i或者q是序列中每一个q^k的最优反应，则策略q_i或者策略组合q被称为替代序列q^1，q^2，… 的一个最优反应。

（2）替代完美均衡点。

如果q^*至少是它的一个替代序列的最优反应，则称标准型G的混合策略组合$q^*=(q_1^*, \cdots, q_n^*)$为$G$的替代完美均衡点。

引理 11　标准型G的一个替代完美均衡点是G的一个均衡点。

证明：设q^*是它的替代序列q^1，q^2，… 的一个最优反应。对于$k=1, 2, \cdots$和$i=1, \cdots, n$，我们有：

$$H_i(q^k/q'_i)=\max_{q_i \in Q_i} H_i(q^k/q_i) \tag{18.57}$$

由于H_i的连续性和最大值算子的连续性，显然，如果我们在等式两边同时取极限，令$k \to \infty$，则式（18.57）依然成立。这就说明q^*是一个均衡点。

（3）相关扰动标准型。

令$G=(\prod_1, \cdots, \prod_n; H)$是一个标准型，令$q=(q_1, \cdots, q_n)$是$G$的一个完全混合策略组合，$\varepsilon$是一个正数，当$i=1, \cdots, n$时，对于每一个$\pi_i \in \prod_i$，我们有$q_i(\pi_i)>\varepsilon$。对于这种类型的每一个三元组$(G, q, \varepsilon)$，定义一个相关扰动标准型$\hat{G}=(G, \eta)$，当$i=1, \cdots, n$时，对于每一个$\pi_i \in \prod_i$，博弈$G$的纯策略的最小概率如下：

$$\eta_{\pi_i}=\begin{cases} q_i(\pi_i), & \text{如果在 } G \text{ 中 } \pi_i \text{ 不是 } q \text{ 的最优反应} \\ \varepsilon, & \text{如果在 } G \text{ 中 } \pi_i \text{ 是 } q \text{ 的最优反应} \end{cases} \tag{18.58}$$

显然η满足条件：一个参与人所有纯策略的最小概率之和小于 1。

引理 12　设$\hat{G}=(G, \eta)$是三元组(G, q, ε)的一个相关扰动标

准型。策略组合 q 是 $\hat{G}$ 的一个均衡点。

证明：在博弈 $\hat{G}$ 中，一个混合策略是 q 的最优反应，如果在博弈 G 中，不是 q 的最优反应的纯策略的选择概率都是最小概率。由式（18.58）可知，q 的每一个元素 q_i 都恰好是这种情形。

引理 13 标准型 G 的替代完美均衡点是 G 的一个完美均衡点。

证明：设 $q^*=(q_1^*, \cdots, q_n^*)$ 是 G 的替代完美均衡点，q^1，q^2，… 是 q^* 的一个替代序列，使得 q^* 是 q^1，q^2，…的一个最优反应；ε_1，ε_2，…是一个正数序列，当 $k\to\infty$ 时，$\varepsilon_k\to 0$。从而，当 $k=1$，2，…且 $i=1$，…，n 时，对于每一个 $\pi_i\in\Pi_i$，总有 $q_i^k(\pi_i)>\varepsilon_k$。因为每一个 q^k 都是完全混合的，我们可以找到这种类型的序列 ε_1，ε_2，…，设 $\hat{G}^k=(G, \eta^k)$ 是三元组（G，q^k，ε_k）的一个扰动标准型。

现在证明 $\hat{G}^1$，$\hat{G}^2$，… 是 G 的一个检验序列。显然，当 $k\to\infty$ 时，这些等于 ε_k 的最小概率收敛到 0。考虑不是 q^* 的最优反应的一个纯策略 $\pi_i\in\Pi_i$。对于这个纯策略，我们一定有 $q_i^*(\pi_i)=0$。因此当 $k\to\infty$ 时，不是 q^* 的最优反应的纯策略的最小概率也收敛到 0。因此 $\hat{G}^1$，$\hat{G}^2$，… 是 G 的一个检验序列。

由引理 12 可知，序列 q^1，q^2，… 是均衡点序列，q^k 是 G 的检验序列 $\hat{G}^1$，$\hat{G}^2$，… 中扰动博弈 $\hat{G}^k$ 的均衡点。此外序列 q^1，q^2，… 收敛到 q^*。因此 q^* 是检验序列 $\hat{G}^1$，$\hat{G}^2$，… 的一个极限均衡点。从而 q^* 是 G 的一个完美均衡点。

定理 7 混合策略组合 $q^*=(q_1^*, \cdots, q_n^*)$ 是 G 的一个完美均衡点，当且仅当 q^* 是 G 的一个替代完美均衡点。

证明：由引理 13 可知，我们只需要证明 G 的完美均衡点 q^* 是替代完美的。设 $\hat{G}^1$，$\hat{G}^2$，… 是 G 的一个检验序列，使得 q^* 是 $\hat{G}^1$，$\hat{G}^2$，… 的一个极限均衡点。令 q^1，q^2，… 是均衡点序列，q^k 是 $\hat{G}^k$ 的均衡点且 q^k 收敛到 q^*。完美均衡点的定义要求这样的序列 $\hat{G}^1$，$\hat{G}^2$，… 和 q^1，q^2，… 是存在的。

设 T_i^k 是参与人 i 的出现概率大于 q^k 中的最小概率的所有纯策略形成的集合，也就是说，π_i 属于 T_i^k 当且仅当 q^k 中参与人 i 的策略 q_i^k 满足 $q_i^k(\pi_i)>\eta_{\pi_i}^k$ 时成立。显然一个纯策略 $\pi_i \in T_i^k$ 在 G 中是 q^k 的一个最优反应，但是 T_i^k 并不包含 G 中所有是 q^k 最优反应的纯策略。因为 q^k 收敛到 q^*，$\eta_{\pi_i}^k$ 收敛到 0，所以一定存在正数 m，使得当 $k>m$ 时，每一个 $q_i^*(\pi_i)>0$ 的纯策略 π_i 都属于 T_i^k，其中 $i=1$，…，n。不失一般性，我们可以假设 $m=0$，因为如果是其他情形，我们可以用原始序列 $\hat{G}^1$，$\hat{G}^2$，…和 q^1，q^2，…的子序列来证明。

因为每一个有 $q_i^*(\pi_i)>0$ 的策略 π_i 都属于 T_i^k，且在博弈 G 中每一个 $\pi_i \in T_i^k$ 都是 q^k 的最优反应，所以混合策略 q_i^* 是 q^k（$k=1$，2，…）的最优反应。q^k 是完全混合的且序列 q^1，q^2，… 收敛到 q^*。序列 q^1，q^2，… 是 q^* 的一个替代序列，q^* 是该序列的一个最优反应。因此 q^* 是一个替代完美均衡点。

18.13　两个反例

可能有人会认为完美回忆扩展型博弈 Γ 的标准型 G 的一个完美均衡点总是对应 Γ 的一个完美均衡点。如果确实是这样，我们就不需要代理标准型。下面我们给出两个反例。第一个反例非常简单，但是它不如第二个反例令人满意。

（1）第一个反例。

图 18－2 所示的极端博弈恰好只有一个完美均衡点，即纯策略组合（Rr，L）。这里 Rr 指参与人 1 的纯策略，参与人 1 在最初的信息集上选择 R，在另一个信息集上选择 r。从完美均衡点一定是子博弈完美的性质可以得到（Rr，L）是唯一的完美均衡点。（见第 18.8 节定理 2 的推论。）

在标准型中，（Rr，L）也是一个完美均衡点，但是并不是唯一的均衡点。因为策略 Rl 和 Rr 是等价的，在标准型中，（Rl，L）和（Rr，L）一样都是完美的。在扩展型博弈的扰动博弈中，策略 Rl 和 Rr 并不是等价的，但是在标准型中这个信息却被遗漏了，构造扰动标准型时无法得到这些信息。

第一个反例并不是很令人满意，因为可能有人会满足于事实：在标准型的两个等价完美均衡点中，其中一个在扩展型中是完美的。有人可能会认为区分这两个均衡点并不重要。

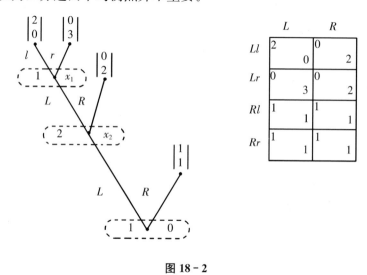

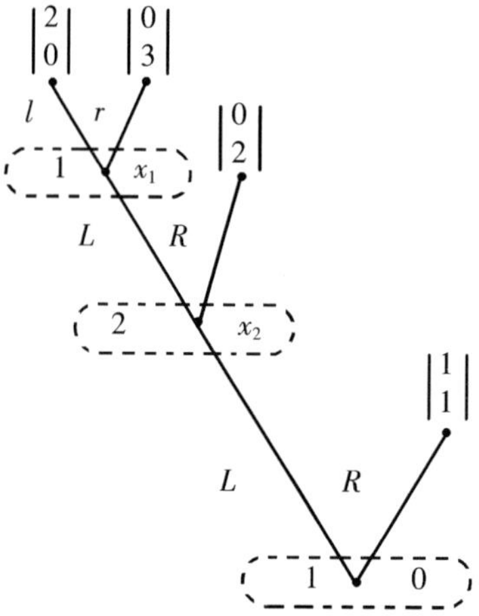

	L	R
Ll	2, 0	0, 2
Lr	0, 3	0, 2
Rl	1, 1	1, 1
Rr	1, 1	1, 1

图 18－2

注：图中是第一个反例的扩展型和标准型。扩展型的几何表示见图 18－1。

（2）第二个反例。

考虑图 18－3 所示博弈的两个均衡点（Rl，L_2，R_3）和（Rr，L_2，R_3）。我们将会看到这两个均衡点在标准型中都是完美的，但是它们在扩展型中却不是完美的。

（3）标准型中的完美性。

只需要证明（Rl，L_2，R_3）是标准型的一个完美均衡点。如果（Rl，L_2，R_3）是标准型的一个完美均衡点，则（Rr，L_2，R_3）也一定是标准型的完美均衡点，因为在标准型中，Rr 是 Rl 的一个复制。

为了证明（Rl，L_2，R_3）的完美性，我们构造替代序列 q^1，q^2，…：在 q^k 中，以小概率 ε_k 选择不在（Rl，L_2，R_3）中发生的纯策略。纯策略 Rl，L_2 和 R_3 的选择概率分别为 $1-3\varepsilon_k$，$1-\varepsilon_k$ 和 $1-\varepsilon_k$。ε_k 的选择方式是：ε_1，ε_2，… 是收敛到 0 的单调递减序列。当然 ε_1 必须充分小，假定 $\varepsilon_1<1/100$。

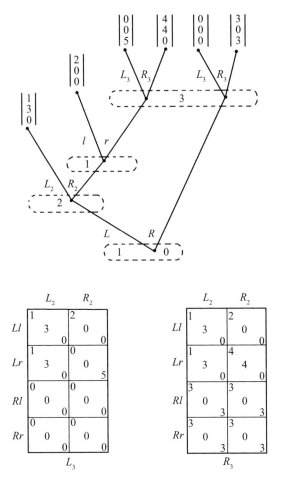

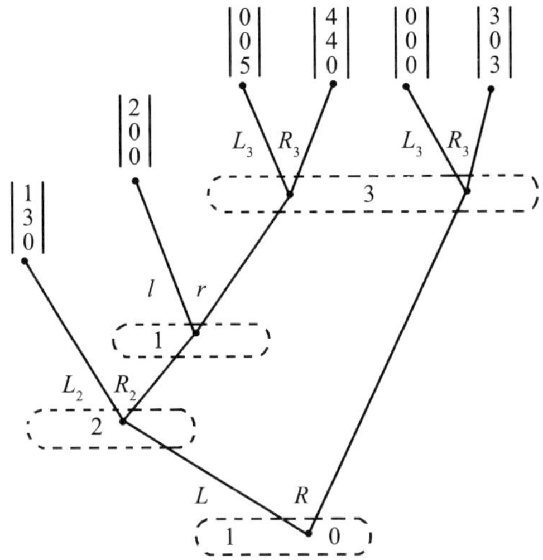

L_3：

	L_2	R_2
Ll	1, 3, 0	2, 0, 0
Lr	1, 3, 0	0, 0, 5
Rl	0, 0, 0	0, 0, 0
Rr	0, 0, 0	0, 0, 0

R_3：

	L_2	R_2
Ll	1, 3, 0	2, 0, 0
Lr	1, 3, 0	4, 4, 0
Rl	3, 0, 3	3, 0, 3
Rr	3, 0, 3	3, 0, 3

图 18－3

注：图中是第二个反例的扩展型和标准型。标准型是用两个矩阵描述的，一个是参与人 3 的选择 L_3，另一个是参与人 1 的选择 R_3。

很容易证明（Rl，L_2，R_3）是这个替代序列的最优反应。我们省略了计算细节。由定理 7 可知（Rl，L_2，R_3）和（Rr，L_2，R_3）都是图 18－3 所示标准型博弈的完美均衡点。

（4）（Rl，L_2，R_3）在扩展型中的不完美性。

设 b^1，b^2，… 是一列行为策略组合，在图 18－3 所示的博弈中，b^k 具有完全混合的局部策略，并且当 $k\to\infty$ 时，b^k 收敛到（Rl，L_2，R_3）。我们可以认为 b^1，b^2，… 是（Rl，L_2，R_3）的一个替代序列。根据定理 4 和定理 7，除非至少存在一个这样的序列使得（Rl，L_2，R_3）中的选择是每一个 b^k 的局部最优反应，否则均衡点（Rl，L_2，R_3）不可能是完美的。为了看出这一点，只需将代理标准型中的术语转换成扩展型中的术语。

对于每一个 ε，都存在一个正数 $m(\varepsilon)$，使得当 $k>m(\varepsilon)$ 时，b^k 为（Rl，L_2，R_3）的选择指定的概率大于 $1-\varepsilon$。可以看到，对于充分小的 ε，参与人 1 的局部最优反应是 r，不是 l。这就说明了序列 b^1，b^2，…不能使（Rl，L_2，R_3）是每一个 b^k 的最优反应。因此，（Rl，L_2，R_3）不可能是图 18－3 所示扩展型博弈的一个完美均衡点。

（5）（Rr，L_2，R_3）在扩展型中的不完美性。

采用与前面相同的方法，设 b^1，b^2，… 是一列行为策略组合，b^k 具有完全混合的局部策略，并且 b^k 收敛到（R_r，L_2，R_3）。同样，对于充分大的 k，（Rr，L_2，R_3）中选择的概率大于在 b^k 中选择的概率 $1-\varepsilon$。可以得到，对于充分小的 ε，参与人对于 b^k 的最优反应是 R_2。因此序列 b^1，b^2，…不能使（R_r，L_2，R_3）是每一个 b^k 的最优反应，从而（Rr，L_2，R_3）不可能是图 18－3 所示扩展型博弈的一个完美均衡点。

（6）解释。

下面我们将试图对均衡点在标准型中是完美的但在扩展型中可能不是完美的这一现象给出一个直观的解释。

为了比较标准型和扩展型的定义，我们考虑完美回忆扩展型博弈 Γ

的扰动博弈 $\hat{\Gamma}$ 和 Γ 的标准型 G 的扰动博弈 $\hat{G}$。设行为策略组合 $b^k=(b_1^k,\cdots,b_n^k)$ 是 $\hat{\Gamma}$ 的一个均衡点，混合策略组合 $q^*=(q_1^*,\cdots,q_n^*)$ 是 $\hat{G}$ 的一个均衡点。

如果相应的局部策略选择 c 的概率大于 $\hat{\Gamma}$ 对 c 所要求的最小概率，则 Γ 中的选择 c 被称为 b^* 的要素。一个是 b^k 要素的选择在 Γ 中一定是 b^k 的一个局部最优反应。

如果 $q_i^*(\pi_i)$ 大于 $\hat{G}$ 对 π_i 所要求的最小概率，则称纯策略 π_i 为 q^k 的要素。一个是 q^* 要素的纯策略在 Γ 中一定是 q^* 的一个最优反应。

从所有结点的实现概率都是正数这个意义上说，b^* 和 q^* 都可以到达扩展型博弈的所有部分。然而在 b^* 和 q^* 之间存在一个重要的差别。这个差别涉及条件概率 $\mu_i(c,u,q_i^*)$，$\mu_i(c,u,q_i^*)$ 是在证明库恩定理时借助引理 1 和引理 2 定义的。对于 q^*，这些条件概率是对每一个个人信息集定义的。

参与人 i 的纯策略 π_i 是 q^* 的要素，对于每一个要素策略 π_i，q^*/π_i 可能不能到达一个给定的信息集 u。对于每一个 $x\in u$，实现概率 $\rho(x,q^*/\pi_i)$ 都为 0。这种类型的信息集 u 称为不必须被 q^* 到达的。

如果参与人 i 的一个信息集 u 是不必须被 q^* 到达的，那么条件选择概率 $\mu(c,u,q^*)$ 可以由参与人 i 的那些不是 q^* 的要素的纯策略完全决定。因此 $\mu(c,u,q^*)$ 作为信息集 u 的纯策略是不合理的。

b^* 和 q^* 之间一个重要的差别如下：尽管 b^* 的每一个局部策略在要素选择都是局部最优反应的意义上是合理的，q^k 在那些不必须被 q^* 到达的信息集上也可能导致一个不合理的条件选择概率。

举个例子，设 Γ 是图 18－3 所示的博弈，q^* 满足只有均衡点（Rr，L_2，R_3）中的纯策略是它的要素。参与人 1 选择 l 或 r 的信息集是不必须被到达的。因此 l 和 r 的条件选择概率不是由 Rr 决定的，而是由 Ll 和 Lr 的最小概率完全决定的，但可能会以一个很大的条件选择概率选择 l。

在每一个参与人都至多有一个信息集的扩展型博弈中，对于参与人 i 的一个纯策略 π_i，q^*/π^i 不到达参与人 i 的信息集的情形是不可能发生的。他的策略不影响其信息集上结点的实现概率。代理标准型对应一个扩展型博弈，在这个扩展型博弈中每一个参与人至多有一个信息集，因此在代理标准型中不会出现这样的情形。

参考文献

1. Burger, E. Einführung in die Theorie der Spiele, Berlin 1958.

2. Kuhn, H. W. "Extensive games and the problem of information," in: H. W. Kuhn and A. W. Tucker (eds.). *Contribution to the Theory of Games*, Vol. Ⅱ, *Annals of Mathematics Studies*, 28, pp. 193 - 216, Princeton 1953.

3. Nash, J. F. "Non-cooperative games," *Annals of Mathematics* 54, 155 - 162, 1951.

4. Neumann, J. V., and O. Morgenstern. *Theory of Games and Economics Behavior*, Princeton 1944.

5. Selten, R. "Spieltheoretische Behandlung eines Oligopolmodells mit Nachfrage-trägheit," Zeitschrift für die gesamte Staatswissenschaft 121, 301 - 324 and 667 - 689, 1965.

6. ——. "A Simple model of imperfect competition, where 4 are few and 6 are many," *International Journal of Game Theory* 2, 141 - 201, 1973.

【注释】

[1] 莱因哈德·泽尔腾教授，数理经济学院，波恩大学，德国。

[2] 第 18.7 节描述的在微小错误模型上建立完美均衡点定义的思想是海萨尼给出的。作者早期形式化这一概念的努力都不是很令人满意。我非常感谢海萨尼所做的工作。

[3] 这里与 Kuhn（1953）使用的符号不同。

[4] 完美回忆的概念由 Kuhn（1953）给出。

译后记

《诺奖大师谈博弈论》是哈罗德·库恩教授主编的一本论文集，于1997年由普林斯顿大学出版社出版。该书的核心是提供现代博弈论大厦的基石。

自20世纪70年代以来，经济学经历了一场博弈论革命。博弈论为经济学家讨论许多经济学重要问题提供了可行的工具，从二人讨价还价问题，到多人的、重复的长期交易问题，再到垄断和完全竞争的经济学模型的理论基础。博弈论思想成为经济学的主流思想，博弈论的语言和方法成为经济学的主流语言。

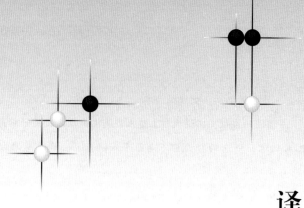

1994年，诺贝尔经济学奖颁发给了海萨尼、纳什和泽尔腾，奖励他们在非合作博弈理论方面做出的先驱性贡献。此后，诺贝尔经济学奖多次颁发给博弈论领域的学者及以博弈论为基础的信息经济学、机制设计、激励理论等领域的学者。1996年，诺贝尔经济学奖颁发给了詹姆斯·米尔利斯和威廉·威克瑞，奖励他们在信息经济学、激励理论、博弈论等方面做出的重大贡献。2005年，诺贝尔经济学奖颁发给了罗伯特·奥曼和托马斯·谢林，奖励他们通过博弈论分析促进对冲突与合作的理解。[①]

哈罗德·库恩是普林斯顿大学数理经济学教授，他不仅因为与塔克教授在非线性规划方面的工作（提出著名的库恩-塔克定理）而世界闻名，而且对数理经济学和博弈论也做出了巨大贡献。在 20 世纪四五十年代，他与纳什同为塔克教授领导的博弈论小组的成员。这本由他主编的《诺奖大师谈博弈论》，收集了博弈论英雄时代的 18 篇经典文章，其中包括海萨尼、纳什和泽尔腾获诺贝尔经济学奖的研究。这些文章对现代博弈论具有核心贡献，是现代博弈论的理论基础。

博弈论的早期工作，包括本书的 18 篇文章，更像是对数学问题的研究。因此，早期博弈论被认为是数学的分支。随着博弈论为经济学带来的变革使得经济学和经济学家采用的语言和分析方法有了革命性的变化，博弈论这才被认为是经济学的分支。但是博弈论不仅是经济学的分支，它还能够抽象地分析利益冲突问题，这使得它在多个领域具有发展趋势。博弈论课程也成为国内外一流大学经济学专业学生的核心课程之一。

我从 2001 年以来一直在中国人民大学从事微观经济理论、博弈论、数理分析方法的教学与研究工作。阅读原始文献对于经济学专业研究生的培养及相关科研工作必不可少。中国人民大学出版社 2004 年第一次出版这本书的中译本，我担任主要译者并负责校对工作。由于书中收集的都是 20 世纪五六十年代的大师级经典文章，单单是阅读理解都需要很强的数学和经济学基础，因此事先我估计到了该书的翻译难度。可是真正着手，我才发现比想象中的还要困难。特别是对于一些专业词汇的翻译，我们查阅了大量的参考资料，力争翻译的准确性。

第一版的翻译花费了半年时间，是大家共同努力的结果。具体分工

① 2001 年、2007 年、2012 年、2016 年、2020 年的诺贝尔经济学奖颁发给了信息经济学、激励理论、机制设计、拍卖、匹配、契约理论等以博弈论为基本分析方法的研究领域。

如下：韩松翻译第 1、2、3、7、10、11 章和索引，宋宏业翻译第 4～6 章，刘世军翻译第 8、16、17、18 章，魏军翻译第 9 章，葛海涛翻译第 12 章，丁虹翻译第 13 章，董杰翻译第 14 章，张倩伟翻译第 15 章。全书最后由韩松审校。

2024 年 5 月，中国人民大学出版社请我修订这本书的中译本。我负责修订第 14 章及全书审校，感谢吴坤燕（第 1～8 章）、巩一祎（第 9～12 章）、夏骁腾（第 15～16 章）、徐诗惠（第 13 章和第 17～18 章）协助完成本书的修订工作。由于水平有限，书中难免出现错误和不足之处，希望读者给我们提出宝贵意见。

韩 松

中国人民大学明德楼

Classics in Game Theory

Edited by Harold William Kuhn

图书在版编目（CIP）数据

诺奖大师谈博弈论/（美）约翰·F. 纳什等著；（美）哈罗德·W. 库恩编；韩松等译. --北京：中国人民大学出版社，2024. 8. --（细说博弈）. -- ISBN 978-7-300-32906-2

Ⅰ. O225

中国国家版本馆 CIP 数据核字第 2024F5J640 号

细说博弈

诺奖大师谈博弈论

约翰·F.纳什　等著

哈罗德·W.库恩　编

韩松　等译

Nuojiang Dashi Tan Boyilun

出版发行	中国人民大学出版社		
社　　址	北京中关村大街 31 号	**邮政编码**	100080
电　　话	010－62511242（总编室）		010－62511770（质管部）
	010－82501766（邮购部）		010－62514148（门市部）
	010－62515195（发行公司）		010－62515275（盗版举报）
网　　址	http://www.crup.com.cn		
经　　销	新华书店		
印　　刷	涿州市星河印刷有限公司		
开　　本	720 mm×1000 mm　1/16	**版　　次**	2024 年 8 月第 1 版
印　　张	25.5	**印　　次**	2024 年 9 月第 2 次印刷
字　　数	344 000	**定　　价**	98.00 元